教育部高等学校材料类专业教学指导委员会规划教材

国家级一流本科专业建设成果教材

功能无机材料与器件

王晓敏 苗 洋 编著

FUNCTIONAL INORGANIC MATERIALS AND DEVICES

化学工业出版社

·北 京·

内容简介

《功能无机材料与器件》从材料科学的角度出发，选取了较为典型的功能无机材料，如发光材料、介电材料、磁性材料、能源材料、隐身材料、超导材料、功能玻璃及石墨烯和气凝胶等，通过将理论基础与典型器件制备相结合进行介绍，并系统总结了功能无机材料与器件的应用及发展，同时吸收了国内外较为前沿的科研成果。

本书可作为高等学校材料类专业本科生和研究生的教材或教学参考书，也可供从事材料科学研究、生产开发以及科技管理等工作的人员参考。

图书在版编目（CIP）数据

功能无机材料与器件 / 王晓敏，苗洋编著. -- 北京：化学工业出版社，2025. 9. -- （教育部高等学校材料类专业教学指导委员会规划教材）. -- ISBN 978-7-122-49063-6

Ⅰ. TB34；TN103

中国国家版本馆 CIP 数据核字第 20257WH531 号

责任编辑：陶艳玲　　文字编辑：张亿鑫
责任校对：田睿涵　　装帧设计：史利平

出版发行：化学工业出版社
（北京市东城区青年湖南街 13 号　邮政编码 100011）
印　　装：三河市双峰印刷装订有限公司
787mm×1092mm　1/16　印张 16½　字数 402 千字
2026 年 1 月北京第 1 版第 1 次印刷

购书咨询：010-64518888　　售后服务：010-64518899
网　　址：http://www.cip.com.cn
凡购买本书，如有缺损质量问题，本社销售中心负责调换。

定　　价：58.00 元

前言

无机非金属材料是材料领域的四大支柱（金属材料、无机非金属材料、高分子材料和复合材料）之一。无机非金属材料的类别繁多，涉及传统陶瓷、先进陶瓷材料、玻璃、半导体、晶体、碳素材料（碳纤维、石墨、金刚石、富勒烯和碳纳米管等）、耐火与建筑材料等。结构形态千差万别，晶态上有非晶和晶态（又分单晶和多晶），形貌上有量子点/线、颗粒、晶须、纤维、薄膜、块体和阵列等；功能特性千秋各异，力学上具有高比强度与高比刚度等优点，物理和化学性能上则具有优异的热、电、磁、光等物理性能耦合、转换特性以及敏感特性等；应用领域十分广泛，从人们日用生活与休闲消费到传统的能源、机械、冶金、化工和建筑等工业领域，再到尖端的航空航天、电子信息、生物医学和军事国防等领域，其都扮演着极其重要的角色。面对 21 世纪能源短缺、环境污染等日益突出问题，基于人们追求生活品质与可持续发展的战略，无机非金属材料这一传统而又新兴学科领域的发展正面临着严峻挑战和良好机遇，相关的科研与教学工作也受到越来越广泛的重视。

功能无机非金属材料是功能材料的先导，其研究和制备直接影响和决定着国防、航天乃至信息技术、生物工程技术、能源技术、纳米技术、环保技术、空间技术、海洋工程技术等现代高新技术及其产业的发展进步。近年来，新型功能无机非金属材料层出不穷，并取得了产业化的突破性进展，已经成为材料科学与工程领域中最为活跃的部分，渗透到现代生活的各个领域。

先进陶瓷，从原来的多相结构到趋向于单相结构，又趋向于更复杂的多相复合结构；纳米陶瓷的研究正向纵深发展，有望得到性能更好的纳米陶瓷制品；陶瓷强化与增韧的研究，取得了显著成果，新发展的纳米陶瓷和陶瓷的晶界应力设计，可望成为解决陶瓷脆性问题的有效途径；先进功能陶瓷的精细复合原理及其工艺的研究，为人们所瞩目；功能无机陶瓷，逐步向多功能和环境协调性的良好方向发展；兼具感知和驱动功能的机敏陶瓷，正在逐步获得应用，多功能和机敏无机涂层，具有极大的发展前景；生物陶瓷和仿生研究将为人类自身造福。

现代玻璃材料，已成为信息显示、新能源、生物医疗、航空航天和绿色建筑等多个领域的关键材料。与传统玻璃相比，现代玻璃材料在应用领域、性能、功能、成分和制造技术等方面都有了极大的拓展和提升，具有了更好的光学特性、几何结构和物理性质。随着移动电子消费产品向便携化、轻量化方向发展，信息显示玻璃呈现薄型化趋势。柔性显示器和可穿戴智能电子产品的上市，将引领信息显示玻璃的柔性化发展，开拓现代玻璃材料更加广阔的应用空间。在强度方面，高铝盖板玻璃的抗压强度可达 900MPa 以上。太阳能电池向轻量化、高强度、低成本方向发展，这要求太阳能玻璃更轻、更薄，目前其厚度已由常规的 3.2mm 向 2mm 以下发展。随着市场对建筑节能要求的逐渐提高，节能玻璃必将向着多功能化方向发展。低辐射玻璃在原有反射红外线功能的基础上，还需要具备阳光反射、自洁净、智能光控、保温、安全、隔声、防火等复合功能。智能光控玻璃，通过颜色变化，调节可见光透射率，实现透明与不透明连续调节，精确调节建筑物、大型航空器、汽车、高铁的内部舒适度，实现智能化控制。

仿生技术和材料复合新技术的不断发展，使材料科学家正在试图采用新的眼光去寻觅水硬性胶凝材料的配方，以期开发出能替代钢材和塑料的制品。而由水泥与超细材料以及某些高强纤维组成的高强胶凝材料，将水泥基材料的韧性、拉伸强度和断裂柔度提高到了一个崭新的高度。此外，成功应用的生态水泥生产技术，可大量利用工业固体废渣，降低水泥成本并保护环境；磷酸盐水泥的研究和开发，使其有望用于生物硬组织的修补。

功能无机非金属材料多种多样，已经完全跳出了以陶瓷、玻璃、水泥为主的传统无机非金属材料。功能无机非金属材料涉及面广，具体包括光功能、电功能、磁功能、分离功能、形状记忆功能等。这类材料相对于通常的结构材料而言，一般除了具有力学特性外，还具有其他的功能特性。未来科学技术，尤其是高新技术的发展，对各种功能无机非金属材料提出了更多、更高和更新的要求。本书从人才培养的角度出发，有机整合功能无机材料的制备方法、晶体结构与性能等基本原理和方法，系统介绍发光材料、介电材料、磁性材料、新能源材料、隐身材料、超导材料、功能玻璃以及石墨烯、气凝胶等典型功能无机材料的性能与应用，使学生了解本领域的基本知识。希望本书能起到抛砖引玉的作用，为本方向的人才培养提供助力。

本书共 10 章，太原理工大学王晓敏教授承担本书整体结构设计和内容规划，并负责最后的定稿。编写具体分工为：第 1 章、第 3 章、第 6 章、第 10 章由王晓敏教授编写；第 2 章、第 4 章、第 5 章、第 7 章、第 8 章、第 9 章由苗洋教授编写。太原理工大学高峰教授、哈尔滨工业大学贾德昌教授、哈尔滨工业大学王玉金教授审阅了本书，并提出了许多宝贵意见和建议，进一步提高了本书的质量。太原理工大学新能源材料与器件课题组部分博士生、硕士生参与了成稿初期的文字校对和插图处理工作，对他们的辛勤劳动在此一并致谢。

本书主要适合从事无机非金属材料及功能无机材料领域的高年级本科生和研究生学习，也可供科研院所及相关企业的专业领域人员参考查阅。本书在撰写过程中引用了大量国内外相关文献，在此对文献的作者致以诚挚的谢意！

限于作者所学知识和经验，书中不妥之处在所难免，敬请读者不吝指正。

编者

太原理工大学

2025 年 10 月

目 录

第3章 发光材料与器件

第4章 介电材料与器件

第5章 磁性材料与器件

第6章 新能源材料与器件

第7章 隐身材料与器件

第8章 超导材料与器件

第9章 功能玻璃材料与器件

第 1 章

功能无机材料制备方法

1.1 功能无机材料概述

材料是人类用于制造物品、器件、构件、机器或其他产品的物质，也是人类赖以生存和发展的物质基础。这主要是因为材料与国民经济建设、国防建设和人民生活密切相关。材料主要分为结构材料和功能材料。功能材料是指具备优良的电学、磁学、光学、热学等功能特性，可通过物理、化学、生物等作用实现功能转化，主要用于制造各种功能元器件并被广泛应用于高科技领域的材料。

无机功能材料是功能材料的重要类型，其基础是由无机物单独或与其他物质混合制成的无机材料。这类材料通常以硅酸盐、铝酸盐等含氧酸盐，以及氧化物、氮化物、碳化物等二元化合物为原料，经特定工艺制备而成，在光、电、磁、热等功能领域具有关键应用价值。值得注意的是，部分结构无机材料加工至纳米级时，会呈现与原态完全不同的特性，声、光、电、热、磁及化学性质发生显著变化，产生表面效应、体积效应、量子小尺寸效应和隧道效应等特殊物理化学现象，并衍生出辐射、吸收、杀菌、吸附等新功能，从而转化为功能材料，在生产生活中展现出改造性应用价值。

功能无机材料除经常采用固相反应、熔盐合金反应、配位化学、电化学等制备方法外，更使用了包括离子溅射、激光沉积、金属有机化合物气相沉积等大型物理设备。材料本身的尺寸也从过去的体相深化到纳米相，更加注重材料的形貌、表面和界面特性，组成更趋复杂，复合材料、杂化材料更加引人注目。如何高效地设计和制备需要的材料体系，调控体系的组成、相态和形貌，同时确定其功能特性，从而筛选出所需的功能材料，是材料科学工作者追求的目标。组合设计、制备和功能筛选方法恰好满足上述要求。与传统的制备方法相比，组合制备方法具有可大范围调控材料的组分，利用最少的步骤同时合成和筛选大量材料，降低材料制备过程的环境污染，并开始应用于高技术功能材料的研究和开发，表现出巨大的发展潜力。

功能无机材料发展迅速，尤其是微纳米科技等先进技术的出现，将人们带入了一个崭新的世界。微纳米材料新合成方法的探索对于新结构的合成、具有特殊功能新材料的开发及其性能和应用研究具有重要的意义。以无机陶瓷材料为例，微纳米技术的广泛应用，使纳米陶瓷随之产生。所谓纳米陶瓷，是指晶粒尺寸、晶界宽度、第二相分布、气孔尺寸、缺陷尺寸均处于纳米水平的一种陶瓷材料。由于界面占有可与颗粒比拟的体积百分比、小尺寸效应以及界面的无序性，纳米陶瓷具有不同于传统陶瓷的独特性能。纳米技术生产的陶瓷材料的强度、韧性和超塑性大大提高，有望解决传统陶瓷的增韧和强化问题，使陶瓷具有像金属一样的柔韧性和可加工性，应用范围得到极大拓宽。

功能无机材料按其显示功能的过程可分为一次功能和二次功能。

一次功能是当向材料输入的能量和从材料输出的能量属于同种形式时，材料起能量传送部件的作用，又称载体材料，主要有：

① 力学功能，如惯性、黏性、流动性、润滑性、成型性、超塑性、高弹性、恒弹性、振动性和防震性；

② 声功能，如吸声性、隔声性；

③ 热功能，如隔热性、传热性、吸热性和蓄热性；

④ 电功能，如导电性、超导性、绝缘性；

⑤ 磁功能，如软磁性、硬磁性、半硬磁性；

⑥ 光功能，如透光性、遮光性、反射光性、折射光性、吸收光性、偏振性、聚光性、分光性；

⑦ 化学功能，如催化作用、吸附作用、生物化学反应、酶反应、气体吸收；

⑧ 其他功能，如电磁波特性（常与隐身相联系）、放射性。

二次功能是当向材料输入的能量和从材料输出的能量属于不同形式时，材料起能量转换部件作用，又称高次功能，主要有：

① 光能与其他形式能量的转换，如光化反应、光致抗蚀、光合成反应，光分解反应、化学发光、感光反应、光致伸缩、光生伏特效应、光导电效应；

② 电能与其他形式能量的转换，如电磁效应、电阻发热效应、热电效应、光电效应，电致发光效应、电光效应和电化学效应；

③ 磁能与其他形式能量的转换，如热磁效应、磁冷冻效应、光磁效应和磁性转变；

④ 机械能与其他形式能量的转换，如压电效应、磁致伸缩、电致伸缩、光压效应、声光效应、光弹性效应、机械化学效应、形状记忆效应和热弹性效应等。

1.2 功能无机材料制备方法

功能无机材料的种类繁多，其制备方法也各不相同，同一种功能无机材料可以采用几种方法制备，用一种方法也可以制备出几种不同功能的无机材料。

人们一般利用极端条件，如超高温、超高压、超高真空、微重力、强磁场、强辐射以及快速冷却等，使物质结构状态发生重大变化而产生新的性能。同时，对材料形成过程进行精确控制，从而人为控制材料的结构与性能，制备传统工艺得不到的“人造材料”，如超晶格、纳米相、亚稳相、准晶等。其制备方法分类也不完全统一，有按物理法、化学法分类；也有按包覆法与混合法分类。以上两种分类方法各有优点，但都有不完善之处。功能无机材料涉及面广阔，是交叉学科的全新领域，目前尚处于初始阶段，研究还不够深入。因此，很难准确统一分类，仍待进一步研究、完善。本节将以第一种分类方法为主，适当兼顾第二种分类方法进行介绍。

1.2.1 物理法制备功能无机材料

人们对新材料性能的要求越来越趋向功能化、极限化、复合化、精细化。因此，为了使其具有优异性能或特殊功能，在不久的将来达到实用化阶段，一般将其进行复合化，即将不同材料通过适当的复合工艺组合在一起，产生比原来材料性能更好的材料，如碳纤维增强树脂基复合材料、碳/碳复合材料等。纳米复合粒子的复合通常是在纳米粒子与微米级、亚微米级及纳米级粒子间的复合。粒径较大的称作母粒子或核心粒子（core particles），较小粒径的纳米粒子称作子粒子或包覆粒子（coating particles）。子、母粒子的平均粒径之比一般小于 1/5，最好能小于 1/10。如果其平均粒径之比大于 1/5，则子、母粒子间的复合稳定性会很差。由于纳米粒子尺寸很小，表面能很高，其团聚现象相当严重。因此，在物理法制备纳米功能无机粒子之前，通常需要对子、母粒子进行一定的表面改性处理。纳米复合粒子中的复合可以是有机/无机粒子复合、有机/有机粒子复合，也可以是无机/无机粒子复合。复合后的粒子间的作用力有机械咬合力、化学键合力、范德瓦耳斯力和黏结剂的附着力等形式。

物理复合法多指机械复合法，通常是利用机械剪切、挤压等作用力，使子、母粒子复合在一起，复合形式有嵌入（embedding）、沉积（deposition）和包覆（encapsulation）等。在实际的复合粒子中，既可是一种复合形式，也可是多种复合形式共存。根据其所用复合设备的不同，目前较常用的有机械研磨复合法、干式冲击法、高能球磨法、共混法、高温蒸发法和异相凝聚法等。

（1）机械研磨复合法

机械研磨复合法通常是采用研磨机对子、母粒子进行研磨复合。在研磨中，通过研磨介质与粒子、粒子与粒子间的挤压、剪切、冲击等作用而达到复合的目的。在其复合机理的研究中，认为研磨过程是母粒子在多种作用力的作用下循环变形的过程。在此过程中可导致颗粒中大角度晶界的重新组合，使粉体的组织结构逐步细化，最后达到不同组元原子互相渗入和扩散，从而获得常规方法难以获得的非晶合金、金属间化合物、超饱和固溶体等纳米复合材料。

根据机械研磨复合法中所使用的研磨介质和研磨形式的不同可以选择不同的研磨设备，有球磨、陶瓷磨、砂磨、行星磨等。其中，球磨可以用钢珠、玻璃珠、陶瓷珠、锆珠等作为研磨介质。根据研磨过程中物料所处的状态不同，研磨复合法有干法和湿法之分，其选择一般根据物料性质和结果要求而定。湿法研磨需要在研磨过程中加入液体研磨介质，干法有时需要先将密封系统的空气抽空，再注入一定的惰性气体（如 He 等），它可以防止在复合过程中粒子因研磨所产生的高温和晶格缺陷等与空气中某些物质发生反应。湿法可在使粒径变小的同时，使复合组分的晶型在长时间研磨下仍保持不变，而干法在研磨初期粒径减小，但随着研磨时间的延长就会有团聚现象发生，其过程如图 1-1 所示。复合的第Ⅰ阶段是子粒子在母粒子表面上的黏附，从图 1-1 中可以看出，随处理时间的延长，吸附率 R（固定在母粒子表面上的子粒子质量与总的子粒子质量之比）增加，而处理后粉体总的比表面积（BET）减小；第Ⅱ阶段中黏附在母粒子表面上的子粒子数达到饱和，比表面积（BET）继续减小，表明这是子粒子在母粒子上压实和进一步固定的过程。根据此模型可通过调整处理时间来控制子粒子在母粒子表面上压实时长和压实的程度。研磨法的转子转速不

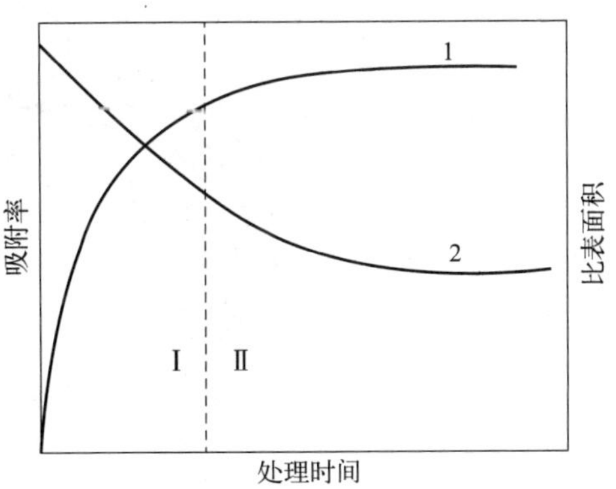

图 1-1　处理时间与吸附率和比表面积的关系

1—吸附率变化曲线；2—粉末总比表面积

能太快，一般在数千转每分钟，因为转速太快会使粒子进一步被粉碎，影响复合效果。

在机械研磨复合法中有一种比较特别的方法，即机械化学法。该方法是采用强烈机械力作用，有目的地对两种或两种以上的纳米粉体表面（或另一种用于包覆或复合的纳米粉体）进行激活，在一定程度上改变粒子表面的晶体结构、溶解性能（表面无定形化）、化学吸附和反应活性（增加表面的活性点）等，使纳米粒子相互吸附、嵌入或生成新相而复合。影响机械力作用强弱的主要因素有粉碎设备类型、机械力的作用形式、粉碎环境（干态、湿态及添加剂等）、机械力的作用时间，以及粒子粒度的大小和比表面积等。许多研究表明，多数情况下对同一设备来说，干式机械复合对粒子的机械化学激活作用（晶格扰动、表面无定形化等）较湿式机械复合要强烈，但也有例外的情况。另外，复合加工时间的长短也是影响机械化学效应强弱的一个主要因素。机械能作用时间越长，机械化学效应就越强烈。同时，机械力作用方式（如研磨、摩擦、剪切、冲击及打击等）也影响机械化学的激活作用。

在利用机械化学法制备超低碳钢连铸结晶器用保护炉渣的研究中，通过 HLGB 卧式双向旋转搅拌球磨设备，正反转搅拌齿及研磨珠工作时产生的强烈的剪切和研磨机械力，持续作用于 CaO/SiO_2 熔融粒子及超细炭黑颗粒表面。经 XPS（X 射线光电子能谱）等对制备的复合粒子检测表明，颗粒表面有 SiC 及 $CaCO_3$ 生成。根据机械化学理论分析，认为这是由于机械力的作用，诱发了利用普通热能难以进行的机械化学反应，在 CaO/SiO_2 熔融颗粒表面生成了 SiC 及 $CaCO_3$ 新物质，构成了包覆型复合粒子。由于 SiC 中的碳熔解到钢水中的速度极小，而且有抑制游离碳熔解到钢水中的作用，因此减少了钢铸坯碳增量。同时，SiC 的高熔点和 $CaCO_3$ 分解反应的吸热效应也可降低炉渣的熔化速度。

（2）干式冲击法

与研磨法相比，高速气流干式冲击法的转子转速更快，可达到上万转每分钟，所以处理时间更短，一般只需要几分钟。它的代表设备是奈良机械制作所研制的高速冲击式粉体表面改性（HYB）系统（图 1-2），它的主机由高速旋转的转子、定子和循环回路等部件组成。物料在这些部件的作用下被迅速分散，并受到强大的冲击力作用，同时也受到粒子间的相互压缩、摩擦、剪切、撞击等多种力的作用，在短时间（1～10min）内均匀地完成固定、成膜或球形化处理。

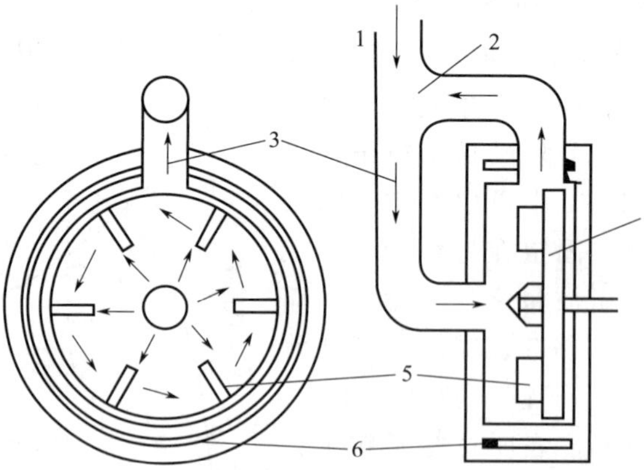

图 1-2　高速冲击式粉体表面改性干式冲击复合设备

1—加料口；2—循环通道；3—粉体运动轨迹；4—冲击转盘；5—搅拌齿；6—夹套（供加热或冷却使用）

HYB系统处理物料的基本形式有固定化、成膜化和球形化处理三种。固定化处理是利用主机运转对粒子产生强大的冲击和剪切力，将所需要的带有某种特性的无机粒子嵌入有机物等母粒子的表面并固定，甚至可以继续处理直至母粒子软化后被剪切力分开，然后产生反转包覆（图1-3）。成膜化处理则是在冲击力的作用下，机械能转化为热能，产生机械化学现象，冲击力产生局部温度升高，使高聚物子粒子软化成膜包覆在母粒子的表面。球形化处理是利用金属或树脂本身的塑性变形，在冲击力的作用下，使不规则粒子被撞击打磨成球形粒子，从而提高粒子群的流散性，调整松密度及表面积。

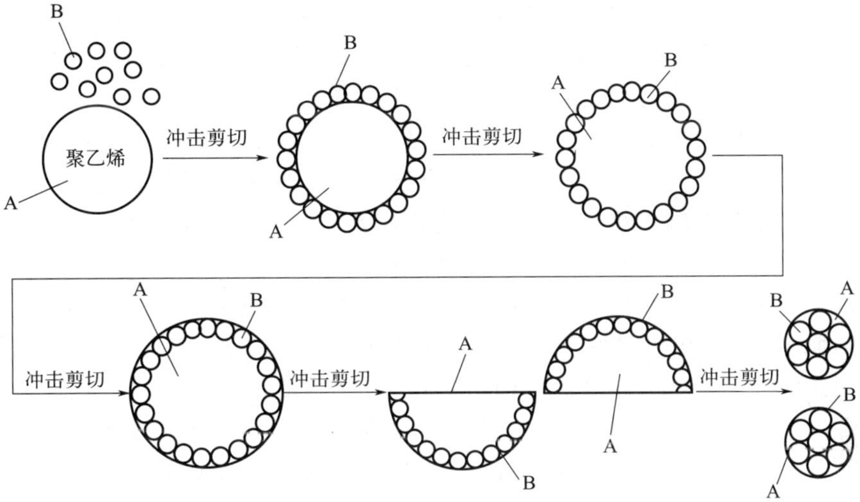

图1-3　干式冲击法进行粒子复合示意图

A—母粒子；B—子粒子

HYB系统的加工过程是间歇式的，为了克服间歇式进料所带来的过程烦琐和出料不均一等缺点，Kikuchi等发明了一种类似于HYB系统的能够连续工作的气流冲击式复合设备。它具有两个或多个由气压门连通的粒子复合处理室（腔），每个室内有一个周围带有多个冲击栓的圆盘，各个圆盘通过同一根由电机带动的轴进行高速旋转。圆盘及其冲击栓带动室内的粒子（经过预混合的子、母粒子）及气体进行高速旋转，在旋转过程中形成的回旋气流带动子、母粒子连续与冲击栓和冲击室内壁撞击，使子粒子嵌入、黏附或成膜于母粒子之上。其冲击复合机理与HYB系统非常相似，只是由于此系统有多个冲击复合室，进而可以连续加工处理。当物料在一个室内处理一段时间（几秒到几分钟）之后，可以打开连通阀门，使之因冲击盘的旋转而转入下一冲击室内，然后上一室又加入新的物料。依此下去，当物料在最后的冲击室内处理到达预定时间时，打开阀门，使处理好的物料转入负压接收器，从而实现连续进出料。

该系统除了具有HYB系统的优点外，还具有连续生产、物料处理时间可控、多种复合冲击作用力及可扩大生产等优点，克服了同类冲击复合改性设备的诸多不足。这种类型的复合设备由于有强大的冲击力，其复合粒子通常在微米甚至纳米级。此外，还有一些集粉碎、复合、分级及表面处理等功能于一体的设备，这类多功能的复合设备是今后无机材料制备技术的发展方向。

(3) 高能球磨法

高能球磨法是利用球磨机的转动或振动，使硬球对原料进行强烈的撞击、研磨和搅拌，将粉体粉碎为纳米级微粒的方法。如果将两种或两种以上金属粉体同时放入球磨机的球磨罐中进行高能球磨，粉体颗粒经压延、压合、碾碎、再压合的反复过程，最后可获得组织和成分分布均匀的纳米复合粒子。这种方法是利用机械能达到合金化的，而不是用热能或电能，使某些在常规条件下不能进行反应的体系在较低温度下直接进行化学反应。所以高能球磨制备合金粉体的方法也属于机械化学法。

高能球磨制备纳米复合材料，需要控制几个参数和条件，即正确选用硬球的材质（不锈钢球或玛瑙等），控制球磨温度与时间，原料一般选用微米级的粉体或小尺寸条带碎片。球磨过程中，颗粒尺寸、成分和结构变化通过不同球磨时间粉体的 X 射线衍射、电镜观察等方法进行监视。它可以将金属与陶瓷粉（纳米氧化物、碳化物等）复合在一起，获得具有特殊性质的新型纳米复合材料。复合粒子的制备与粒子的细化在许多方面是一致的，即粉碎技术与复合化技术有着密切的关系。实际在粉碎领域中广泛应用的机种，如高速回旋冲击粉碎机、磨碎式粉碎机、球磨机、搅拌磨、气流粉碎机等，都具有粒子复合化的功能。

用高能球磨法制备的纳米结构材料与用其他方法（化学气相沉积法）获得的纳米结构材料在界面结构上是否有差别，对于这个问题有两种不同的观点：

第一种观点认为高能球磨所获得的纳米粉体以及由它们制成的块体结构（主要指界面结构）与通常的原子凝聚沉积技术所得到的纳米材料结构相似，具有相近的界面结构。

第二种观点认为高能球磨材料的界面结构随组分粉体的类型而改变，高能球磨的产物为单个纳米颗粒与微米、亚微米颗粒的混合粉体。如果球磨后的粉体主要由单个的纳米颗粒组成，经压制形成的块体中界面结构与用其他方法制备的粉体压制成的块体的界面结构基本相同。这是因为在这种情况下，高能球磨制备纳米块体的过程与其他方法相同，即将随机取向的单颗粒纳米微粒压制成块体。但是如果用高能球磨制成的粉体，以上述微米、亚微米多晶颗粒为主时，将导致纳米块体界面结构与其他方法制备的块体界面结构存在差异。这是因为高能球磨制备的块体界面以大颗粒中的纳米晶粒（或颗粒）界面为主。这种界面结构与粗晶中晶界类似，而单个纳米微粒压制成的金属与合金块体的界面结构与这种界面结构有差异。这可以归纳为以下几个方面：一是形成机制不同，高能球磨获得的纳米块体的界面大部分由粗晶分裂而成，而用其他方法制备的纳米块体的界面是纳米级小颗粒聚合而成的；二是球磨法生成的微米、亚微米中的界面原子密度比其他合成法制备的纳米块体的界面原子密度高一些；三是球磨法生成的界面原子的配位数较高，而其他方法制备的纳米块体主要是靠颗粒表面互相作用形成的界面，原子近邻配位数降低。除此之外，从惰性气体凝聚法制备的纳米金属与合金块体的相对密度（相对理论密度）来看一般在 90%～95%，有的高达 97%。这意味着这时块体的界面中，原子间距大，而且有可能存在微孔，特别是占有大比例体积分数的三叉晶界中更是微孔、缺陷、杂质集中的区域，这些因素都会导致与球磨法制备的纳米材料的界面有差异。

（4）共混法

共混法是最原始的复合方法之一，它在制药、陶瓷和塑料等行业都起着重要作用。它是先将纳米级的子、母粒子在常温下进行预混合（或将纳米粒子先加热再混合），然后在加热的条件下进行共混搅拌复合。在挤压、剪切力的作用下，较大的复合粒子还可以分裂成较小的纳米复合粒子。这种复合法与机械研磨法和干式冲击法在某些方面有相似之处，其不同之处是共混法通常是有机/无机粒子复合（或有黏性物质存在时粒子的复合），而且搅拌速度比机械研磨法和干式冲击法要低（机械研磨法和干式冲击法的搅拌速度可高达上万转每分钟，而复合法的搅拌速度仅几十转每分钟），故混合时不会产生使有机粒子软化的高温，所以在混合过程中通常有夹套或其他装置加热或冷却。共混法的复合设备有搅拌式和转筒式两种。

这种复合法既简便，又可生产出高性能的复合材料，如将纳米级的炭黑与微米级的铜酞菁共混合成了导电的纳米复合粒子，该材料可用于飞机短距离和垂直起降的抗高温部件及高压电缆屏蔽网等。

（5）高温蒸发法

高温蒸发法也可称为物理气相沉积法（PVD 法），是制备金属纳米复合粒子的基本方法之一。首先将两种或多种金属高温蒸发，然后在低温下重新冷却，从而制得多种成分纳米复合粒子。根据蒸发的氛围不同，可分为真空蒸发法、惰性气体蒸发法、反应性气体蒸发法和等离子体喷射法等。

真空蒸发法，就是在真空条件下将金属蒸发到衬底上生成极细的纳米金属复合粉。惰性气体蒸发法则是在真空条件下的密封蒸发室内注入一定量的惰性气体（He、Ar 等）。反应性气体蒸发法则是向蒸发室内注入某些反应性气体（O_2、H_2 等），反应性气体与一种气体金属粒子发生反应生成某些化合物，而另外的气体金属粒子则与其他的气体发生反应或不发生反应，进而不同的金属和金属化合物冷却复合在一起形成纳米复合粒子。等离子体喷射法就是用等离子体喷枪向盛有熔融态金属的容器喷射等离子体，一旦等离子体焰碰到金属表面，含有金属成分的等离子体流就流向附有冷却装置的收集器，形成烟灰状的纳米复合微粒。

此类方法的优点是可通过蒸发室内压力来控制微粒大小，微粒表面光洁，粒度均匀。但此法也存在粒子形状难以控制、最佳工艺条件难以掌握等问题。蒸发法的另一个重要问题是大量收集这种粉体十分困难，为此发展出一种用油衬底收集粉体的方法，即旋转油衬底真空蒸发法（VEROS 法）（图 1-4），较好地解决了该问题。其原理是在高真空中将原料用电子束加热蒸发，让蒸发物沉淀到旋转圆盘下表面的流动油面，在油中蒸发原子结合形成纳米复合微粒。

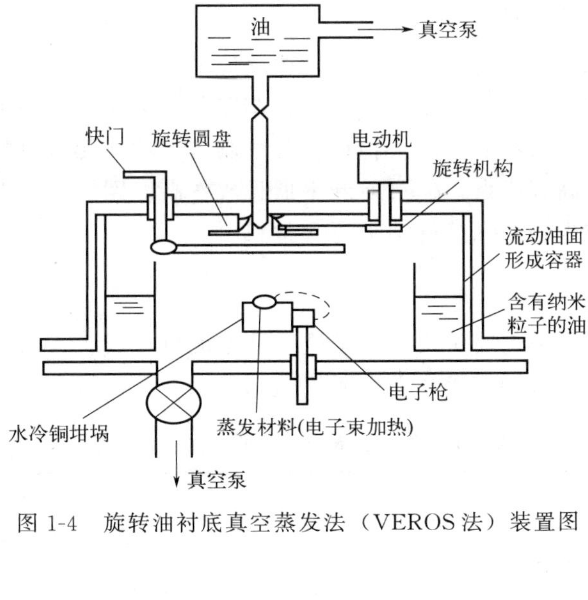

图 1-4　旋转油衬底真空蒸发法（VEROS 法）装置图

（6）异相凝聚法

异相凝聚法的基本原理是带有不同表面电荷的粒子会相互吸引而凝集，形成纳米复合粒子。当介质中两种带不同电性的粒子混合时，小粒子就会吸附在大粒子表面形成复合粒子。此过程的关键是对两种粒子电荷的控制，和对同电荷粒子的吸附速度的控制。可以适当调节介质的pH值或利用材料本身所带有的电荷，也可以事先对粒子表面进行处理，使之带有不同电荷。粒子的吸附速度可以通过加入非离子表面活性剂，即利用非离子表面活性剂在溶液中具有的浊点特性来控制。但是如果只依靠两种粒子的吸附凝集而不经过后续处理，两种粒子的结合并不牢固。在异相凝集过程中大粒子在与小粒子凝集的同时，也会各自相互凝集，很难生成表面均匀的复合粒子。逐步异相凝聚法，也就是在稳定乳状液状态下缓慢进行凝集，可以避免这种现象。例如，阳离子聚合物子粒子在阴离子聚合物母粒子表面凝集时，逐步异相凝聚法可分为以下三步：

第一步，母粒子与子粒子在稳定的乳化状态下混合，不发生异相凝集反应。通过调节介质的pH值，使粒子的电性相同，并加入非离子乳化剂来实现粒子的分散稳定性。

第二步，调节pH值，引发异相凝集反应。非离子乳化剂在母粒子与子粒子之间以阻止其直接接触。

第三步，升高温度，使体系的温度高于子粒子的玻璃化转变温度，并接近非离子表面活性剂的浊点，从而实现子粒子在母粒子表面的软化成膜，形成核壳式纳米复合粒子。

如果包覆层粒子的玻璃化转变温度 T_E 比中心粒子的玻璃化转变温度 T_c 低，则当温度 T 高于包覆粒子的玻璃化转变温度，却又低于中心粒子的玻璃化转变温度时，即当 $T_E < T < T_c$ 时，并且同时其他条件允许，包覆层粒子就会在中心粒子的周围铺展形成稳定的包覆层，这就是通常所说的包埋法。

异相凝聚法-包埋法可用来制备各种组成的包覆式复合粒子，多用于以有机粒子为中心粒子（核粒子）的复合制备。由于异相凝聚法是靠电荷的吸引而凝聚的，所以大小粒子的结合并不牢固，经常还需要使用包埋法，即利用高聚物特性进行进一步的后续处理。

1.2.2 化学法制备功能无机材料

纳米材料的化学复合法是指通过液相或气相反应来制备纳米复合材料的方法。用化学复合法制备的功能无机材料，虽然产率较高，但是制备的纳米复合材料中含有一定量的杂质，因而限制了这种纳米复合材料的应用。物理复合法制备的功能无机材料虽具有表面清洁、无杂质、粒度可控、活性高等优点，但目前产率低且成本高。因此，现在获得功能无机材料的关键是如何制备含杂质少、产率高的纳米复合材料。

（1）高温固相反应法

高温是无机合成的一个重要手段，为了进行高温无机合成，就需要一些符合不同要求的产生高温的设备和手段。这些手段和它们所能达到的温度，如表1-1所示。

表1-1 高温设备和它们所能达到的温度

获得高温的方法	温度/K
各种高温电阻炉	1273～3273

续表

获得高温的方法	温度/K
聚焦炉	4000～6000
闪光放电	＞4273
等离子体电弧	20000
激光	10^5～10^6
原子核的分离和聚变	10^6～10^9
高温粒子	10^{10}～10^{14}

① 高温还原反应　几乎所有金属以及部分非金属的制备，通常依赖于高温条件下的热还原反应。无论采用何种方法，如金属氧化物、硫化物或其他化合物在高温下与金属或其他还原剂发生相互作用以制备金属等，其反应能否进行、反应的程度以及反应的特性，都与反应物和生成物的热力学性质密切相关，尤其是与高温条件下的生成焓（ΔH_f）和生成自由能（ΔG_f）等热力学参数息息相关。

② 高温固相反应　一大批具有特种性能的功能无机材料和化合物［如各类复合氧化物、含氧酸盐类、二元或多元金属陶瓷化合物（碳、硼、硅、磷、硫族等化合物）等］是通过高温（一般为1000～1500℃）下反应物固相间的直接合成而得到的。固相反应一般经历以下四个阶段：

a. 扩散——两个反应物分子的扩散接触；

b. 反应——界面上的原子吸收一定的能量，离开自己的振动格点，发生化学反应，生成产物；

c. 成核——此时生成的产物分子分散在母体反应物中，只能当作一种杂质或缺陷分散存在，当产物分子聚集到一定的大小，才能形成晶核；

d. 生长——晶核长大到一定的大小后，就出现了产物的独立晶相，同时，反应物原子要穿过产物层，继续扩散，继续发生化学反应。

（2）低温固相反应法

传统固相化学的固相反应不使用溶剂，具有高选择性、高产率、工艺过程简单等优点，已成为人们制备新型固体材料的主要手段之一。但长期以来，传统的材料主要涉及一些高熔点的无机固体，如硅酸盐、氧化物、金属合金等，这些材料一般具有三维网络结构、原子间隙小和牢固的化学键等特征，通常合成反应多在高温下进行，因此在人们的观念中室温或近室温下的低热固相反应几乎很难进行。固体化学领域的研究表明，常温条件下固态物质间通常难以发生显著的化学反应。若需使反应以可观测的速率进行，往往需要将体系加热至1000～1500℃的高温区间。相关文献指出，传统固体合成工艺常通过加热固态混合物来制备具有精确化学计量比、均匀颗粒尺寸及一致理化性质的纯净样品，此类反应的效率高度依赖原子或离子在固体内及颗粒间的扩散能力。由于固态环境中的物质扩散速率相较气、液态环境慢数个数量级，因此需借助高温条件，以确保反应在合理时间内完成。

然而，许多固相反应在低温条件下便可发生，而且研究低温固相反应并开发其合成应用价值的意义是不言而喻的。传统固相化学反应合成所得到的是热力学稳定的产物，而那些介稳中间物或动力学控制的化合物往往只能在较低温度下存在，它们在高温时分解或重组成热力学稳定产物。为了得到介稳态固相反应产物，扩大材料的选择范围，有必要降低固相反应温度。可见，降低反应温度不仅可获得新的化合物，为人类创造出更加丰富的物质财富，而且最直接地提供人们了解固相反应机理所需的实验佐证，为人类尽早地实现能动、合理地利用固相化学反应进行定向合成和分子组装，最大限度地发掘固相反应的内在潜力创造了条件。

① 低热固相化学反应　一个室温固-固反应的实例：固体4-甲基苯胺与固体$CoCl_2 \cdot 6H_2O$按2∶1摩尔比在室温（20℃）下混合，一旦接触，界面即刻变蓝，稍加研磨反应完全。该反应甚至在0℃同样瞬间变色。但在$CoCl_2$的水溶液中加入4-甲基苯胺（摩尔比同上），无论是加热煮沸还是研磨、搅拌，都不能使白色的4-甲基苯胺表面变蓝，即使在饱和的$CoCl_2$水溶液中也是如此。这表明即使使用同样的起始反应物、同样的摩尔比，由于反应微环境的不同，固、液反应有明显的差别。换一种状态进行，反应不发生；有的固、液反应的产物不同，所有这些正是合成化学家所孜孜以求的。

② 低热固相化学反应的特有规律　根据固相化学反应发生的温度将固相化学反应分为三类，即反应温度低于100℃的低热固相反应，反应温度介于100～600℃之间的中热固相反应，以及反应温度高于600℃的高温固相反应。而低热固相化学反应具有其特有反应规律：a.无化学平衡——固相反应一旦发生即可进行完全，不存在化学平衡；b.拓扑化学控制原理——溶液中反应物分子处于溶剂的包围中，分子碰撞机会各向均等，因而反应主要由反应物的分子结构决定，但在固相反应中，各固体反应物的晶格是高度有序排列的，因而晶格分子的移动较困难，只有合适取向晶面上的分子足够地靠近，才能提供合适的反应中心，使固相反应得以进行，这就是固相反应特有的拓扑化学控制原理。

低温或室温固相反应法可制备纳米材料，它不仅使合成工艺大为简化、降低成本，而且减少由中间步骤及高温固相反应引起的产物不纯、粒子团聚、回收困难等不足，为纳米材料的制备提供了一种价廉而又简易的全新方法，也为低热固相反应在材料化学中找到了极有价值的应用。低温固相反应作为一个发展中的研究方向，需要解决的问题还很多，但其发展前景是诱人的，尤其是在跨入21世纪的今天，具有“减污、节能、高效”特征的低热固相反应符合时代发展的要求，必然更加受到人们的关注，并在更多的领域中生根、发芽、开花、结果。不过，万物都是矛盾的统一体。毫不例外，我们在热切期盼低热固相合成法带来更加丰富的物质的同时，千万不要忘记考虑合成反应的安全性，因为随意将高氯酸盐或含硝基化合物（尤其是硝基苯酚）等与其他物质研磨，是可能会出现意外的。

（3）溶胶-凝胶法

溶胶-凝胶（sol-gel）合成是一种能代替高温固相合成反应制备陶瓷、玻璃和许多固体材料的新方法，属于软化学方法中的一类。软化学技术是一类在温和条件下实现的化学反应过程，易于实现对化学反应过程路径和机制的控制，从而可根据需要控制反应过程的条件，对产物的组分和结构进行设计，进而达到“剪裁”其物理性质的目的。其合成思路是：首先通过准确的原子、分子设计合成具有预期组分、结构和化学性质的前驱体，再在软环境下对前驱体进行处理，进而制得预期的材料。其优点在于将新材料制备的前沿技术从高温高压、高真空、高能和昂贵的物理方法中解脱出来，进入一个更宽阔的空间。软化学方法的关键在于前驱体的分子设计与制备技术。由于合成过程是在溶液中进行，因而可达到原子级水平的均匀混合，且能对组分和结构进行很好的控制。这就为制备功能无机材料提供了重要的保障。其制备要求如下：a. 在溶液里混合各种所需组分，这种多组分溶液是多种离子或分子的混合物，以保证合成的粉体具有高度的均匀性；b. 调节溶液中 H^+、OH^- 和其他离子或分子的活性，使溶液形成溶胶；c. 在保证凝胶化学均匀性的前提下使溶胶凝胶化。溶胶-凝胶法的合成工艺如下。

① 均相溶液的制备　制取包含醇盐和水的均相溶液，确保醇盐的水解反应在分子级水平上进行。由于金属醇盐在水中的溶解度不大，一般选用既与醇盐互溶，又与水互溶的醇作为溶剂，其加入量既要保证不溶入三元不混溶区，又不宜过多，因为醇是醇盐水解产物，对水解有抑制作用（见图 1-5）。水的加入量对溶胶制备及后续工艺过程有重要影响，是一项关键参数。对钛醇盐需控制加水速率，防止沉淀生成。催化剂的种类和加入量对水解速率、缩聚速率以及溶胶陈化过程中的结构演变有重要影响。常用的酸催化剂为 HCl，碱催化剂为 $NH_3 \cdot H_2O$。

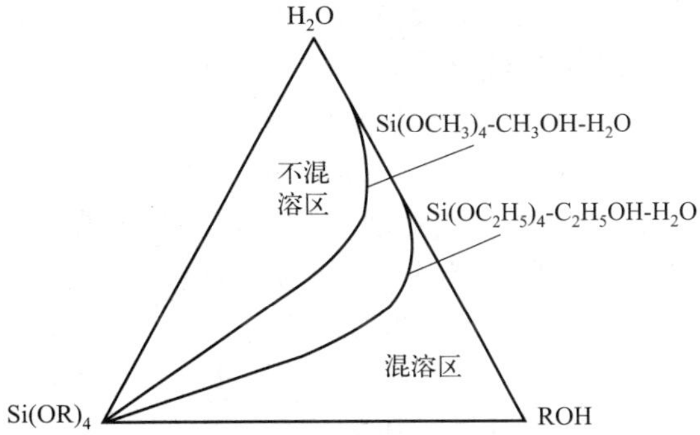

图 1-5　$Si(OR)_4$-ROH-H_2O 三元混溶图

② 溶胶的制备　溶胶是由醇盐的水解反应和缩聚反应产生的。硅醇盐（硅酸酯）的水解机理已为同位素 ^{18}O 所验证，是由水中的氧原子与硅原子发生的亲核结合，见式（1-1）：

$$(OR)_3SiOR + H^{18}OH = (OR)_3Si^{18}OH + ROH \tag{1-1}$$

这里，溶剂化效应、溶剂的极性和对活泼质子的获取性等都对水解过程有重要影响。而且，在不同的介质中反应机理也不同。

在酸催化条件下，主要是 H_3O^+ 对—OR 基团的亲电取代，水解速率快。但随着水解反应的进行，醇盐的水解活性随分子中—OR 基团的减少而下降，很难充分水解为 $Si(OH)_4$。而缩聚反应在充分水解前开始，因此缩聚产物的交联度低；在碱催化条件下，水解反应主要是 OH 对—OR 的亲核取代反应，水解速率较酸催化慢。但醇盐的水解活性随分子中—OR 基团的减少而增大，4 个—OR 基很容易完全转变为—OH 基团，进一步缩聚时易得到高交联度的三维网状结构。硅、磷、硼以及许多金属元素（如铝、钛、铁等）的醇盐在水解的同时均会发生聚合反应，如失水、失醇、缩聚、醇氧化、氧化和氢氧桥键合等。

这个过程的四个主要参数是溶液的 pH 值、溶液的浓度、反应温度和时间。控制醇盐水解缩聚的条件是制备高质量溶胶的前提。影响溶胶质量的因素有加水量、催化剂种类、溶液 pH 值、水解温度、醇盐品种、溶液浓度和溶剂效应等。

③ 凝胶化过程　凝胶化指由细小颗粒聚集而成的由三维网状结构和连续分散相介质组成的具有固体特征的胶态体系。按分散相介质不同分为水凝胶（hydrogel）、醇凝胶（alcogel）和气凝胶（aerogel）等。溶胶向凝胶的转变过程中，聚合反应形成的聚合物或粒子聚集体长大为小粒子簇，小粒子簇逐渐相互连接成一个横跨整体的三维粒子簇连续固体网络。形成凝胶时，由于液相被包裹于固相骨架中，整个体系失去流动性。

④ 凝胶的干燥　在溶胶凝胶化之后还需要经干燥和热处理形成干凝胶，成为可烧结的复合粉体。湿凝胶内包裹大量的溶剂和水，干燥过程往往伴随着很大的体积收缩，容易引起开裂，特别是对于较大尺寸的块体材料。导致凝胶收缩、开裂的应力主要源于由充填于凝胶

骨架孔隙中液体的表面张力所产生的毛细管力，凝胶尺寸越厚越易开裂。因此为了获得一定厚度的完整凝胶，需要严格控制干燥条件（温度、相对湿度等）使其缓慢干燥。

解决开裂问题，可从增强固相骨架强度、减少毛细管力和进行超临界干燥几方面考虑。

a. 增强固相骨架强度：控制水解条件使其形成高交联度和高聚合度的缩聚物，或让湿凝胶在干燥前陈化一段时间，以增强骨架以及添加活性增强组分等。

b. 减少毛细管力：采用超临界干燥技术，通过降低或消除液相表面张力来实现。

c. 超临界干燥：将凝胶中的有机溶剂或水加温加压至超过其临界温度和临界压力，液气界面会消失，不产生毛细管力。

⑤ 干凝胶的热处理　热处理的目的在于消除干凝胶中的气孔，使制品的相组成和显微结构满足产品性能的要求。在加热过程中，干凝胶先在低温下脱去吸附在表面的水和醇。265～300℃，—OR 基团被氧化，300℃以上脱去结构中的—OH。热处理伴随较大体积收缩和各种气体（CO_2、H_2O、ROH）的释放，所以升温速率不宜过快。采用热压烧结可缩短烧结时间，提高制品质量。

溶胶-凝胶工艺方法随物料的不同也有差异，如表 1-2 所示。近年来有用微波加热代替常规加热，在较低的温度和极短时间内合成了粒度小、纯度高的纳米粉体，还有用 γ 射线照射代替其他加热方式制得纳米级 CdS/聚丙烯酰胺复合粉体。

表 1-2　不同溶胶-凝胶工艺方法的对比

方法	特点	前驱体	凝胶的化学特征	适用
传统胶体法	通过调节 pH 值或加入电解质来中和表面电荷，通过溶剂蒸发促使颗粒形成凝胶	无机化合物	1. 凝胶网络由浓稠颗粒通过范德瓦耳斯力建立	粉体
			2. 凝胶中固相成分含量高	薄膜
			3. 凝胶强度低，通常不透明	
水解聚合法	通过前驱体的水解和聚合形成溶胶和凝胶	金属醇盐	1. 凝胶网络由前驱体产生的无机聚合物建立	薄膜
			2. 凝胶与溶胶体积相当	块体纤维
			3. 可由时间参数清楚地反映凝胶的形成过程	
			4. 凝胶是透明的	粉体
配合物法	由配位反应形成具有较大或复杂配体的配合物	金属醇盐、硝酸盐或乙酸盐	1. 凝胶网络由配合物通过氢键建立	薄膜
			2. 凝胶在水中能液化	粉体
			3. 凝胶是透明的	纤维

与传统的高温固相粉末合成方法相比，这种技术有以下几个优点：

① 通过各种反应物溶液的混合，很容易获得需要的均相多组分体系；

② 材料制备所需温度可大幅度降低，从而能在较温和条件下合成陶瓷、玻璃、纳米复合材料等功能材料；

③ 溶胶的前驱体可以提纯而且在低温下可控制溶胶-凝胶过程的进行，因此可制备高纯或超纯物质，且可避免在高温下对反应容器的污染等问题；

④ 溶胶或凝胶的流变性质有利于通过某种技术（如喷射、旋涂、浸拉、浸渍等）制备各种膜、纤维或沉积材料。

（4）水热与溶剂热合成

水热与溶剂热合成是无机合成化学的一个重要分支。水热合成研究从最初模拟地矿生成开始到沸石分子筛和其他晶体材料的合成经历了一百多年。无机晶体材料的溶剂热合成，主要指在非水有机溶剂热条件下的合成，用于区别水热合成。热合成研究工作近百年经久不衰并逐步演化出新的研究课题，如水热条件下的生命起源问题以及与环境友好的超临界氧化过程。在基础理论研究方面，从整个领域来看，其研究重点仍然是新化合物的合成、新合成方法的开拓和新合成理论的建立。人们开始注意到水热与溶剂热非平衡条件下的机理问题以及开始对高温高压条件下合成反应机理进行研究。由于水热与溶剂热合成化学在技术材料领域的广泛应用，特别是高温高压水热与溶剂热合成化学的重要性，世界各国都越来越重视这一领域的研究。

① 水热与溶剂热合成基础

水热与溶剂热合成化学与溶液化学不同，它是研究物质在高温和密闭或高压条件下溶液中的化学行为与规律的化学分支。水热与溶剂热合成是指在一定温度（100～1000℃）和压强（1～100MPa）条件下利用溶液中物质的化学反应所进行的合成。其与固相合成研究的差别在于“反应性”不同。这种“反应性”不同主要反映在反应机理上，固相反应主要以界面扩散为其特点，而水热与溶剂热反应主要以液相反应为其特点。通过水热与溶剂热反应可以制得固相反应无法制得的物相或物种，或者使反应在相对温和的溶剂热条件下进行。

水热与溶剂热合成化学有如下特点：

a. 在水热与溶剂热条件下，反应物反应性能的改变、活性的提高，水热与溶剂热合成方法有可能代替固相反应以及难以进行的合成反应并产生一系列新的合成方法；

b. 在水热与溶剂热条件下，中间态、介稳态以及特殊物相易于生成，因此能合成与开发一系列特种介稳结构、特种凝聚态的新合成产物；

c. 能够使低熔点化合物、高蒸气压且不能在熔体中生成的物质、高温分解相在水热与溶剂热低温条件下晶化生成；

d. 水热与溶剂热的低温、等压、溶液条件，有利于生长极少缺陷、取向好、完美的晶体，且合成产物结晶度高以及易于控制产物晶体的粒度；

e. 易于调节水热与溶剂热条件下的环境气氛，因此有利于低价态、中间价态与特殊价态化合物的生成，并能均匀地进行掺杂。

② 水热与溶剂热合成法的应用

复合氧化物与复合氮化物陶瓷粉末的水热或溶剂热合成，是一种比高温固相反应温和的低温合成路线。因为溶剂、温度和压力对离子反应平衡的总效果可以稳定产物同时抑制杂质生成，所以水热或溶剂热合成以单一步骤制备无水陶瓷料末，不要求精密复杂装置和贵重的试剂。与高温固相反应相比，水热合成氧化物粉末陶瓷具有以下优势：

a. 明显地降低反应温度（水热反应通常在100～200℃下进行）和压力；

b. 能够以单一反应步骤（不需研磨和焙烧步骤）完成；

c. 很好地控制产物的理想配比及结构形态；

d. 制备纯相陶瓷（氧化物）材料；

e. 可以大批量生产。

（5）沉淀法

沉淀法是在溶液中添加适当的沉淀剂，使得原料溶液中的阳离子形成各种形式的沉淀物（其颗粒大小和形状由反应条件控制），然后经过滤、洗涤、干燥，有时还需经加热分解等工艺得到纳米微粒。沉淀法有直接沉淀法、共沉淀法、均匀沉淀法和水解法等。

直接沉淀法就是使溶液中的某种金属阳离子发生化学反应而形成沉淀物。鉴于直接沉淀法的局限性，目前使用这种方法制备纳米级的复合粒子较少。

如果原料液中有多种成分的阳离子，它们以均相存在于溶液中，所以经沉淀反应后就可以得到各种成分均匀的沉淀，这就是所谓的共沉淀法。它是制备含有两种以上金属元素的复合纳米粉体的重要方法。四方氧化铝与全稳定立方氧化锆共沉淀制备纳米复合粒子就是一个很典型的例子。如用 $ZrOCl_2 \cdot 8H_2O$ 和 Y_2O_3 为原料来制备 ZrO_3/Y_2O_3 纳米复合粒子的过程如下：Y_2O_3 用盐酸溶解得到 YCl_3，然后将 $ZrOCl_2 \cdot 8H_2O$ 和 YCl_3 配制成一定浓度的混合溶液，向其中加入 NH_4OH 后便有 $Zr(OH)_4$ 和 $Y(OH)_3$ 的沉淀粒子缓慢生成，得到的氢氧化物沉淀物经洗涤、脱水、烧结后，便可得到具有很好的烧结活性的 ZrO_3/Y_2O_3 纳米复合粒子。混合物共沉淀过程是非常复杂的，溶液中不同种类的阳离子能不能同时沉淀，与各种离子沉淀的先后和溶液的 pH 值密切相关。例如，对于 Zr、Y、Mg、Ca 的氯化物的水溶液，随着溶液 pH 值的增大，各种金属离子发生沉淀的 pH 值的范围不同，如图 1-6 所示。为了沉淀的均匀性，通常将含有多种阳离子的盐溶液加到过量的沉淀剂中并进行剧烈的搅拌，使所有沉淀离子的浓度大大超过沉淀的平衡浓度，尽量使各组分按比例同时沉淀出来，从而得到较均匀的沉淀物，但组分之间的沉淀产生的浓度及沉淀速度存在差异，故溶液的原始原子水平的均匀性可能部分地失去。沉淀通常是氢氧化物或水合氧化物，但也可以是草酸盐或碳酸盐等。

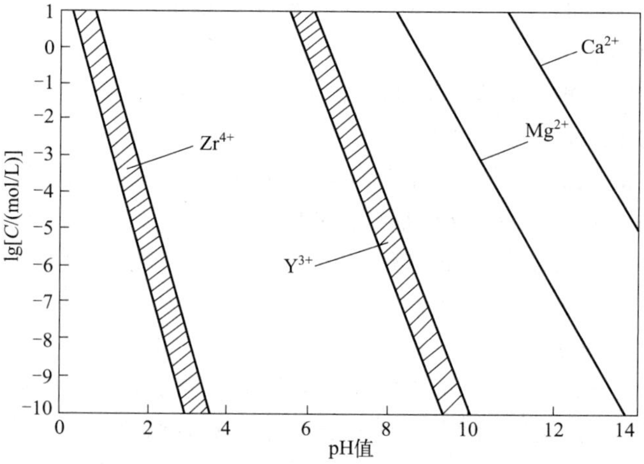

图 1-6 锆离子和稳定剂离子的浓度与 pH 值的关系

一般的沉淀过程是不平衡的，但如果控制溶液中沉淀剂的浓度，使之缓慢地增加，则可以使溶液中的沉淀处于平衡状态。在沉淀法中，为避免直接添加沉淀剂所产生的局部浓度不均匀（组分偏析），可在溶液中加入缓释剂，使之通过溶液中的化学反应，缓慢地生成沉淀剂，只要控制好沉淀剂的生成速度，就可避免浓度不均匀现象，使过饱和度被控制在适当范围内，从而控制粒子的生长速度，获得凝聚少、纯度高的纳米催化复合粉。这就是均匀沉淀法。缓释剂的代表物是尿素，其水溶液在 70℃ 左右发生分解反应，生成的 NH_4OH 起到沉淀剂的作用，它可以在金属盐溶液中均匀分布，浓度低，使得沉淀物均匀地生成，可得到纳米级的复合金属氧化物或碱式盐沉淀［式（1-2）］。尿素的分解速度受加热温度和尿素浓度的控制，因此可以使尿素的分解速度降得很低。硫代乙酰胺也是较好的缓释剂之一，陈咏梅等用它作缓释剂制备出了粒度和组分都很均匀的硫化物胶体粒子。

$$CO(NH_2)_2+3H_2O \longrightarrow 2NH_4OH+CO_2 \tag{1-2}$$

总之，用沉淀法制备微粉应考虑沉淀条件不同，后续处理方式不同，得到不同沉淀物，产生不同性能的粉体，具体因素如下：

① 沉淀剂、溶剂的选择；

② 金属离子浓度与沉淀剂浓度；

③ 溶液的酸碱度、温度；

④ 两种溶液混合的方式和均匀化速率（搅拌）；

⑤ 其他杂质的存在、性质和作用；

⑥ 反应副产物的去除方法；

⑦ 固液分离、洗涤和沉淀物的干燥；

⑧ 沉淀物的灼烧（升温程序）。

水解法中一个重要的方法就是金属醇盐水解法，它是利用一些金属有机醇盐能溶解于有机溶剂并可能发生水解，生成氢氧化物或氧化物沉淀的特性，制备纳米复合粒子的方法。采用有机试剂作金属醇盐的溶剂，由于有机试剂纯度高，因此所获得的纳米复合氧化物粉体的纯度也很高。金属醇盐的种类很多，其通过下列方法可以合成：

① 金属与醇反应　碱金属、碱土金属等元素均可以很容易与醇反应生成金属醇盐和氢；

② 金属卤化物与醇反应　普通金属不能与醇直接反应，但可以用金属卤化物代替金属，使其与醇反应生成金属醇盐。

两种以上的金属醇盐制备纳米复合金属氧化物粉体的基本原理如下。金属醇化物具有M—O—C键，由于氧原子电负性强，M—O键表现出强的极性。正电性强的元素，其醇化物表现为离子性，电负性强的元素醇化物表现为共价性。将金属醇化物 $M(OR)_x$ 与金属氢氧化物相比可知，前者相当于用烷基R置换 $M(OH)_x$ 中的氢后所形成的衍生物。也就是说，正电性强的金属醇化物表现出碱性，随元素正电性减弱逐渐表现出酸性。这样碱性醇盐和酸性醇盐的中和反应就生成复合的醇化物。由复合醇盐水解的产物一般是原子水平混合均一的无定形沉淀；两种以上的金属醇盐之间没有化学结合，而只是简单的复合物，它们的水解具有分离倾向，但是大多数金属醇盐水解速度很快，仍然可以保持粒子组成的均一性。

水解法也可利用一些金属的其他盐溶液在高温下水解生成氢氧化物或水合氧化物沉淀，经加热分解而得到纳米级的氧化物细粉（也有在蒸气态下水解而获得氧化物纳米粉的）。如果水解生成的是两种或多种沉淀，得到的就是复合粉。如将 $ZrOCl_2$ 和 YCl_3 混合液经水解、热分解就得到粒径小于100nm的 Y_2O_3/ZrO_2 纳米复合粒子。

（6）溶剂蒸发法

溶剂蒸发法的主要过程是将溶液先制成微小液滴，再加热使溶剂蒸发、溶质析出，即得到所需的纳米粒子。根据溶剂蒸发方式的不同可分为喷雾干燥法、喷雾热解法和冷冻干燥法。

喷雾干燥法是用喷雾器将含有复合组分的溶液喷入高温介质中，溶剂迅速蒸发，从而析出所需的纳米复合粒子。例如，铁氧体的纳米复合粒子可采用此种方法进行制备。具体程序是将镍、锌、铁的硫酸盐混合水溶液喷雾，获得10～20μm混合硫酸盐的球状粒子，经过

1073～1273K 焙烧，即可获得镍锌铁氧体纳米复合粒子，该粒子由 100nm 的一次颗粒组成。此法中的溶液组分在蒸发的高温介质中不应分解或有其他化学反应，否则得不到所期望的纳米粉体。

喷雾热解法（spray pyrolysis）则是将含有颗粒前驱体的溶液雾化喷入高温的气氛中，溶剂的蒸发和盐的热分解同时迅速进行，从而直接制得金属氧化物纳米复合粉体的方法。例如，硝酸镁和硝酸铝的混合液经此法可合成镁铝尖晶石，溶剂是水与甲醇的混合溶液，粒径大小取决于盐的浓度和溶剂的浓度，它们由几十纳米的一次粒子构成。该方法有如下特点：

① 形成的颗粒多为球形；

② 颗粒分布均匀且范围易控制；

③ 颗粒纯度高；

④ 过程可以连续化。

但此法也存在复合粒子形态难以控制和组分偏析等问题。溶剂蒸发法中还有一种常用的方法，即冷冻干燥法，它是将颗粒前驱体混合溶液喷雾到低温有机溶剂中，使其迅速冷冻，然后在低温减压条件下升华，最后脱水并加热分解即可得到纳米复合粒子。此法的主要特点是：生产批量大，适用于工业化制造纳米复合粒子；设备简单，成本低；制得的粉体粒度小、纯度高、均匀性好。冷冻干燥法主要分为冻结、干燥和焙烧三个过程。使金属盐混合水溶液快速冻结的冷冻介质须为不与溶液互溶的液体。例如，以干冰与丙酮的混合物作为冷却剂，将己烷冷却至低温状态，随后通过氮气携带金属盐溶液从喷嘴喷入己烷中，如图 1-7（a）所示。在此过程中，溶液在己烷中迅速冻结成粒径为 0.1～0.5μm 的冰粒。除己烷外，液氮（77K）也可作为冷冻介质。但实际应用中己烷的冷冻效果更优。当使用液氮时，液氮剧烈蒸发产生的气相氮会在液滴周围形成隔热层，阻碍液滴的热量散发，导致冷冻速度下降，进而可能引发液滴内组分分离，造成成分不均匀。冻结液的干燥可采用图 1-7（b）所示的装置。将冻结的液滴（冰粒）加热，使水快速升华，同时采用凝结器捕获升华的水，使装置中的水蒸气降低，达到提高干燥效率的目的。图 1-7（b）中采用的凝结器为液氮捕集器。为了提高冻结干燥的效率，控制盐的浓度很重要。因为冰粒的温度约为 263K 时，凝结器才能高效率地捕获升华的水。浓度的升高会导致溶液变成冰粒的凝固点降低，致使干燥效率降低。此外，高浓度溶液会形成过冷却状态，使液滴成玻璃状态，发生盐的分离与粒子的团聚。为了避免高浓度溶液出现这些问题，常常在盐溶液中加入氢氧化铵。如果溶液浓度太低，则制备出来的产品质量会降低。因此，用冷冻干燥法制备纳米复合粒子时，应注意选择恰当的盐溶液浓度。

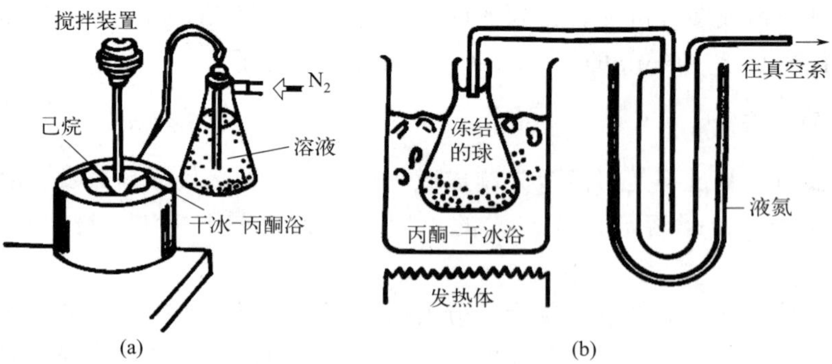

图 1-7　液滴冻结装置示意图（a）和冻结液的干燥装置图（b）

溶剂蒸发法的三种工艺（喷雾干燥法、喷雾热解法、冷冻干燥法）均通过溶液状态变化制备纳米复合粒子，核心是结合物理相变（溶剂蒸发/冻结）与化学转化（热分解）。喷雾干燥法借高温介质快速蒸发溶剂，需溶质热稳定，适用于热稳定体系；喷雾热解法同步实现溶剂蒸发与盐类热解，直接生成金属氧化物，但颗粒形态难控、易组分偏析；冷冻干燥法以低温冻结抑制溶质扩散，结合减压升华保证均匀性，适用于易分离体系，需控制盐浓度防止凝固点降低或团聚。各工艺均需通过快速相变抑制偏析，喷雾粒径、相变速率与焙烧条件影响粒度，且均具有连续化潜力，需配套分级设备。该法为纳米复合粒子规模化制备提供多种路径，工艺选择需综合考虑目标产物的热稳定性、组分兼容性及粒度要求。

（7）微乳液法

微乳液是由两种不互溶的液体形成的分散体系，具有热力学稳定、各向同性且外观透明或半透明的特点。从微观角度看，它由表面活性剂稳定界面。与乳状液相比，微乳液分散相的粒径更小（小于 100nm）。微乳液技术用于纳米粒子制备时通常包括纳米反应器和微乳聚合两种技术。纳米反应器通常以油包水（W/O）型微乳液为基础。这类乳液能提供微小的水核结构，水溶性物质在水核内反应，进而生成所需的纳米粒子。W/O 微乳液由三部分构成：连续的油相、作为反应场所的水，以及由表面活性剂与助表面活性剂共同形成的界面膜。微乳液的结构参数包括颗粒大小（对 W/O 微乳液为水核大小）和表面活性剂平均聚集度等。在半径为 R 的水核中仅含少量溶于水的助表面活性剂（醇），水核半径 R 是一个重要的结构参数，其值与体系中水和表面活性剂的浓度及表面活性剂的种类有关，研究结果表明，W/O 微乳液中表面活性剂和助表面活性剂的链长降低，会导致水核半径增大。当微乳体系确定后，纳米微粒的制备是通过混合两种含有不同反应物的微乳液实现的，其反应机理如下：含有不同反应物的两个微乳液混合后，由于胶团微粒的碰撞，发生了水核内物质的相互交换和传递，这种交换是非常快的，对于大多数常用的微乳液，这种交换在混合过程中就会发生，各种化学反应就在水核内进行，因此粒子的大小可以控制。

用反相微乳液法制备的纳米微粒很多，主要是一些功能性强、附加值较高的产品，包括纳米磁性复合材料、纳米微粒催化剂、半导体纳米材料、纳米氧化物陶瓷粉和纳米超导材料等。

（8）化学气相沉积法

化学气相沉积（chemical vapor deposition，CVD）法是以挥发性金属化合物或有机金属化合物等蒸气为原料，通过化学反应生成所需要的物质，在保护气体环境下快速冷凝，从而制备各类物质的纳米微粒。化学气相沉积法是在远高于热力学计算临界反应温度条件下，反应产物蒸气形成很高的过饱和蒸气压，使其自动凝聚形成大量的晶核。这些晶核在加热区不断长大，聚集成颗粒。随着气流进入低温区，颗粒生长、聚集、晶化过程停止，最终在收集室内收集到纳米复合微粒。该方法可通过选择适当的浓度、流速、温度和组成配比等工艺条件，实现对粉体组成、形状、尺寸、晶相等控制。化学气相反应法是利用高温裂解原理，采用直流等离子、微波等离子或激光作热源，使前驱体发生分解，反应成核并长大成纳米复合微粒，该方法能获得粒径均匀、尺寸可控以及小于 50nm 的纳米微粒。

化学气相沉积法的原料多采用容易制备、蒸气压高、反应性也比较好的金属氧化物、金属氢氧化物、金属醇盐、烃化物、羰基化合物及其混合物等。加热的方法除了通常的电阻炉外还有化学火焰、等离子体、激光等，尤其是后两种加热方式引起了广泛重视。根据提供热源的方式可分为等离子体化学气相沉积法（PCVD 法）和激光诱导化学气相沉积法（LICVD 法）等。

① 等离子体化学气相沉积法

等离子体化学气相沉积法是制备纳米复合材料的常用方法之一。它具有高温急剧升温和快速冷却的特点，PCVD 法又可分为直流电等离子体法（DC 法）、高频等离子体法（RF 法）和复合等离子体法。

等离子体是一种电离气体，由气体电离后产生的离子、电子及中性粒子等组成，宏观上呈电中性，是继固、液、气态后物质存在的第四态，是物质的一种高能量聚集状态。等离子体中的粒子能量可达数十甚至上千电子伏特（$1eV=1.602177\times10^{-19}J$），使通常情况下难以发生或反应速率很慢的化学反应或过程变为可能。等离子体法的基本原理是，在惰性气氛或反应性气氛下通过直流放电使气体电离产生高温等离子体，从而使原料熔化和蒸发，蒸气遇到周围的气体就会冷却或发生反应形成纳米微粒。

A. 等离子体的产生　在 $10^{-1}\sim10Pa$ 的稀薄气体中，于两个电极间加上直流电压，就会产生气体的放电电离。当两电极加上直流电压后，开始时，由宇宙射线作用于稀薄气体电离产生的游离离子和电子很少，所以极间电流非常小，AB 区域为无光放电区；随着电源功率增大，电压升高，带电离子和电子能量增加，与气体分子碰撞电离的概率也增大，到达 B 点以后，极间电压维持不变，电流平稳增加，进入微弱发光的汤森放电区；当电流增至 C 点后，发生“雪崩点火”，离子轰击阴极，释放二次电子，它们与中性气体分子碰撞电离，产生更多离子，这些离子再轰击阴极又产生更多的二次电子；在产生足够的离子和电子后，放电达到自持，电压迅速下降，极间电流突然增大，气体发出明亮的辉光，DE 区为正常辉光放电区；在 E 点以后，继续增加电源功率，极间电流随着电压的升高而增大，EF 为异常辉光放电区；在 F 点以后，极间电压陡降，电流激增，产生低压大电流的弧光放电，如图 1-8 所示。

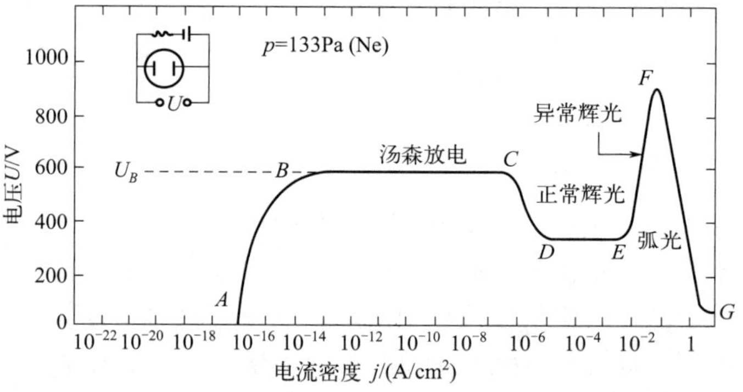

图 1-8　气体直流放电的伏安特性曲线

辉光放电和弧光放电对化学反应非常有效。如图 1-9 所示，阴极辉光为辉光放电时，从阴极发射的二次电子的初始能量较低，在与气体分子的碰撞中，只是使气体分子受到激发，不发生电离，受到激发的气体分子会发出固有频率的光波。阴极暗区为获得足够能量的电子使气体分子发生电离，产生大量离子和低速电子，这个区域几乎不发光。电压差几乎等于全部的外加电压。形成的低速电子被加速，激发气体分子，又会产生气体分子发光，这是负辉光。经过负辉光区后，多数动能较大的电子丧失能量，出现一个法拉第暗区。此后，又会发生电子的加速、气体分子的激发发光乃至电离，只是由于电子数较少，产生的正离子密度较小，电压将极小而很类似一个良导体。弧光放电为当放电电流密度超过某一极限（0.1A/cm^2），极间电位消失，产生弧光放电，整个弧区发出强光。

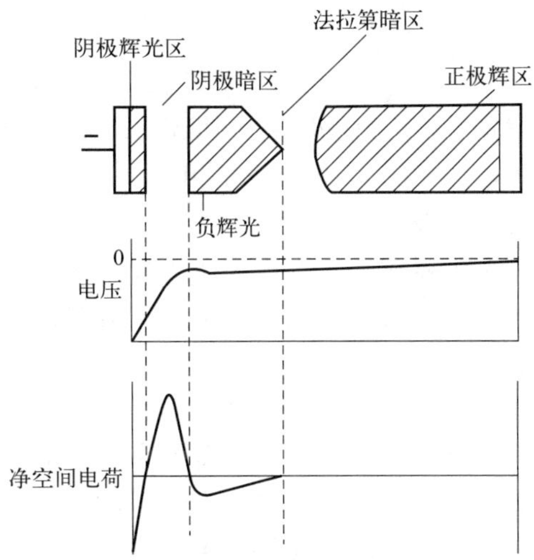

图 1-9　直流辉光放电的发光特性及电压、净空间电荷分布

B. 等离子体的特性

a. 等离子体的温度　平衡等离子体：在稠密高压（1atm 以上，1atm＝101325Pa）下形成的等离子体，其组成粒子之间频繁碰撞，使得各种粒子的能量趋于平均化，其原子、分子、离子、电子的温度大致相同且与气体（等离子体）的温度相一致，处于热力学平衡状态。

非平衡等离子体：在低气压辉光放电形成的等离子体中，粒子的碰撞概率小，自由程长，使得质量悬殊的电子和正离子受电场的加速不同，电子可加速到比正离子高得多的速度，导致在低压等离子体中，电子与重粒子（离子、中性原子、分子）热运动的动能相差很大，电子温度可达几万摄氏度，重粒子温度只有几十至几百摄氏度。利用低温等离子体的这一特性，在较低温度条件下通过高温电子的激发作用实现高温的反应过程。

b. 等离子体的浓度　等离子体浓度指单位体积中所含粒子的个数。等离子体中只有一价正离子时，它含有的电子和正离子浓度是相等的，可用等离子体浓度描述等离子体。当等离子体中存在多价正离子时，电子浓度大于正离子浓度，分别用电子浓度和正离子浓度表征等离子体。等离子体浓度决定了等离子体的电学性质（电导率），活性激发粒子浓度决定了等离子体的化学性质。各种活性激发源于电子的非弹性碰撞，因此必须对等离子体中的电子浓度进行研究。

c. 等离子体的电离度如式（1-3）所示。

$$\alpha = N_{A^+} / N_A \tag{1-3}$$

式中，α 为等离子体中气体的电离程度；N_{A^+} 为已电离的粒子数；N_A 为电离前粒子数。充分电离，$\alpha \rightarrow 1$；弱电离，α 为很小的分数。α 随温度增加而增加，随压力增加而减小。

d. 电中性和德拜长度　等离子体中虽然有不少带电粒子，但由于粒子所带正电荷的总量等于粒子所带负电荷的总量，所以宏观地看，等离子体几乎保持电中性，如式（1-4）所示。在微观上，由于粒子的热运动，在一定的空间范围内（德拜球）会出现正负电荷的分离，这一空间的尺度称为德拜长度 λ_D，其是等离子体保持电中性的最小空间尺度。

$$n_e = n_1 + 2n_2 + 3n_3 + \cdots + in_i = \sum in_i \tag{1-4}$$

式中，n_e 为电子数密度；n_1、n_2、$n_3 \cdots n_i$ 分别为一价、二价、三价…i 价正离子的数密度；i 为离子的电荷数。

根据德拜的推导［式（1-5）］：

$$\lambda_D=\sqrt{\frac{\varepsilon_0 kT_e}{n_e e^2}} \tag{1-5}$$

式中，k 为玻尔兹曼常数；ε_0 为真空电容率；e 为电子电荷；T_e 为温度。由这一关系可知，λ_D 与电子动能成正相关，而与电子数密度呈负相关。λ_D 通常是很小的，小于粒子的平均自由程。

在德拜球内，由热运动造成的正、负电荷的分离是动态的，而非静态。出现分离后，电子和离子之间的静电引力作用又会使这种分离出现强烈的恢复电中性的趋势，导致 λ_D 内出现电荷分离-恢复电中性-电荷分离的往复振荡。由于离子的质量远大于电子，可认为这种电荷分离或振荡是电子相对离子的一种往复运动。分离时，电子离开离子，产生静电场，当由于静电场的作用电子相对离子往回运动时，在电场作用下不断加速，在惯性作用下，会超越平衡位置造成反方向的电荷分离，又产生相反方向的电场，使电子再次向平衡位置运动，这个过程不断重复形成了等离子体内部电子的集体振荡［式（1-6）］。

$$f_p\approx 9\sqrt{n_e} \tag{1-6}$$

式中，f_p 为等离子体的振荡频率。要维持这种振荡，则必须满足粒子的碰撞频率 $\nu_e \ll f_p$。在这种条件下，电子不至于因碰撞而耗散振荡的能量。

e. 等离子体鞘　如果将等离子体放在固体壁构成的容器中，或将固体（电极、加料器等）浸入等离子体，则在等离子体与固体交界处，等离子体不直接与器壁接触，而是形成一个不发光带负电荷的薄层暗区，即等离子体鞘。

f. 等离子体的导电性和磁控性　等离子体由荷电粒子组成，且带电粒子的浓度极高，通常为 $10^{10}\sim10^{15}\,cm^{-3}$。由于这一特性，等离子体具有很强的导电性，并可通过磁场对其行为和运动进行调控。

等离子体法制备纳米复合粒子有两种方法：第一种是将不同种类的原料（块或片或粒）在惰性气氛中蒸发冷凝，以获得纳米复合粒子的方法；第二种是将含有原料化合物蒸气的反应气体送入等离子体火焰反应生成纳米复合粒子的方法。以制备纳米金属复合粒子为例，首先将被蒸发的两种或多种金属按照一定比例初步混合好并放置在水冷铜坩埚的上部，在它与安放于其斜上方的等离子体枪之间加上高频直流电压，则等离子体枪内的 He 以及 Ar 等惰性气体被电离，形成等离子体，将等离子体集束于水冷铜坩埚内的被蒸发金属原料上，进行加热和蒸发。生成室内被惰性气体充满，通过调节由真空系统排出气体的流量来确定蒸发气氛的压力。增加等离子体枪的功率可以提高由蒸发而生成的纳米复合粒子的量。当等离子体被集束后，熔体表面产生局部过热时，由生成室侧面的观察孔就可以观察到烟雾（含有纳米复合粒子的气流）的升腾加剧，即蒸发生成量增加。生成的纳米复合粒子黏附于水冷管状的铜板上，气体被排出蒸发室外。然后进行防氧化处理，再打开生成室，将附在圆筒内侧的纳米复合粒子收集起来，该状态的纳米复合粒子非常松散。

等离子体复合法是将反应剂注入高温等离子体，伴随着热反应气体的快速淬火，在足够低的温度下纳米复合粒子被合成，快速冷却导致一个或更多个可沉淀样品的成核。等离子体合成法是一种非常有效的制备纳米复合粒子的方法。原因主要有以下几点：

a. 等离子体反应器中的温度非常高，有利于注入反应剂的完全溶解和快速反应，这样在反应剂和最终产品的选择上，允许明显的化学可变性；

b. 等离子体的高能量密度使得能在相对紧凑的反应器中，获得高产量；

c. 等离子体合成过程中可达高淬灭速率，生产的纳米复合粒子能获得高过饱和度，还有可能合成令人感兴趣的亚稳相。

② 激光诱导化学气相沉积法

激光诱导化学气相沉积法是利用反应气体分子对特定波长激光束的吸收而产生热解或化学反应，经成核生长形成纳米微粒及复合微粒。整个过程实质上是一个热化学反应和晶粒成核与生长过程。该过程加温速度快、高温驻留时间短、迅速冷却，可以获得超细（颗粒尺寸小于 10nm）的均匀粉体。同时，由于反应中心区域与反应器之间被原料气隔离，污染小，能够获得稳定质量的纳米复合微粒。

a. 激光的产生：激光的产生基于两个重要的物理过程，即受激吸收与自发发射。当处于低能级 E_1 的原子（或分子、离子）受到能量为 $E=E_2-E_1=h\nu$（h 为普朗克常数；ν 为光子频率；E_2-E_1 为高低能级间的能量差）的光子作用时，该粒子会吸收该光子跃迁到高能级 E_2（激发态），这一过程称为受激吸收；而处于激发态的原子在高能级平均停留约 10^{-8}s，由于能量状态不稳定，会自发地返回低能级 E_1，并释放出与吸收光子能量（$E=E_2-E_1=h\nu$）相同的光子，这一过程为自发发射。

b. 激光的特点：单向性，方向完全一致的轴向光；单色性，具有超高光强度，可产生几万摄氏度乃至几百万摄氏度的高温。

c. 激光诱导化学气相沉积法的成核过程：用连续输出的 CO_2 激光（10.6μm）照射硅烷分子，SiH_4 热解，热解生成的气相硅在一定温度和压力条件下开始成核和生长。粒子成核后的典型生长过程包括 5 个过程：反应体向粒子表面的输运过程；粒子表面的沉积过程；化学反应（或凝聚）形成固体过程；其他气相反应产物的沉积过程；气相反应产物通过粒子表面输运过程。

d. 激光诱导化学气相沉积法与其他方法的本质区别：反应器壁是冷的，因此无潜在的污染；原料气体分子直接或间接吸收激光光子能量后迅速进行反应；激光能量高度集中，反应区与周围环境之间温度梯度大，有利于生成核粒子快速凝结。

激光诱导化学气相沉积法具有上述技术优势，因此，采用其可以制备均匀、高纯、超细、粒度分布窄的各类纳米复合微粒。

随着纳米技术的研究与应用的深入，功能无机材料及其制备技术的发展已不仅局限于传统的合成，而且包括制备与组装科学。新型无机材料已广泛应用于各个工业和科学领域，其内容已从常规经典合成进入大量特种实验技术与方法下的合成，以至发展到开始研究特定结构与性能无机材料的定向设计合成与仿生合成等。纳米功能无机材料制备技术的研究成功及工程化与产业化应用的成功，必将推动纳米技术向实际工业化应用的新进展，同时也可以解决目前纳米粒子在实际应用中表现效果不佳的问题，以便纳米粒子在实际应用中能真正充分发挥出其奇特的性能。

思考题与习题

1. 请简述功能材料的概念。
2. 请简述二次功能材料概念。

3. 请简述溶胶-凝胶法的概念。

4. 请简述化学气相沉积（chemical vapor deposition，CVD）法的概念。

5. 与传统的高温固相粉末合成方法相比，溶胶-凝胶法技术的优点有哪些？

6. 请简述物理法制备功能无机材料中物理复合法的定义。

7. 请简述研磨法中处理时间与吸附率和比表面积的关系。

8. 固相反应一般经历哪几个阶段？

9. 请简述等离子体电离度的概念。

参考文献

[1] 郑子樵. 新材料概论[M]. 长沙：中南大学出版社，2009.

[2] 赵文元，王亦军. 功能高分子材料[M]. 北京：化学工业出版社，2008.

[3] 熊兆贤. 材料物理导论[M]. 2 版. 北京：科学出版社，2007.

[4] 张耀君，王亚超，刘礼才. 纳米材料基础[M]. 北京：化学工业出版社，2011.

[5] 孙兰，文玉华，郭智兴，等. 功能材料及应用[M]. 成都：四川大学出版社，2015.

[6] 李远勋，季甲. 功能材料的制备与性能表征[M]. 成都：西南交通大学出版社，2018.

[7] 李凤生，杨毅，等. 纳米/微米复合技术及应用[M]. 北京：国防工业出版社，2002.

[8] 高积强，杨建锋，王红洁. 无机非金属材料制备方法[M]. 西安：西安交通大学出版社，2009.

[9] 黄剑锋. 溶胶-凝胶原理与技术[M]. 北京：化学工业出版社，2005.

[10] 杨华明. 无机功能材料[M]. 北京：化学工业出版社，2007.

[11] 王先航. 传统无机化学材料的应用现状及新材料的发展探索[J]. 化工管理，2024(35)：112-115.

[12] 张霞，张永翠. 王浩然，等. 水热与溶剂热法在合成材料中的应用[J]. 现代技术陶瓷，2024，45(3)：247-258.

[13] 江梓键，刘雨昂，宗毅健，等. 微乳液法制备纳米氧化锌及其光催化性能探究[J]. 大学化学，2024，39(5)：266-273.

[14] 任梓江，陈碧，徐俊卓，等. 高能球磨法制备铌酸钾钠基陶瓷及其性能研究[J]. 陶瓷学报，2024，45(3)：595-600.

[15] 李茹钰，刘子博，袁荣荣. 机械研磨法合成共价有机骨架材料及表征[J]. 化工新型材料，2024，52(8)：162-164，169.

第 2 章

无机材料晶体结构与性能

材料的结构决定着材料的性能，因此材料的结构研究是材料科学研究的重要组成部分。本章主要研究内容有：功能无机材料的晶体结构、无机固体材料的电子能带结构理论、功能无机材料的结构缺陷以及无机材料的物理性能等。

2.1 功能无机材料的晶体结构

材料的组成和晶体结构是决定材料性质的基本因素。只有正确认识材料晶体结构和成键特征，才能真正理解材料的化学和物理性质。随着知识的累积和科技的进步，寻找新材料研究的定向性更加明显。

2.1.1 晶体学基础

晶体结构的基本特征是原子（或分子、离子）在三维空间呈周期性重复排列，即存在长程有序。因此，它与非晶体物质在性能上的区别主要有两点：①晶体熔化时具有固定的熔点，而非晶体却无固定熔点，存在一个软化温度范围；②晶体具有各向异性，而非晶体却为各向同性。

为了便于了解晶体中原子（离子、分子或原子团等）在空间的排列规律，以便更好地进行晶体结构分析，下面首先介绍有关晶体学的基础知识。

（1）空间点阵和晶胞

实际晶体中的质点（原子、分子、离子或原子团等）在三维空间可以有无限多种排列形式。为了便于分析研究晶体中质点的排列规律性，可先将实际晶体结构看成完整无缺的理想晶体，并将其中的每个质点抽象为规则排列于空间的几何点，其称为阵点。这些阵点在空间呈周期性规则排列，并具有完全相同的周围环境，这种由它们在三维空间规则排列的阵列称为空间点阵，简称点阵。为便于描述空间点阵的图形，用许多平行的直线将所有阵点连接起来就构成一个三维几何格架，其称为空间格子，如图 2-1 所示。

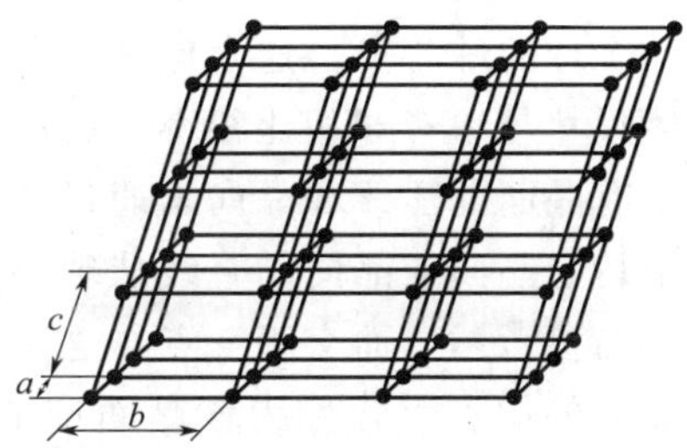

图 2-1 空间点阵的一部分

为说明点阵排列的规律和特点，可在点阵中取出一个具有代表性的基本单元（最小平行六面体）作为点阵的组成单元，其称为晶胞。将晶胞作三维的重复堆砌就构成了空间点阵。

（2）晶向指数和晶面指数

在材料科学中讨论有关晶体的生长、变形、相变及性能等问题时，常需涉及晶体中原子的位置、原子列的方向（晶向）和原子构成的平面（晶面）。为了便于确定和区别晶体中不同方位的晶向和晶面，国际上通常用米勒指数（Miller indices）来统一标定晶向指数与晶面指数。

① 晶向指数　晶向指数是指在晶列通过轴矢坐标系原点的直线上任取一个格点，将该格点指数化为最小整数，即晶向指数，表示为［$u\ v\ w$］。

晶向指数的确定步骤如下：a. 建立坐标系，以晶胞的某一阵点 O 为原点，3 条棱边为坐标轴（x，y，z），并以晶胞棱边的长度（即晶胞的点阵常数 a、b、c）分别作为坐标轴的长度单位；b. 过原点 O 作一条直线 OP，使其平行于待定的晶向；c. 在直线 OP 上选取距原点 O 最近的一个阵点，并确定该点的 3 个坐标值；d. 将这 3 个坐标值化为最小整数 u、v、w 并加上方括号，［$u\ v\ w$］即待定晶向的晶向指数，如果［$u\ v\ w$］中某个数值为负值，则将负号标注在这个数的上方。

② 晶面指数　晶面指数是晶体的常数之一，通过空间点阵中任意三结点的平面称为晶面。点阵中一定有一系列间距相等的晶面与此晶面相平行。只要求得任一晶面与三条晶轴的三个截距。取其倒数，用最小公倍数乘之，将所得最小（互质）整数加以圆括号，即晶面指数（若截距为负值，需在晶面指数上加一负号）。晶面指数的确定步骤如下：a. 在点阵中设定参考坐标系，设置方法与确定晶向指数时相同；b. 求得待定晶面在三个晶轴上的截距，若该晶面与某轴平行，则在此轴上截距为无穷大；c. 若该晶面与轴负方向相截，则在此轴上截距为一负值；d. 取各截距的倒数，将三倒数化为互质的整数，并加上圆括号，即表示该晶面的指数，记为（$h\ k\ l$）。

（3）极射投影

在进行晶体结构的分析研究时，往往要确定晶体的取向、晶面或晶向间的夹角等。为了方便起见，通过投影作图可将三维立体图形转化到二维平面上去。晶体的投影方法很多，其中以极射投影最为方便，应用也最广泛。

① 极射投影原理　现将被研究的晶体放在一个球的球心上，这个球称为参考球。假定晶体尺寸与参考球相比很小，就可以认为晶体中所有晶面的法线和晶向均通过球心。将代表每个特定晶面或晶向的直线从球心出发向外延长，与参考球球面交于一点，这一点即该晶面或晶向的代表点，称为该晶面或晶向的极点。极点的相互位置即可用来确定与之相对应的晶向和晶面之间的夹角。

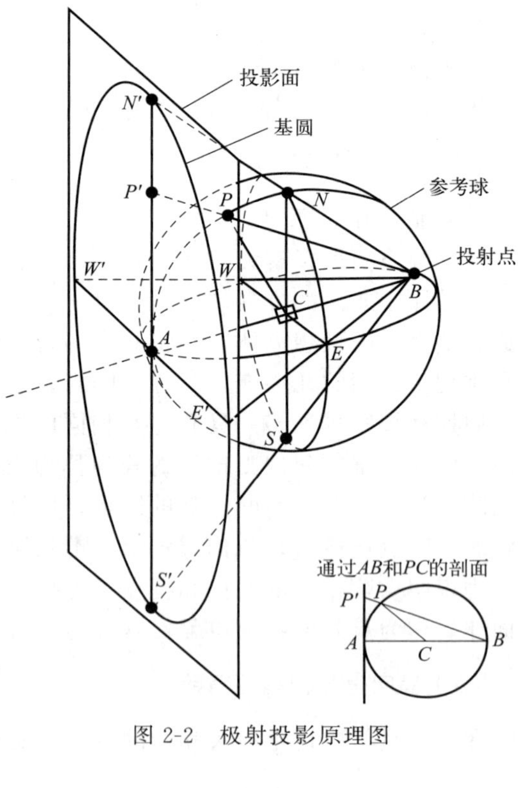

图 2-2　极射投影原理图

极射投影的原理如图 2-2 所示。首先，在参考球中选定一条过球心 C 的直线 AB，过 A 点作一平面与参考球相切，该平面即为投影面，也称极射面。若球面上有一极点 P，连接 BP 并延长，使其与投影面相交于 P'，P'为

极点 P 在投影面上的极射投影。过球心作一平面 $NESW$ 与 AB 垂直（与投影面平行），它在球面上形成一个直径与球径相等的圆，称为大圆。大圆在投影面上的投影为一个圆即 $N'E'S'W'$，称为基圆。所有位于左半球球面上的极点，投影后的极射投影点均将落在基圆之内。然后，将投影面移至 B 点，并以 A 点为投射点，将所有位于右半球球面上的极点投射到位于 B 处的投影面上，并冠以负号。最后，将 A 处和 B 处的极射投影图重叠画在一张图上。这样，球面上所有可能出现的极点，都可以包括在同一张极射投影图上。

② 乌尔夫网　分析晶体的极射投影时，乌尔夫网是很有用的工具。如图 2-3 所示，乌尔夫网是由基圆和经纬网格所组成。基圆就是投影球的赤平大圆周，经纬网格由一系列经向大圆弧和一系列纬向小圆弧交织而成。标准的乌尔夫网直径 20cm，网格纵、横间隔均为 2°。它能正确反映点、线、面的角距关系，但是投影面积被歪曲。乌尔夫网在分析地震震源机制的时候经常用到。测量时，先将投影图画在透明纸上，其基圆直径与所用乌尔夫网的直径大小相等，然后将此透明纸覆盖在乌尔夫网上测量。利用乌尔夫网不仅可以方便地读出任一极点的方位，而且可以测定投影面上任意两极点间的夹角。

③ 标准投影　以晶体的某个晶面平行于投影面上作出全部主要晶面的极射投影图，称为标准投影。一般选择一些重要的低指数的晶面作为投影面，这样得到的图形能反映晶体的对称性。立方晶系常用的投影面是（001）、（110）和（111）；六方晶系则为（0001）。立方晶系的（001）标准投影如图 2-4 所示。对于立方晶系，相同指数的晶面和晶向是相互垂直的，所以标准投影图中的极点既代表了晶面又代表了晶向。

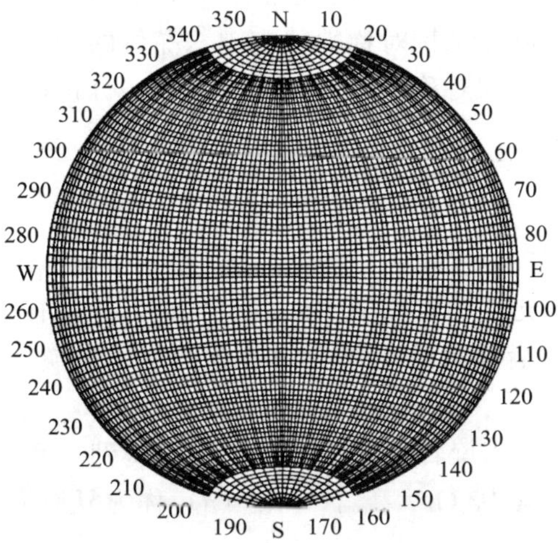

图 2-3　乌尔夫网

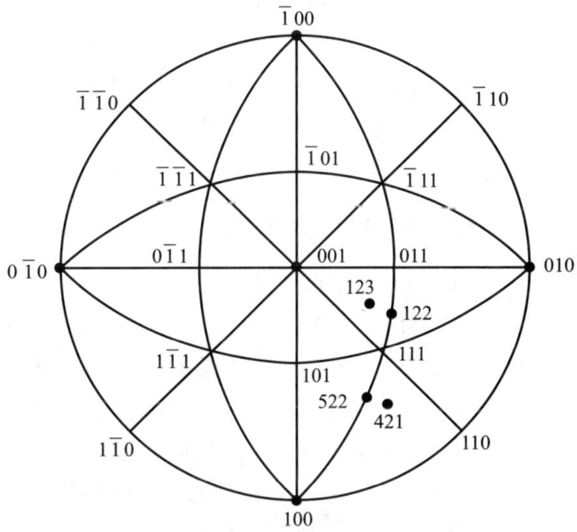

图 2-4　立方晶体的（001）标准投影图

同一晶带各晶面的极点一定位于参考球的同一大圆上（因为晶带各晶面的法线位于同一平面上），因此，在投影图上同一晶带的晶面极点也位于同一大圆上。图 2-4 绘出了一些主要晶带的面，它们以直线或弧线连在一起。晶带轴与其晶面的法线是相互垂直的，所以可根据晶面所在的大圆求出该晶带的晶带轴。

（4）倒易点阵

倒易点阵是由被称为倒易点的点所构成的一种点阵，它也是描述晶体结构的一种几何方法，其与空间点阵具有倒易关系。倒易点阵中的一个倒易点对应着空间点阵中一组晶面间距相等的点格平面。

点阵存在关系：

① 由基矢决定的平行六面体的体积互为倒数。

② 原点阵中指数为（$h\ k\ l$）的一组平面垂直于其倒易点阵中有着相同指数［$h\ k\ l$］的方向，而且阵面族的面间距 d_{HKL} 同直线长度 r_{HKL} 成反比例关系：$d_{HKL}=K/r_{HKL}$。这样，就可以用一个倒阵点来代表正点阵中的阵面族。而倒阵点就可以和衍射图样上的衍射斑点联系起来。

倒易点阵的引入除了解释晶体的 X 射线衍射图样外，倒易点阵的概念在固体理论中也非常重要，作出由原点出发的诸倒易点阵矢量的垂直中分平面，则为这些平面所完全封闭的最小体积就是第一布里渊区。固体理论中习用的倒易点阵的尺寸为这里定义的 2π 倍。

综上所述，正点阵与倒易点阵之间是完全互为倒易的。例如，正点阵中一个一维的点阵方向与倒易点阵中一个二维的倒易平面对应，而前者的二维点阵平面又与后者的一维倒易点阵方向对应。用倒易点阵描述或分析晶体的几何关系有时比正点阵更方便。

倒易点阵的主要应用有以下三方面：①解释 X 射线及电子衍射图像，即通过倒易点阵可以将晶体的电子衍射斑点直接解释为晶体相应晶面的衍射结果；②研究能带理论；③推导晶体学公式，如晶带定律方程、点阵平面间距公式、点阵平面的法线间的夹角及法线方向指数等。

2.1.2 晶体结构的对称性

对称性是晶体的基本性质之一。自然界的许多晶体如天然金刚石、水晶、雪花晶体等往往具有规则的几何外形。晶体外形的宏观对称性是内部晶体结构对称性的表现，晶体的某些物理参数如热膨胀系数、弹性模量和光学常数等也与晶体的对称性密切相关。因此，分析探讨晶体的对称性，对研究晶体结构及其性能具有重要意义。

（1）对称性的基本概念

① 分子与有限图形的对称

a. 对称操作　对称性科学而严格的定义可以由对称元素和对称操作来描述。对一个具有对称性的图形，当施加某种操作时，可以发现，操作前后仅仅是图形中的各点发生了置换，而图形本身从始至终其几何构型并未发生变化。

如图 2-5 所示，BF_3 分子为平面分子，键角为 120°。当旋转一定角度后，可以得到一系列图形。图中（a）、（b）、（c）、（d）都称为等价图形，其中（b）和（c）对（a）称为复原，而（d）对（a）称为完全复原。

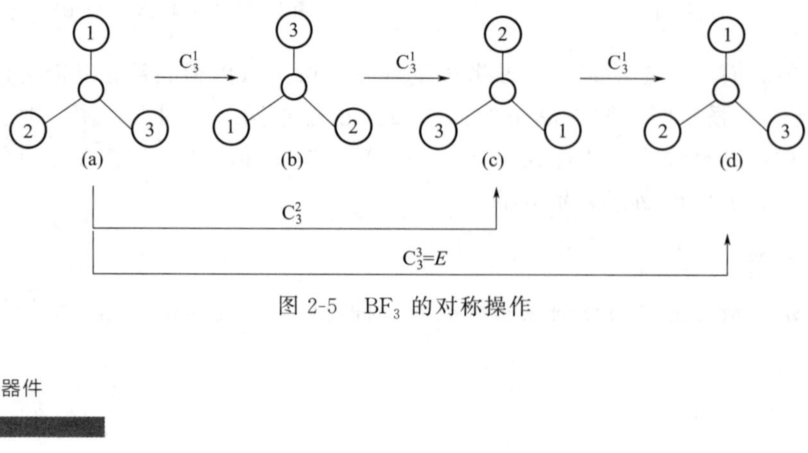

图 2-5　BF_3 的对称操作

这种经过以上不改变图形中任意两点间距离的操作后能够复原的图形称为对称图形。其中，能使图形复原的操作称为对称操作，施行对称操作所依据的几何元素称为对称元素。

描述分子及有限图形对称性的对称操作有四种，即旋转-旋转轴、反映-镜面、倒反（反演）-对称中心和旋转倒反-反轴。

b. 对称操作的分类　分子或一个有限对称图形中可能存在的对称操作可根据其操作特点分为两大类，若对称操作为直接实现，即具体操作直接产生等价图形，其结果能使两个等价图形真正重合在一起，则此对称操作称为实动作；若对称操作只是在想象中实现，结果仅使对称图形上映像相重合，则此对称操作称为虚动作。

② 对称元素系　一个对称图形或对称分子中往往同时存在多个对称元素，当多个对称元素同时存在时，处于一定相对位置上的两个对称元素可导出第三个对称元素，这称为对称元素的组合。对称元素的组合有两个旋转轴的组合、旋转轴与镜面的组合、偶次轴与和它垂直的镜面的组合三种。

③ 点群　元素 A、B、C…的集合记为 G，当规定元素间的运算为“乘法”，其组合运算满足封闭性成立、结合律成立、存在单位元素和存在逆元素四个条件，则该集合 G 构成群。正确地判定给定分子所属的点群，是应用群论处理问题的基本前提；而正确地确定一个晶体所属的点群，是确定其所属空间群和进一步解决结构问题的重要依据。

（2）对称元素

与某些几何图形一样，自然界的某些物体和晶体往往可分割成若干个相同的部分，若将这些相同部分借助某些辅助性假想的几何要素（点、线、面）变换一下，它们能自身重合复原或者能有规律地重复出现，就像未发生一样，这种性质称为对称性。具有对称性质的图形称为对称图形，而这些假想的几何要素称为对称元素，“变换”或“重复”动作称为对称操作。每一种对称操作必有一对称元素与之相对应。

晶体的对称元素可分为宏观和微观两类。宏观对称元素反映出晶体外形和其宏观性质的对称性，而微观对称元素与宏观对称元素配合运用就能反映出晶体中原子排列的对称性。

① 宏观对称元素

a. 回转对称轴　当晶体绕某一轴回转而能完全复原时，此轴为回转对称轴。注意，该轴线定要通过晶格单元的几何中心，且位于该几何中心与角顶或棱边的中心或面心的连线上。在回转一周的过程中，晶体能复原 n 次，就称为 n 次对称轴，如图 2-6 所示。关于晶体中的旋转轴次可通过晶格单元在空间密排和晶体的对称性定律加以验证。

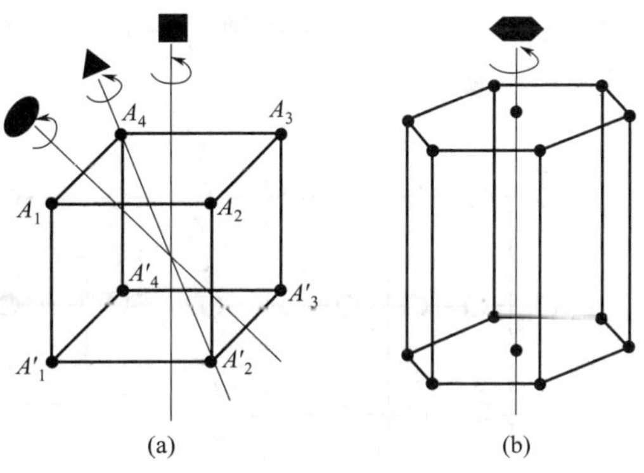

图 2-6　回转对称轴（a）和对称轴（b）

b. 对称面　晶体通过某一平面作镜像反映而能复原，则该平面称为对称面或镜面［如图 2-7（a）中 $B_1B_2B_3B_4$ 面］，用符号 m 表示。对称面通常是晶棱或晶面的垂直平分面或者为多面角的平分面，且必定通过晶体几何中心。

c. 对称中心　若晶体中所有的点在经过某一点反演后能复原，则该点就称为对称中心［如图 2-7（b）中 O 点］，用符号 i 表示。对称中心必然位于晶体中的几何中心处。

d. 回转-反演轴　若晶体绕某一轴回转一定角度（$360°/n$），再以轴上的一个中心点作反演之后能复原时，此轴称为回转-反演轴。如图 2-8 所示，P 点绕 BB' 轴回转 180°回到初始位置，再经 O 点反演而与 P' 重合，则称 BB' 为 2 次回转-反演轴。

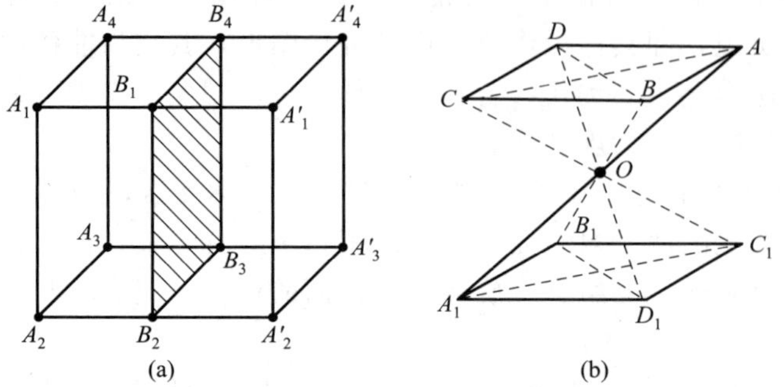

图 2-7　对称面（a）和对称中心（b）

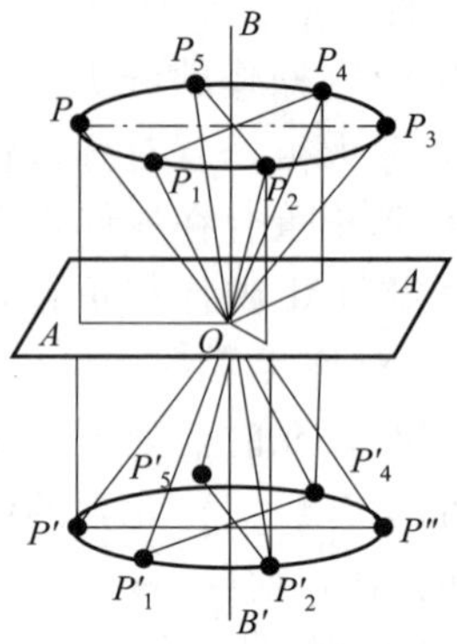

图 2-8　回转-反演轴

② 微观对称元素

在分析晶体结构的对称性时，除了上面所述的宏观对称元素外，还须增加包含平移动作的两种对称元素，这就是滑动面和螺旋轴。

a. 滑动面　它由一个对称面加上沿着此面的平移所组成，晶体结构可借此面反映并沿此面平移一定距离而复原。例如，图 2-9（a）中所示的结构，点 2 是点 1 的反映，BB' 面是对称面；但如图 2-9（b）所示的结构就不同，单是反映不能得到复原，点 1 经 BB' 面反映后再平移 $a/2$ 才能与点 2 重合，这时 BB' 面是滑动面。滑动面的表示符号如下：如平移为 $a/2$、$b/2$ 或 $c/2$ 时，写作 a、b 或 c；如沿对角线平移 1/2 距离，则写作 n；如沿着面对角线平移 1/4 距离，则写作 d。

b. 螺旋轴　螺旋轴由回转轴和平行于轴的平移所构成。晶体结构可借绕螺旋轴回转 $360°/n$ 角度同时沿轴平移一定距离而得到重合，此螺旋轴称为 n 次螺旋轴。图 2-10 所示为 3 次螺旋轴，一些结构绕此轴回转 120°并沿轴平移 $c/3$ 就得到复原。螺旋轴按其回转方向而有右旋和左旋之分。

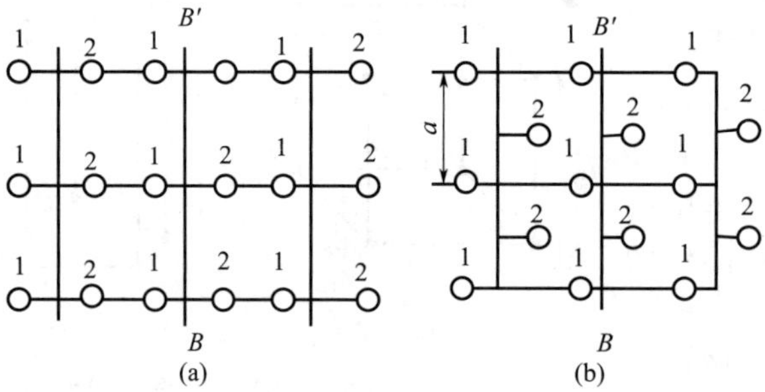

图 2-9　滑动面

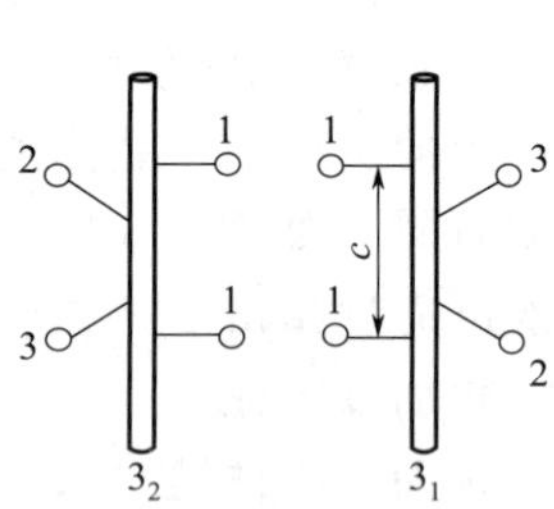

图 2-10　螺旋轴

（3）晶体的对称性

① 有关晶体对称性的两个基本原理

a. 对称元素取向定理　在晶体结构中，任何对称轴必须与点阵结构中的一组直线点阵平行，与一组平面点阵垂直；任何对称面必须与一组平面点阵平面平行，与一组直线点阵垂直。若有一直线点阵与二次旋转轴不平行，旋转 2π 角度的对称操作将产生对应的直线点阵，新的直线点阵与原直线点阵不再满足点阵条件。

b. 对称轴轴次定理　晶体的点阵结构对于对称轴，包括旋转轴、反轴和螺旋轴的轴次也有一定的限制，即所有对称仅限于 $n=1,2,3,4,6$，即晶体中不存在五次及高于六次的对称轴。

② 晶体的宏观对称元素和 32 点群

由于晶体的对称性受到点阵的制约，晶体的宏观对称元素就只可能有 8 个，它们是对称中心、镜面、四次反轴，以及一、二、三、四、六次旋转轴，将这 8 个宏观对称元素及相应操作列于表 2-1 中。

表 2-1　晶体中的宏观对称元素

对称元素	国标记号	对称操作	等同元素或组合成分
对称中心	i	倒反 L	1
反映面（或镜面）	m	反映 M	2
一次旋转轴	1	旋转 L（0°）	
二次旋转轴	2	旋转 L（180°）	
三次旋转轴	3	旋转 L（180°）	
四次旋转轴	4	旋转 L（90°）	
六次旋转轴	6	旋转 L（60°）	
四次反轴	$\bar{4}$	旋转倒反 L	

当两个元素组合时必须严格遵从两个条件的限制：各对称元素必须通过一个公共点，并且组合结果不得有五次及六次以上的对称轴出现。在这样的条件下，宏观对称元素组合的类型只可能有 32 种，相应的对称操作群为晶体学 32 点群。

③ 晶系与晶体的空间点阵型式

a. 晶系　根据晶体的对称性，可将晶体分为 7 个晶系，每个晶系有它自己的特征对称元素，以特征对称元素的有无为标准，沿表 2-2 中从上而下的顺序划分晶系。当根据晶体的特征对称元素确定其所属晶系后，它的晶胞通常应按表 2-2 中第 3 列所示规定去划分，并且按第 4 列的方法选择晶轴，按以上规定划分的晶胞，为该晶系的正当晶胞。

表 2-2　晶系的划分和选择晶轴的方法

晶系	特征对称元素	晶胞类型	选择晶轴的方法
立方	4 个按立方体的对角线取向的三次旋转轴	$a=b=c$ $\alpha=\beta=\gamma=90°$	4 个三次轴和立方体的 4 个对角线平行，立方体的 3 个相互垂直的边，即 a、b、c 的方向。a、b、c 与三次轴的夹角为 54°44′
六方	六次立方轴	$a=b\neq c$ $\alpha=\beta=90°$，$\gamma=120°$	c//六次对称轴，a，b//二次轴或⊥对称面，或 a、b 选⊥c 的恰当的晶棱
四方	四次对称轴	$a=b\neq c$ $\alpha=\beta=\gamma=90°$	c//四次对称轴，a，b//二次轴或⊥对称面，或 a、b 选⊥c 的晶棱

续表

晶系	特征对称元素	晶胞类型	选择晶轴的方法
三方（菱面）	三次对称轴	$a=b=c$ $\alpha=\beta=\gamma<120°\neq 90°$	a、b、c 选 3 个与三次轴交成等角的晶棱，c//三次轴，a，b//二次轴或⊥对称面，或 a、b 选⊥c 的晶棱
正交	2 个相互垂直的对称面或 3 个相互垂直的二次对称轴	$a\neq b\neq c$ $\alpha=\beta=\gamma=90°$	a，b，c//二次轴或⊥对称面
单斜	二次对称轴或对称面	$a\neq b\neq c$ $\alpha=\gamma=90°\neq\beta$	b//二次轴或⊥对称面，a、c 选⊥b 的晶棱

b. 空间点阵型式　根据晶体点阵结构的对称性，空间格子可以划分出与 7 个晶系晶胞类型相应的 7 种形状的复单位。为满足点阵的要求，有时要取复单位作为正当格子，复单位有三种：平行六面体中心带——占阵点的体心（I）、一对互相平行的面中心各带——点阵点的底心（C）及六个面的中心都具有点阵点的面心（F）。带心格子中不可能有四个面中心带点的形式，连接相邻两个面的中心点 A、B 所得向量移至原点，可清楚地看出，其另一端设有相应的点阵点。

根据点阵的特性，点阵中全部点阵点都具有相同的周围环境，各点的对称性都相同，当按晶系的对称性划分出正当点阵单位后，除了各复单位外，尚有不同的复单位存在。立方晶系有三种型式：简单立方（cP）、体心立方（cI）、面心立方（cF）。如单斜晶系 C 面带心格子，即单斜 C 格子（mC）是必要的，而单斜体心和单斜面心都可划为单斜 C。

2.1.3　金属单质和金属间化合物的晶体结构

金属在固态下一般是晶体。决定晶体结构的内在因素是原子或离子、分子间键合的类型及键的强弱。金属晶体的结合键都是金属键。金属键具有无饱和性和无方向性的特点，从而使金属内部的原子趋于紧密排列，构成高度对称性的简单晶体结构；而亚金属晶体的主要结合键为共价键，共价键具有方向性，从而使其具有较复杂的晶体结构。

（1）三种典型的金属晶体结构

元素周期表中所有元素的晶体结构几乎都已用实验方法测出。最常见的金属晶体结构有面心立方结构 A1 或 fcc，体心立方结构 A2 或 bcc 和密排六方结构 A3 或 hcp 三种。若将金属原子看作刚性球，这三种晶体结构的晶胞和晶体学特点分别如图 2-11 所示。

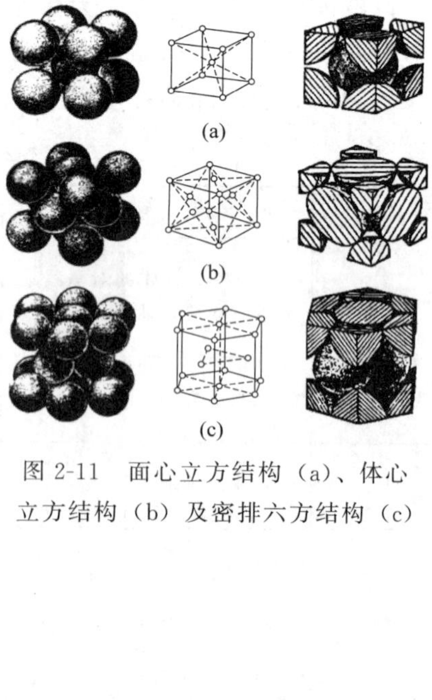

图 2-11　面心立方结构（a）、体心立方结构（b）及密排六方结构（c）

从图 2-11 可看出，三种晶体结构中均有一组原子密排面和原子密排方向，它们分别是面心立方结构的 $\{1\bar{1}1\}\langle 110\rangle$，体心立方结构的 $\{110\}\langle 111\rangle$ 和密排六方结构的 $\{0001\}\langle 1120\rangle$。这些原子密排面在空间一层一层平行地堆垛起来就分别构成上述三种晶体结构。

面心立方和密排六方结构的致密度均为 0.74，是纯金属中最密集的结构。因为在面心立方和密排六方结构中，密排面上每个原子和最近邻的原子之间都是相切的；而在体心立方结构中，除位于体心的原子与位于顶角上的 8 个原子相切外，8 个顶角原子之间并不相切，故其致密度没有前者大。进一步观察，还可发现面心立方结构中｛111｝晶面和密排六方结构中｛0001｝晶面上的原子排列情况完全相同，如图 2-12 所示。

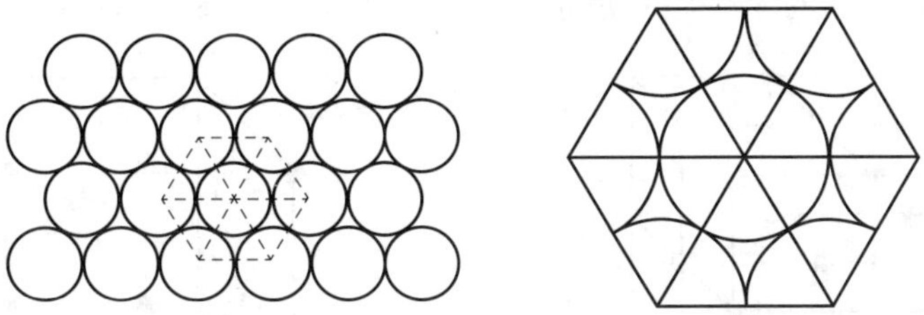

图 2-12 密排六方结构（a）和面心立方结构（b）中密排面上原子排列

若把密排面的原子中心连成六边形的网格，这个六边形的网格又可分为六个等边三角形，而这六个三角形的中心又与原子之间的六个空隙中心相重合。如图 2-13 所示，可看出这六个空隙可分为 B、C 两组，每组分别构成一个等边三角形。为了获得最紧密的堆垛，第二层密排面的每个原子应坐落在第一层密排面（A 层）每三个原子之间的空隙（低谷）上。不难看出，这些密排面在空间的堆垛方式可以有两种情况：一种是按 ABAB…或 ACAC…的顺序堆垛，这就构成密排六方结构；另一种是按 ABCABC…或 ACBACB…的顺序堆垛，这就是面心立方结构。

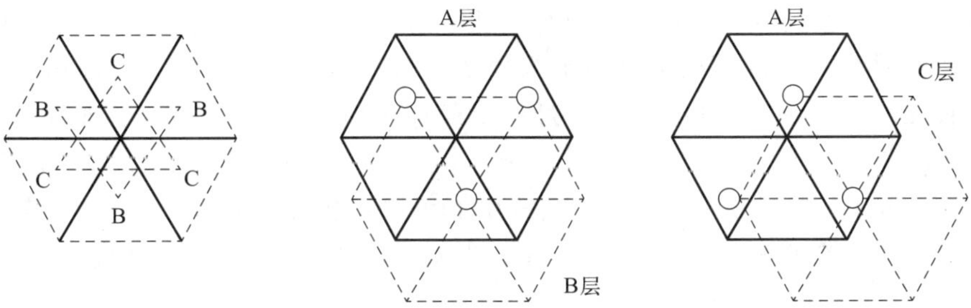

图 2-13 面心立方和密排六方结构中密排面的分析

（2）二元离子晶体结构

很多无机化合物晶体是基于负离子（X）的准紧密堆积，而金属正离子（M）置于负离子晶格的四面体或八面体间隙。

① CsCl 型结构　CsCl 型晶体结构是简单的离子晶体结构，正负离子均构成空心立方体，相互成为对方立方体的体心，正负离子的配位数均为 8。每个晶胞中有 1 个负离子和 1 个正离子，组成为 1∶1，如图 2-14 所示。CsCl、CsBr 和 CsI 的晶体结构均属于 CsCl 结构。

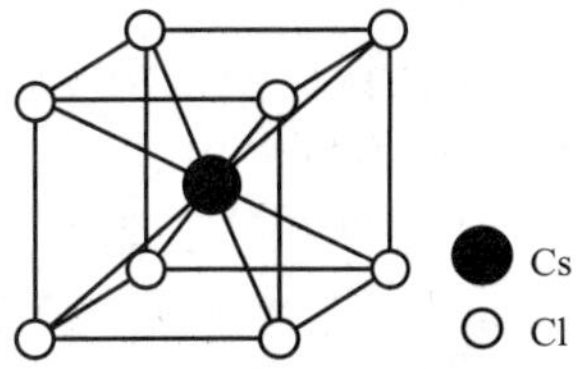

图 2-14 CsCl 型晶体结构

② 岩盐型结构　岩盐型结构是最常见的二元离子化合物结构，在迄今为止所研究的四百种化合物中，超过一半是属于岩盐结构的。岩盐结构的代表是 NaCl。这种结构中，正负离子的配

位数都是 6，负离子按面心立方排列，正离子处于八面体间隙位，形成正离子的面心立方阵列，如图 2-15 所示。

③ 闪锌矿型结构　闪锌矿型结构的代表为 ZnS。在这种结构中，正负离子配位数均为 4，负离子按面心立方排列，正离子填于半数的四面体间隙位，形成正离子的面心立方阵列。其结果是每个离子与相邻的 4 个异号离子构成正四面体，如图 2-16 所示。

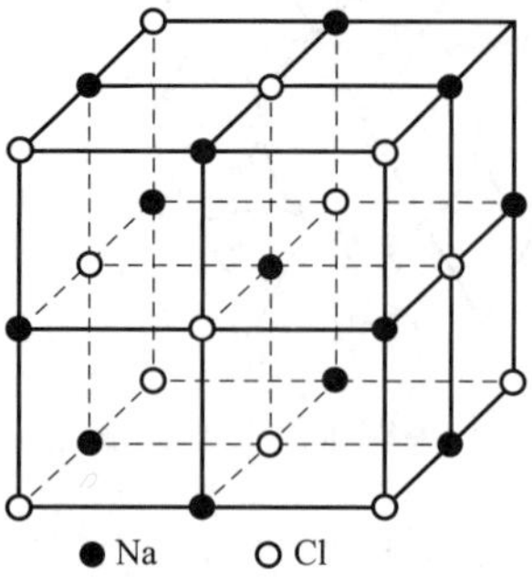

图 2-15　NaCl 型晶体结构

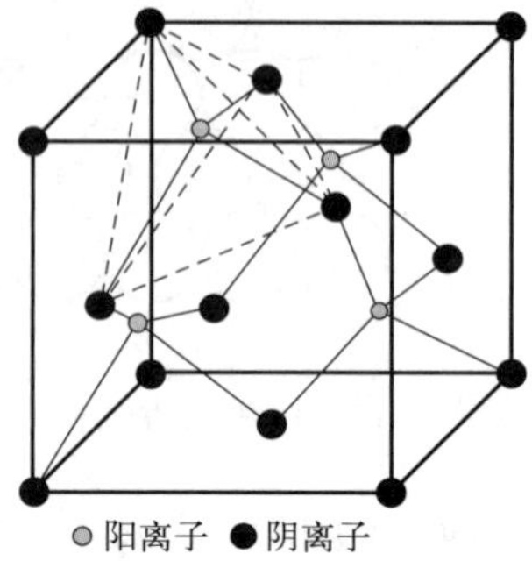

图 2-16　闪锌矿型晶体结构

（3）多元离子晶体结构

在离子晶体中，负离子通过紧密堆积形成多面体，多面体的空隙中可以填入超过一种正离子，故形成多元离子晶体结构。其中，尖晶石型结构和钙钛矿型结构是较为常见的多元离子晶体结构。

① 尖晶石型结构　尖晶石（$MgAl_2O_4$）型结构如图 2-17 所示。该晶体结构中，氧离子按立方紧密堆积排列，二价阳离子充填于八分之一的四面体空隙中，三价阳离子充填于二分之一的八面体空隙中。通式 AB_2O_4 型，是离子晶体中的一个大类——等轴晶系。A 为二价阳离子，如 Mg^{2+}、Fe^{2+}、Co^{2+}、Ni^{2+}、Mn^{2+}、Zn^{2+} 和 Cd^{2+} 等；B 为三价阳离子，如 Al^{3+}、Fe^{3+}、Co^{3+}、Cr^{3+} 和 Ga^{3+} 等。结构中 O^{2-} 作立方紧密堆积，其中 A 离子填充在四面体空隙中，B 离子在八面体空隙中，即 A^{2+} 为 4 配位，而 B^{3+} 为 6 配位。

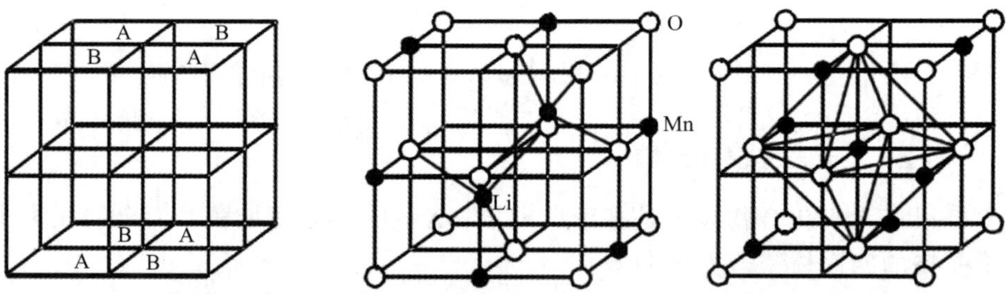

图 2-17　尖晶石型晶体结构

② 钙钛矿型结构　钙钛矿型复合氧化物是结构与钙钛矿 $CaTiO_3$ 相同的一大类化合物，钙钛矿结构可以用 ABX_3 表示（如图 2-18 所示，r_A、r_B 和 r_X 分别为 A、B 和 X 的原子半径）：*A* 位为碱土元素，阳离子呈 12 配位结构，位于由八面体构成的空穴内；*B* 位为过渡金属元素，过渡金属离子与六个氧离子形成八面体配位。钙钛矿型催化剂在中高温活性高、热稳定性好、成本低。研究发现，表面吸附氧和晶格氧同时影响钙钛矿催化活性。较低温度时，表面吸附氧起主要的氧化作用，这类吸附氧能力由 B 位置金属决定；温度较高时，晶

格氧起作用，不仅改变 A、B 位置的金属元素可以调节晶格氧数量和活性，用 +2 或 +4 价的原子部分替代晶格中 +3 价的 A、B 原子也能产生晶格缺陷或晶格氧，进而提高催化活性。

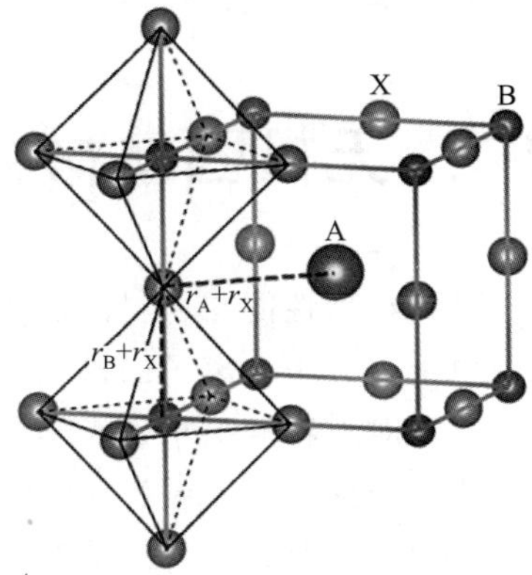

图 2-18　钙钛矿型结构

（4）硅酸盐结构

化学术语硅酸盐指的是硅、氧与其他化学元素（主要是铝、铁、钙、镁、钾、钠等）结合而成的化合物的总称。它在地壳中分布极广，是构成多数岩石（如花岗岩）和土壤的主要成分。硅酸盐矿物种类繁多，这源于其基本结构单元硅氧四面体（硅原子居中心，氧原子占顶点）的多样连接方式（孤立、成环、成链、成层、成架状等）。其结构类型包括岛状（橄榄石）、环状（绿柱石）、链状（辉石）、层状（蒙脱石）、架状（石英）等。多数硅酸盐熔点高、化学性质稳定，是硅酸盐工业核心原料，广泛应用于建筑、电子、航空航天等领域。

① 链状结构　具有由一系列以 $[ZO_4]$ 四面体角顶连成的一维无限延伸的链状硅氧骨干的硅酸盐矿物。链与链间由金属阳离子（主要有 Ca^{2+}、Na^+、Fe^{2+}、Mg^{2+}、Al^{3+} 和 Mn^{4+} 等）相连。已发现链的类型有 20 余种，其中最主要的是辉石单链 $[Si_2O_6]^{4-}$ 和闪石双链 $[Si_4O_{11}]^{6-}$。

在链状结构硅酸盐矿物中，由于硅氧骨干呈一维延伸的链状结构且呈平行分布，其晶体结构的异向性显著高于岛状结构矿物和环状结构矿物。这种异向性在矿物形态上的具体表现为：晶体呈现一维伸长特征，常见柱状、针状或纤维状形态。物理性质方面，矿物沿链方向的解理更为发育；折射率表现出明显的方向性——平行或近于平行链方向的折射率较高，垂直于链方向的折射率较低，且双折射率显著大于岛状或环状结构矿物。此外，当矿物化学组成中含有过渡元素时，其多色性和吸收性更为显著，例如富含铁、钛等元素的辉石族和闪石族矿物。

② 层状结构　具有由一系列以 $[ZO_4]$ 四面体角顶连成的二维无限延伸的层状硅氧骨干的硅酸盐矿物。硅氧骨干中最常见的是每个四面体均以三个角顶与周围三个四面体相连而成六角网孔状的单层，其所有活性氧都指向同一侧。它广泛地存在于云母、绿泥石、滑石、叶蜡石、蛇纹石和黏土矿物中，通常称为四面体片。四面体片通过活性氧再与其他金属阳离子（主要是 Mg^{2+}、Fe^{2+} 和 Al^{3+} 等）相结合。这些阳离子都具有八面体配位，各配位八面体均共棱相连而构成二维无限延展的八面体片。四面体片与八面体片相结合，便构成了结构单元层。

如果结构单元层只由一片四面体片与一片八面体片组成，是 1∶1 型结构单元层，如高岭石、蛇纹石中的层。如是由活性氧相对的两片四面体片夹一片八面体片构成，则为 2∶1 型结构单元层，如云母、滑石、蒙脱石中的层。如果结构单元层本身的电价未达平衡，则层间可以有低价的大半径阳离子（如 K^+、Na^+ 和 Ca^{2+} 等）存在，如云母、蒙脱石等。后者的层间同时还有水分子存在。此外，八面体片中与四面体片的一个六元环范围相匹配的是中心呈三角形分布的三个八面体。当八面体位置为二价阳离子占据时，此三个八面体中都必须有阳离子存在，才能达到电价平衡。若为三价阳离子时，则只需有两个阳离子即可达到平衡，此时另一个八面体位置是空的。

2.2 无机固体材料的电子能带结构理论

材料物理性能与材料的晶体结构、原子间的键合、电子能量状态方式有密切的关系。固体中原子、分子、离子的排列方式不同，因此固体材料的电子结构和能量状态呈现不同的运动状态，对材料的电学、光学和磁学性质将产生很大影响。

能带理论（energy band theory）是一种讨论晶体（包括金属、绝缘体和半导体的晶体）中电子的状态及其运动的重要近似理论。它把晶体中每个电子的运动看成是独立的在一个等效势场中的运动，即单电子近似理论。对于晶体中的价电子而言，等效势场包括原子实的势场、其他价电子的平均势场和考虑电子波函数反对称而带来交换作用，是一种晶体周期性的势场。

（1）能带理论的理论意义

能带理论是现代固体电子技术的理论基础，对于微电子技术的发展起了不可估量的作用。固体由原子组成，原子又包括原子核和最外层电子，它们均处于不断运动状态。为使问题简化，首先假定固体中的原子核固定不动，并按一定规律作周期性排列，然后进一步认为每个电子都是在固定的原子实周期势场及其他电子的平均势场中运动，这就将整个问题简化成单电子问题。能带理论就属这种单电子近似理论，它首先由 F. 布洛赫和 L. N. 布里渊在解决金属的导电性问题时提出。具体的计算方法有自由电子近似法、紧束缚近似法、正交化平面波法和原胞法等。前两种方法以量子力学的微扰理论作为基础，只分别适用于原子实对电子的束缚很弱或很强的两种极端情形；后两种方法则适用于较一般的情形，应用较广。

（2）能带理论的原理

在固体金属内部构成其晶格结点上的粒子，是金属原子或正离子，由于金属原子的价电子的电离能较低，受外界环境的影响（包括热效应等），价电子可脱离原子，且不固定在某一离子附近，而可在晶格中自由运动，常称它们为自由电子。正是这些自由电子将金属原子及离子联系在一起，形成了金属整体。这种作用力称为金属键。当然固体金属也可视为等径圆球的金属原子（离子）紧密堆积成晶体。这时原子的配位数可高达 8 至 12。金属中为数不多的价电子不足以形成如此多的共价键。这些价电子只能为整个金属晶格所共有。所以金属键不同于离子键，也不同于共享电子局限在两个原子间的那种共价键（定域键）。广义地说，金属键属于离域键，即共享电子分布在多个原子间的一种键，但它是一种特殊的离域键，既无方向性，也无饱和性。

根据不同处理方法，能带理论主要有 3 种理论：

① 近自由电子近似——考虑电子与晶格的正离子作用相当微弱，将势场对电子的作用视为微扰；

② 赝势法——造一个有效势；

③ 紧束缚近似——原子轨道线性组合法。

晶体按导电性能的高低可以分为导体、半导体、绝缘体，它们的导电性能不同，是因为它们的能带结构不同。

（3）电子填充能带的情况

遵循泡利不相容原理、能量最小原理。

泡利不相容原理：在一确定的能级上，最多只能填充自旋方向相反的两个电子。

能量最小原理：电子都力图占据能量最低的能级。

电子填充能带时，总是从最低的能带、最小能量的能级开始填充。在原子的内壳层，由于能级较低，一般是被电子占满的，结合成晶体后，内层电子仍基本束缚在原子上，所以低能带填满了电子，叫满带。与原子外层的价电子相应的能带叫作价带。

2.2.1 绝缘体

绝缘体是一种固体，它有许多容许的电子能带，其间有一定的禁带。固体中的电子占有最低的能级，在许多材料中，有足够的电子完全填满较低能带的能级，而上面的能带完全是空的，如图 2-19 所示。这是因为最高的满带中的电子是原子的价电子，此带称为价带或价电子带。如果在这种全满带材料上加一个电场，将有一个力作用在电子上，因为电子符合泡利不相容原理，而且在价带中的所有能级都被占满，没有能级可使电子能量增加，所施加普通的电场不能提供电子从价带越过禁带到达导带所需的能量，在这种情况下就没有导电性，这种材料称为绝缘体。若施加足够的能量，使电子越过禁带到达最低的空带中的一个能级上，那么它就能在该带尚未占有的能级之间由外电场加速而成为一个载流子，由这个原因在最高满带上产生的第一个空带称为导带。

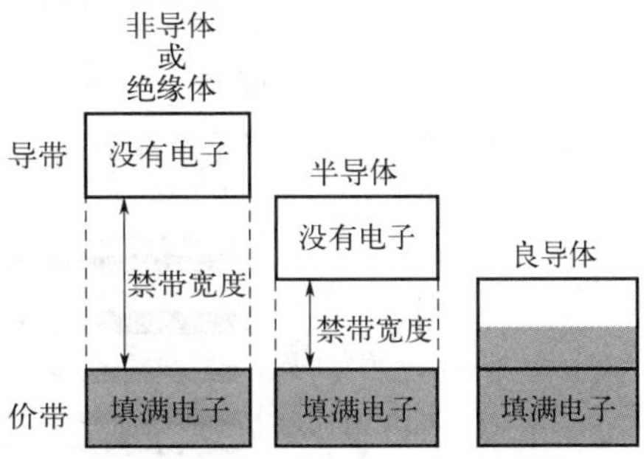

图 2-19 绝缘体、导体、半导体中的能级

2.2.2 导体

主要讨论金属的能带结构和导电性。

（1）碱金属导体

碱金属位于周期表ⅠA 族，外层都有一个价电子，即 $n\mathrm{S}^1$，Li、Na、K、Rb、Cs 价电子分别为 $2s^1$、$3s^1$、$4s^1$、$5s^1$ 和 $6s^1$。在形成固体时，这些 s 能级将分裂成很宽的能带，且电子是半充满的。图 2-20（a）所示是 Na 的能带结构，图中阴影区域为电子完全填满能级的部分，在 3s 能带上只有一半能级被电子占据，这一部分能带称为价带。3s 能带的上半部的能级都空着，没有被电子占据，这部分能带称为导带。在外电场的作用下，价带的电子跃迁到导带就形成了电流，这表明 Na 金属具有导电性。

（2）铜副族金属导体

铜副族金属位于周期表ⅠB 族，原子的最外层只有 1 个价电子，即 $(n-1)d^{10}ns^1$，如 Cu、Ag、Au。它们的电子层结构与碱金属不同，铜副族金属 d 层已被电子填满，而碱金属的 d 层完全空着。已填满 d 层的电子和原子核有强的交互作用，使得 s 层的电子与原子核的作用大大减弱，在外电场作用下，铜副族金属中的价带电子更容易跃迁进入导带，因此铜副族金属具有良好的导电性，如图 2-20（b）所示。

（3）碱土金属导体

碱土金属位于周期表的ⅡA族，原子外层有2个价电子，即 ns^2，如Be、Mg、Ca、Sr。当大量原子结合成固体时，不仅能级分裂形成能带，而且会出现能带的重叠现象，如Mg的3p与3s能带重叠［如图2-20（c）所示］，能使3s能带上的电子跃迁到3p能带上，形成电流，因此碱金属也具有较好的导电性。

（4）过渡金属导体

过渡金属有Sc、Ti、V、Cr、Mn、Fe、Co、Ni等，它们共同特点是d电子层未被电子填满。d可分为3组，分别对应着3d、4d和5d电子层未填满的情况。以铁原子的能带结构［如图2-20（d）所示］为例，在 $4s^2$ 填满后，再填充3d，d层最多可填10个电子，但只填充6个。在铁原子形成晶体时，其4s能带和3d能带重叠，由于价电子和内层电子有强的交互作用，因此铁的导电性稍微差些。

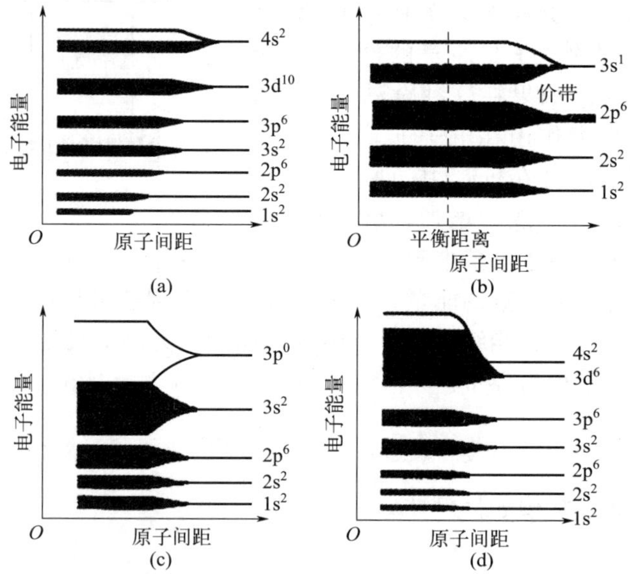

图2-20 金属的能带结构

［（a）Na的能带结构；（b）Cu的能带结构；（c）Mg的能带结构；（d）Fe的能带结构］

2.2.3 半导体

C、Si、Ce、Sn属于半导体元素，在周期表的ⅣA族，外层电子结构 ns^2np^2，p带未被电子填满。以C为例，原子间是共价键结合的，2s带与2p带杂化，形成两个 sp^3 杂化带，每个杂化带可含 $4n$ 电子，而两个杂化带之间有较大的能隙（禁带）E_g，上面的杂化带没有被电子填充，由于电场和温度的影响，电子能否由价带跃迁到空带中，主要取决于能隙的大小，C、Si、Ge和Sn的能隙分别为5.4eV、1.1eV、0.67eV和0.08eV，这就决定了金刚石是绝缘体，Si和Ge是半导体，而Sn为弱的导电体。

（1）本征半导体

不掺杂的纯半导体称为本征半导体。纯半导体的导电过程是依靠电子从充满的价带激发到空的导带中而实现的，价带失去电子，同时就形成电子空穴，因此导带的电子浓度和价带中的空穴浓度相等，即［e］＝［h］，这种激发可以由入射光子引起的，只要光子的能量大于能隙（禁带）的能量 E_1，在室温下半导体材料的导电性是由晶体点阵中原子的振动使电子受到热激发进入导带中而引起的。当电子受到热激发而进入半导体的导带时，外加电场可以引起电流的流动，不仅是受激电子被加速，而且也由于价带中的电子受到加速而进入那些在激发时留下的空的能级中去。从导电能力看，电子和空穴对产生电流有同样的功效，所以半导体的电导率应该是二者共同作用的结果。如果受激电子的能量为 E_1，而价电子的能量为 E_2、E_3、E_4……，这些能量依次减小，则外加电场可使这些电子的能量增加，能量为 E_2 的电子可被加速达到能量 E_1，于是空的状态在 E_2 处，故电子的能量可以从 E_3 增加到 E_2，从 E_4 增加到 E_3 等。所以，外加电场的作用是使价带中的空态能量发生变化，因而产生导电性。

（2）掺杂半导体

在本征半导体中加入少量的杂质元素，能使能带中的电子浓度或电子空穴浓度发生很大变化。与本征半导体不同的是，导带的电子或价带的电子空穴可以独立变化，即电子浓度和空穴的浓度不等，掺杂的杂质和数量不同，形成的半导体类型也不同，即可形成 n 型半导体和 p 型半导体。

① n 型半导体：在本征半导体中加入少量杂质元素，这些杂质属于周期表ⅤA 族元素如 P、As、Sb。当 P、As 和 Sb 加入到 Si 单晶中取代 Si 原先的一个硅原子后，杂质中 5 个价电子，其中 4 个电子与 4 个硅原子形成共价键，还剩一个电子。这个多余电子与原子结合不紧密，只需要较小的能量 E_d 就能进入导带［如图 2-21（a）所示］，决定半导体电导率的不是能隙 E_g，而是 E_d。由于ⅤA 族元素能向半导体导带提供电子，故称施主杂质。施主杂质的电子进入导带时，在价带中并不形成空穴。

② p 型半导体：在纯半导体中加入少量杂质，这些杂质是元素周期表ⅢA 族中 B、Al、Ga、In 等。要取代硅（锗）形成 4 个共价键，必须从其他共价键上捕抓夺取一个电子，而捕抓了电子的地方就留下了电子空穴。夺取一个电子并形成一个空穴需要克服的能垒只稍高于价带，以 E_a 表示［如图 2-21（b）所示］，这种半导体称为 p 型半导体。引入杂质元素在价带上形成大量电子的叫作 n 型半导体。

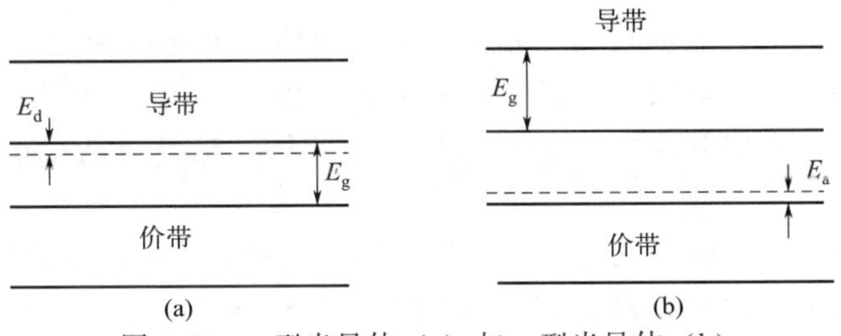

图 2-21　n 型半导体（a）与 p 型半导体（b）

2.3 无机材料的物理性能

从性能角度，固体材料大体可分成两类：结构材料和功能材料。结构材料是以其强度和韧性为主要应用指标，而功能材料是以其某一特殊功能性，如电性能、热性能、磁性能或光性能等为主要应用指标。功能材料的性能与结构材料不同，取决于原子中的电子结构和电子的运动（旋转、散射、激发和跃迁等），而结构材料的性能不涉及电子的运动，取决于原子间的键合（如金属键、离子键、共价键、氢键等）和微观结构（包括晶体结构、晶粒尺寸、组织形态、位错亚结构和第二相特性等）。

2.3.1 电导性

所谓材料的电性能就是它们对外电场的响应。先从电导的表象描述开始，然后论述电导的机制和材料的电子能带结构如何影响它的电导能力。这些原理扩展到金属、半导体和绝缘体，注重半导体的特征，也涉及绝缘材料的介电性质。

固体材料最重要的电性能之一是容易传送电流。欧姆定律将电流 I 与外加电压 U 相联系［式（2-1）］：

$$U=IR \tag{2-1}$$

式中，R 是电流通过材料的阻力，Ω。U、I 的单位分别是 V、A。电阻受样品形状的影响，而对于大多数材料而言，它独立于电流。电阻率 ρ 与样品何形状无关，但通过式（2-2）与电阻相关：

$$\rho=RA/l \tag{2-2}$$

式中，l 是电压测量两端间的距离；A 是垂直于电流方向的横截面面积。ρ 的单位是 Ω·m，从欧姆定律和式（2-2）可得式（2-3）：

$$\rho=UA/(Il) \tag{2-3}$$

有时用电导率来描述材料的电性能，它与电阻率成反比，即式（2-4）：

$$\sigma=1/\rho \tag{2-4}$$

电导率表示一种材料传导电流的能力。σ 的单位为 $(\Omega\cdot m)^{-1}$，因此用电阻率和电导率二者来讨论电性能是等同的。

固体材料呈现令人惊讶的电导率变化范围，最高可超过 27 个数量级。固体材料的一种分类方法就是根据它们的导电难易程度分为三类：导体、半导体和绝缘体。金属是良导体，具有典型的电导率为 10^7 数量级。具有极低电导率［范围为 $10^{-20}\sim10^{-10}(\Omega\cdot m)^{-1}$］的材料称为电的绝缘体。具有中等电导率的材料称为半导体，电导率的范围为 $10^{-6}\sim10^{4}(\Omega\cdot m)^{-1}$。

电荷粒子的运动形成电流，它是对外电场作用力的响应。正的电荷粒子沿电场方向加速运动，负的电荷则沿相反方向加速运动。在绝大多数材料中，电流是由电子的流动所引起的，这称为电子传导。除此以外，对于离子材料，离子的净运动可能产生电流，这种情况称为离子传导。

半导体的电导率不像金属那样高，然而由于具有某些独特的电性特征，它们具有特殊的用途。这些材料特别敏感于极少量杂质的存在。本征半导体是一种其电行为基于高纯材料中固有电子结构的材料，当电性受杂质原子支配时，这样的半导体称为非本征半导体。

本征半导体可用图 2-22 所示的 0K 时的电子能带结构来表征，该能带结构是完全充满的价带，并被一个相对窄的带隙（一般小于 2eV）与空导带相隔离。两种基本的半导体是硅和锗，它们的带隙能量分别约 1.1eV 和 0.7eV。它们位于周期表的ⅣA 族，均为共价键。某些化合物半导体材料也显示本征行为，在ⅢA 族和ⅤA 族之间的元素就形成这样一组化合物，例如，砷化镓（GaAs）和锑化铟（InSb）。ⅡB 族和ⅥA 族中元素构成的化合物也呈现半导体行为，如硫化镉（CdS）和碲化锌（ZnTe）。形成这些化合物的两种元素在元素周期表中的相对位置被分得更远，因此原子键合变得更显离子性和带隙能量的增加，即材料变得更显绝缘性。

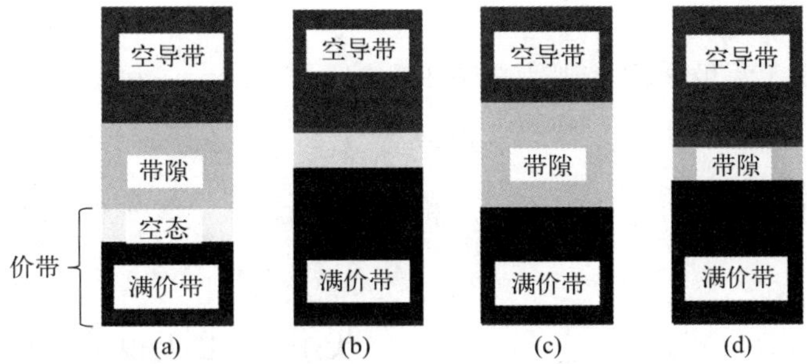

图 2-22　固体在 0K 时可能存在的电子能带结构

[（a）金属（如铜）的电子能带结构；（b）满价带与空导带重叠的金属（如镁）电子能带结构；（c）满价带与空导带被带隙（>2eV）分隔的绝缘体电子能带结构；（d）满价带与空导带被带隙（<2eV）分隔的绝缘体电子能带结构]

2.3.2 介电性能

绝缘材料的电子能带结构如图 2-22（c）所示。满价带与空导带间有一个相当大的带隙，通常其能量大于 2eV。因此，在常温下只有极少电子能由热能激发而越过带隙，这意味着具有极小的导电率。事实上，所有的陶瓷材料和共价键高分了是绝缘体。表 2-3 列出了室温下各种陶瓷和高分子的电导率。当然，许多材料是基于它们的绝缘性而被利用的，因此，高的电阻率也是人们所希望的。随着温度升高，绝缘体的电导率也增加，类似于半导体。

表 2-3　几种非金属材料的典型室温电导率

材料		电导率/$(\Omega \cdot m)^{-1}$	材料		电导率/$(\Omega \cdot m)^{-1}$
石墨		10^5	高分子	酚醛树脂	$10^{-10} \sim 10^{-9}$
陶瓷		$10^{-12} \sim 10^{-10}$		尼龙	$10^{-12} \sim 10^{-9}$
氧化铝	瓷器	$10^{-12} \sim 10^{-10}$		聚甲基丙烯酸甲酯（PMMA）	$<10^{-12}$
	钠钙玻璃	$<10^{-10}$		聚乙烯	$10^{-17} \sim 10^{-13}$
	云母	$10^{-15} \sim 10^{-11}$		聚苯乙烯	$<10^{-14}$
				聚四氟乙烯（PTFE）	$<10^{-15}$

介电材料通常是指电阻率大于 $10^8 (\Omega \cdot m)^{-1}$ 的一类在电场中以感应而非传导方式呈现其电学性能的非金属材料。在电场的作用下介电材料呈现电偶极结构，即在分子或原子水平上存在正、负电荷的分离。由于偶极与电场的交互作用，介电材料常被用于电容器。

当电压被加载于电容器上，电容器中的一个板呈现正电荷，另一板呈现负电荷，其对应于电场从正到负的方向。电容 C 与储存在任一板上的电荷量 Q 相关，可表达为式（2-5）：

$$C=Q/U \tag{2-5}$$

式中，U 为加载于电容器上的电压。电容的单位是 C/V，即 F。

现在考虑一个平行板电容器，板间为真空，电容可用式（2-6）计算：

$$C=\varepsilon_0 A/l \tag{2-6}$$

式中，A 为板的面积；l 为板距；ε_0 为真空介电常数（电容率），是一个普适常数，为 8.85×10^{-12} F/m。

如果介电材料插入两板之间，则为式（2-7）：

$$C=\varepsilon A/l \tag{2-7}$$

式中，ε 为介质介电常数，它远大于 ε_0。相对介电常数 ε_r，等于二者之比，见式（2-8）：

$$\varepsilon_r=\varepsilon/\varepsilon_0 \tag{2-8}$$

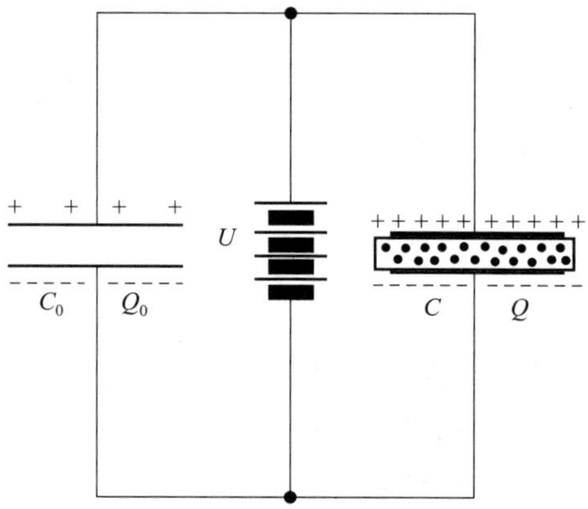

图 2-23　平行板电容

ε_r 大于 1，其表现为在板间插入介电材料后电荷储存容量的增加。上述效应是法拉第于 1873 年首先研究的（如图 2-23 所示）。相对介电常数表征材料的一种性质，它在电容器的设计时作为主要参数加以考虑。

电容的增加，或介电常数的增加可运用介电材料中极化简单模型加以解释。若图 2-23 中的电容器处于真空状态，这里正电荷 $+Q_0$ 储存在板的顶部，而负电荷在板的底部。当介电材料被引入和电场被施加时，在板内的整个固体内将被极化。由于这种极化，在接近正电荷板的介电材料表面处存在负电荷净的累积 $-Q'$，类似的方法，在接近负电荷板的介电材料表面处存在正电荷的累积 $+Q'$ 这样导致正负电荷板上电荷的增加。

大部分高分子的介电常数是低于陶瓷的，由于陶瓷可呈现较大的偶极矩，高分子的介电常数 ε_r 通常在 2～5 之间。这些材料通常用于电线、电缆、发动机、发电机等的绝缘，除此以外，也可用于某些电容器。

2.3.3 热学性能

所谓热性能就是材料对热作用的响应。当固体以热的形式吸收能量，它的温度就会升高，它的尺寸也会增大。如果温度梯度存在，热能就会传到试样较冷的区域。热容、热膨胀和热导率是固体材料实际应用的至关重要的热性能。

（1）热容

当固体材料被加热时呈现温度的升高，这意味着某种能量被吸收。热容是一种表示材料从外部环境吸收热的能力性质，它表示每升高 1K 所需的能量。热容以数学的形式可表达为式（2-9）：

$$C = \mathrm{d}Q/\mathrm{d}T \tag{2-9}$$

式中，$\mathrm{d}Q$ 是产生 $\mathrm{d}T$ 温度变化所需的能量。如果考虑 1 mol 的材料温度升高 1K 所需的热量，则称为摩尔热容，其单位是 J/(mol·K)。比热容（通常用小写字母 c 表示）有时被使用，它表示单位质量的热容，其单位是 J/(kg·K)。

根据热传递的环境条件，有两种方法可以测定热容。一种是样品体积不变时的定容热容 C_V，另一种是外部压力不变时的定压热容 C_p，C_p 的值总是大于 C_V，但是这种差异对于室温及室温以下温度的固体材料是非常小的。

在大部分的固体中，热能消耗的主要方式是通过增加原子的振动能，而且，固体材料中的原子不断地以高频低幅振动。相邻原子的振动是通过原子键耦合的，而不是独立的。这些振动以传递点阵波的方式被协调。它们可以被认为是弹性波或简谐的声波，具有短的波长和很高的频率，并以声速在晶体中传播。材料的振动热能由一系列弹性波构成，这些弹性波具有特定的频率分布范围。从能量特性来看，振动能量呈现量子化特征，仅允许特定能量值存在，其中，单个振动能量的量子被称为声子。

在电子传导过程中，自由电子的热散射就是通过这些弹性波产生的，这些弹性波在热传导过程中也参与了能量的传递。

许多晶体结构较简单的固体，当它体积恒定时，振动对定容热容 C_V 的贡献随温度的变化规律如图 2-24 所示。在 0K 时，C_V 等于零，但随温度的升高快速增加。这对应于提高了点阵波的能力，从而随温度的升高增强了它的平均能量。在低温时，C_V 和热力学温度 T 的关系为式（2-10）：

$$C_V = AT^3 \tag{2-10}$$

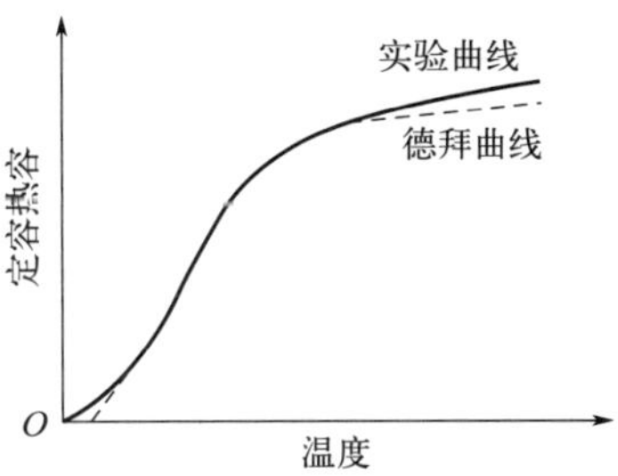

图 2-24　定容热容随温度的变化

式中，A 是与温度无关的常数。在德拜（Debye）温度 θ_D 以上，C_V 基本与温度无关，近似等于 $3R$（R 是气体常数）。因此，即使材料的总能量随温度提高而增加，但产生 1K 温度变化所带的能量值不变。德拜温度 θ_D 的值对许多材料是低于室温的，故 C_V 的室温值约为 25 J/(mol·K)。

对于增加固体总热容还存在其他热吸收机制，如增加自由电子动能而使电子吸收能量，又如在铁磁性材料中，当它被加热至居里温度以上时，电子自旋的随机化也吸收能量。但是在大部分情况下，它们相对于振动的贡献是小的，本质上是不重要的。

（2）热导率

热传导是一种从物质的高温区向低温区传递热的现象，表征材料传热能力的性质称为热导率（导热系数），它以式（2-11）来定义。

$$q = -k\,\mathrm{d}T/\mathrm{d}x \tag{2-11}$$

式中，q 为热通量，即单位时间单位面积的热流量（面积取垂直于热流方向），$\mathrm{W/m^2}$；k 是热导率，W/(m·K)；$\mathrm{d}T/\mathrm{d}x$ 是通过传导介质的温度梯度；“－”表示热流的方向是从高温向低温流动。式（2-11）对稳态热流是有效的，也就是热通量在不随时间改变的环境下是有效的。类似于原子扩散的菲克第一定律，k 类似于扩散系数 D，温度梯度对应于浓度梯

度 dp/dx。

热在固体中的传递是通过点阵振动波（声子）和自由电子得以实现的，热导率伴随两个机制的任意一个，总热导率是两种机制的贡献和，即式（2-12）。

$$k=k_1+k_e \tag{2-12}$$

式中，k_1 和 k_e 分别表示点阵振动热导率和电子热导率。通常是其中的一个占主导地位，伴随声子的热能沿它们运动方向传递。k_1 的贡献来自声子在物体内温度梯度中的运动，即声子从高温区到低温区的净运动。k_e 的贡献来自自由电子在物体内温度梯度中的运动，即样品热区中的自由电子增加了动能，然后它们迁移到较冷的区，在这过程中自由电子的动能因与声子或晶体中缺陷碰撞而传递到原子，变成振动能。k_e 对总热导率的相对贡献随自由电子浓度的增加而增加，因此可获得更多的电子参与热传导过程。

在高纯金属中，热传递的电子机制远大于声子机制的贡献，因为电子不像声子那样容易被散射，而且具有更高的运动速度。无疑，金属是极好的热导体，因为金属中存在大量参与热传导的自由电子。几种常用金属的热导率见表 2-4。通常，金属的热导率范围是 20～400W/(m・K)。

表 2-4　常用材料的热性能

材料		C_p/[J/(kg・K)]	$a_1$①/(×10^{-6}℃$^{-1}$)	k/[W/(m・K)]	L②/[×10^{-8}(Ω・W)・K^2]
金属	铝	900	23.1	205～237	2.2～2.5
	铜	385	17.0	385～401	2.3～2.6
	金	129	14.2	317	2.3～2.5
	铁	450	11.8	60～80	2.0～2.3
	镍	444	13.0	90～98	2.1～2.4
	银	235	19.5	429	2.3～2.6
	钨	1134	4.5	173	2.2～2.5
1025 钢		486	11.0～12.0	45～55	2.0～2.3
316 不锈钢		502	16.0～18.0	15～17	1.8～2.1
陶瓷	氧化铝	765	7.0～8.0	20～30	
	氧化铍	1025	10.0～11.0	200～300	
	氧化镁	941	13.5～14.5	30～40	
	尖晶石	795	7.6～8.3	7～10	
钙钠玻璃		840	8.5～9.5	0.8～1.2	
高分子	聚乙烯	2200～2400	100～200	0.3～0.5	
	聚丙烯	1900～2100	60～150	0.12～0.22	
	聚苯乙烯	1300～1500	80～150	0.08～0.15	
	聚四氯乙烯	1050～1170	100～200	0.25～0.35	
	酚醛树脂	1500～1700	30～70	0.1～0.3	
	尼龙 66	1670～1900	70～100	0.25～0.35	

① 线膨胀系数。

② 洛伦兹数。

随着温度的升高，点阵振动的散射变得更为显著，因此，大部分陶瓷材料的热导率随温度的升高通常是减小的，至少在相对低的温度是这样的。而对于较高的温度，热导率又开始增加，这是由于热辐射传递的作用，即红外辐射热可以通过陶瓷材料传递，这种效应随温度升高而增加。

2.3.4 磁学性能

最早发现的磁性现象是铁磁矿的强磁性。尽管几千年前人类已经知晓磁性的神秘存在，但磁现象的原理和机制却极为复杂和微妙，对磁性的理解曾困扰科学家很长一段时间。现代磁学的建立和磁性材料的发展经历了100多年，它是与近代工业的发展相关联的。许多现代的电工、电子和计算机技术依赖磁学和磁性材料。

运动的带电粒子产生磁力。长期以来很方便地以场来考虑磁力，并用想象的磁力线来表示场源附近外力的位置和方向。例如，我们熟知用磁力线表示由一个电流环和一个磁棒产生的磁场分布。

在磁性材料中发现的磁偶极类似于前述的电偶极。磁偶极可以认作由南北极构成的小磁棒，由此取代电偶极中的正负电荷，并且磁偶极矩可用箭头（由S极指向N极）表示。磁偶极被磁场所影响，其方式类似于电偶极被电场所影响。在磁场中，场力本身产生扭矩使偶极沿磁场偏转。

在讨论固体材料中磁矩的起源之前，我们先用几个磁场矢量来描述磁行为。外加的磁场，有时称为磁场强度，用 H 表示。假设磁场是由 N 匝线构成的螺旋线圈并通以电流所产生的，如式（2-13）所示：

$$H = NI/l \tag{2-13}$$

式中，I 为电流；l 为螺旋线圈的长度。H 的单位是安·匝/米，或安/米（A/m）。

磁感应强度即磁通量密度，用 B 表示，它表示了物质在外场的作用下，在其内部产生的内场强度的大小。B 的单位是特斯拉（T）。$\boldsymbol{B}$ 和 $\boldsymbol{H}$ 均是场矢量，不仅有大小，而且有方向。磁通量密度和磁场强度关系如式（2-14）所示：

$$B = \mu H \tag{2-14}$$

式中，μ 为磁导率，它表征一种处于磁场中特殊介质的性质，Wb/(A·m)。

在真空中则如式（2-15）所示：

$$B_0 = \mu_0 H \tag{2-15}$$

式中，μ_0 是真空磁导率，是一个普适常数，其值为 $4\pi\times10^{-7}$（1.257×10^{-6}）H/m；参数 B_0 表示在真空中的磁通盘密度。

几种参数可以被用来描述固体的磁性能。其中之一就是一种材料的磁导率与真空磁导率之比［式（2-16）］：

$$\mu_t = \mu/\mu_0 \tag{2-16}$$

式中，μ_t 称为相对磁导率，其量纲为1。相对磁导率表征一种材料在外场 H 作用下能被磁化难易程度的度量。

另一个是场量 M，称为固体的磁化强度，其被定义为式（2-17）：

$$B = \mu_0 H + \mu_0 M \tag{2-17}$$

在外磁场存在的情况下，在材料内部的磁矩倾向于沿外场调整其方向，从而增强磁通量密度，式中的 $\mu_0 M$ 项就是这种贡献的度量。

M 的大小是正比于外场的，如式（2-18）所示：

$$M = \chi_m H \tag{2-18}$$

式中，χ_m 称为磁化率，其量纲也是 1。磁化率和相对磁导率之间的关系见式（2-19）：

$$\chi_m = \mu_t - 1 \tag{2-19}$$

上述磁场参数与介电类似。B 和 H 分别类似于介电位移 D 和电场 ζ，而磁导率 μ 对应于电导率 ε，磁化强度 M 对应于极化强度 P。

反（抗）磁性（diamagnetism）的磁性极弱，且是非永久性的，只有当外场存在时这种形式才能持续。它包括在外磁场下电子轨道运动的变化，由此诱发的磁矩量是极其小的，磁矩的方向与外磁场方向相反。因此，相对磁导率 μ_t 是小于 1 的，而磁化率是负的，即在反磁化固体内的 B 值是小于真空时的。反磁性材料的体积磁化率是 -10^{-5} 数量级。当反磁性材料置于强电磁铁的两极之间，它将被吸引到磁场弱的区域。

图 2-25（a）所示为在无或有外磁场下反磁性材料的原子磁偶极组态。图中箭头表示原子偶极磁矩。对于呈现反磁性材料，B 与外场 H 的关系示如图 2-25（b）所示。反磁性在所有材料中均存在，但因为它是如此之弱，以致只有在其他类型磁性均不存在时才能被发现。

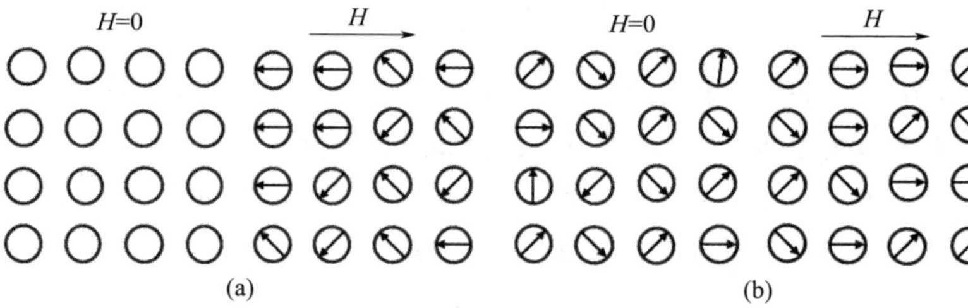

图 2-25　在无外磁场（a）和有磁场（b）时反磁性材料的原子偶极组态

2.3.5　光学性能

所谓光学性能就是材料暴露在电磁辐射，尤其在可见光中的响应。基于经典理论，电磁辐射被认为类似于波，是由互相重叠的电场和磁场构成的，二者均垂直于波的传播方向。光、热、无线电波和 X 射线都是电磁辐射的形式。每种辐射主要用波长的具体范围所表征。电磁波谱从 γ 射线横跨很宽的范围。波长增大的方向是 γ 射线（10^{-12} μm）→X 射线→紫外线→可见光→红外线→无线电波（$10^5$$\mu$m）。

可见光位于辐射光谱中非常窄的区域，它们的波长在 0.4μm 至 0.7μm 范围。可感知的颜色是由波长所决定的。例如，具有波长约为 0.4 μm 的辐射呈现紫色，而绿色和红色分别发生在约为 0.5 μm 和 0.65 μm。几种颜色的光谱范围如图 2-26 所示，白光是所有颜色的简单混合。

所有电磁辐射以相同速度穿过真空，光速为 3×10^8 m/s。光速 c 与真空电容率 ε_0 和真空磁导率 μ_0 的关系为式（2-20）。

$$c=1/\sqrt{\varepsilon_0\mu} \tag{2-20}$$

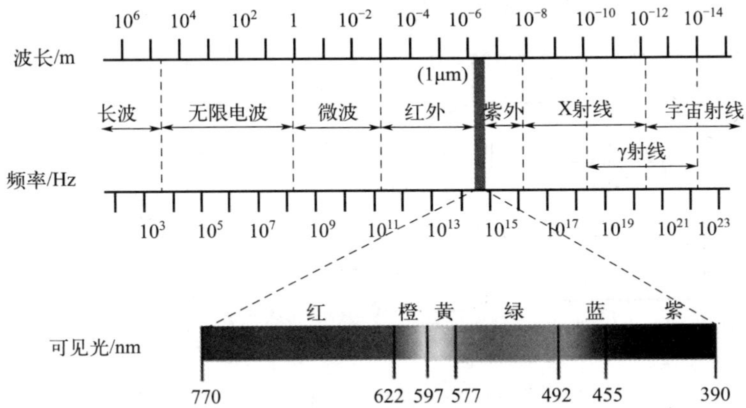

图 2-26　电磁波谱

因此，在电、磁常数和光速之间存在相关性［式（2-21）］。而且，电磁辐射的频率 ν（Hz），波长 λ 是光速的函数：

$$c=\lambda\nu \tag{2-21}$$

根据微观粒子的波粒二象性，电磁辐射可认为由光子构成。光子的能量可以被量子化，并被定义为式（2-22）：

$$E=h\nu-hc/\lambda \tag{2-22}$$

式中，h 是普朗克常量，其值 6.63×10^{-34} J·s。因此，光子的能量正比于辐射的频率，反比于波长。当涉及辐射与物质交互作用的光学现象时，从光子观点解释经常是很方便的。在其他情况下，以波观点来解释更为合适。

2.3.6　力学性能

材料力学性能是指材料在常温、静载作用下的宏观力学性能（如弹性性能、塑性性能、硬度等），是设计各种工程结构时选用材料的主要依据。

（1）弹性性能

材料在外力作用下发生变形，如果外力不超过某个限度，在外力卸除后恢复原状。材料的这种性能称为弹性。外力卸除后即可消失的变形，称为弹性变形，表示材料在静载荷、常温下弹性性能的一些主要参量可以通过拉伸试验进行测定。

拉伸试样常制成圆截面［如图 2-27（a）所示］或矩形截面［如图 2-27（b）所示］棒体。l 为标距，d 为圆形试样的直径，h 和 t 分别为矩形截面试样的宽度和厚度，图中截面形状用阴影表示，面积记为 A。长度和横向尺寸的比例关系也有如下规定 $l=10d$ 或 $l=5d$；对于矩形截面试样，按照面积换算规定 $l=11.3$ 或 $l=5.65$。试样两端的粗大部分用以和材料试验机的夹头相连接。试验结果通常绘制成拉伸图或应力-应变图。

图 2-28 所示为低碳钢的拉伸图，横坐标表示试样的伸长量 Δl（或应变 $\varepsilon=\Delta l/l$），纵坐标表示载荷 P（或应力 $\sigma=P/A$）。图中的曲线从原点到点 p 为直线，pe 段为曲线，载荷不大于点 e 所对应的值时，卸载后试样可恢复原状。反映材料弹性性质的参量有比例极限、弹性极限、弹性模量、剪切弹性模量和泊松比等。

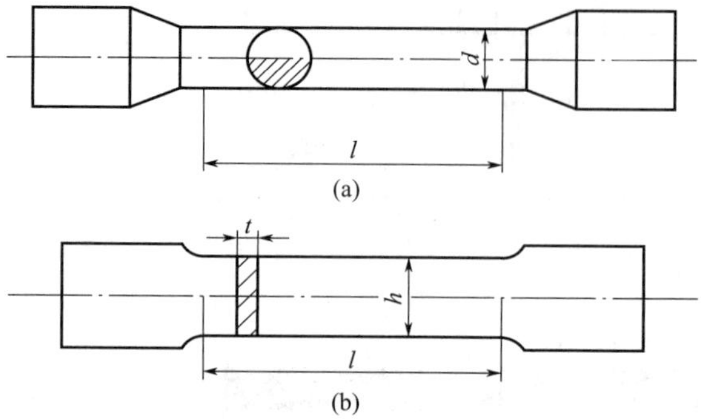

图 2-27 材料的拉伸试样图［（a）圆截面棒体拉伸试样；（b）矩形截面棒体拉伸试样］

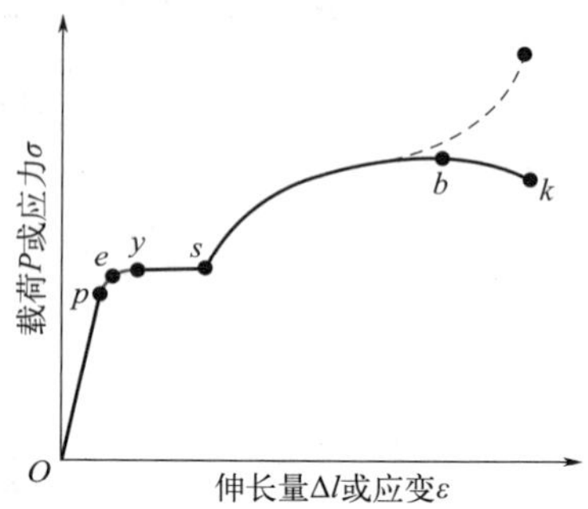

图 2-28 低碳钢的拉伸图

① 比例极限 应力和应变成正比例关系的最大应力称为比例极限，如图 2-28 所示，点 p 所对应的应力，以 σ_p 表示。在应力低于 σ_p 的情况下，应力和应变保持正比例关系的规律叫胡克定律。载荷超过点 p 对应的值后，拉伸曲线开始偏离直线。

② 弹性极限 试样卸载后能恢复原状的最大应力称为弹性极限，即图 2-28 中点 e 所对应的应力，以 σ_e 表示。若应力在超出 σ_e 后卸载，试样中将出现残余变形。

比例极限和弹性极限的测试值敏感地受测试精度的影响，并不易测准，所以在有关标准中规定，将拉伸曲线的直线部分产生规定偏离量（用切线斜率的偏差表示）的应力作为“规定比例极限”。对于弹性极限，规定以产生某一微量残余变形对应的应力作为“规定弹性极限”，例如，以产生 0.01%残余变形所对应的应力为规定弹性极限，记为 $\sigma_{0.01}$，实际上，比例极限和弹性极限很接近。

③ 弹性模量 材料在弹性变形阶段内，应力和应变的比值称为弹性模量。以 E 表示弹性模量，则 $E=\sigma/\delta$ 或 $\sigma=E\delta$，弹性模量又称杨氏模量。

④ 剪切弹性模量 处在剪切弹性变形阶段的材料，其剪应力 τ 和剪应变 γ 也存在正比例关系，其比值称为剪切弹性模量，简称剪切模量。以 G 表示剪切弹性模量，则 $G=\tau/\gamma$ 或 $\tau=G\gamma$。

⑤ 泊松比 材料沿载荷方向产生伸长（或缩短）变形的同时，在垂直于载荷的方向会产生缩短（或伸长）变形。垂直方向上的应变 ε_1 与载荷方向上的应变 ε 之比的负值称为材料的泊松比。以 ν 表示泊松比，则 $\nu=-\varepsilon_1/\varepsilon$。在材料弹性变形阶段内，$\nu$ 是一个常数。理论上，材料的三个弹性常数 E、G、ν 中，只有两个是独立的，因为它们之间存在关系［式(2-23)］。

$$G=E/[2(1+\nu)] \tag{2-23}$$

（2）塑性性能

载荷卸除后不能消失的变形称为残余变形。材料保持残余变形的能力称为塑性，因此残余变形又称为塑性变形。反映材料塑性性能的参量有屈服极限、延伸率和断面收缩率等。此外，与塑性性能有关的现象有材料的强化现象和拉伸试样的颈缩现象。若加载过程中材料内部产生的应力超过屈服强度，则卸载后有一部分变形不能消失，这种变形就是塑性变形。

① 屈服极限　在拉伸试验中，若试样中的应力到达图 2-28 中 y 点所对应的值，即使载荷不再增大，试样仍继续伸长，因此在拉伸曲线上出现一水平段（ys 段），这种现象称为屈服或流动。屈服现象是由金属中晶体的滑移造成的。曲线上点 y 的应力值 σ_y 称为材料的屈服极限，也称流动极限。对于无屈服现象的材料，工程上规定，用对应于 0.2%塑性变形量的应力作为“规定屈服极限”，常称为屈服强度，记为 $\sigma_{0.2}$。

② 颈缩　应力到达强度极限后，试样的塑性变形开始集中于某一部位，该处的截面积逐渐缩小，这种现象称为颈缩。由于局部截面积收缩，试样能承受的载荷也就不断下降，最后到达曲线上的点 k 时试样被拉断。

（3）硬度

硬度是固体对外界物体入侵的局部抵抗能力，是比较各种材料软硬的指标。由于规定了不同的测试方法，所以有不同的硬度标准。总的来看，其可分为划痕硬度、压入硬度和回跳硬度。各种硬度标准的力学含义不同，相互不能直接换算，但可通过试验加以对比。

① 划痕硬度　主要用于比较不同矿物的软硬程度，方法是选一根一端硬一端软的棒，将被测材料沿棒划过，根据出现划痕的位置确定被测材料的软硬。定性地说，硬物体划出的划痕长，软物体划出的划痕短。

② 压入硬度　主要用于金属材料，方法是用一定的载荷将规定的压头压入被测材料，以材料表面局部塑性变形的大小比较被测材料的软硬。由于压头、载荷以及载荷持续时间的不同，压入硬度有多种，主要有布氏硬度、洛氏硬度、维氏硬度和显微硬度等。

③ 回跳硬度　主要用于金属材料，方法是使用一特制的小锤从一定高度自由下落冲击被测材料的试样，并以试样在冲击过程中储存（继而释放）应变能的多少（通过小锤的回跳高度测定）确定材料的硬度。

（4）抗冲击性能

许多机器或其构件如锻锤、冲床、凿岩机、铆钉枪、炮筒和装甲板等，在工作中要承受冲击载荷（它是以很大速度施加到结构或构件上的载荷）。加载速度很大，所以构件应变的速度也很大。

受冲击时弹性变形是以声速在介质中传播的，所以大多数材料（尤其是金属）的弹性变形的变化可以跟上冲击载荷的变化；而塑性变形的变化难以跟上载荷的变化，所以在冲击载荷下原来塑性较好的材料也会出现脆化的趋向。脆化显著地降低了材料抗冲击的能力。一种材料能否承受冲击载荷，不仅要看所承受的瞬时载荷值，而且要看载荷在冲击延续时间内造成的材料变形量。表示材料抵抗冲击载荷能力的参量有冲击功和冲击韧性，二者可由材料的冲击试验来确定。

① 冲击功　使试样在冲击载荷下破断所必需的有效功，通常由冲击试验求得。试验中所用的带缺口的标准冲击试样和冲击试验机如图 2-29 和图 2-30 所示。试验中摆锤冲断试样过程中所做的功就是冲击功 A_K，如式（2-24）所示：

$$A_K = mg(H_1 - H_2) \tag{2-24}$$

式中，m 为摆锤质量；g 为重力加速度；H_1 为摆锤开始下落时的高度；H_2 为试样冲断后摆锤摆起的高度。除了标准的冲击试样外，有时也用非标准试样，它们主要是缺口的形式有些不同。对于某些脆性材料，常采用无缺口冲击试样。在研究工作中，有时还采用拉伸冲击试验和扭转冲击试验。

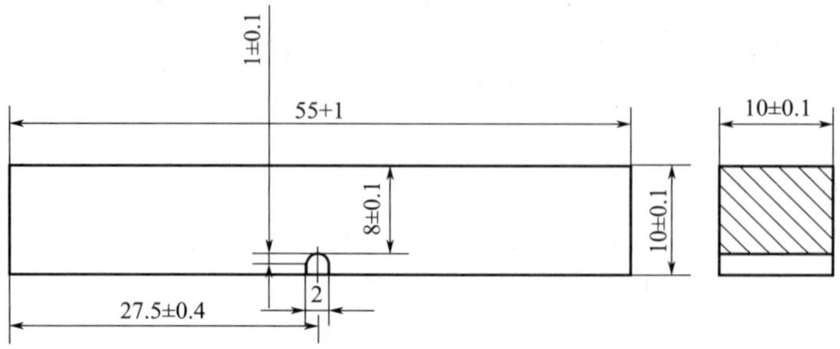

图 2-29　冲击试验的标准式样（单位：mm）

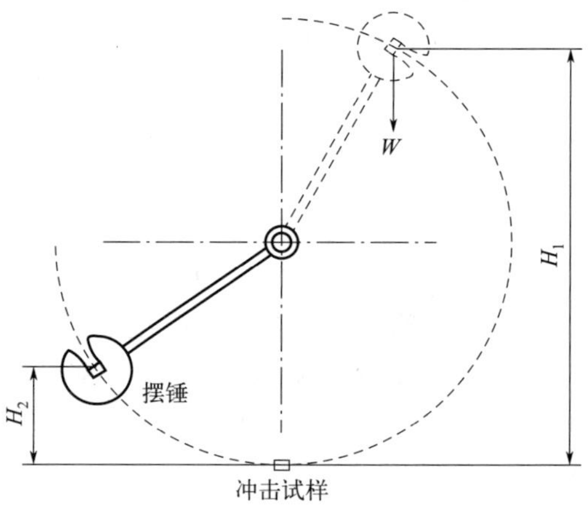

图 2-30　冲击试验机示意图

② 冲击韧性　记为 α_K，它等于冲击功 A_K 除以试样缺口处在冲击前的截面积 F，见式(2-25)。

$$\alpha_K = A_K / F \tag{2-25}$$

冲击韧性是评定材料冲击抗力的实用指标，它的大小不仅取决于材料的性能，而且还随试样的形状、尺寸、缺口形式等在很大范围内变化。摆锤消耗的能量并不全为试样吸收，有一部分转化为其他形式的耗散功，所以冲击韧性并不能精确地表示材料在冲击载荷作用下破坏时所吸收的总冲击能量。另外，被试样吸收的能量主要为缺口附近材料的塑性变形所消耗。因此，冲击韧性只能作为工程上比较材料抗冲击性能的相对标准，不同尺寸和缺口形状的试样的冲击韧性不能相互换算。在使用非标准试样时，对试验条件须作说明。

α_K 对材料的某些缺陷很敏感，能够反映出材料品质、宏观缺陷和显微组织方面的微小变化，因此在生产上常用来检验冶炼、热加工和热处理等工艺的质量。

思考题与习题

1. 请简述：晶体、晶胞的定义；空间格子构造的特点；晶体的基本性质。

2. 什么是晶面，什么是晶面指数？什么是晶向，什么是晶向指数？怎样确定晶向指数？晶向与晶面有什么关系？

3. 什么是晶带？晶带轴与该晶带的晶面有什么关系？什么是晶带定律？

4. 常见金属晶体结构有哪些？金属原子形成晶体时结构上的差异有哪些？

5. 名词解释：(a) 弗仑克尔缺陷与肖特基缺陷；(b) 刃型位错和螺型位错。

6. 请用能带理论解释导体、半导体、绝缘体的区别。

7. 为什么金属的热传导性能一般优于其他材料？

8. 请给出磁性的分类和介绍。

9. α-Al_2O_3 结构中，O 做紧密堆积，而 Al 填充在空隙中，它们是如何排列的？

10. 设原子半径为 R，试计算体心立方堆积结构的 (100)、(110)、(111) 面的面排列密度和晶面族的面间距。

11. 试证明等径球体六方紧密堆积的六方晶胞的轴比 $c/a \approx 1.633$。

参考文献

[1] 胡赓祥，蔡珣，戎咏华. 材料科学基础[M]. 3 版. 上海：上海交通大学出版社，2010.

[2] 周公度. 结构化学基础[M]. 北京：北京大学出版社，1989.

[3] 叶瑞伦，方永汉，陆佩文. 无机材料物理化学[M]. 北京：中国建筑工业出版社，1986.

[4] 冯瑞. 金属原理[M]. 北京：科学出版社，1975.

[5] 李安铭，白宏，杨国生. 金属机械性能[M]. 北京：机械工业出版社，1982.

[6] 关振铎，张中太，焦金生. 无机材料物理性能[M]. 2 版. 北京：清华大学出版社，2011.

[7] 陆佩文. 无机材料科学基础[M]. 武汉：武汉工业大学出版社，1996.

[8] 陶杰，姚正军，薛烽. 材料科学基础[M]. 3 版. 北京：化学工业出版社，2022.

[9] 韩兵强，聂建华，李淑静. 无机材料科学基础[M]. 北京：化学工业出版社，2022.

[10] 毛卫民. 无机材料晶体结构学概论[M]. 北京：高等教育出版社，2019.

[11] 金立国，巩桂芬. 结晶学基础[M]. 北京：化学工业出版社，2022.

[12] 郑克玉，何云斌，曹万强，等. 材料科学与工程实验教程：无机材料分册[M]. 北京：化学工业出版社，2021.

[13] 顾超，李积武. 金属材料成形工艺对机械性能的影响研究[J]. 锻压装备与制造技术，2024，59(3)：133-136.

[14] 徐志昌，张萍. 钼酸铵晶体转化的化学计量学及化学结构学研究[J]. 中国钼业，2023，47(1)：46-53.

[15] 刘元兴. 晶体结构研究：经验基础与理论表征[J]. 自然辩证法研究，2022，38(12)：85-90.

第 3 章

发光材料与器件

3.1 发光材料概述

3.1.1 发光材料概述

发光材料作为人类生活中最为重要的材料之一，有着极其重要和特殊的地位。随着科学技术的进一步发展，发光材料广泛应用于化工、医药、食品、电力、公用工程、航空航天、海洋工程等各个领域。

发光材料是指能够以某种方式吸收能量，将其转化成光辐射（非平衡辐射）的材料。物质内部以某种方式吸收能量，将其转化成光辐射（非平衡辐射）的过程称为发光。在实际应用中，将受外界激发而发光的固体称为发光材料。它们可以以粉末、单晶、薄膜或非晶体等形态被使用，主要组分是稀土金属的化合物和半导体材料，与有色金属关系密切。发光材料在工业、医学、交通、军事各个方面，都是一种精细高技术产业，按其组分可分为无机发光材料和有机发光材料。有机发光材料与无机发光材料比较，其种类繁多，既有小分子材料，也有聚合物材料，还有金属配合物。有机发光材料的性能与分子结构密切相关，通过改变发光材料的分子结构，就可以获得不同的发光性能及物理性能。无机发光材料主要分为固体、气体、液体三类，在固体材料中，用得最多的是粉末状多晶，其次是薄膜和单晶。在实际应用方面，有机发光材料的稳定性一般不如无机材料。因此，目前应用的发光材料主要是无机发光材料。但是自发明高效、高亮度的有机材料电致发光器件以来，有机发光材料的研究及应用取得了巨大发展。

发光材料被广泛地用在各种显示、照明和医疗等领域。深入开展发光材料合成方法的研究，解决其可控合成与制备难题，揭示不同形态和尺度下材料结构与发光性能的关系，可以便捷人类的生活，为新能源的研究提供更好的帮助。在气候压力日趋加大的今天，低碳生活方式已达成全球共识，作为低碳产业的代表，发光材料产业的发展突飞猛进，成为发展速度最快、前景最为看好的朝阳产业之一。

3.1.2 发光现象及其发光原理

当某种物质受到激发（射线、高能粒子、电子束、外电场等）后，物质将处于激发态，激发态的能量会通过光或热的形式释放出来。物质发光过程可以分为两类：辐射发光和非辐射发光。辐射发光是由固体晶格在高温下剧烈振动发出电磁波而产生的，辐射发出的光波长与温度有关，所有固体在不同的温度下都能辐射出相应波长的电磁波。非辐射发光过程是材料中电子在不同的电子能级之间跃迁引起的，本书中所介绍的发光除特别指出外均指非辐射发光。与黑体辐射相比，电子能级之间跃迁涉及的热效应要低得多，因此非辐射发光是冷发光。世界上能产生冷发光的无机化合物有上千种，这些无机发光材料一部分是天然矿物，但更多的是人工合成的化合物。在人工合成的无机发光材料中，有百余种已被大规模工业生产成为商品而被利用，如广泛使用的荧光灯用发光粉、CRT（阴极射线显像管）用发光粉等。

当某种固体受到高能射线照射时（输入能量），可能发生一系列的能量转换或变换过程，如图 3-1 所示。高能射线辐照到晶体材料后，射线与晶体的分子、原子或离子发生作用，发生一系列的物理或化学变化，可能产生荧光、电子射线、光子等。当这种固体是发光材料时，则一部分输入的能量在固体中转换为可见光（包括近紫外和近红外光），这个过程称为发光。输入能量的过程称为激发过程，发出荧光的过程称为发射过程。激发输入能量的种类很多，可以是紫外光、X 射线、γ 射线、阴极射线（电子束），还可以是热能、电能、机械能等。

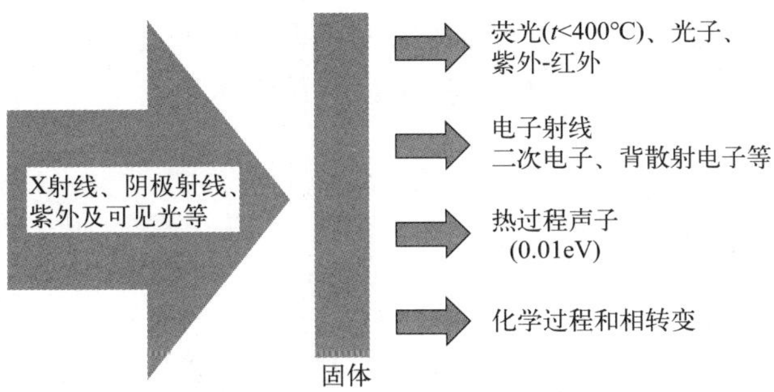

图 3-1　激发能在固体中的吸收和转换

3.1.3　发光过程

发光可以分为黑体辐射和荧光两大类。黑体辐射是由晶体质点的热振动引起的；而荧光可以分为本征缺陷发光和杂质发光两大类，这两类发光都是因为电子在不同电子轨道能级上的跃迁而产生的，热效应很低，是冷光。根据发光原理不同，发光的分类如图 3-2 所示。

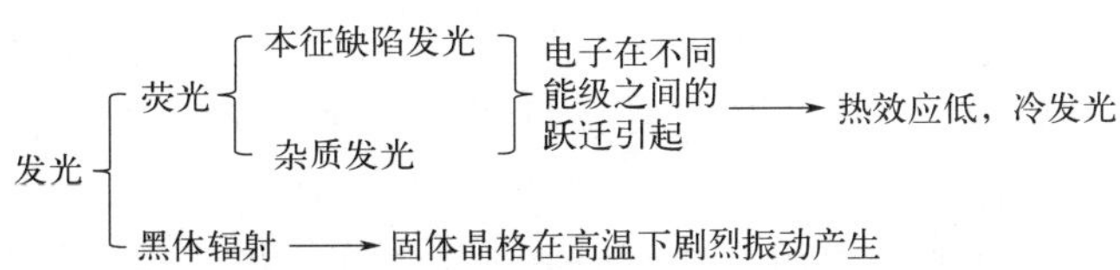

图 3-2　发光的分类

绝大多数无机发光材料是由基质、激活剂和敏化剂组成的，其通式为基质分子式：激活剂离子：敏化剂离子，如彩电荧光屏中红色荧光粉为 $Y_2O_2S_2$：Eu^{3+}，该式表示的含义为 Eu^{3+} 以固溶形式进入晶格并在其中发生光的吸收和发射过程。基质（host，H）是发光材料的主体化合物，通常由晶体结构稳定的晶体充当。基质材料组成的离子往往既提供一个静止的晶体场，又提供一个附加的变化的晶体场。激活剂和敏化剂量很少，在材料中部分地取代基质晶体中原有格位上的离子，形成杂质缺陷。

发光材料的构成及基本发光过程如图 3-3 所示。在外界能量的激发下，激活剂（activator，A）成为发光中心，它受到外界能量的激发后能产生特征的可见光辐射，即发光；敏化剂（sensitizer，S）可以有效地吸收激发能量并把它传递给激活剂，使得材料的发光效率增强。在一般情况下，基质离子（H）也可以吸收激发能量，并有效地传递给激活剂，这类发光材料一般发光效率很高。

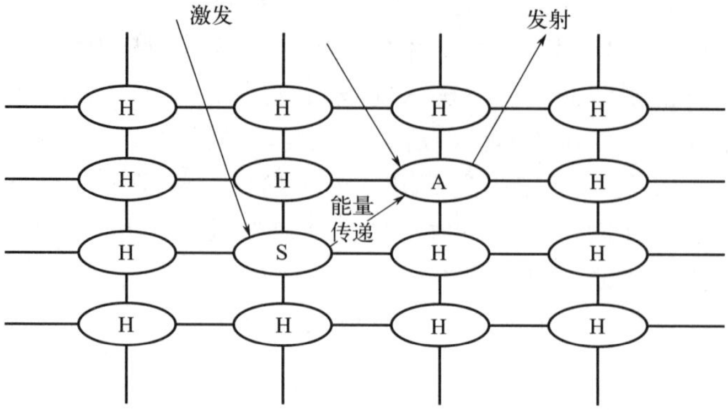

图 3-3　发光材料的构成及基本发光过程示意图

（H—基质；A—激活剂；S—敏化剂）

3.2 光致发光材料

光致发光是指物体依赖外界光源进行照射，从而获得能量产生激发导致发光的现象，它大致经过能量吸收、能量传递及光发射三个主要阶段。光的吸收及发射都发生于能级之间的跃迁，都经过激发态，而能量传递则是由于激发态的运动。紫外辐射、可见光及红外辐射均可引起光致发光，如磷光与荧光。光致发光是冷发光的一种，指物质吸收光子（或电磁波）后重新辐射出光子（或电磁波）的过程。从量子力学理论上，这一过程可以描述为物质吸收光子跃迁到较高能级的激发态后返回低能态，同时放出光子的过程。光致发光可按延迟时间分为荧光和磷光。

固体吸收外界能量后很多情形是转变为热，并非在任何情况下都能发光，只有当固体中存在发光中心时才能有效地发光。发光中心通常由杂质离子或晶格缺陷构成。发光中心吸收外界能量后从基态激发到激发态，当从激发态回到基态时就以发光形式释放出能量。发光材料通常是以纯物质作为主体（基质），再掺入少量杂质以形成发光中心，这种少量杂质称为激活剂。激活剂是对基质起激活作用，从而使原来不发光或发光很弱的基质材料产生较强发光的杂质。激发光辐射的能量可直接被发光中心（激活剂或杂质）吸收，也可能被发光材料的基质吸收。在第一种情况下，发光中心吸收能量向较高能级跃迁，随后跃迁回到较低的能级或基态能级而产生发光。在第二种情况下，基质吸收光能，在基质中形成电子-空穴对，它们可能在晶体中运动，被束缚在发光中心上，发光是由电子、空穴的复合而引起的。当发光中心离子处于基质的能带中时，会形成一个局域能级，处在基质导带和价带之间，即位于基质的禁带中。

对于不同的基质结构，发光中心离子在禁带中形成的局域能级的位置不同，从而在光激发下会产生不同的跃迁，导致不同的发光色。

光致发光材料的应用：光致发光粉是制作发光油墨、发光涂料、发光塑料、发光印花浆的理想材料。发光油墨不仅适合网印各种发光效果的图案文字，如标牌、玩具、字画、玻璃画等，而且因其具有透明度高、成膜性好、涂层薄等特点，可在各类浮雕、圆雕（佛像、瓷像、石膏像、唐三彩）、高分子画、灯饰等工艺品上喷涂或网印，在不影响其原有的饰彩或线条的前提下大大提高其附加值。发光油墨的颜色有红、蓝、绿、黄等。光致发光材料同时也用于制造灯用的荧光粉。由光致发光材料制成的发光器件，具有小型化、大功率、低光衰、高光效、高显色、无污染、无频闪、实用化、智能化、艺术化等优点。这类发光器件主要作为各类用途的光源，如照明、光化学光源、复印机光源等。其中由三基色荧光粉（红、绿、蓝三种稀土的荧光粉按一定比例混合而成）制成的节能灯，发光效率比白炽灯高出两倍以上，光色也较好，受到世界各国的重视。

3.2.1 长余辉发光材料

（1）长余辉发光材料概述

长余辉发光材料，又称夜光材料。它是一类在光源激发下，发出可见光，并将获得的部分光能储存起来，在激发停止后，以光的形式将能量缓慢释放出来的一种光致发光材料。长余辉（或长寿命）发光是指发光材料在激发停止后，发光不会立即消失，而是持续较长时间（几秒、几分、几小时甚至更长）的发光现象。古有“夜明珠”“夜光壁”，今有人们熟知的“夜光表”等，有的是天然含有或人工掺入放射性元素（如 Ra、^{147}Pm），以其衰变时的辐射为激发源产生荧光，称为永久发光，有的则是将白天吸收的日光存储起来，夜里释放而产生余辉光，不需另加激发源，故有“自发光”之称，既节能又环保。自 20 世纪 90 年代以来，这类长余辉发光材料国内外的研究发展都很迅速，并逐渐产业化，大量用于弱光照明、显示和指示，特别是在一些特殊环境或紧急情况下发挥着极为重要的作用。

（2）长余辉发光材料总结

长余辉发光材料也称“绿色光源材料”。其可以利用日光或灯光储光在夜晚或黑暗处发光，因此广泛应用在夜间应急指示、光电子器件或元件、仪表显示、低度照明、家庭装饰及国防军事（如夜行地图）等诸多方面，更有望应用于信息处理、新能源、生命科学和宇宙尖端科技领域，影响未来科技的发展。研究的三个方面是新材料（新性质）、拓展应用及其发光机理，三者之间彼此依赖，相互促进。

① 新材料方面主要是蓝光、红光材料，特别是后者，离实际应用还有一定距离，也是目前新型长余辉材料的研究重点。此外，对已有绿光、蓝光材料还需进一步提高和改进某些性质，以及应用的开拓。如激发光谱尽可能扩展到可见光区，使用温度也不仅限于室温条件，这就要求扩展陷阱分布的温区。长余辉材料的特点是：除发光效率高以外，还要有丰富的陷阱态，为此尽可能选择多元化合物基质，除了纯铝酸盐、硅酸盐外，应发展硅铝酸盐、硅硼酸盐复合体系，掺杂离子以稀土为主，同时配以过渡金属和非金属元素，并注意掺杂离子本身的互相匹配。

② 拓展应用也是新材料研究的驱动力，除了继续扩展弱光照明与显示外，主要是开拓光电信息功能材料方面的应用，特别是二维、三维图像存储与显示和高能粒子射线探测器。材料形态的研制也不只局限于粉末微晶，也包括长余辉玻璃陶瓷薄膜和单晶等。绿光、蓝光和红光长余辉材料相继问世，长余辉材料必将有着更为广阔而丰富多彩的应用。

③ 长余辉发光材料的发光机理十分复杂，特别是它有多种尚不清楚的晶体结构缺陷参

与，需要更深入地了解微观结构与电荷载流子输运过程，澄清发光机理是设计新材料的基础与物理依据，为此人们正在从多方面加强机理研究，所用方法除常用的光谱技术外，大量使用热释光技术，研究陷阱深度及其分布，并结合电子自旋共振实验判别陷阱类型与填充状态，也不断利用可见区与红外激光研究其光释光特性与动力学过程。值得注意的是，近年来使用同步辐射真空紫外光谱技术研究其基质能带结构及其发光中心、缺陷中心间的能量传递，特别是用高强度同步辐射 X 射线研究局域微结构及离子价态是极为有力的工具。

3.2.2 上转换发光材料

(1) 上转换发光材料概述

上转换发光（up-conversion luminescence，UCL）是一种非线性光学过程，其特征是一种吸收低能光辐射，发射高能光辐射的发光材料。上转换发光材料的发光机理是双光子或多光子的耦合作用；其所吸收的光子能量低于所发射的光子能量，这种现象违背斯托克斯（Stokes）定律，因此这类材料又称为反斯托克斯发光材料。在一些文献中，上转换发光材料特指将红外光转换成可见光的材料。

斯托克斯定律认为材料只能受到高能量的光激发，发出低能量的光，换句话说，就是波长短的频率高的光激发出波长长的频率低的光。比如紫外光激发出可见光，或者蓝光激发出黄色光，或者可见光激发出红外光。但是有些材料可以实现与上述定律正好相反的发光效果，称其为反斯托克斯发光，又称上转换发光。上转换发光发生在掺杂稀土离子的化合物中，主要有氟化物、氧化物、含硫化合物、氟氧化物、卤化物等。上转换发光材料在激光器、显示和降温等领域有不同程度的应用。

(2) 上转换发光材料机理

其机理有激发态吸收（ESA）、能量传递上转换（ETU）和光子雪崩（PA）三种。

① 激发态吸收　激发态吸收（ESA）过程是在 1959 年由 Bloembergen 等提出，其原理是同一个离子从基态通过连续多光子吸收到达能量较高的激发态的过程，这是上转换发光的基本过程。首先，发光中心处于基态（E_1）上的离子吸收一个光子，跃迁至中间亚稳态能级（E_2），若光子的振动能量恰好与 E_2 能级及更高激发态能级（E_3）的能量间隔匹配，那么 E_2 能级上的该离子通过吸收光子能量而跃迁至 E_3 能级，从而形成双光子吸收，若能满足能量匹配的要求，E_3 能级上的该离子就有可能向更高的激发态能级跃迁从而形成三光子甚至四光子吸收。只要该高能级上粒子数量够多，形成粒子数反转，那么就可以实现较高频率的激光发射，出现上转换发光。

② 能量传递上转换　能量传递是指通过非辐射过程将两个能量相近的激发态离子耦合，其中一个把能量转移给另一个回到低能态，另一个离子接受能量而跃迁到更高的能态。能量传递上转换可以发生在同种离子之间，也可以发生在不同的离子之间，即连续能量传递：处于激发态的施主离子通过无辐射跃迁返回基态，将能量传递给受主离子，从而使其跃迁至激发态，处于激发态的受主离子还可以通过此能量传递跃迁至更高能级，从而跃迁至基态时发射出更高能量的光子。

③ 光子雪崩　光子雪崩的上转换发光是 1979 年科学家在研究 Pr：$LaCl_3$ 材料时首次发现的，它可以作为上转换激光器的激发机制而引起了人们的广泛关注。该机制的基础是一个

能级上的粒子通过交叉弛豫在另一个能级上产生量子效率大于 1 的抽运效果。光子雪崩过程是激发态吸收和能量传递相结合的过程，只是能量传输发生在同种离子之间。E_0 为基态，E_1 和 E_2 为中间亚稳态，E 为发射光子高能态。泵浦光能量对应 E_1-E_2 的能级差。虽然激发光同基态吸收不共振，但总有少量的基态电子被激发到 E_1 与 E_2 之间，然后弛豫到 E_2 上。E_2 电子与其他离子的基态电子发生能量传输 Ⅰ，产生两个 E_1 电子。一个 E_1 再吸收一个 E_1 后，激发到 E 能级，E 能级电子又与其他离子的基态电子相互作用，发生能量传输 Ⅱ，则产生三个 E_1 电子。如此循环，E 能级的电子数量就会像雪崩一样急剧增加。当 E_1 能级电子向基态跃迁时，就发出光子，此过程称为上转换的光子雪崩过程。

上转换材料主要应用为红外光激发发出可见光的红外探测、生物标识和长余辉发光的警示标识、防火通道指示牌或者室内墙壁涂装（充当夜灯的作用）等。上转换材料可以用作生物监测、药物治疗、CT（计算机断层扫描）和 MRI（磁共振成像）等标记。

3.2.3 荧光粉发光材料

（1）荧光粉材料概述

发光二极管（LED）是固体光源，具有节能、环保、全固体化、寿命长等优点，是 21 世纪人类解决能源危机的重要途径之一。白光 LED 以其省电（能耗为白炽灯的 1/8，荧光灯的 1/2）、体积小、发热量低、可低压或低电流启动、寿命长（120000 h 以上）、响应快、抗震耐冲、可回收、无污染、可平面封装、易开发成轻薄短小产品等优点得到了迅猛发展。白光 LED 广泛应用于城市景观照明、液晶显示背光源、室内外普通照明等多种照明领域，被认为是替代白炽灯、荧光灯的新一代绿色照明光源。

（2）材料制备

① 获取白光 LED 的方法

获取白光 LED 的主要途径有以下三种。a. 利用三基色原理和已能生产的红、绿、蓝三种超高亮度的 LED，按光强 1∶2∶0.38 的比例混合成白色。但由于 LED 器件光输出会随温度升高而下降，不同的 LED 下降程度差别较大，结果造成混合白光的色差，限制了用三基色 LED 芯片组装实现白光的应用。b. 蓝色 LED 芯片与可被蓝光有效激发而发射黄光的荧光粉结合，组成白光。LED 用荧光粉吸收一部分蓝光，受激发后发射黄光，发射的黄光与剩余的蓝光混合，通过调控二者的强度比，可以获得各种色温的白光。c. 采用发紫外光的 LED 芯片和可被紫外光有效激发而发射红、绿、蓝三基色的荧光粉，产生多色混合组成白光 LED。此外，也可选用两基色、四基色，甚至五基色荧光粉来获得白光。

荧光粉性能的好坏直接影响白光 LED 的性能。制备白光发光二极管大多离不开稀土荧光粉，主要有黄色荧光粉和三基色荧光粉等。因此获得化学性质稳定和性能优异的荧光粉是实现白光 LED 的关键。

② LED 用黄色荧光粉

蓝色 LED 芯片和一种或多种能被蓝光有效激发的荧光粉有机结合可组成白色 LED。其中，发展最成熟的是蓝色 LED 与黄色荧光粉的组合。这种方法驱动电路设计简易、生产容易、耗电量低。

当今使用最多的是 InGaN 蓝光 LED，发射峰值 450～480nm，采用蓝光 LED 激发黄光荧光粉获得白光。荧光粉使用的是三价铈激活的稀土石榴石体系（YAG）荧光粉，它的吸收和激发光谱与InGaN芯片的蓝色发光光谱匹配较佳，发射光谱覆盖绿-黄（橙黄光）的光谱范围，缺少红色成分，色调偏冷，不能达到室内照明的要求。为解决这一问题，可以在YAG黄色荧光粉中掺入适量的红色荧光粉。

（3）荧光材料分类

荧光材料分无机荧光材料和有机荧光材料。

① 无机荧光材料　无机荧光材料的代表为稀土离子发光及稀土荧光材料，其优点是吸收能力强，转换率高，稀土配合物中心离子的窄带发射有利于全色显示，且物理化学性质稳定。稀土离子具有丰富的能级和4f电子跃迁特性，使稀土成为发光宝库，为高科技领域特别是通信领域提供了性能优越的发光材料。常见的无机荧光材料是以碱土金属的硫化物（如ZnS、CaS）铝酸盐（$SrAl_2O_4$、$CaAl_2O_4$、$BaAl_2O_4$）等作为发光基质，以镧系元素，如铕（Eu）、钐（Sm）、铒（Er）、钕（Nd）等，作为激活剂和助激活剂。

无机荧光体的传统制备方法是高温固相法，但随着技术的快速更新，发光材料性能指标的提高需要克服经典合成方法所固有的缺陷，一些新的方法应运而生，如燃烧法、溶胶-凝胶法、水热沉淀法、微波法等。

② 有机荧光材料　在发光领域中，有机材料的研究日益受到人们的重视。因为有机化合物的种类繁多，可调性好，色彩丰富，色纯度高，分子设计相对比较灵活。根据不同的分子结构，有机发光材料可分为：a.有机小分子发光材料；b.有机高分子发光材料；c.有机配合物发光材料。这些发光材料无论在发光机理、物理化学性能上，还是在应用上都有各自的特点。

有机小分子发光材料种类繁多，它们多带有共轭杂环及各种生色团，结构易于调整，通过引入烯键、苯环等不饱和键、基团及各种生色团来改变其共轭长度，从而使化合物光电性质发生变化。如噁二唑及其衍生物类，三唑及其衍生物类，罗丹明及其衍生物类，香豆素类衍生物，8-萘酰亚胺类衍生物，吡唑啉衍生物，三苯胺类衍生物，卟啉类化合物，咔唑、吡嗪、噻唑类衍生物，苝类衍生物等，广泛应用于光学电子器件、DNA诊断、光化学传感器、染料、荧光增白剂、荧光涂料、激光染料、有机电致发光器件（ELD）等方面。但是小分子发光材料在固态下易发生荧光猝灭现象，一般掺杂方法制成的器件又容易聚集结晶，器件寿命下降。因此众多的科研工作者一方面致力于小分子的研究，另一方面寻找性能更好的发光材料，高分子发光材料就应运而生了。

有机高分子光学材料通常分为三类：

a.侧链型：小分子发光基团挂接在高分子侧链上；

b.全共轭主链型：整个分子为一个大的共轭高分子体系；

c.部分共轭主链型：发光中心在主链上，但发光中心之间相互隔开，没有形成一个共轭体系。

所研究的高分子发光材料主要是共轭聚合物，如聚苯、聚噻吩、聚芴、聚三苯基胺及其衍生物等，还有聚咔唑、聚吡咯、聚卟啉及其衍生物等。

还可以将发光基团引入聚合物末端或引入聚合物链中间。从以上的各种发光聚合物中可以看出，多数是主链共轭的聚合，主链聚合易形成大的共轭面积，但是其溶解性、熔融性都降低，加工起来比较困难；而把发光基团引入聚合物末端或引入聚合物链中间时，又只有端基发光，分子量不会很大，若分子量很大，则发光基团在聚合物中含量低，荧光很弱。侧链聚合物发光材料，是对主链共轭聚合物的有力补充。

③ 自发光体　这种材料经常被当作光致发光物体。自发光物体在黑暗中可发光，但事先不需要暴露在日光下。这些材料含有放射性元素通常作为表盘上的发光标记以及用于长期发光的物体的制作。

④ 磷光物体　由于含有磷元素而发光，这种材料也经常被视为光致发光材料。

3.2.4 发光功能陶瓷

发光陶瓷作为发光器件中的一种，它将高科技的发光色料融进传统陶瓷釉料中，进行高温烧制获得的产物，它可以吸收多种自然光线（阳光/其他散射光），并把吸收储存的光能进行活化，放置在阴暗的环境下就会自动发光。总的来说，发光陶瓷是在普通陶瓷生产过程中加入长余辉光致蓄光材料，使其具有自发光功能的新型陶瓷制品。

发光陶瓷具有优良的机械强度、耐磨性、耐水性、耐候性，还有蓄光发光性能，并且不含任何放射性元素，对人体无毒无害，绿色环保；吸蓄光能发生活化、强化后的发光时长长达 15 小时，发光性能可重复再现，可长期维持发光性能。

（1）发光陶瓷的合成方法

发光陶瓷的合成方法主要有以下三种：

① 将发光材料的粉料直接烧制成发光陶瓷块体，随后经过加工后制成各种形状的成品，新一代的铝酸盐和硅酸盐长余辉发光材料本身就是一种功能陶瓷。

② 将发光材料同传统的陶瓷原料均匀混合，直接烧制发光陶瓷成品。

③ 首先烧制发光陶瓷釉料，将发光陶瓷釉料施于陶瓷坯体表面，烧制成表面发光的陶瓷制品。

发光陶瓷根据不同的釉料烧成温度可以将发光器件釉料分为三类：低温釉料、中温釉料和高温釉料。

① 低温釉料

a. 低温玻璃发光釉：低温玻璃发光釉的烧成温度在 700℃左右，与普通玻璃的退火烤花温度相近，利用普通玻璃的退火烤花工艺可以将低温玻璃发光釉与普通玻璃结合，制成发光玻璃；

b. 低温有铅器件发光釉：低温有铅器件发光釉的烧成温度在 780～820℃之间，用该釉料烧成的制品具有折射率大、光泽较好的优点，且釉料的膨胀系数小，与坯体的配合良好。

② 中温釉料　中温发光器件釉料的使用温度为 1000℃左右，中温发光器件釉使用方法也多种多样：既可喷淋，又可丝网印刷，还可以手绘；既可做底釉，又可与堆釉颗粒做三度烧产品。中温发光器件釉料主要应用在建筑器件上，可制成室内使用的夜间指示、防火、安全标志器件产品，该产品具有阻燃、耐老化性好等一系列优点。

③ 高温釉料　高温器件发光釉烧成温度为 1200℃左右，与日用瓷及高档建筑瓷的烧成温度相近，拓展了其应用范围，制品的发光强度高、余辉时间长。

发光陶瓷制备工艺流程如图 3-4 所示，将蓄光釉料按设定的比例配合后搅拌、混匀，通过喷釉、浇釉、丝网印刷、手工描绘、堆釉等工艺涂布在器件坯体或器件釉面上，根据需要还可在釉表面施加一层透明釉（可使釉表面性能更好）。干燥后经烧成（根据基础釉配方不同而定），得到蓄光性发光器件制品。此外，在釉料中掺入添加剂对器件的发光性能会有一定影响。

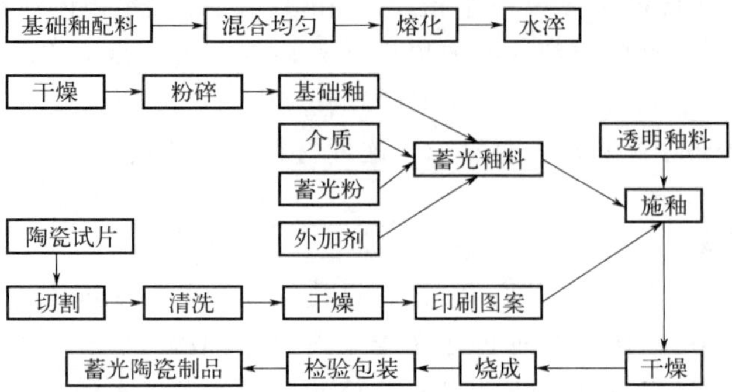

图 3-4　发光陶瓷制备工艺流程

（2）发光陶瓷釉的使用方法

① 将发光陶瓷釉料与印油按 1∶(0.5～0.6) 比例混合搅拌均匀。用 100～120 目丝网印于未烧的面釉上，干燥后在快速烧成工艺的辊道窑中烧成，烧成时间为 40～90min。

② 将发光器件釉料与印油按 1∶0.4 比例混合，搅拌均匀使其成浓稠状，用 40～60 目丝网印于釉面砖上，彻底干燥后再套印器件颜料，最后用 30～40 目丝网印堆釉干粉。干燥后再采用快速烧成工艺的辊道窑中烧成，烧成时间为 40～90min，即成整体发光制品。

③ 将发光器件釉料与水调和搅拌均匀后，均匀地喷施在白色釉面砖或素坯上，再在其上面施一薄层透明釉，干燥后在快速烧成工艺的辊道窑中烧成，烧成时间为 40～90min，即成整体发光制品。

④ 将发光器件釉料与印油或水混合搅拌均匀。通过手绘的方式绘于制品的表面，彻底干燥后，在快速烧成工艺的辊道窑中烧成，烧成时间为 40～90min。

⑤ 用发光器件釉料制成发光器件花纸，通过花纸转移的方式生产发光器件。

发光陶瓷自身特有的性能使其可应用于夜间室内外各种低度照明、装饰照明和各种铭牌显示，如家庭、医院病房等夜间低亮度照明，大楼走廊、房间铭牌、电影院座位牌、安全门、电器开关、暗房照明电源、夜光拖鞋、夜光电话手柄等。

（3）发光陶瓷的发光机理

当激活剂（稀土或过渡金属离子）掺杂到主晶格基质后会在靠近导带（CB）的下部位置形成一系列的杂质能级，这些能级起到陷阱作用并束缚在导带中运动的电子。这些电子只有在外力的作用下才会被重新释放。具体过程如图 3-5 所示：激活剂吸收辐射能从基态跃迁到激发态（过程 1）后立即返回基态能级的过程（过程 2）会产生荧光发射（非余辉现象），当然，伴随着过程 2 会发生过程 3，也就是光致激发还会促使一些电子跃迁到 CB 上并被束缚在陷阱中（过程 4）。当被束缚的电子获得足够的能量（E）从陷阱能级中释放出来（过程 5），这时会有两种可能：a. 这些释放的电子重新被陷阱束缚；b. 通过 CB 跃迁到发光离子的激活态（过程 6）。

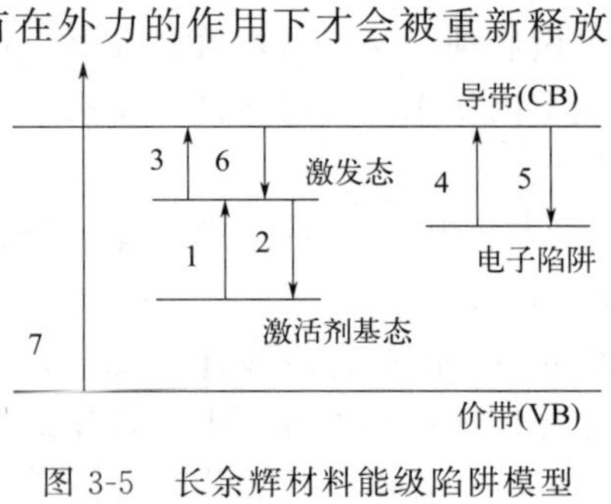

图 3-5　长余辉材料能级陷阱模型

长余辉发光的现象就是由于发生了过程 6，也就是后逃逸的电子与发光中心离子而发生辐射的过程。

3.2.5 光致发光材料器件的应用

光致发光材料器件在现代科技中具有广泛的应用，其核心原理是材料在吸收光子后，通过辐射跃迁释放光子，从而产生发光现象。这类材料因其优异的光学性能和多功能性，已被广泛应用于多个领域。

（1）长余辉发光材料器件的应用

长余辉发光材料的主要优势是发出可见光，而接收到的是波长小于或等于可见光波长的光。也就是说，长余辉发光材料可以贮存光能，然后以可见光的形式自由地散发出去，而且耐用性非常好，基本上可以循环利用。正因为长余辉发光材料有如此优良的性质而广泛应用于军事、装修、工艺等方面。

长余辉发光材料是在自然光或人造光源照射下能够存储外界光辐照的能量，然后在某一温度下（指室温），缓慢地以可见光的形式释放，是一种存储能量的光致发光材料。长余辉发光材料称作蓄光材料或夜光材料。长余辉发光材料在弱光显示、照明、特殊环境（交通、航天、航海、印染、纺织等）等方面有重要的应用。

稀土离子掺杂的碱土铝（硅）酸盐长余辉材料已进入实用阶段。市场上可见的产品除了初级的荧光粉外，主要有夜光标牌、夜光油漆、夜光塑料、夜光胶带、夜光陶瓷、夜光纤维等，主要用于暗环境下的弱光指示照明和工艺美术品等。长余辉材料的形态已从粉末扩展至玻璃、单晶、薄膜和玻璃陶瓷；对长余辉材料应用的要求也从弱光照明、指示等扩展到信息存储、高能射线探测等领域。长余辉发光材料属于电子俘获材料，其发光现象是由材料中的陷阱能级所致。由于能级结构的复杂性以及受测试分析手段所限，长余辉材料的发光机理还没有十分清晰、统一的理论模型。比较典型的理论模型有空穴模型、电子陷阱模型和位形坐标模型等，其中位形坐标模型是得到较多认可的。

长余辉材料在弱光照明、显示方面的应用非常广泛，其产品（如发光膜板、发光涂料、发光油墨、发光塑料、发光陶瓷、发光化纤、发光安全标志等）已大量应用于交通运输、消防应急、国防军事、纺织品及装饰材料等各个行业。同时，长余辉材料在弱光照明、显示方面的应用已从室内逐渐扩展到室外，为此，研究余辉光发射依赖的温度也逐渐兴起。

（2）上转换发光材料器件的应用

上转换发光材料主要的应用领域有全固态紧凑型激光器件（紫、蓝、绿区域）、上转换荧光粉、三维立体显示、红外量子计数器、温度探测器、生物分子的荧光探针、光学存储材料等。自 20 世纪 60 年代发现上转换发光材料以来，人们对上转换发光进行了广泛的研究。90 年代后，随着应用领域的拓宽，上转换发光的研究又重新活跃起来，特别是纳米微粒的上转换发光的研究，引起了世界各国的高度重视。国内外研究方向主要集中在以氧化钇为发光基质的材料，掺杂稀土金属镱、铒等离子的纳米微粒材料的制备方法以及其发光机制、发光效率改进等方面。

上转换纳米材料（UCNPs）可以将红外光转换为可见光甚至紫外光，由于这一独特的特点，UCNPs 引起了许多研究者的广泛兴趣。在 20 世纪 90 年代后期，随着纳米科技的兴起，UCNPs在生物医学领域中的应用变得更加突出。UCNPs作为一种新型的纳米发光材料，具有和传统染料（如荧光染料、半导体量子点、荧光蛋白）不一样的发光机制，属于反斯托克斯发光，具有一系列优异的性能：a. 斯托克斯位移大，激发光更容易被过滤掉，得到的信号信噪比更高；b. 光稳定性好，抗光漂白能力强，可用于长期稳定成像；c. 近红外光（near infrared rays，NIR）激发，采用处于光学透明窗口的NIR激发，激发光对生物样品的光损伤小、对生物组织的穿透深度深；d. 生物毒性低，可以用于生物实验；e. 荧光寿命较长，是生物背景荧光寿命的10^5～10^6倍，利用时间分辨技术，能够有效地消除生物背景荧光的干扰，实现高的灵敏度和选择性；f. 可以被非相干光激光器激发，大大降低实验成本。基于这些优异的特性，UCNPs被广泛应用于生物成像、生物检测、疾病的治疗、太阳能电池和高级防伪等领域。

（3）荧光粉发光材料的应用

① 稀土荧光粉可应用于办公室、百货商店和工厂中的高性能荧光灯。20世纪80年代中期以来，随着含铽较少的较便宜的荧光粉开发成功，这种节能灯的应用迅速增长。90年代中期，国际上推出了TMT2直管型荧光灯，管径仅7mm，功率为6～13W，光效为621lm/W。随后的T5直管型荧光灯管，直径为16mm，功率为14～35W，功率为28W时，其光效可达104lm/W，寿命大于16000 h。当今世界上流行使用的新型电光源大多与稀土有关，其中使用最多的电光源是稀土三基色荧光灯。所说的三基色是指红、绿、蓝三种基本色光，经过混色组合后，可以获得照明用的白色光。常用的稀土三基色节能灯的外形以紧凑型为主，按灯管形状分为单U、双U、三U、四U、单H、双H、单π、双π、螺旋型以及带罩型等多种类型，按灯管管径可分为T2、T3、T4、T5、T7。稀土三基色节能灯不但高效节能，而且使用寿命也比白炽灯长5至8倍。稀土三基色节能灯是世界上各国大力提倡和推广的新型电光源，是一种高效、节能、舒适、亮丽、长寿的新型电光源。

② T5超级节能荧光灯是第三代的管状荧光灯，直径为16mm，灯管采用稀土三基色荧光粉，使用高频电子镇流器，由于其光效约为90lm/W以上，具有节能、护眼、环保、寿命长等特点。第一代管状荧光灯直径为38mm的T12型和32mm的T10型，使用电感镇流器，其光效约为50lm/W。第二代管状荧光灯直径为26mm的T8型，使用电感镇流器或电子镇流器，其光效约为60lm/W。光源的发展遵循的是节约能源，提高光效。T8荧光灯这种灯管的特点是涂敷稀土三基色荧光粉为发光体，采用固态汞减少二次污染及高频电点灯的新技术，光效高、光色好、无频闪、提高了光的质量、缩短了工序、降低了能耗、减少了汞污染、净化了生产环境、提高了生产效率。随着我国照明产业的不断发展，T5荧光灯由于具有高光效、含汞少、显色性好和寿命长的优点而逐步取代了T8荧光灯成为主流照明光源。同时，20世纪80年代至90年代末我国照明市场普遍使用的是电感灯具，尤其是电感支架和电感灯盘，电感灯具由于存在噪声、闪烁、耗能大等明显不足，所以会逐步淘汰或者改进。

（4）发光功能陶瓷的应用

发光功能陶瓷是一类具有光致发光、长余辉发光或其他光学特性的陶瓷材料，因其优异的物理化学性能和独特的光学特性，在多个领域得到了广泛应用。在照明与显示领域，发光功能陶瓷被广泛用于高效光源和高端显示设备中。例如，在白光LED中，发光陶瓷作为荧光转换层，因其高热稳定性和光学均匀性，显著提高了 LED 的发光效率和使用寿命。YAG：Ce^{3+} 陶瓷是其中的典型代表，用于蓝光 LED 的荧光转换。此外，发光陶瓷在激光照明与显示中也表现出优异性能，适用于激光投影仪和激光电视等高端设备，其高热导率和高光学透明性使其能够承受高功率激光的激发。

在生物医学领域，发光功能陶瓷的应用主要体现在成像、诊断和治疗上。例如，某些发光陶瓷材料（如稀土掺杂氧化物陶瓷）具有高亮度和长寿命的发光特性，可用于荧光成像，帮助研究细胞和组织的结构与功能。此外，发光陶瓷材料还可作为光敏剂，用于光动力疗法（PDT），通过特定波长的光激发产生活性氧物质，杀死癌细胞或病原体。同时，发光陶瓷材料也可作为荧光探针，用于标记特定的生物分子或病变组织，实现疾病的早期诊断。

发光功能陶瓷还被广泛应用于艺术与装饰领域。例如，长余辉发光陶瓷被用于制作夜光瓷砖、陶瓷饰品等，既具有装饰性，又具有功能性。通过在玻璃或陶瓷中掺入发光材料，可以制成具有装饰性和功能性的发光产品，用于室内设计和艺术创作。此外，在军事和航空航天领域，发光功能陶瓷也有重要应用。例如，发光陶瓷材料可用于夜视设备中，提供高亮度和高分辨率的成像能力；长余辉发光陶瓷可用于航天器的标志和指示装置，在黑暗环境中提供持续的可见光。

3.3 辐射发光材料

3.3.1 辐射发光材料的概述

高能带电粒子入射发光体后，同发光体中的原子（或分子）碰撞，从原子电离出来的电子具有很大的动能，可以继续引起其他原子的激发或电离，因此产生大量次级电子。高能光子流入射发光体时，可能发生光电效应、康普顿效应及形成电子-止电子对（X 射线主要产生光电子），这些效应也都能产生大量次级电子。以上两种激发情况有共同的特征：在粒子（光子）通过的路程上有大量的原子被激发或电离，并且产生大量的次级电子，因此这种激发具有密度高和空间不均匀性的特点，它们只发生在粒子（光子）经过的轨迹附近。典型的例子，对于 ZnS 材料，α 粒子（能量约 5MeV）引起的激发带直径只有 10cm，β 粒子（约为 1MeV）引起的激发带直径只有 1.8×10cm，而 X 射线（约 35keV）引起的带则较大，为 9×10cm。辐射激发的这些特点使得其发光量子效率大大超过 1，例如对于 X 射线，高达 1000 以上的量子效率并不难获得，这些都是有别于普通激发和发光的特点。

3.3.2 经典辐射发光材料

发光材料受到射线辐照的性状还是比较复杂的。一般地说，长期受到粒子轰击，会逐渐引起原子的位移、形成各种缺陷，因此使无辐射中心数逐渐增加，发光性能逐渐衰退。与此相反，一些材料在射线粒子轰击下观察到发光增长现象，例如 ZnS 在 α 粒子轰击下蓝发射带反而增强。总之，辐照下物体的发光行为是比较复杂的，有待深入研究。

（1）Al_2O_3：C 材料辐射发光研究现状

Al_2O_3：C 材料因为其良好的剂量相应范围和高灵敏度，与人体组织等效性接近，成为剂量监测研究的热门。Al_2O_3：C 探测器广泛应用于热释光（TL）和光释光（OSL）剂量监测。热释光是物质预先吸收辐射能之后的热激发光，光释光是物质预先吸收辐射能之后的光激发光，其基本原理类似，只是激发方式不同。Al_2O_3：C 在接受照射的过程中会立刻产生辐射发光（RL），这为剂量的实时测量提供了理论依据。现阶段研究表明，Al_2O_3：C 材料的 RL 信号理论上是正比于辐射剂量率的，可以用于剂量的实时监测。但是值得一提的是，其测量发光曲线并不是严格线性的，这种现象产生原因是很复杂的、多方面的，也为剂量监测带来了难题。现阶段研究表明，Al_2O_3：C 探测器的辐射发光信号强度与辐射剂量率整体成正比关系，在 7mGy～14Gy 剂量范围内有着很好的线性响应，通过实验处理或者算法处理可以反映实际剂量率大小，实现辐射剂量测量。但是，Al_2O_3：C 探测器的灵敏度会随着辐射剂量、剂量率、晶体温度等的变化而产生变化，实验数据必须经过合适的实验处理和算法处理才能反映真实辐射信息。在光纤系统中，利用脉冲式辐射条件和同步快门的方法可以有效排除光纤中的干扰信号。Al_2O_3：C 探测器的 RL 信号可以用作辐射剂量监测，配合光纤耦合技术可以实现剂量遥测和实时监测。RL 用于实时测量还存在诸多问题，如 Al_2O_3：C 探测器灵敏度变化的内在原因，探测器在低剂量和低剂量率下的性能问题以及如何提高光纤传输的效率等问题都是以后需要探究的。

（2）CsI（Na）晶体的辐射发光特性及探测性能研究

CsI(Na) 晶体具有光产额高、力学性能好等优点，广泛应用于 γ 射线探测、暗物质探测、深空探测、核辐射探测等国际前沿领域。针对 CsI(Na) 晶体的辐射探测性能的研究受到国内外学者的普遍关注。其中，晶体的辐射发光特性是研究其探测特性的关键因素。

在 CsI(Na) 晶体探测特性研究方面，主要利用蒙特卡罗程序进行模拟并且计算 CsI(Na) 晶体尺寸对其探测效率的影响。模拟计算结果表明，当晶体体积一定时，随着晶体高度的减小，本征探测效率下降，并且晶体高度与本征探测效率二者线性度比较好。源峰效率随着晶体半径的增大先平缓上升后下降。在 CsI(Na) 晶体的辐射发光性能研究方面，研究不同粒度 CsI(Na) 晶体在不同的激发方式下的辐射发光特性。块状 CsI(Na) 晶体的发光峰主要在 315、420 和 590 处，然而，对于纳米量级的 CsI(Na) 晶体，在不同的激发方式下，其较大尺度晶体的发光峰表现出明显差异：在阴极射线激发下，纳米量级的 CsI(Na) 晶体发光峰主要在 315 和 590 处，而在光激发下，纳米量级的 CsI(Na) 晶体的发光峰主要以 420 为主。其原因是 Na^+ 相关的 420 光峰由于纳米结构的表面效应逐渐消失。

3.3.3 辐射发光材料器件的应用

辐射发光材料因其在响应辐射的同时能发出可见光而在多个领域得到了广泛应用，尤其在辐射探测、医疗影像以及弱光照明等方面，展现出了独特的优势。以下是几种主要的应用。

（1）射线探测与测量

辐射发光材料常被用来制造闪烁计数器和闪烁探测器，这些设备广泛应用于射线强度、能谱及剂量的测量。闪烁计数器和探测器利用材料在接受辐射（如 X 射线或 γ 射线）时产生的闪烁光信号，通过捕捉这些光信号，可以高效地检测和量化辐射的能量及其强度。因此，辐射发光材料在核医学、辐射监测和安全检测等领域具有重要作用。

（2） X射线医疗与工业无损探测

在X射线医疗及工业无损探测领域，辐射发光材料被用来制成直接观察屏和增感屏。直接观察屏能够将X射线辐射转化为可见光，便于医生和技术人员实时观察X射线影像。此类观察屏的要求是发光谱与人眼的光谱响应相匹配，一般的发光谱峰值位于520～560nm范围内，以确保最佳的视觉效果。增感屏则主要用于提高乳胶感光材料的感光效率。在X射线照射下，增感屏中的辐射发光材料吸收X射线并发出光，这些光进一步激发乳胶材料，提高其对X射线的感应能力，从而增强图像质量。增感屏的发光光谱应与乳胶的光谱响应相匹配，确保其优化性能。

（3）永久性发光材料

某些放射性同位素的半衰期非常长，因此可以用于制造永久性发光材料。将这些长半衰期的放射性同位素掺入发光材料中，可以在不需要外加能源的情况下，使材料长时间持续发光。这类永久性发光材料广泛应用于弱照明和应急照明设备中。例如，使用这种材料可以在仪表上涂覆发光层，使其在夜间或黑暗环境下保持可见光。这种技术被用于制作夜间指示牌、紧急出口标识、手表表盘等物品，提供在没有电源的情况下持续可见的光源。为了减少辐射对人体的危害，现如今常采用半衰期较短且毒害较低的人工同位素，如氚（半衰期为12.33年）和钷（半衰期为2.65年），而发光材料通常选择如ZnS等低毒性的材料。通过这种方式，既能确保发光材料的长期稳定性，又能最大限度地减少放射性对环境和人体的影响。

3.4 阴极射线发光材料

3.4.1 阴极射线发光材料的概述

阴极射线发光就是电子束激发发光材料产生的发光现象。19世纪末在研究低压气体放电时，发现有一种射线从阴极射出，在玻璃管内壁上产生荧光，将这种射线叫作阴极射线。以后才知道这种射线是一束带负电的粒子（电子）。但以后一直沿用这个古老的名称，把电子束叫作阴极射线。早期，物理学家就是利用阴极射线发光材料做成的屏来观测真空中电子和离子的特征，它们和磁场、静电场之间的相互作用，以及检测X射线、紫外线和放射性物质的射线。

某些半导体或电介质在高能电子束激发下发光的现象称为阴极射线发光CL，根据电子束能量和样品种类的不同，高能电子束照射到样品上后可穿透几十纳米到十几微米的深度，通过和晶格的碰撞使样品的原子离化，产生如图3-6所示的电子跃迁。与光致发光相比，高能电子碰撞离化的方式更容易激发出电子和空穴，某些看不到光致发光的材料可以产生阴极射线发光。

用于激发发光材料的电子束的能量通常在1～100keV，而用于光致发光的紫外线激发能量只不过3～6keV，因此阴极射线发光过程和光致发光过程很不相同。一个光子在发光材料中只能在固体表面上产生一个光子，而高速电子束可以射入材料内几微米，使固体内原子发

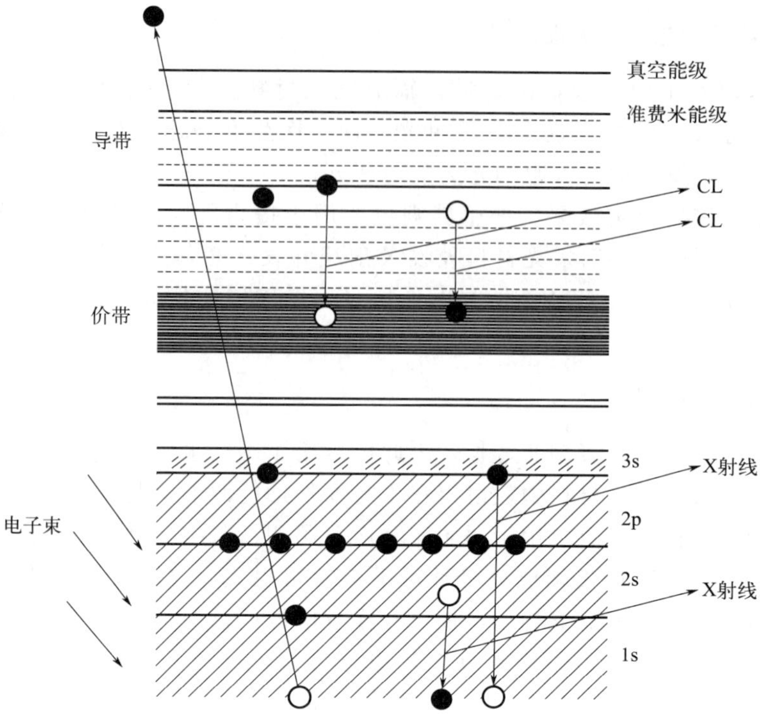

图 3-6 阴极射线激发的电子跃迁

生电离，产生千百个二次电子，入射的一次电子及电离产生的二次电子都可以作用于发光材料的发光中心，使它产生跃迁辐射，足以产生大量的光子，因此阴极射线的激发密度很大。

阴极射线发光材料的寿命主要决定于材料所受电子束的累积辐照量。因此将寿命常数规定为发光强度降低一半时单位面积上所受的累积电荷，用 C/cm^2 表示。引起材料老化的原因有：a. 材料表面的组分和结构发生变化；b. 晶体中猝灭中心缺陷增加；c. 离子价态变化、晶体变色等。材料的寿命或耐老化性与基质的化学组成有关，阴极射线发光材料的余辉特性，不仅与发光中心的本身发光衰减特性有关，还与晶体中所含的杂质及缺陷有密切关系。余辉时间规定为激发停止后发光强度下降到初始强度的 10%时的时间，不同用途要求余辉时间长短也不同。

3.4.2 阴极射线发光材料器件的应用

阴极射线发光材料主要用于制造显示用荧光粉，可以用来制造电视机、示波器、雷达和计算机等各类荧光屏和显示器。稀土红色荧光粉，主要成分是 Y_2O_3∶Eu 和 Y_2O_2S∶Eu，可以用于彩色电视机荧光屏，使彩电的亮度达到更高水平。蓝色和绿色荧光粉目前仍使用非稀土的荧光粉，但 La_2O_2S∶Tb 绿色荧光粉发光特性较好，具有很好的开发前景。计算机不像电视机那样重视颜色的再现性，而是优先考虑显示器的亮度，因此采用橙色更强的红色，Y_2O_2S 中 Eu 的含量通常为 5%～7%（质量分数），而彩色电视机红色荧光粉中 Eu 的含量约为计算机的 1.5 倍。此外，稀土飞点扫描荧光粉（Y_2SiO_5∶Ce^{3+}）已广泛用于彩色飞点扫描管、电子显示管、扫描电镜观察镜。

最常见的阴极射线发光是电视、雷达、示波器、计算机的荧光屏的发光。这是目前最重要的显示手段。这种发光的激发过程是：能量在几千电子伏以上的高速电子打到荧光粉表面时，大部分可进入材料内部，产生速度越来越低的次级电子，直到发光体中出现大量的能量在几电子伏到十几电子伏的低速电子。主要是这些低能量的电子激发发光材料。入射电子的能量一般大于几千电子伏，因此一个入射电子在一微米左右的距离内可能产生上千个有激发能力的次级电子，激发密度很高。另外，次级电子的能量分布在几电子伏到十几电子伏的很宽范围内，因此能将发光体激发到多种激发态。所以，许多物质在阴极射线激发下容易发光。

射入荧光屏的电子如不及时传导出去而积累起来，荧光屏就会带负电，并使后来到达的电子受到排斥作用，使发光减弱。荧光粉多数是绝缘体，又涂在玻璃上，因此在制作阴极射线管时必须考虑如何导出入射的电子，以保持屏的电势不变。通常的办法是在粉屏上薄薄地盖一层铝，将铝层接正极。也可以选择适当的电压，使逸出的次级电子数目和进入屏内的电子数目相等，避免电荷积累。为了得到较高的亮度，加速电子的电压通常在几千伏以上，彩色电视甚至高达两三万伏。这样，发光屏的亮度就可亮到白天也可以看电视的程度。投影电视是将荧光屏上的影像投射到约 1 平方米的大屏幕上，这就要求原来的荧光屏有更高的亮度。军用飞机座舱里所用阴极射线管显示，亮度也要求很高。投影电视和座舱显示的荧光屏亮度一般为日光灯表面亮度的几倍，甚至 10 倍以上。但并不是所有的阴极射线发光都使用高电压。所谓荧光数码管（也叫真空荧光管）就是只用 20～30V 电压的阴极射线发光显示。这里用的发光材料是 ZnO，它的导电性能很好，因此可以用低压大电流激发而不导致电荷积累。由于电流达 1mA 以上（电视上只达微安量级），所以亮度相当高。某些发光材料经过特殊处理，也可以在低压下发出较强的光。

阴极射线发光需要在真空中进行，用它做的器件不能太大，这是技术上的一个限制。阴极射线发光还可以作为一种分析手段来研究物质的结构和成分。扫描电子显微镜就有专门的检测发光的部件，可以观察样品的阴极射线发光像，并同样品的形貌像以及次级电子像进行对比。最近更发展到测量微区的阴极射线发光的强度、光谱和余辉，从而获得微区内物质的结构、缺陷和杂质情况的信息，这对材料科学有很大的作用。

3.5 纳米发光材料

3.5.1 纳米发光功能材料的概述

纳米发光材料是指尺度在 1～100nm 之间的超微粒子组成的发光材料，因此具有以下三个特征：a. 具有尺寸小于 100nm 的原了区域（晶粒或相）；b. 显著的界面原子数；c. 组成区间的相互作用。纳米发光材料的分类主要从结构空间考虑，按空间维数可以分为以下四种：a. 零维的原子簇和原子簇的集合；b. 一维的多层薄膜；c. 二维的超细颗粒覆盖膜；d. 三维的纳米块体材料。纳米发光材料的微粒形貌可通过高分辨率电子显微镜等仪器直接观察到，大多数微粒为球形或近球形。

纳米固体材料微粒具有以下几个特点。

（1）小尺寸效应

由颗粒尺寸变小所引起的宏观物理性质的变化称为小尺寸效应。当纳米微粒的尺寸与光波的波长、传导电子德布罗意波长以及超导态的相干长度或透射深度等物理特征尺寸相当或更小时，周期性的边界条件将被破坏，声、光、电、磁热力学等特性均会出现新的小尺寸效应。对超微颗粒而言，尺寸变小，比表面积增加，从而产生一系列新奇的性质。

① 热学性质　纳米材料的比热和热膨胀系数都大于同类粗晶材料和非晶体材料，这是界面原子排列较为混乱、原子密度低、界面原子耦合作用变弱的结果。因此在储热材料、纳米复合材料的机械耦合性能方面有广泛的应用前景。

② 电学性质　由于晶界面上原子体积分数增大，纳米材料的电阻高于同类粗晶材料，甚至发生尺寸诱导金属——绝缘体转变（SIMIT）。利用纳米粒子的隧道量子效应和库仑堵塞效应制成的纳米电子器件具有超高速、超容量、超微型、低能耗的特点，有可能在不久的将来全面取代目前的常规半导体器件。

③ 磁学性质　小尺寸的超微颗粒磁性与大块材料显著不同，呈现出超顺磁性。利用磁性超微颗粒具有高矫顽力的特性，已做成高贮存密度的磁记录磁粉，大量应用于磁带、磁盘、磁卡等。利用超顺磁性，人们已将磁性超微颗粒制成用途广泛的磁性液体。

（2）表面与界面效应

纳米微粒尺寸小、表面大、位于表面的原子占相当大的比例，见表 3-1。纳米粒径的减小，不但引起纳米粒子表面原子输送和构型的变化，同时也引起表面电子自旋构象和电子能谱的变化，最终会引起其表面原子的活性增大。上述情况，这被称为“表面与界面效应”。

表 3-1　纳米微粒尺寸与表面原子数的关系

纳米微粒尺寸/nm	包含总原子数	表面原子所占比例/%
10	3×10^4	20
4	4×10^3	40
2	2.5×10^2	80
1	30	99

（3）量子尺寸效应

早在 1962 年就从理论上对超微粒的量子尺寸效应进行了研究，日本科学家久保给量子尺寸效应下了定义，即当粒子尺寸减小到最低值时，费米能级附近的电子能级便由准连续变为离散能级的现象，久保早就提出了能级间距和金属颗粒的关系，并给出了式（3-1）：

$$\delta=\frac{4E_1}{3N} \tag{3-1}$$

式中，δ 为能级间距；E_1 为费米能级；N 为总电子数。宏观物体包含无限个原子（即所含电子数 $N\to\infty$），于是 $\delta\to0$，即大粒子或宏观物体的能级间距几乎为零；而纳米微粒包含的原子数有限，N 值很小，有一定的值，即当能级间距大于静电能、光子能时会导致纳米微粒电、光与宏观特性显著不同，这称为量子尺寸效应。

3.5.2　纳米发光功能材料的制备

目前常用的发光材料制备，有溶胶-凝胶法、共沉淀法、气相反应法、燃烧法、水热法、微乳液法，其中共沉淀法因其方便、节时等优点，较为常用，而气相反应法制备的颗粒有可控的尺寸和球状形态。水热法是指在特制的反应器（高压釜）中，采用水溶液作为反应体系，通过将反应体系加热至临界温度（或接近临界温度），在反应体系中产生高压环境而进行无机合成与材料制备的一种有效方法。通过水热法可以制备出纯度高、晶型好、单分散以及大小可控的纳米颗粒。微乳液法是近年来制备纳米颗粒所采用的较为新颖的一种方法，它是以不溶于水的非极性物质相为分散介质，以不同反应物的水溶液为分散相，采用适当的表面活性剂作为乳化剂，形成油包水型（W/O）微乳液，使得颗粒的形成空间限定于微乳滴液的内部，从而得到粒径分布窄、形态均匀的纳米颗粒。

3.5.3 纳米发光材料的新发光特性及发光机理

发光理论的研究是以固体物理理论为基础的。发光理论可分为两类：能带理论和谱学理论。纳米发光材料的发光机理的研究也是基于上述理论进行的，与常规尺度的发光材料比较，前者具有特殊的物理化学特性（如量子尺寸效应、表面与界面效应等），因此出现了许多新的发光特性：同成分的常规材料所不具有的新的发光现象。硅是最重要的半导体材料，广泛应用于微电子器件的制作中，但是由于不能发射可见光，这限制了它在光电子器件中的应用。为了实现以硅为基础材料的大规模光电子集成，科学工作者一直在探索使硅发射可见光的方法，1990 年首次发现多孔硅可发射红光以来，已有大量关于纳米晶硅和纳米硅薄膜发光性质的研究工作发表，但在发光机理方面存在分歧，难以形成统一的观点，比较有代表性的为量子尺寸效应发光模型和与氧有关的缺陷发光模型。

3.5.4 纳米发光材料器件的应用

纳米发光材料因其优异的性能，被广泛应用于信息显示、照明光源、显像、激光和光电器件等领域，为社会发展和技术进步发挥着日益重要的作用。主要有稀土及过渡金属离子掺杂无机发光材料、有机发光分子等，致力于获得具有特殊发光性质和优异光吸收与转换特性的材料，并将它应用于生物荧光标记和太阳能电池光电效率提高。

① 设计各种稀土掺杂上转换纳米材料，制备新型纳米结构，通过离子掺杂，能量适配以及结构优化，获得具有高量子产率、良好稳定性的单红光发射材料。通过表面修饰，进行生物荧光标记，利用荧光显微成像进行癌细胞诊断，实时监测生物体内多样的蛋白和细胞间的相互作用，从而为了解生物分子之间的复杂相互作用和运动提供一种更为有效的手段。

② 建立稀土离子掺杂上转换及下转换发光体系，以合适的能级匹配方式调制光谱，以各种掺杂形式将它们应用到太阳能电池中，解决短波长紫外光和长波长红外光利用不足的问题，充分利用太阳光，提高电池光电转换效率。

3.6 其他发光材料

发光材料种类繁多，发光原理各不相同，发光特性也各有千秋。如何利用不同材料的发光特性，取其优点、避其缺点，将成为能否更好地应用发光材料的关键。结合不同材料的发光特性，主要从以下几个方面介绍发光材料的应用现状。

（1）电致发光材料

电致发光材料是一类能够在电场作用下直接发光的功能材料，因其优异的发光性能和广泛的适用性，在多个领域得到了广泛应用。在显示技术领域，电致发光材料是现代显示器件的核心组成部分。例如，有机电致发光材料（OLED）被广泛应用于智能手机、电视、平板电脑和可穿戴设备的显示屏中。OLED 显示器因其自发光特性，具有高对比度、广视角、低功耗和柔性显示的优势。此外，量子点电致发光材料（QLED）因其高色纯度和宽色域的特点，正在成为下一代显示技术的重要方向。

在照明领域，电致发光材料也发挥着重要作用。例如，基于 OLED 的照明设备因其柔性、轻薄和高效的特性，已被应用于室内照明、汽车照明和建筑装饰中。相比传统的 LED 照明，OLED 照明具有更均匀的光源分布和更高的设计自由度。此外，电致发光材料还被用于开发新型的透明和可弯曲光源，为未来的智能家居和可穿戴设备提供了更多可能性。

在汽车和交通领域，电致发光材料的应用也日益广泛。例如，电致发光材料被用于汽车仪表盘、车内氛围灯和外部显示屏中，为驾驶员提供更清晰的视觉信息和更舒适的驾驶体验。此外，电致发光材料还被用于交通信号灯和道路标志中，其高亮度和长寿命特性显著提高了交通安全性。

在生物医学领域，电致发光材料的应用主要集中在医疗显示和诊断设备中。例如，基于电致发光材料的柔性显示屏可以用于可穿戴医疗设备，实时监测患者的健康数据。此外，电致发光材料还被用于开发新型的生物传感器和诊断设备，通过电场激发发光实现高灵敏度的检测。

（2）气体放电发光材料

气体放电发光材料是一类通过气体放电过程产生光辐射的功能材料，广泛应用于照明、显示以及特殊环境中的光源设备。其发光原理是，通过电场作用使气体分子或原子发生电离或激发，随后通过辐射跃迁释放光子。这类材料在照明领域的应用尤为重要，典型的例子包括荧光灯和高压气体放电灯（如高压钠灯、金属卤化物灯及汞灯等）。这些灯具通过气体放电产生紫外光或可见光，再利用荧光粉或其他发光材料将其转换为所需的光谱，广泛应用于室内外、工厂及街道等场所。相比传统白炽灯，气体放电光源不仅具有更高的发光效率，而且使用寿命更长。

其中，汞蒸气灯（汞灯）作为最古老的高强度放电（HID）灯，其工作原理是通过电流使灯管内的汞蒸气加热发光。汞蒸气灯发出非连续光谱，在其光谱中缺少红光成分，绿区、蓝区和紫外区的线光谱较为强烈，因此不适宜用作彩色摄影的光源。目前，汞蒸气灯主要应用于街道照明，其发光效率在 26～60lm/W 之间，光色为冷色调的蓝绿白光。近年来，汞蒸气灯在表演和体育馆照明中的应用逐渐被金属卤化物灯所取代，这是因为金属卤化物灯不仅显色性更佳（显色指数为 70，而汞灯为 50），而且发光效率更高，范围在 70～115lm/W 之间。然而，汞蒸气灯的使用寿命（16000～24000h）仍然超过金属卤化物灯。

汞灯的发光是通过氩气和汞蒸气的放电作用产生的，其发光强度显著高于荧光灯。为了改善光色，通常使用铕激活的钡酸钇荧光粉。高压汞灯主要应用于街道和工厂等需要强白光照明的场所。随着钠放电灯和 HQT 金属卤化物灯的普及，汞灯的市场逐渐萎缩。相比之下，钠放电灯和 HQT 金属卤化物灯的颜色再现性较好，能够提供自然白光。美国通用电报电话公司麻省实验室的研究人员开发了一种改良型低色温汞灯，其采用铈激活的钡酸钇荧光粉，功率为 400W，照明度为 25500lm，色温为 3350K，相较于普通汞灯，其稳定性更好，效率更高。

所有气体放电灯的工作原理都基于放电管内电子、原子与离子之间的相互碰撞。灯管电流的产生依赖于电子碰撞引起原子的电离，而原子或分子的激发则是产生特征线光谱或谱带辐射的必要过程。连续光谱辐射的产生主要源自电子与离子的复合反应。汞的主要辐射光谱线出现在紫外、蓝、绿及黄光区域。汞蒸气的发光效率随着其蒸气压的变化而变化。如图3-7所示，在 *AB* 段，光效随着汞蒸气压的升高而增加，这是由于气压升高时，更多的汞原子处于P1态，并被激发到更高能级，跃迁过程中发出可见光。而在 *BC* 段，汞蒸气压继续升高，汞原子的浓度增加，电子与汞原子发生更多弹性碰撞，电子将能量传递给原子，导致汞蒸气温度升高，这一过程称为“体积损耗”，从而导致发光效率下降。到了 *C* 点后，气体温度升高，汞原子发生热电离和热激发，更多汞原子被激发到较高的能级，重新发出可见光，因此光效开始回升。值得注意的是，由于管壁附近温度较低，不足以发生热激发和热电离，电弧的发光区域收缩，形成所谓的电弧绳化现象。在 *DE* 段，汞蒸气压为1～5atm，电弧中心温度约为5500K，此时汞蒸气放电具有较高的光效，且更易与220V市电配合，因此高压汞灯通常工作在这一范围。而在 *EF* 段，则处于超高气压放电状态。

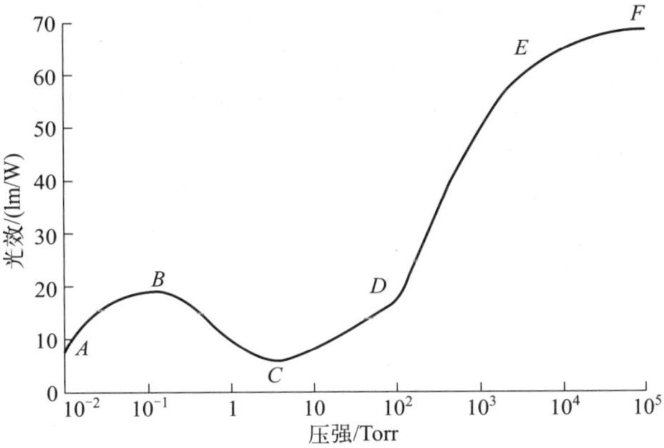

图3-7　汞蒸气放电的发光效率与气压的关系

(1Torr＝133.3224Pa)

（3）热释发光材料

热释发光材料是一类能够在加热过程中释放储存能量并发光的功能材料，其发光机制是材料在受到辐射（如紫外光、X射线或粒子辐射）后，将能量储存在晶格缺陷或陷阱中，随后通过加热释放能量并产生光辐射。由于其独特的发光特性，热释发光材料在多个领域得到了广泛应用。

在辐射剂量测量领域，热释发光材料被广泛用于个人剂量计、环境监测和医学辐射剂量测量中。例如，掺杂稀土离子的氟化锂（LiF∶Mg，Ti）和氧化铝（Al_2O_3∶C）是常用的热释发光剂量计材料，其能够精确记录辐射剂量并在加热时释放储存的能量。热释发光剂量计具有高灵敏度、宽剂量范围和良好的重复使用性能，广泛应用于核工业、放射医学和辐射防护领域。在考古与地质年代学中，热释发光材料被用于测定陶器、岩石和沉积物的年代。通过测量样品中储存的辐射能量并结合加热释放的光信号，可以推算出样品的埋藏时间或烧制时间。这种热释发光测年技术为考古学和地质学提供了重要的时间尺度工具，尤其在研究人类历史和地质事件中具有重要意义。在科学研究和工业检测中，热释发光材料被用于研究辐射效应、材料缺陷和晶格结构。例如，通过分析热释发光曲线，可以研究材料中的陷阱能级分布和辐射损伤机制。这些研究对于开发新型功能材料和优化现有材料性能具有重要意义。此外，热释发光材料还被用于工业无损检测中，通过检测材料的热释发光信号来评估其辐射历史和结构完整性。

思考题与习题

1. 名词解释

（1）发光物质　（2）色心　（3）量子效率　（4）流明效率　（5）量子化　（6）光谱项
（7）能量传输　（8）三基色　（9）上转换材料　（10）长余辉材料　（11）激发光谱
（12）发射光谱　（13）余辉　（14）热释发光

2. 请简述发光的机理分类。

3. 请简述发光物质中发挥重要作用的几个物理过程。

4. 用于表征荧光材料发光特征的几个物理量是什么？

5. 请简述固态基质中能量的传递与输运的四种主要途径。

6. 三基色荧光粉中，发蓝光材料的光谱特征是什么？常见的粉体有哪几种？

7. 用于增感屏的X射线应满足哪些要求？

8. 激光介质材料中，固体基质应该具备哪些性质？

9. 发光材料的种类繁多，应用广泛。按激发方式，发光材料可以分为哪几类？

10. LED是半导体PN结发光器件，试述其发光机理。

参考文献

[1] 郑子樵. 新材料概论[M]. 长沙：中南大学出版社，2009.

[2] 赵文元，王亦军. 功能高分子材料[M]. 北京：化学工业出版社，2008.

[3] 熊兆贤. 材料物理导论[M]. 2版. 北京：科学出版社，2007.

[4] 张耀君，王亚超，刘礼才. 纳米材料基础[M]. 双语版. 北京：化学工业出版社，2011.

[5] 陈军，袁华堂. 新能源材料[M]. 北京：化学工业出版社，2003.

[6] 于洪全. 功能材料[M]. 北京：北京交通大学出版社，2014.

[7] 王贺权，曾威，所艳华. 现代功能材料性质与制备研究[M]. 北京：中国水利水电出版社，2014.

[8] 张晓松，李岚. 未来的显示与照明：无机纳米晶电致发光器件：从分子设计到结构优化[M]. 天津：天津大学出版社，2014.

[9] 赵春霞，金伟，周静. 新能源材料与器件实验教程[M]. 北京：化学工业出版社，2022.

[10] 曾蓉，张爽，邹淑芬，等. 新型电化学能源材料[M]. 北京：化学工业出版社，2019.

[11] 秦高梧，张宪民，李松，等. 固体物理基础[M]. 北京：化学工业出版社，2023.

[12] 刘仁. 功能涂料[M]. 北京：化学工业出版社，2018.

[13] 李敬远，刘欣，刘胜杰. 双钙钛矿型上转换发光材料 K_3InF_6：Er^{3+}，Yb^{3+} 的制备及其温度传感性能研究[J]. 中国材料进展，2024，43(12)：1118-1124.

[14] 季喜燕，杨坤. 稀土离子掺杂 $NaGdF_4$ 下转换发光材料的制备及发光性能研究[J]. 功能材料，2024，55(11)：11090-11095.

[15] 王克，邹雨辰，肖万成，等. 基于辐射光致发光的高剂量测量材料应用研究进展[J]. 发光学报，2024，45(6)：1033-1047.

第 4 章

介电材料与器件

4.1 介电材料概述

4.1.1 介电材料定义

随着电子信息科技的不断发展，人们对电子设备的要求日益提高。介电材料作为电子器件的关键组成部分，对电子元器件的发展起到了关键作用。制备具有高介电常数、低损耗、高储能密度，同时具有良好的力学性能、易加工等特点的介电材料显得尤为重要，成为行业关注的热点。

介电材料是指在外电场作用下能发生极化、电导、损耗和击穿等现象的材料。介电材料又叫电介质，电介质的特征是以正、负电荷重心不重合的电极化方式传递、存贮或记录电子的作用和影响，但其中起主要作用的是束缚电荷，因而电介质材料一般为电导率低于 $10^{-6}\Omega\cdot m$ 的非导电体。电子元器件向着微型化和高度集成化的方向发展，必然对电介质材料提出同时具备更高介电常数、更小能量损耗以及频率和温度稳定性的要求。

4.1.2 介电材料极化

(1) 介电材料极化概述

介电材料在电场作用下，带电粒子发生短距离的位移，发生极化，以感应而非传导的方式呈现其电学性能，因此在电场中表现出特殊的性状。因此，介电材料极化是在电场作用下电介质中的束缚电荷产生微观迁移而形成感应偶极矩的物理过程。如果材料受到一个外电场 (E) 的作用，原子核和电子云的正、负电荷沿相反方向发生位移，就会产生极化。这样，原子就成为一个暂时的或者感应的偶极子。如果撤去外加电场，极化随之消失。由外施电场而产生的偶极矩称为感应偶极矩，在这种形式的极化中，电场使正、负电荷相互分离的作用力与正、负电荷间互相吸引的库仑引力（束缚力）相互平衡而产生偶极矩。一般来说，一个宏观物体含有数目巨大的粒子，由于热运动的原因，这些粒子的取向处于混乱状态，因此无论粒子本身是否具有电矩，热运动的平均结果，使得粒子对宏观电极化的贡献总是零。只有在外加电场的作用下，粒子才会沿电场方向贡献一个可以累加起来的宏观极化强度的电矩。

(2) 介电材料电极化

① 电极化：介电材料本身不带电荷，但将其置于电场中，在其体积内部和表面会感应出一定量的电荷，这种现象称作电极化现象。式 (4-1)，在电场作用下，介电材料产生电偶极矩 μ：

$$\mu = \alpha E \tag{4-1}$$

式中，α 为分子极化率。

② 电介质的极化有 3 种基本过程，即

a. 材料中原子核外电子云畸变产生的电子极化；

b. 分子中正、负离子相对位移造成的离子极化；

c. 分子固有电矩在外电场作用下转动导致的转向极化。

③ 极化形式　根据极化过程是否与热运动有关，可分为位移式极化和松弛式极化。前者与热运动无关，是弹性的，瞬间完成并不消耗能量，如图 4-1 所示；后者与热运动有关，完成需要一定的松弛时间，且是非弹性的，需要消耗一定的能量。

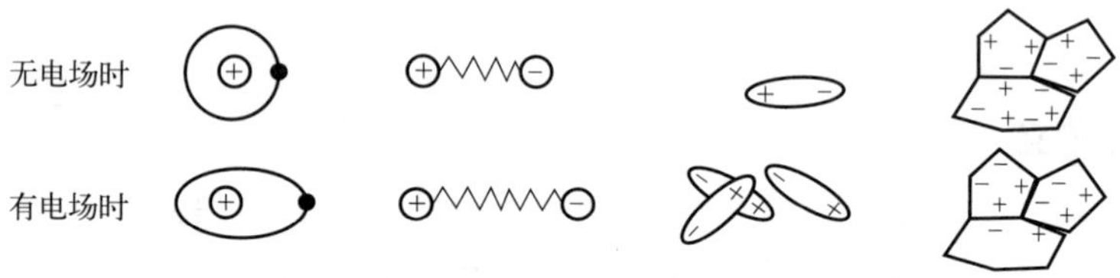

(a) 电子位移极化　(b) 离子位移极化　(c) 偶极子取向极化　(d) 空间电荷极化

图 4-1　电极化形式

a. 电子位移极化　任何材料都是由原子和分子或离子构成的。原子可以看作是由荷正电荷原子核和其外荷负电的电子云所构成的。无电场时，原子核的正电中心和电子云的负电中心是重合在一起的。在外电场作用下，原子外围的电子云相对于原子核发生相对位移形成的极化，称为电子位移极化。如式（4-2）所示，在交变电场 $E_{loc} = E_0 e^{i\omega t}$ 的作用下，电子位移极化形成的电偶极矩为

$$\mu = -ex = \frac{e^2}{m}\left[\frac{1}{\omega_0^2 - \omega^2}\right] E_0 e^{i\omega t} \tag{4-2}$$

式中，x 是粒子的位移；m 是带电为 $-e$ 的粒子质量；ω_0 为弹性偶极子的固有频率，$\omega_0 = \left(\frac{k}{m}\right)^{\frac{1}{2}}$（$k$ 是弹性系数）；ω 为电子的角频率，rad/s；t 为时间，s。式（4-3）中，由于 $\mu = \alpha_e E_{loc}$，则电子极化率为

$$\alpha_e = \frac{e^2}{m}\left(\frac{1}{\omega_0^2 - \omega^2}\right) \tag{4-3}$$

电子极化率依赖于频率 ω，极化率与频率的关系反映了极化惯性。弹性偶极子的固有频率可由共振吸收光频（紫外）测出。在光频范围内，电子对极化的贡献总是存在的，而其他极化机制由于惯性跟不上电场的变化，因而此时的介电常数几乎完全来自电子极化率的贡献。

b. 离子位移极化　离子的极化由法扬斯（Fajans）首先提出。离子晶体中，正负离子没有平动和转动，只有振动，粒子间距离虽有微动，但其方向和大小都是随机的。因此，整体上正电和负电中心是重合在一起的，保持电中性。在电场作用下，正、负离子分别沿着不同电场方向取向，趋向于与外电场一致的方向，产生的极化称作离子位移极化。一对带有 $\pm q$ 电荷的离子，质量分别为 M_+、M_-，其中心相距为 a，离子在电场的作用下，偏离平衡位

置，形成一个感生偶极矩。与电子位移极化类似，在电场中离子的位移，仍受到弹性力的限制，并给出式（4-4），引入 $M^*=\dfrac{M_+M_-}{M_++M_-}$，则弹性振子的固有频率为

$$\omega_0=\left(\frac{k}{M^*}\right)^{\frac{1}{2}} \tag{4-4}$$

由式（4-5），可得出离子位移极化率，即

$$\alpha_i=\frac{q^2}{M^*}\left(\frac{1}{\omega_0^2-\omega^2}\right) \tag{4-5}$$

因此，离子位移极化和电子位移极化的表达式一样，都具有弹性偶极子的极化性质。ω_0 可由晶格振动红外吸收频率测量出来，从而得到离子位移极化建立的时间为 $10^{-13}\sim 10^{-12}$ s。其实这里两种离子的相对运动，就是晶格振动的光学波。感生的电偶极矩见式（4-6）：

$$\mu=\alpha_i E_{loc} \tag{4-6}$$

c. 偶极子取向极化　如果组成介质的分子具有固有偶极矩，当电场 $E=0$ 时，由于热运动，介质中各分子的固有偶极矩的取向是无规则的，所以各偶极矩的矢量和为零，介质不存在宏观极化强度。当电场 $E\neq 0$ 时，在电场作用下，这些固有偶极矩将沿着电场方向排列，所有偶极矩的矢量和不为零，介质产生宏观极化强度，即产生偶极子极化。

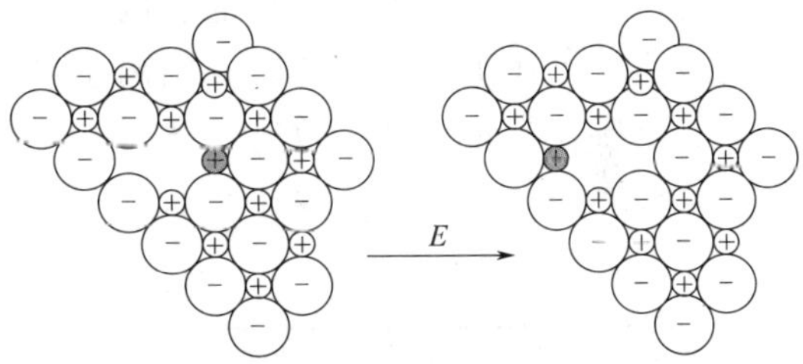

图 4-2　离子跃迁极化

在离子晶体中，带有正负电荷的成对晶格缺陷所组成的“偶极子”（常被称为缺陷偶极子），在外电场作用下也可发生取向。如图 4-2 所示，由带大电荷的杂质阳离子在阴离子空位周围跳跃引起的极化，有时也称为离子跃迁极化，其极化过程相当于偶极子的偏转。

d. 空间电荷极化　介电材料在制备过程中，很难保证其化学成分完全均匀，因而不可避免地会出现一些缺陷区，如介质中存在晶界、相界、晶格畸变、杂质、气泡等，这些不均匀的缺陷区都可成为自由电子运动的障碍；在障碍处，自由电子积聚，形成空间电荷极化，一般为高压式极化。

空间电荷的建立需要时间，几秒到数十分钟，甚至数十小时，因此空间电荷极化只对直流和低频下的介电性质有影响。另外，空间电荷极化还会受温度影响，当温度升高时，离子运动加剧，扩散变得更加容易，空间电荷减小，导致极化强度下降。

e. 松弛极化　当介电材料中存在弱联系的电子、离子和偶极子等质点时，在一定温度下热运动导致分布混乱，但在电场作用下使之按规律分布，最后发生极化。这种极化具有统计性质，也称为热松弛极化。松弛极化的带电质点在热运动时，移动的距离可与分子大小相比拟，甚至更大。并且质点需要克服一定的势垒才能移动，因此这种极化建立的时间较长，并且需要吸收一定的能量，因此是一种非可逆过程。根据松弛极化的质点不同可分为电子松弛极化、离子松弛极化、偶极子松弛极化。

电子松弛极化与电子位移极化不同，电子处于弱束缚状态，所以极化作用强烈得多，即

电子轨道变形严重，因此吸收一定的能量，可作短距离迁移。介电材料中弱束缚电子在晶格热振动下，吸收一定能量由低级局部能级跃迁到较高能级处于激发态；处于激发态的电子连续地由一个阳离子结点移到另一个阳离子结点；外加电场使其运动具有一定的方向性，由此引起极化，使介电材料具有异常高的介电常数。弱束缚电子和自由电子也不同，不能进行远程迁移。但是，当弱束缚电子获得高能量后，受激发跃迁到导带可形成自由电子，因此具有电子松弛极化的介电材料往往具有电导的特性。

离子松弛极化的迁移行程比弹性位移距离大，可与晶格常数相比较。离子松弛极化的迁移与离子电导具有本质区别，这是因为离子电导是离子作远程迁移，而离子松弛极化质点仅作有限距离的迁移，它只能在结构松散区或缺陷区附近移动。离子松弛极化与温度和频率有着直接联系，这是因为温度越高，热运动对质点的规则运动阻碍增强，极化率减小；随着频率的升高，离子松弛来不及建立，介电常数出现下降的趋势，当频率很高时，无松弛极化，只存在电子和离子的位移极化。

这几种极化作用并非在任何类型的介电材料中都等额存在。在一种类型的材料中，往往只有一种或两种极化占主导地位。一般说来，电子极化存在于一切类型的固体物质中，离子极化主要存在于离子晶体中，偶极子极化主要存在于具有永久偶极子的物质中，空间电荷极化则主要存在于那些结构非理想的、内部可以发生某种长程电荷迁移的介电材料中。例如，氯化钠晶体中存在阴离子空位时，阳离子可以优先向负极方向迁移，因此在电极界面处建立了一个双电层。当然，这类效应显著时，则形成了导体或快离子导体，而不再是电介质了。各种极化形式的综合比较见表 4-1。

表 4-1　各种极化形式的比较

极化形式	极化的电介质种类	极化的频率范围	与温度的关系	能量消耗
电子位移极化	一切陶瓷	直流—光频	无关	无
离子位移极化	离子结构	直流—红外	温度升高极化增强	很弱
离子松弛极化	离子不紧密的材料	直流—超高频	随温度变化有极大值	有
电子位移松弛极化	高价金属氧化物	直流—超高频	随温度变化有极大值	有
转向极化	有机	直流—超高频	随温度变化有极大值	有
空间电荷极化	结构不均匀的材料	直流—高频	随温度升高而减小	有

4.2 介电材料性质

介电性能是指在电场作用下，表现出对静电能的储蓄和损耗的性质（只能在分子线度范围内运动的电荷外加电场的响应特性），它主要由介电常数、介质损耗和介电强度等参数来表征。

（1）介电常数

介电常数又叫介质常数、介电系数或电容率，以字母 ε 表示，单位为 F/m。相对介电常数是指物质在电场作用下相对于真空的介电常数，又称为诱电率，表征介质材料的介电性质或极化性质的物理参数。其值等于以预测材料为介质与以真空为介质制成的同尺寸电容器电容量之比，该值也表征材料贮电能力。相对介电常数通常用ε_r'表示，是一个无量纲的物理量，也称为相对电容率。不同材料不同温度下的相对介电常数不同，利用这一特性可以制成不同性能规格的电容器或有关元件。

根据介电常数与温度的关系，介电材料可分为两大类：一类是介电常数与温度呈典型的非线性关系的介质材料。属于这类介质的有铁电陶瓷和松弛极化十分明显的材料。另一类是介电常数与温度呈线性关系的材料。这类材料的介电常数与温度的关系可用相对介电常数的温度系数 TK_ε 来描述，即温度升高 1K 时，相对介电常数的变化值与起始温度时的相对介电常数的比值，微分形式为式（4-7）

$$TK_\varepsilon=\frac{1}{\varepsilon}\times\frac{d\varepsilon}{dT} \tag{4-7}$$

由于极化形式不同，所以不同材料极化随温度变化也就出现不同的情况，因此介电常数的温度系数不同，可以为正值或负值。如果介电材料只有电子极化，随着温度升高，介质密度降低，极化强度降低，介电常数降低，因此这类材料介电常数的温度系数是负的。以离子极化为主的材料随温度升高，其离子极化率增加，并且对极化强度增加的影响超过了密度降低对极化强度的影响，因此这类材料的介电常数有正的温度系数。以松弛极化为主的材料，介电常数和温度的关系中可能出现极大值，因此 TK_ε 可正、可负。但是大多数此类材料，在广阔的温度范围内，TK_ε 为正值。

对于电容器而言，材料的介电常数的温度系数是十分重要的。根据用途对电容器的温度系数提出相应的要求，如用于滤波旁路和隔直流的电容器，要求 TK_ε 为正值；用于热补偿电容器，要求 TK_ε 为一定的负值，因为要求这种电容器除了可以作为振荡回路的主振电容器外，还能同时补偿振荡回路中电感线圈的正温度系数值；而在诸如电容量热稳定度高的回路中的电容器和高精度的电子仪器中的电容器，则要求 TK_ε 接近零。为了满足电容器小型化的迫切需求，一般选择介电常数较大的材料（如 TiO_2）作为主晶相，通过添加稀土金属氧化物如 La_2O_3、Y_2O_3 等，降低 TK_ε 值，从而在保证在介电常数较高的条件下，提高介电材料的热稳定性。

（2）介质损耗

恒定电场作用下，介质电流与电压相位相同，介电常数为一恒定值。但是在交变电场中，如果介质中存在松弛极化，那么电位移与电场之间就会存在相位差，导致介电常数为一个复数，如式（4-8）所示：

$$\varepsilon^*=\varepsilon'-i\varepsilon'' \tag{4-8}$$

ε'和ε''是依赖于频率的量，则介电损耗角正切如式（4-9）所示：

$$\tan\delta=\frac{损耗项}{电容项}=\frac{\varepsilon''}{\varepsilon'} \tag{4-9}$$

由此可知，介质的损耗由复介电常数的虚部ε''引起，通常电容电流由实部ε'引起，相当于实际测得的介电常数。

常用介质损耗角正切值 $\tan\delta$ 来衡量介质损耗的大小。$\tan\delta$ 是无量纲的物理量，可用电桥、Q 表、介电损耗仪进行测量。它与材料因发热而损耗的能量密切相关，主要由材料本身的物质属性所决定。材料的制备工艺及微观形态会对其介电性能产生不同程度的影响，而外部条件如工作频率、使用温度、工作环境等也会影响到材料的介电性能。

介质损耗的产生主要归因于两点：一是在电场作用下电介质所含的导电载流子流动时，需要克服内摩擦力而消耗部分电能，这种损耗称为电导损耗；二是偶极子的取向极化松弛引起的。对非极性高聚物来说，电导损耗可能是主要的，对于极性高聚物而言，介电损耗则是主要部分。与聚合物相比，无机材料电介质的能量损耗较小。其损耗的基本形式主要有电导损耗和松弛极化损耗两种。

对于一般电介质来说，要求损耗越小越好，但对于衰减陶瓷、吸波和隐身材料等则要求有较大的介质损耗。高频陶瓷电容器、微波介质材料要求 $\tan\delta$ 小于 10×10^{-4}，铁电陶瓷电容器大多用在低频领域，有较高介电常数，$\tan\delta$ 一般在 $(50\sim250)\times10^{-1}$，大功率、发射型的压电陶瓷，也需要介质损耗越小越好，以免工作过程中发热失效。事实上，介质的损耗描述方法有多种，见表 4-2，哪一种描述方法比较方便，需根据用途而定。多种方法对材料来说都涉及同一现象，即实际电介质的电流位相滞后理想电介质的电流位相 δ。

表 4-2　介质的损耗描述方法

损耗角正切	损耗因子	品质因素	损耗功率	等效电导率	复介电常数虚部
$\tan\delta$	$\varepsilon'\tan\delta$	$Q=1/\tan\delta$	P	$\sigma=\omega\varepsilon''$	ε''
应用于材料介电性能评估	作为绝缘材料的选择依据	应用于高频	功率的计算	电介质发热	研究材料的功率、发热

（3）介电强度

当介质材料在电场强度和温度的较大范围内仍能保持绝缘、介电等特性时，它可以用来作为绝缘材料和电容器介质材料。当电场强度超过某一临界值时，材料中可以形成或存在电荷顺利通过的击穿“隧道”，并且具有较高的电导率，这些击穿隧道致使电流局部突发而使整块材料破坏，介质由介电状态变为导电状态。这种现象称为介质的击穿，介质被击穿的临界电场强度称为介电强度，或击穿电场强度。

可见，介电击穿是指由于外加电场强度的升高而导致电介质固有的绝缘属性遭到破坏，电介质电导急剧增加使电介质几乎成为导体的现象，此时欧姆定律对于电介质的电导不再适用。击穿强度是电介质的基本电参数，发生击穿时的临界电压称为电介质的击穿电压，相应的临界电场强度称为电介质的击穿强度，即单位厚度的击穿电压。击穿强度可定量地表征电介质承受电场作用的能力。在实际生产过程中，杂质和晶格缺陷等都难以避免，所以除了理想中的本征电击穿外，还有热击穿、电化学击穿等。

① 本征电击穿　在强电场下，介质承受的电压超过一定值 U_B 时，其中有相当大的电流通过，使介质丧失绝缘性能，这个过程即电击穿。击穿场强表达为：$E_B=U_B/d$。通常当电场接近击穿场强时，材料中的电流主要是电子型的。其击穿机制主要有碰撞电离理论、雪崩理论和隧道理论。

碰撞电离理论是指晶体温度高于绝对零度，晶格的微小振动形成格波，格波能量量子称为声子。碰撞电离中，存在电子和声子碰撞，杂质和缺陷对自由电子的散射。若外加电场足够高，自由电子在电场中获得的能量超过失去的能量时，自由电子便可在每次碰撞后积累能量，最后发生击穿；雪崩理论是指，在电场足够大时，自由电子从电场中获得的能量在每次碰撞后都能产生另一个自由电子，n 次碰撞就有 $2n$ 个自由电子，形成雪崩式倍增效应，这些电子一方面向阳极迁移，一方面扩散，当雪崩式倍增效应贯穿两电极时，则发生击穿现象；隧道理论则强调当电场足够高时，由于隧道效应，禁带电子进入导带，在电场作用下电子被加速，引起碰撞电离。

② 热击穿　电介质在电场作用下，由电导和介质损耗所产生的热量超过试样通过传导、对流和辐射所散发的热量，产出的热量比散去的多，试样中的热平衡被破坏，试样温度不断上升，造成永久性破坏，这就是热击穿。它和产生局部发热的长时间作用的电负荷有关，并且发生在使电导率增加的足够高的温度下。电能损耗使温度进一步上升并使局部电导率增加，这样就产生电流通道；局部不稳定和击穿，造成大电流通过，结果产生熔融和气化，使绝缘作用破坏。由此可见，热学性能对介质材料的热击穿有很大的影响。

③ 局部放电击穿　在电场作用下，介质局部区域发生放电现象。通常由介质材料的不均匀性而导致电场分布的不均，在电场增强的地方如气孔处会产生局部放电，使电场畸变进一步增加，同时产生大量的热，容易引起整个介质的击穿。不均匀介质的结构多种多样，其中最简单的情况是双层介质。设双层介质的第一层、第二层的介电常数、电导率、厚度分别为 ε_1、σ_1、d_1 和 ε_2、σ_2、d_2。如果施加直流电压 U，则每层的电场强度 E_1 和 E_2 都不等于平均电场强度 E，利用串联模型可以导出式（4-10）和式（4-11）。

$$E_1=\frac{\sigma_2(d_1+d_2)}{\sigma_1 d_2+\sigma_2 d_1}\times E \tag{4-10}$$

$$E_2=\frac{\sigma_1(d_1+d_2)}{\sigma_1 d_2+\sigma_2 d_1}\times E \tag{4-11}$$

由式（4-10）和式（4-11）可以看出，电导率小的介质承受更高的场强，电导率大的介质承受更低的场强。如果 σ_1 和 σ_2 相差很大，则必有一层承受非常高的场强，并且这一层很可能首先达到击穿强度而被击穿。一旦有一层被击穿，则另一层的电压会增加，且电场因此大大畸变，结果另一层也随之击穿。由此可见，材料的不均匀性可能引起击穿场强降低。

④ 树枝化击穿　树枝化击穿是一种主要发生在高分子电介质中的击穿现象，它是指在电场作用下，在固体电介质中形成一种树枝状气化痕迹。其树枝是充满气体的直径为几微米以下的细微管子组成的通道，聚合物树枝化后并没有击穿，但树枝化是一个很重要的击穿潜伏因素。经过一定过程后，最终导致聚合物击穿，树枝化的最大特点是要经过较为冗长的过程才能导致树枝引发乃至最后击穿。

⑤ 电化学击穿　在电场、温度等因素作用下，电介质因缓慢的化学变化，而引起其电气性能逐渐劣化，最终由绝缘状态突变为良导体状态的过程。该过程包括两种情况：一种是因电介质发生化学变化而引起的电介质老化；另一种是与老化有关的击穿过程。如在直流电压下，电介质因离子电导而发生电解，结果在电极附近形成导电的金属树状物，甚至从一个电极伸展到另一个电极，导致在两电极间构成导电的通路。或者在电场作用下，电介质内部的气泡中，或不同固体电介质之间的气隙或油隙中，会发生局部放电，造成局部电导增加而出现局部击穿，并逐渐扩展成完全击穿。温度越高，电压作用时间越长，化学形成的击穿越容易发生。

同一种介质材料中发生何种形式的击穿，取决于不同的外界因素。随着击穿过程中介质内部的变化，击穿过程可以从一种形式转为另一种形式。

4.3 高介电常数材料

4.3.1 高介电常数材料的概述

随着电子元器件向小型化和轻量化发展，人们对电介质材料高介电常数的需求越来越高。高介电常数材料是介电常数大于二氧化硅（3.9）的介电材料的泛称。介电常数较高的材料相较于介电常数较低的材料可以储存更多的电能，因此该类材料在电子设备中的应用可以为其效率的提高提供支持。大多数高介电常数材料用于由集成电路和无源元件组成的电子系统，电子工业在向具有更高功能性方向发展，使得无源元件使用的数量稳步增长。除了电子工业，高介电材料也广泛应用于许多民用和军用领域，如主动振动控制、航空航天、水下航行和监视、水听器、生物医学成像、无损检测和麦克风等。高介电弹性橡胶基复合物可作为有潜力的功能材料用于电子工程，这是由于它们能够平衡电缆末端的电场分布来避免电缆破坏。陶瓷和金属都具有高硬度和极好的热稳定性及高介电常数的特点。然而，它们的高密度、易碎性及具有挑战性的制备过程限制了它们作为高介电材料的使用范围。对于聚合物来说，其具有易加工、机械柔韧性和低成本的优势。

4.3.2 高介电常数材料器件的应用

（1）纸质介电材料

纸质介电材料是一类以纸质纤维为基材的电介质材料，因其优异的电气性能、力学性能和环保特性，在多个领域得到了广泛应用。这类材料通常通过将纸质纤维与树脂、填料或其他功能性材料复合制备而成，具有良好的绝缘性、柔韧性和加工性。

在电力工业中，纸质介电材料被广泛用于变压器和电容器等设备中。例如，油浸纸是变压器中常用的绝缘材料，其优异的电气绝缘性能和耐热性能能够满足高电压和高温环境的要求。此外，纸质介电材料还被用于高压电缆的绝缘层中，通过与油或气体介质结合，提供可靠的电气绝缘和机械保护。

在电子工业中，纸质介电材料被用于制造电容器的介质层。纸基电容器因其低成本、轻量化和良好的电气性能，广泛应用于家用电器、通信设备和工业电子中。此外，纸质介电材料还被用于印刷电子技术中，作为柔性基板材料，用于制造柔性电路和传感器。

（2）塑料薄膜介电材料

塑料薄膜介电材料是一类以高分子聚合物为基材制成的电介质材料，因其优异的电气性能、力学性能和化学稳定性，在多个领域得到了广泛应用。这类材料通常以聚丙烯（PP）、聚酯（PET）、聚四氟乙烯（PTFE）等高分子材料为基础，通过拉伸、涂覆或复合工艺制备而成，具有高介电强度、低介电损耗和良好的柔韧性。

在电力和电子工业中，塑料薄膜介电材料被广泛用于电容器的介质层。薄膜电容器因其高可靠性、低损耗和长寿命，广泛应用于电力电子、家用电器和工业控制设备中。例如，聚丙烯薄膜因其低介电损耗和高击穿电压，被广泛用于制造高频电容器和直流滤波电容器。此外，聚酯薄膜因其优异的力学性能和耐热性能，常用于中低压电容器中。

在电力传输与储能领域，塑料薄膜介电材料被用于高压直流（HVDC）电缆的绝缘层和储能设备中。例如，聚乙烯（PE）薄膜因其高绝缘性和低介电常数，被广泛用于高压电缆的绝缘材料中。近年来，随着新能源技术的发展，塑料薄膜介电材料在超级电容器和薄膜电池中的应用也得到了快速发展。

在微电子和通信领域，塑料薄膜介电材料被用于制造柔性电路板和高频天线基板。例如，聚酰亚胺（PI）薄膜因其优异的耐高温性能和介电性能，被广泛用于柔性印刷电路（FPC）和高频通信设备中。此外，聚四氟乙烯（PTFE）薄膜因其低介电常数和低损耗特性，常用于微波通信和雷达系统中。

在环保与可持续发展领域，塑料薄膜介电材料的可回收性和轻量化特性使其成为绿色电子材料的重要方向。例如，生物基聚合物薄膜和可降解塑料薄膜的开发，为一次性电子产品和可降解电子设备提供了新的解决方案。此外，塑料薄膜介电材料在柔性电子、可穿戴设备和物联网领域的应用也在不断扩大。

（3）介电陶瓷材料

介电陶瓷又称电介质陶瓷，是在电场作用下具有极化能力，且能在体内长期建立起电场的功能陶瓷。按用途和性能可分为电绝缘、电容器、压电、热释电和铁电陶瓷。具有绝缘电阻率高、介电常数小、介电损耗小、导热性能好、膨胀系数小、热稳定性和化学稳定性好等特点。用于安装、固定、保护电子元件，作为载流导体的绝缘支撑及各种电路基片用的陶瓷材料。

这类陶瓷的介电损耗低，机械强度高，已被广泛应用于基板材料。氧化铍最大的优点是热导率高，但制造工艺较复杂、成本高、毒性大，限制了它的使用。碳化硅的导热性优于氧化铝，有人采用热压方法，已制成高性能基板，工作到200℃左右时其性能仍能满足实用要求，但是由于添加剂有毒性，同时热压烧结工艺复杂，限制了它的发展。

主要材料有氧化铝、刚玉、莫来石、镁橄榄石、氧化镁、氧化锆、锆英石、氮化硼、氮化铝、氧化铍、锂辉石及各种玻璃陶瓷等。以 AlN 基板为例，体电阻率达 $10\Omega \cdot cm$，介电常数（1MHz）8～9，介电损耗（1MHz）$<3\times10^{-4}$，热导率 180～220W/(m·K)，热膨胀系数（约 400℃）4.5×10^{6}℃$^{-1}$，应用广泛。

① 介电陶瓷材料性能参数　衡量介电陶瓷性能的主要参数为介电常数、介电损耗正切值、电导率。作为电容器介质及微波介质使用时，要求介电常数应尽可能高，介电常数随温度和湿度等环境条件以及随电场频率的变化应尽可能小。同时，还要求介电损耗正切值应尽可能小。当然，这些要求一般不可能同时达到，在具体的使用中也不一定需要对这些介电参数同时提出高的要求。例如，用作低频、低压的滤波电容器介质，一般要求偏高的介电常数，而对介电损耗正切值及电参数的温度变化率要求很低；用作高频、小容量的振荡回路电容器介质，则对介电损耗正切值和介电损耗正切值的温度、频率变化率要求很严，而对介电常数的大小要求不高。在作为微波介质器件应用时，则要求有最低的介电损耗正切值，尽可能高的介电常数和尽可能小的温度、频率变化率。

② 介电陶瓷材料的特点　与其他电容器用介电材料相比，介电陶瓷具有如下特点：

a. 介电常数和介电常数的温度系数以及其力学性能和热物理性能可调控，并且介电常数也较大。

b. 有些介电陶瓷（强介电陶瓷，主要为铁电陶瓷）的介电常数能随电场强度发生变化。c. 原料丰富，成本低，易于大量生产。

d. 除表面层型和晶界层型介电陶瓷外，介电陶瓷最大的缺点是难以做得很薄，故使电容器的容量受到很大限制。

此外，瓷介常含有气隙，致使其抗电强度不高，一般不超过 35kV/mm。

③ 介电陶瓷材料制备方法　常见的介电陶瓷的制备方法可分为固相法、液相法、气相法等不同方法。实验中常用到的主要有固相烧结法、溶胶-凝胶法、水热法和熔盐法，此外还有微波水热法、热压烧结、等静压烧结等方法。

④ 介电陶瓷材料应用　介电陶瓷是一类主要利用陶瓷的介电性能以制作电容器及微波介质器件的电子陶瓷。这类陶瓷的介电损耗低，机械强度高，已被广泛应用于基板材料。介电陶瓷有铁电介质瓷、反铁电介质瓷、半导体介质瓷、高频介质瓷和独石介质瓷等诸多类别。铁电介质瓷在制造小型储能电容器上有一定的发展前景，铁电高压电容器在彩电中有重要作用。近年来，半导体介质瓷和独石介质瓷获得快速发展。

在电子元器件领域，介电陶瓷材料被广泛用于制造电容器、滤波器和谐振器等器件。例如，钛酸钡（$BaTiO_3$）基陶瓷因其高介电常数和优异的铁电性能，是多层陶瓷电容器（MLCC）的核心材料。MLCC 具有体积小、容量大和高可靠性的特点，广泛应用于智能手机、计算机和汽车电子中。此外，介电陶瓷材料还被用于制造微波介质滤波器和谐振器，因其低介电损耗和高品质因数，广泛应用于无线通信和雷达系统中。

在电力工业中，介电陶瓷材料被用于高压绝缘子和电力电容器中。例如，氧化铝（Al_2O_3）和氧化镁（MgO）基陶瓷因其高绝缘强度和耐热性能，被广泛用于高压输电线路的绝缘子中。此外，钛酸钡基陶瓷还被用于制造高压电力电容器，用于电力系统的无功补偿和电能质量调节。

在高频和微波技术领域，介电陶瓷材料因其低介电损耗和高品质因数，被广泛用于制造高频电路基板和天线。例如，氮化铝（AlN）和氧化锆（ZrO_2）基陶瓷因其优异的热导率和介电性能，被用于高功率微波器件和高频通信设备中。此外，陶瓷质介电材料还被用于制造雷达吸波材料和隐身技术中的关键部件。

因此，为了迎合现代化电子系统和设备的快速发展，对具有高介电常数材料的需求是十分庞大且急迫的。高介电材料的应用主要在电子系统，而电子系统通常是由集成电路和无源元件组成，其中包括电容器、电阻和感应器。人们对电子系统的效率要求越来越高，这就意味着对介电材料性能的要求也随之提升。因此研究如何制备和大量生产高介电常数材料具有非常重大的意义和实际应用价值。

4.4 低介电常数材料

4.4.1 低介电常数材料概述

随着电子电器小型化、高频化的发展，要求材料在较宽的频率范围内具有较低的介电常数及介电损耗，从而提高信号传输效率，减少热量的产生。例如，近几年发展起来的 5G 通信技术，采用极高频的毫米波传输数据，极大地提高了传输速度，但是，同时波长变短，绕射能力降低，在传播过程中的衰减增大，因此，在5G通信技术中使用的材料需具有较低的介电常数，从而减少信号损失。通过降低集成电路中使用的介电材料的介电常数，可以降低集成电路的漏电电流，降低导线之间的电容效应，降低集成电路发热，等等。

4.4.2 低介电常数材料分类

低介电常数材料大致可以分为有机和无机两类。

（1）有机低介电材料

有机低介电材料种类繁多，性质各异，其中以聚合物低介电材料居多。重点介绍聚酰亚胺（PI）。聚酰亚胺是指一类含有酰亚胺环的聚合物，由二酐和二胺经过逐步聚合反应、亚胺化而成。由于具有耐高温、耐电晕、耐辐射、高强度、高绝缘、低吸湿率、低介电常数和低介电损耗等优异的综合性能，其作为特种高分子材料被广泛应用于印制电路板的绝缘领域。

对于高频天线用的印制电路板，其信号传输速度与材料的介电常数成反比关系，而介电损耗则与介电常数成正比关系，介电常数越大，损耗也越大。因此材料介电常数越小越有利于信号的传输。但是常规聚酰亚胺基线路板绝缘层的介电常数较大，因此必须对其进行改性，以获得介电常数更低的聚酰亚胺材料。电介质材料的介电常数主要取决于材料在电场中内部的极化程度，要获得低介电常数的薄膜材料，就必须降低材料的极化程度。其方法主要有两种：其一为降低组成材料分子的极化能力；其二为减小单位体积的极化分子数。在聚酰亚胺薄膜中引入孔结构，既降低了膜的密度，大幅度减少单位极化的分子数，同时孔洞充满空气，介电常数仅为1，因此能有效降低介电常数，常用的制孔方法有物理法、化学法以及掺杂法。

随着5G通信建设的全面铺开，天线材料迎来大规模发展，作为电子产品信号输出端部件，介电常数越低越有利于信号的传输，减少信号在传输过程中的损耗。对于印制电路板（PCB）的绝缘层，由于介电常数的要求，改性聚酰亚胺应运而生。通过超支化、交联、制孔以及掺杂等手段，可以降低聚酰亚胺的介电常数。但是这些方法都有不足之处，如超支化和交联法制备过程工艺复杂、成本高、黏结性差，制孔和掺杂法又会牺牲材料的力学性能，同时降低与铜箔的黏结力，因此都不符合PCB产业化发展需求。就目前来看，聚合物结构改性是最合适的方法，尤其是聚酰亚胺氟化改性，既降低了介电常数，又能增强材料的疏水性，还可以保证聚酰亚胺成膜的力学性能，因此产业化潜力巨大。此外，氟化聚酰亚胺的柔性迎合了当今柔性电子器件的发展需要，未来氟化聚酰亚胺将会迎来大规模的发展。

（2）无机低介电材料

典型的无机低介电材料有无定形碳氮薄膜、多晶硼氮薄膜、氟硅玻璃等。

① 无定形碳氮薄膜　无定形碳氮薄膜a-CN_x在1MHz频率下介电常数为1.9。用C_2H_2和N_2作为原料气体，硅作为衬底，电子回旋加速器共振等离子体制备的a-CN_x的介电常数在1MHz下能达到2。当氮碳原子比例增加或者进行氟掺杂时，介电常数值会减小。目前最好的结果为在1MHz下，a-CN_x和a-CNF的介电常数值最低分别为1.4和1.2。薄膜的热稳定性通过在气体原料中加入氮气并将氮原子与无定形碳的网状结构结合而得到改善。另外，a-CN_x得到广泛的关注还由于它独特的菱形外观，化学性质稳定，不易与其他物质发

生反应，具有良好的力学性能与电性能以及光学性质，因此它有很多用途，例如作为平板显示器的电子发射器材料的候选者等。

② 多晶硼氮薄膜　以 p 型 Si 为衬底，BCl_3、N_2 和 H_2 为原料，利用 PACVD（等离子体辅助化学气相沉积）技术合成的多晶硼氮薄膜的介电常数能够达到 2.2。进一步研究发现，碳原子的加入能有效地降低 k 值。这种薄膜具有一定的机械硬度和化学稳定性，有很高的热传导率和较宽的能带隙（6eV），在场强为 0.1MV/cm 时，其泄漏电流值为 $5.7\times10^{-8}A/cm^2$，并且有望进一步减小。除了用作互连介质外，它在电子和光电子器件的应用上也是一种很有前途的材料，如场发射器等。

③ 氟硅玻璃　是一种无机低介电常数材料，能扩大 SiO_2 的化学气相沉积过程，在普通玻璃中加入氟，在提高填充能隙的同时降低了介电常数。这种材料的性能很大程度上由其加工条件和原料物质决定，它的介电常数随着氟元素比例增加在 3.2～4.2 的范围内变化。

④ 掺氟低介电常数材料　掺杂（尤其是掺氟）是目前用来减少介电常数值的一种有效方式。很多材料在进行氟掺杂后介电常数显著降低，并且具体数值随着氟在材料中比例的变化而变化。然而，氟的介入不可避免地造成了抗湿性的减弱，这也是目前广泛研究的内容之一。

聚四氟乙烯，其介电常数可达到 2.0，是一种具有良好介电性能的高温绝缘材料，它具有低的介电损耗和稳定的介电常数，而且不受温度和频率变化的影响，可在 −23～260℃的环境下使用，也可在 200℃左右长期使用。同时它具有优良的耐药性、低的摩擦系数和不黏性，它与普通黏结剂也不相互黏结，是理想的防粘材料。因此聚四氟乙烯制品广泛用于国防、军事尖端科学及国民经济各个部门。但聚四氟乙烯的机械强度不高，因此采用玻璃布进行增强，这既保持了聚四氟乙烯的基本性能，又大大提高了机械强度，为聚四氟乙烯制品推广应用创造了更广阔的前景。

SiOF 本身也是一种低介电常数材料，随着其中氟成分比例的提高，k 下降。以往 SiOF 的 k 最低达 2.7，但在 SiH_4/N_2O 中加入 CF_4，进行等离子体加强化学气相沉积 (PECVD)，k 可降至 2.3。通常具有较高稳定性的 SiOF 薄膜将氟元素的比例控制在 2.4%，此时的 k 能达到 3.5，并且在 600℃下保持稳定。SiOF 保留了较多 SiO_2 的性质，与已有的 SiO_2 工艺能很好地兼容，在热稳定性、对无机物的黏附性等方面明显优于有机介质。但氟的加入使得它抗湿性能差，暴露于空气中易吸收水而发生水解。可以采用各种各样的措施来降低它对空气中水的吸收。实验发现，通过向 $SiH_4/O_2/CF_4$ 混合气体中加入 CH_4，淀积的碳掺杂 SiO_2∶F 薄膜（SiO_2∶C∶F）的抗湿性有显著改善，同时也表现出较好的热稳定性。

⑤ 多孔低介电常数材料　多孔低介电常数材料可利用二氧化硅气凝胶等将介电常数较低的绝缘体注入其孔穴中，并采取旋涂沉积方式制得。在孔穴加入的情况下，聚四氟乙烯的 k 可降至 1.57。另外，多孔硅的 k 在 1.3～2.5，随着气孔率的增加而降低。传统的多孔硅薄膜是利用气凝胶制备，超临界溶解提取方法用于制备硅的气凝胶，能使材料的 k 降到 1.1～1.5，气孔率在 85%～99%间变化，但这种方法昂贵而且危险，没有推广价值。比较好的方法是在水蒸气环境下进行加工，实验显示，水蒸气能有效地完成凝胶化过程并且能控制气孔率。与堆积的 SiO_2 不同，SiO_2 的纳米微粒能在相对较低的温度下蒸发。在氩气环境中对 SiO_2 的纳米微粒进行气体蒸发沉积作用得到的纳米级多孔硅薄膜的介电常数随着氩气压强的增加而减小，此时孔隙率则有所上升。以聚四氟乙烯为原料通过旋涂制成的无定形含氟聚合物薄膜具有多孔结构，其 k 相应较低。当场强在 0～1.8MV/cm 范围变化时，其泄漏电流密度小于 $3\times10^{-4}A/cm^2$，击穿场强为 2.07MV/cm，介电材料性能比较优越。

⑥ 纳米低介电常数材料　纳米低介电常数材料因其独特的介电特性而得到人们广泛的关注。纳米粒子具有大的比表面积、表面原子数、表面能和表面张力，这些参数会随粒径的下降而急剧增加，表现出小尺寸效应、表面效应、量子尺寸效应和宏观隧道效应等特点，从而使得纳米微粒具有热、磁、光、敏感特性和表面稳定性等特性，不同于正常的粒子，其奇异性能的重要表现之一便是具有特殊的介电性能。比如聚酰亚胺纳米杂化材料，在具有低介电常数的同时具有高的强度和低的吸水率，可作为超低介电常数绝缘材料。

4.4.3 改性方法及进展

目前，改性方法主要包括物理改性（如合金共混改性、低介电填料填充改性）、化学改性（即从分子结构设计的角度，引入可降低介电常数的基团）、改善介电性能及工艺改善（如通过特殊生产工艺改变材料的微观拓扑结构与形态）。

以聚苯硫醚（PPS）材料改性为例，PPS的分子结构由苯环及硫原子交替排列，其分子结构赋予其较好的力学性能、耐热性能及阻燃性能，在很多应用场合中，能有效替代金属制件，减轻重量，同时降低成本。PPS在较宽频率范围内，可以保持较稳定的介电常数及介电损耗，但是，对于增强改性后的PPS材料而言，介电常数有所升高。另外，新的应用场景及越来越严苛的使用环境对PPS材料的介电性能有了更高的要求，需要进一步降低介电常数。

（1）物理改性方法

物理改性方法主要是通过在PPS基体中引入介电常数较低的组分，制备PPS复合材料，从而降低体系的介电常数。常用的低介电组分包括聚四氟乙烯等低介电聚合物、低介电玻纤及空心微珠等无机填料。合金共混改性主要是在PPS体系中引入另一种介电性能更优的聚合物材料，通过复配降低体系的介电常数。PPS的加工温度较高，结合其可加工性能，一般需选用与加工温度相匹配的工程塑料，如聚四氟乙烯等。聚四氟乙烯具有耐腐蚀性、耐高温的特点，其介电常数较低，一般为1.8～2.2，并且在较宽的频率范围内，可以保持相对恒定的介电常数和介电损耗，与PPS复合后，能有效改善体系的介电性能。利用PPS与聚四氟乙烯熔融共混，能大幅度降低体系介电常数，但聚四氟乙烯与聚苯硫醚的相容性较差，使其加工性能较差，需添加一定量的聚偏氟乙烯作为相容剂，得到的复合体系的介电常数能降低至2.4～2.8。

短切纤维是PPS常用的改性填料之一，如短切玻璃纤维介电常数为6～7，在玻璃纤维增强PPS体系中，随常规玻璃纤维含量增加，PPS复合材料的介电常数增大。为满足电子等领域对低介电材料的需求，国内外一些玻璃纤维企业，如泰山玻璃纤维有限公司等，开发出了具有低介电常数的玻璃纤维。低介电玻璃纤维的硼含量较高，具有密度、介电常数及介电损耗较低的特点，最早应用于军事领域中，制造透波材料。氮化硼纤维的介电常数较低，添加到PPS体系中，可在一定程度上降低介电常数，同时改善力学强度，介电损耗可低至0.002。有研究表明，在PPS基体中构建可控的芳纶纤维网络，可达到改善介电性能的目的，复合材料的介电常数及介电损耗可在较宽的频率范围内保持稳定，因此，其可以应用于印制电路板（PCB）电子封装领域中。

（2）化学改性方法

化学改性方法，即通过在聚合物材料的分子链中引入能降低材料介电常数的分子基团或链段，从而起到改善材料介电性能的作用。分子的极性与介电常数有关，介电常数越大，极性越强；反之，介电常数越小，则极性越小。因此，从结构维度降低分子极性，介电常数也可得到降低。当设计低介电常数聚合物材料时，应尽量避免使用或在分子链中引入极性较高的羟基（—OH）、羧基（—COOH）、酰胺键（—CONH—）等基团，同时也可以避免这些极性基团因吸水（引入介电常数较高的水分）而导致介电常数升高。而引入含氟基团（—F）、亚甲基（—CH_2—）等极性较低的基团能有效降低材料的介电常数。

（3）加工工艺改善

通过特殊工艺改变材料微观拓扑结构的改性方法，主要是通过添加发泡体系或使用微发泡工艺，在材料中引入泡孔结构，提高材料的孔隙率，从而达到降低材料介电常数的目的。目前的微孔发泡技术主要以超临界气体为发泡剂，通过注射挤出等成型工艺制备微孔发泡PPS材料，制备的泡孔直径降低至0.1～10μm，泡孔密度为10^2～10^5个/cm^3。当泡沫塑料中泡孔尺寸小于裂纹尺寸时，微孔可以使原来存在的裂纹尖端钝化，有利于阻止裂纹在应力作用下进一步扩展，使材料的性能得到提高。与未发泡塑料相比，密度能降低5%～95%，韧性等力学性能提高3～5倍，同时还能降低介电常数。

目前，低介电填料改性仍是主要的改性手段，与传统玻璃纤维相比，低介电玻璃纤维对于介电常数降低能起到一定作用，但是，在介电性能要求更高的领域中其起到的作用有限。由于受到成本等的限制，笼形倍半硅氧烷及气凝胶等新材料体系的应用仍较缓慢，大规模生产有待进一步改进。目前，微发泡工艺已较成熟，应用于改善介电性能，效果显著，但设备成本较高。因此，应进一步开发低成本的填料及易实现的工艺设备来实现低介电改性。随着新材料及新工艺的改进、成本的降低，低介电材料的开发会有更大的突破，并得到更广泛的应用。

4.5 介电材料的应用及发展

介电材料通常可分为电容器介电材料和微波介电材料两大体系。在这两大体系中，电容器介电材料占据了重要地位，广泛应用于各类电容器中。

4.5.1 电容器介电材料

电容器介电材料是电容器性能的关键组成部分，主要用于控制电容器的电容量和性能稳定性。

电容器介电材料可根据其组成成分分为有机介电材料和无机介电材料两大类（如图4-3所示）。每种材料类型都有其独特的特性和适用场景。

（1）有机介电材料

有机介电材料通常表现出良好的加工性和较高的柔性，适合高频、高温等应用场合。根据分子极性，有机介电材料可以进一步细分为极性介电材料和非极性介电材料。极性介电材料具有较强的电极化特性，适合需要较高介电常数和较高绝缘性能的应用；而非极性介电材料则通常具有较低的介电常数，适合低频应用。除了电容器纸外，有机材料的电容器介电材

- 电容器介电材料
  - 有机介电材料
    - 非极性(聚苯乙烯薄膜、聚四氟乙烯薄膜、聚丙烯薄膜等)
    - 极性(聚酯薄膜、聚碳酸脂薄膜、电容器纸、聚偏氟乙烯薄膜等)
  - 无机介电材料
    - 气体[空气、压缩氮气、六氟化硫(SF_6)、混合气体等]
    - 固体
      - 云母
      - 玻璃
      - 陶瓷(低介瓷、高介瓷、半导体瓷、独石电容器瓷等)

图 4-3　电容器介电材料分类

料大多采用高分子聚合物薄膜形式，这些高分子材料由于其易于加工和成型，广泛应用于现代电容器中。

（2）无机介电材料

无机介电材料通常具有较高的介电常数、优异的耐温性和良好的长期稳定性，因此在高电压、大容量电容器中得到广泛应用。无机介电材料根据其物理状态和组成成分的不同，进一步分为气体和固体两类。常见的气体介电材料包括空气、压缩氮气、六氟化硫及混合气体等。气体介质具有低介电损耗和良好的耐高电压特性，因此广泛用于高压电容器和电力设备中。固体介电材料通常具有较高的稳定性和耐用性，主要包括云母、玻璃、陶瓷等。云母作为一种天然的无机材料，因其优异的绝缘性能和耐高温特性被广泛应用于高压电容器中。陶瓷电容器材料是近年来快速发展的领域，其优异的介电性能和加工特性使得它在各种电子设备中得到了广泛应用。陶瓷电容器材料的独石电容器就是典型的代表，因其具有较高的介电常数、良好的稳定性和低成本，广泛应用于电子元器件中。

4.5.1.1　有机介电材料

有机介电材料品种很多，一般来说，这些介电材料是含碳的共价化合物，其中大部分又是由高分子聚合物制成的薄膜。

（1）有机介电材料分类

可分为非极性和极性介电材料两类。前者多用来制造介电损耗角小、时间常数很大及容量稳定的产品；后者多用来扩大产品的工作温度范围和缩小产品的体积。常用的膜厚多在 30μm 以下，少数介质厚度可达 100μm 以上。有机介电材料柔韧性好，但在耐高温、抗辐射、抗霉菌、抗电弧和化学稳定性方面，一般不如无机介电材料。

非极性介电材料多具有负的温度系数，如聚苯乙烯薄膜的 TC_ε 为 $-150\times10^{-6}℃^{-1}$。极性介电材料多具有正的温度系数，如聚碳酸酯薄膜的 TC_ε 为 $150\times10^{-6}℃^{-1}$，此外，其线膨胀系数也各有差异。利用它们的这种特性，将它们复合使用，可以制得容量温度系数趋近于零、容量误差极小的精密电容器。此外，有机介电材料被漆膜化和金属化后，可进一步提高电容器的比电容和可靠性。

（2）有机介电材料的通性

高分子聚合物分子量在 $10^3 \sim 10^7$ 之间，制成的有机介电材料分子结构呈现出庞大的组织，并具有以下通性。

① 具有良好的柔韧性和抗拉强度，能制出厚度很薄的高强度薄膜，其厚度平均误差小，纵横两个方向均匀一致。最薄产品可达 1.5μm 左右，这是无机介质难以达到的。同时，因为电容器的比电容与介质厚度的平方成反比，所以当介电常数相同时，有机介质电容器比电容较无机介质电容器大得多，这非常有助于产品尺寸的缩小。

② 介质表面平整、无皱褶、无裂纹、无针孔、无内应力。但其线膨胀系数较大（通常为无机介质的 10～20 倍），导致电容器的容量温度稳定性较差。此外，在超出一定温度范围后，薄膜会产生不可逆的塑性变形。

③ 介质表面临界张力较大，便于金属化过程中真空蒸镀金属膜层的牢固附着，使金属化膜能获得良好的导电性和抗腐蚀性。同时，有机介质的非结晶化温度范围较宽，使其在规定的温度范围内的热收缩率可以较低，从而进一步保证金属化膜的使用性能。

④ 除个别品种外，有机介质的耐热性逊于无机介电材料，这与其分子链节中各键的牢固程度、链节上的支链数及相对分布、交联键的数目、分子链间作用力的大小和材料的结晶程度有关。此外，由于光照、电场、温度、辐射、有害气体及杂质等环境因素的影响，有机介质易发生不可逆的化学变化，因此其化学稳定性较差，老化现象较显著。

⑤ 有机介质具有优良的电性能，其绝缘电阻和抗电强度均较高。其中，非极性介质的介电损耗角正切小，频率和温度特性好；极性材料的介电常数较大，但因具有一定的极化损耗，故其介电损耗角正切偏大，频率特性较差，不宜用于高频。与此同时，静电吸附是有机介质的一大缺点，极易吸附周围环境中的尘埃，导致本身绝缘电阻下降和介质击穿率上升。

（3）有机介电材料器件的应用

有机介电材料因其独特的性能和加工优势，在现代电子器件中得到了广泛的应用。首先，在柔性电子器件领域，有机介电材料凭借其优异的柔性和可加工性，成为柔性显示器和可穿戴设备的重要组成部分。例如，在柔性显示器中，有机介电材料被用作绝缘层，支持器件在弯曲状态下正常工作；在可穿戴设备和电子皮肤中，这类材料提供了轻量化和柔性化的解决方案。其次，有机介电材料在高性能电容器中也具有重要应用，尤其是在需要高能量密度和低损耗的场景中。例如，聚丙烯（PP）和聚酰亚胺（PI）等有机材料被广泛用于薄膜电容器中，因其具有低介电损耗和高击穿电压的特点。此外，在储能器件中，有机介电材料表现出色，适用于电动汽车和可再生能源系统。

在有机场效应晶体管（OFET）中，有机介电材料作为栅极绝缘层起到了关键作用。这类材料不仅成本低廉，而且适合大面积制造，特别是在印刷电子技术中展现了巨大的潜力。同时，有机介电材料在传感器领域的应用也十分广泛。例如，某些有机介电材料对特定气体具有高灵敏度，可用于环境监测；而在压力传感器中，柔性有机介电材料表现出优异的性能，其适合用于医疗和机器人领域。

此外，有机介电材料在光电子器件中也有重要应用。例如，在有机发光二极管（OLED）中，有机介电材料作为绝缘层，支持器件的高效发光；在有机太阳能电池中，这类材料用于优化电荷分离和传输。最后，在高频和微波器件中，有机介电材料因其低介电常数和低损耗特性，适合用于高频天线基板和射频滤波器等设备。

4.5.1.2 气体介电材料

气体介电材料在常温常压下，以及低于起始电离电压的条件下，通常表现出相当理想的电介质特性。各种气体具有较高的电阻率（$10^{16}\sim10^{18}\Omega\cdot cm$）、极低的介电损耗（$\tan\delta<10^{-6}$），以及接近1的介电常数。更重要的是，在宽广的频率范围内，气体的介电性能几乎没有变化，并且对温度的变化也不敏感。因此，气体被广泛应用于高精度、高稳定性的电容器中，特别是在制作气体电容器和标准固定电容器时，气体介质常常是首选材料。

此外，气体介质具有质量轻、不易老化及放电终止后能自行恢复绝缘性能的优点。在放电过程中，某些惰性气体的化学性能非常稳定，通常不会发生分解，进一步提高了其应用的可靠性和耐久性。尽管气体的抗电强度相比液体和固体介质较低，但通过提高气体的压力或采用真空环境，气体的抗电强度可得到有效提升。因此，气体介电材料特别适合用于高精度测量、标准化应用和需要恢复绝缘性能的设备中。

（1）气体介质基本要求

气体介电材料要符合一定的基本要求，以确保其在各种应用中的高效性能和稳定性。以下是气体介电材料的关键要求：

① 优良的介电性能和抗电强度　气体介质应具备良好的介电性能，能够提供较高的抗电强度，并在电击穿后具备自行恢复绝缘性能的能力。这种自恢复特性使得气体介质在多次放电后依然能保持较高的可靠性，适用于各种高压和频繁开关的电气设备中。

② 较高的化学稳定性、热稳定性及惰性　气体介质应具有较高的化学稳定性，能够耐受极端的工作环境而不会发生分解或腐蚀。它们还需要具备热稳定性，在高温环境下保持良好的电绝缘性能。此外，气体的惰性特点确保其不会与周围材料发生不必要的反应，有利于设备的长期稳定运行。

③ 不燃、无毒且不老化　气体介质的安全性是选择材料时的一个重要考虑因素。理想的气体介质应具备不燃性、无毒性，并且不容易老化，这些特点使得其适合用于长期运行的设备中，并能减少对操作人员的潜在安全隐患。

④良好的导热性、热容量大、液化温度低及良好的流动性　气体应具有较好的导热性，能够在高功率密度应用中有效地散热，避免因温度升高而导致的电气性能下降。高热容量能够帮助其在变化的工作条件下保持稳定温度。此外，气体的液化温度应尽可能低，以确保其在极低温环境下依然保持良好的绝缘性能，且具备较强的流动性，适用于密封和气体流动系统。

⑤ 易于制取且价格低廉　气体介质应易于获取，成本低廉。在实际应用中，材料的经济性至关重要，因此理想的气体介质材料不仅要具备出色的电气性能，还要考虑到其制备成本和大规模生产的可行性。

（2）气体介电材料器件的应用

气体介电材料因其独特的物理和电气特性，在许多电气和电子器件中得到了广泛应用。首先，在高压电力设备中，气体介电材料被广泛用作绝缘介质。例如，六氟化硫（SF_6）是一种常用的气体介电材料，因其具有优异的绝缘性能和电弧熄灭能力，被广泛应用于高压断路器、气体绝缘开关设备（GIS）以及变压器中。这些设备利用气体介电材料的高击穿电压特性，有效提高了设备的安全性和可靠性。其次，气体介电材料在射频和微波器件中也有重要应用。例如，在雷达系统和通信设备中，气体介电材料被用作波导管的填充介质，以降低信号损耗并提高传输效率。此外，气体介电材料还被用于高频电容器中，作为绝缘层以减少介电损耗，从而提高器件的性能。

在传感器领域，气体介电材料也发挥了重要作用。例如，在气体放电传感器中，气体介电材料通过电离作用检测环境中的气体浓度或压力变化。这类传感器广泛应用于工业监测、环境保护以及医疗设备中。此外，气体介电材料还被用于气体激光器中，例如二氧化碳激光器和氦氖激光器，这些激光器在工业加工、医疗手术和科学研究中具有重要地位。

气体介电材料在能源领域也有一定的应用。例如，在核聚变反应堆中，气体介电材料被用作绝缘介质，以承受极高的电压和温度。此外，在可再生能源系统中，气体介电材料被用于高压直流输电设备中，以提高系统的效率和稳定性。

4.5.2 微波介电材料

近年来，随着微波通信事业的飞速发展，卫星通信、汽车电话、便携式个人移动电话等移动通信领域对小型化、高性能的微波器件的需求日益增加。工作在微波段的常用器件主要有介质谐振器、带通滤波器、双工器等。这些器件主要应用于商用无线通信系统，如发展很快的蜂窝式移动通信系统（0.4～1GHz）、微波电视接收系统（2～5GHz）、直接广播系统（11～13GHz）等。广泛发展的移动通信要求微波器件必须具有小型化、高可靠性、稳定性好的特点。大规模的工业化生产要求能够高集成化、成本低，易于产业化。对微波介质材料提出了较高的要求。因此研制具有实际应用价值的微波介质材料成为当务之急。

微波介质陶瓷是指应用于微波频段电路中作为介质材料并完成一种或多种功能的陶瓷材料。微波介质陶瓷作为一种新型电子材料，在现代通信中被用作谐振器、滤波器、介质基片、介质天线、介质导波回路等，广泛应用于微波技术的许多领域，如移动电话、汽车电话、无绳电话、卫星广播、雷达、无线电遥控等。

（1）微波介质陶瓷要求

微波的广泛应用对介电材料提出了较高的要求，主要是：

① 合适的介电常数　微波器件的尺寸与相对介电常数的1/2次方成反比。合适的相对介电常数可以使微波器件的尺寸得到控制，以满足微波器件小型化、表面贴装技术的要求。

② 较高的品质因数　品质因数较高，材料损耗的功率也就比较小，才能满足个人移动通信能耗小的需求。

Q是用来表征材料损耗大小的物理量。在交变电场中，材料的介电常数可以用复数来表示：材料的Q值表示电场在一周内，材料中储存的能量与损耗的能量之比。介质在交变电场中的能量损耗由偶极子转向克服的内摩擦力和松弛极化的阻尼所造成，在微波场中主要是松弛极化的阻尼。Q值越高，损耗的能量就越小，谐振峰越尖锐，选频特性越好，频带宽度可以越窄，发射和接收时所需的功率可以相对减小。陶瓷介电材料是以离子键作用为主的，各种离子晶体根据其内部结构的紧密程度，可以分为两类：一类是结构紧密的晶体，另一类是结构不紧密的离子晶体。前一类晶体的内部，离子堆积得十分紧密，离子键强度较大。在外电场作用下很难发生离子松弛极化，所以无极化损耗，仅有损耗是漏导引起的。这类晶体的介质损耗功率与频率无关，该晶体适用于高频场合。后一类晶体的结构不紧密，它的内部有较大的空隙或晶格畸变，含有缺陷或较多的杂质，离子的活动范围扩大。在外电场作用下，晶体中的弱联系离子有可能进行连续的长程运动，产生电导损耗。弱联系离子也可能在一定范围内来回运动，形成热离子松弛，出现极化损耗，且损耗较大，不适合高频使用。需要注意的是，如果两种晶体生成固溶体，则或多或少带来各种点阵畸变和结构缺陷，由此可见，引起陶瓷材料损耗的主要原因包括致密度、杂质、缺陷与晶格畸变。

③ 近零的谐振频率温度系数　实际使用的材料不可能保持在一个温度下使用，一般的变化范围是－25～80℃。这就要求谐振频率在这个范围内尽量不产生漂移。

④ 良好的物理、化学稳定性　材料在周围环境（如温度、湿度、光照等）发生变化时，不会产生较大的变化。

⑤ 足够大的机械强度　这一点可以满足器件加工的要求。

可以用来做介电材料的必须是电阻率较高的材料，一般用陶瓷包括玻璃或有机材料。有机材料是无定形的三维网状结构，不容易形成晶体，极化方式主要是转向极化，介电常数比较小，而且有较大的损耗。

（2）微波介质陶瓷体系

介质谐振器由微波介质陶瓷材料构成，其发展非常迅速，材料种类繁多，其中典型材料包括 $BaO\text{-}TiO_2$ 系统、Al_2O_3 钙钛矿型陶瓷。微波集成电路基片常用材料有聚四氟乙烯、石英、氧化铍、氧化铝、尖晶石、蓝宝石、石榴石铁氧体、砷化镓、二氧化钛和红宝石等。微波介质陶瓷可用于介质谐振器、滤波器以及微波集成电路中使用的介电基板及电容器等，随着现代通信技术的不断发展，尤其是移动通信向着高可靠、小尺寸方向发展，因此对微波介质材料的要求也就越来越高。但制备高性能的介电陶瓷，还需进一步改进工艺技术，使其能控制粒子的生长，使粒子向小尺寸、规则排列方向发展。纳米微波陶瓷以及利用熔盐合成方法来控制粒子的形状和定向排列是很有潜力的，主要集中在如下几个体系：

① $BaO\text{-}TiO_2$ 系　$BaO\text{-}TiO_2$ 系是研究比较早的一个材料体系，现在已知的二元化合物有10种，其组成简单、原料价格便宜，所以现在仍是研究的热点。用作微波介质陶瓷的主要有两种，即 $BaTi_4O_9$（BT_4）和 $Ba_2Ti_9O_{20}$（B_2T_9）。BT_4 和 B_2T_9 的耐受系数值（τ），正好相反，可以通过调整 BT_4/B_2T_9 的比例改善 $BaO\text{-}TiO_2$ 材料的温度稳定性，而且混合后材料的介电性能要优于单一材料的。BT_4/B_2T_9 比例的变动，使得该体系在整个微波段都可以应用。现在主要的研究方向是 BT_4 和 B_2T_9 单一相材料的制备。

钙钛矿材料在微波段具有较高的介电常数，对于 τ 小于1的 ABO_3 型钙钛矿结构的材料来说，τ 随着 B 位离子的结合键的增大而减小。因此可以用增大 B 位离子结合键强度的方法来减小 τ。B 位离子的结合键与 B 位离子和氧离子间的键长有关。调节晶胞体积或者 B 位离子的化合价可以改变 B 位结合键。但是在化合价相同的情况下，结合键与有效原子半径成正比。若用更高化合价的离子取代 $CaTiO_3$ 型材料中的 Ti^{4+} 是比较困难的，但是可以用半径较小的二价离子取代 A 位上的 Ca^{2+}，以减小晶胞体积，使 B 位离子的有效半径相对增大，从而增大 B 位的结合键。

② 铅基钙钛矿系　这类材料属于 ABO_3 型化合物，其中，A＝Pb，B＝Mg、Nb、Fe 等，它们均为强电体，相对介电常数为100左右。但是它们的介电损耗比较大，适用于较低频段。用一部分 Ca 置换 Pb，可得到介电损耗比较小、温度系数小的介电材料，主要有三

种：$(PbCa)ZrO_3$、$(PbCa)HfO_3$、$(PbCa)(Fe_{1/2}Nb_{1/2})O_3$。这类材料的研究主要集中在 A、B 位离子的取代对介电性能的改善以及它的低温烧结。

③ 复合钙铁矿 $A(B'_{1/3}B''_{2/3})O_3$ 系　一般认为 $A(B'_{1/3}B''_{2/3})O_3$ 系晶体由于结构具有较低的介电损耗。复合钙钛矿 $A(B'_{1/3}B''_{2/3})O_3$ 系材料在大于 10GHz 的频段仍然具有较高的 Q 值。比较重要的一类材料是 $Ba(M^{2+}_{1/3}Ta^{5+}_{2/3})O_3$（M＝Mg，Zn）材料。立方晶型 $A(B'_{1/3}B''_{2/3})O_3$ 的材料的两种离子排列无序，若 B 和 B′的电荷与半径差别很大，则倾向于在晶体中的<111>方向做有序排列，从而使晶体结构转向有序化的三方晶系。

④ 含镧系金属氧化物体系　$BaO\text{-}Ln_2O_3\text{-}TiO_2$［Ln 为化学元素周期表中的镧系金属元素（共 15 种）］系材料是由 Ti-O 八面体按照共角连接堆积起来，具有钨青铜结构特征的一类陶瓷。八面体的中心是 Ti 原子。八面体通过复杂的排列形成了三种 A 空位，由低电价的 Ba、Ln 占据。不同的镧系金属元素的 τ 各不相同，且有正有负，十分有利于大范围调节。常用作微波介电陶瓷的以 La、Nd、Sm 三种元素居多。$BaO\text{-}Ln_2O_3\text{-}TiO_2$ 系材料的介电常数一般较大。它的各组分没有固定的比例关系。用低熔点的 CuO、ZnO 取代 TiO_2 可以明显降低烧结温度，但是会损失 ε_r。

⑤ $(Zr,Sn)TiO_4$ 体系　这类化合物具有较高的 ε_r 和 Q 值。在钛酸盐陶瓷中，性能最好、应用最广泛，适合在数吉赫兹以下的频段使用。它的制备方法十分简单，而且调节范围十分宽广，目前实际应用中性能比较优越的是 $(Zr_{0.8}Sn_{0.2})TiO_4$。

⑥ 其他微波介电材料体系　除了上述几类材料以外，还有几种材料正在研究。$Ta_2O_5/Nb_2O_5\text{-}MgO/ZnO/Al_2O_3$ 类材料的 Q 值比较高，介电常数在 20～30 范围内。通过调节不同的碱土金属氧化物的成分可以有效调节温度系数到 0。MNb_2O_6（M＝Mg、Ca、Zn、Cu 等）类材料的烧结温度特别低，适合作低温共烧陶瓷材料。

（3）微波介电材料器件的应用

微波介电材料因其优异的介电性能和低损耗特性，在现代通信、雷达、导航以及其他高频电子器件中得到了广泛应用。首先，在微波通信领域，微波介电材料被广泛用于制造微波滤波器、谐振器和天线基板等器件。例如，低介电损耗的陶瓷材料（如钛酸钡基复合材料）被用作滤波器和谐振器的核心材料，以确保信号的高选择性和低插入损耗。这些器件在移动通信基站、卫星通信和无线局域网中发挥了重要作用。其次，在雷达系统中，微波介电材料被用作天线罩和介质透镜的材料。天线罩需要具有低介电常数和低损耗因子的材料，以减少微波信号的衰减并提高雷达的探测精度。例如，氮化硅和氧化铝等陶瓷材料因其优异的机械强度和介电性能，被广泛应用于航空航天和军事雷达系统中。此外，微波介电材料还被用于制造介质透镜天线，这种天线通过调节微波的传播路径来实现高增益和高方向性的特性。

在导航和定位系统中，微波介电材料也有重要应用。例如，在全球导航卫星系统（GNSS）中，微波介电材料被用作天线基板和滤波器的核心材料，以提高信号接收的灵敏度和抗干扰能力。这些材料的高稳定性和低温度系数特性，确保了导航系统在复杂环境下的可靠性和精度。

此外，微波介电材料在能源领域也有一定的应用。例如，在无线能量传输系统中，微波介电材料被用作谐振器和传输线，以提高能量传输的效率和稳定性。这些系统在电动汽车无线充电、医疗植入设备供电等领域具有广阔的应用前景。

4.5.3 介电材料的发展

人们对介电材料的研究是从无机压电陶瓷材料开始的，无机压电陶瓷材料具有高介电常数和高热电稳定性，但其脆性大、加工温度较高。随着信息和微电子工业的飞速发展，对半导体器件微型化、集成化、智能化、高频化和平面化的应用需求增加，越来越多的电子元件，如介质基板、介质天线、嵌入式薄膜电容等，既要介电材料具备优异的介电性能，又要其具备良好的力学性能和加工性能。因此，单一的无机介电材料已经不能满足上述要求。具有高介电性能的有机功能电介质材料可用于制备高储能密度介质，在脉冲率及电子封装技术等军用、民用领域有着引人瞩目的实用前景。

近年来，人们以聚合物为基体，引入高介电常数或易极化的纳米尺度的无机颗粒或者其他有机物，得到聚合物基复合介电材料。无机颗粒与基体间的界面结构把不同材料结合为一个整体，并且对整体的性能产生重要的影响。然而，无机颗粒材料在聚合物体系中易发生团聚，在聚合物中分散不均匀，宏观上出现相分离现象，严重影响了复合材料的加工性能和介电性能。

（1）高介电聚合物基复合体系

高介电聚合物复合体系的机电响应使得其在微电子、电气工程、生物医药工程等领域有着非常广阔的应用前景。

聚合物基介电复合材料填料按维度可以分为 0D 填料、1D 填料和 2D 填料。

0D 填料通常为纳米颗粒，广泛用于聚合物基介电复合材料，使用 0D 填料通常可以大幅度提升介电复合材料的介电常数，常见的有 $BaTiO_3$ 纳米粒子、Ag 纳米粒子等。

常见的 1D 填料有三种，分别是纳米管、纳米纤维和准 1D 填料（定向排列的纳米颗粒）。一方面，由于较小的比表面积，1D 填料具有小的表面能，更容易分散在聚合物基体中。另一方面，基于大长径比和各向异性，大多数 1D 填料能够使聚合物基介电复合材料拥有较大的介电偶极矩。

2D 填料为平面片层结构，按能否导电能够分为两类：一类是导电材料（如石墨烯）。由于具有优异的力学性能、热性能、电性能及大的比表面积，石墨烯可以在较低含量下基于渗理论实现聚合物基复合材料介电常数的提高，但也会提高复合材料的介电损耗和大幅降低击穿强度。另一类是绝缘材料（如氮化硼）。与其他绝缘导热无机粒子相比，氮化硼是制备具有高电击穿强度及绝缘电阻、低介电常数及介电损耗型导热聚合物的轻质理想填料。

高介电聚合物基复合体系作为新型功能材料之一，在电子工程领域有着巨大的应用前景。例如，具有高介电常数的高弹性橡胶复合物由于其处理过程简单及良好的柔韧性等优势，其在电气工程应用领域（如在电缆附件上的应用）吸引了大家极大的关注。这是由于其可改变电缆终端的电场分布来避免电缆发生故障。在该领域应用中，必须要深入研究并制备带有高介电常数（>100）以及低介电损耗（<0.05）的柔性橡胶基复合材料。

直到现在，使用单个功能化填料依然很难获得能够满足前面所提性能的两组分橡胶基复合物。例如，必须增加体系中陶瓷填料的含量来提高两组分橡胶基复合物体系的介电常数，这将降低材料的弹性。当导电填料（如金属、炭黑、碳纤维和碳纳米管）的用量接近渗流阈值时，体系的介电常数会快速提高，同时，体系的介电损耗也会极大提升且体系电阻快速下降。因此，如果柔性橡胶基复合物要应用于电缆附件中，那么对于上述问题的解决非常必要。

电能储存系统也在移动电子设备、固定动力系统、混合动力电动汽车及脉冲功率等领域中起到很关键的作用。其中，能够聚集大量电能并实现近乎瞬时放电的电容器需求正持续攀升——各类军事装备与商业化设备对脉冲功率的需求极为迫切，从尖端武器的瞬时能源供给到工业高频脉冲技术的应用，均对电容器的快速充放电性能提出严苛要求。在发电机运行模式下，拉伸状态时电荷被置于弹性体膜表面，一旦收缩，弹性体厚度的增加会使正负电荷分离，并且电荷所在平面区域的面积也会减小，二者的变化都会提高电荷的电压，从而提高电能的储存。介电弹性体发电机膜与具有竞争力的电磁发电机相比有着独一无二的优势，尤其是前者有着极为出色的低频和变频响应，且其高能量密度的特点非常适合直接驱动设计，因此排除了对昂贵和复杂传送装置的需求。

高介电聚合物基复合物可以作为电能和机械能的转换器，使得电能与机械能相互转换。在致动器模式下，转换器将电能转换成机械能；在发电机模式下，则将机械能转变为电能。柔性电活性聚合物（EAPs）可以作为执行器，通过改变它们的形状来回应电刺激。EAPs被外界电场所控制，故称为场类型柔性电活性聚合物，其包括铁电聚合物、电致伸缩聚合物、介电弹性体以及液晶聚合物。

场类型柔性电活性聚合物可以展现出快速恢复、低滞后、高应变水平及高弹性能密度（甚至高于压电陶瓷）的优势。然而，这些聚合物仍然需要一个高电场（>70V/mm）来产生如此高的弹性密度（>0.1J/cm^3）。通俗来讲，人工肌肉基于介电弹性体促动器，由于在功能上与真实肌肉的大致相似，其在生物医药中矫正和假肢的方向表现出惊人的前景。

如果能够设计出合适的致动器结构，柔性执行器可以制作成微流控泵当作人工心脏来使用，即可大规模应用于生物医药领域。从报道的工作来看，聚合物基复合体系的发展非常迅速，因此，高介电聚合物复合体系将会有非常辉煌的前景。

（2）介电复合材料

在介电复合材料合成后，将其投入到无源电容器中使用。这些元件的嵌入化是提高系统优良性和集成度的一种有效途径和研究重点。可以使用埋容技术将电容器中的被动元件分解，通过分解重新利用，使其发挥出最大的性能。使用埋容技术的要求很高，需要使用者有丰富的学识以及随机应变的能力。因为高科技产品，需要灵活的思考，因此，制备高性能介电复合材料要求材料具有低加工温度、低渗漏电流以及高击穿电压等。

（3）高储能电容器

在高储能电容器中，对复合材料的要求更高。其中，高介电聚合物复合材料（HDPCs）在高储能电容器里有十分重要的应用。相比同质量的复合材料，这种材料可以减少介质材料的使用量，可以为之后的研发材料提供一定的储量，有利于后期延续的发展。这种材料的散热性十分良好，在相同的电压和电容下，散热性比其他复合材料的性能更高。

① 纸介电容器　纸介电容器是有机介质电容器中最古老的一个品种，因具有比率电容较大、电容量范围宽、工作电压高、成本低的特点被广泛应用。纸介电容器虽在低压电路中有一部分被合成膜电容器所代替，但高压纸介电容器仍占有一定的地位。20世纪90年代，我国已能大量生产各类纸介电容器，其额定电压覆盖63～30000V，电容量范围从几百皮法至十微法。除常规型号外，还可生产用于脉冲、储能、移相等特殊场景的纸介电容器。这类

电容器的制备工艺为：将不含杂质的超薄纸与铝箔交替卷绕成芯子，焊接外部引出线后装入外壳，再采用脱气处理的石蜡或绝缘油进行防潮封装。它具有容量大、使用温度高、价格低等特点。纸由纤维素组成，它含有羟基。羟基基团使电容器具有较高的介电常数。但是由于羟基的存在其较易吸潮。在电场的作用下，它相对整个分子键而转动产生结构极化效应，因此适用于高压、高能量领域。镀金属纸介电容器（或称金属化纸介电容器）是在薄纸上先涂布一层涂料，然后用真空镀膜的方法在薄纸上沉淀一层金属膜代替铝箔作为电极的电容器。其制作方法和纸介电容器的制作方法一样。

② 铝电解电容器　铝电解电容器的制法是将厚度为 50～100mm 的铝箔脱脂洗净后，用电化学方法进行腐蚀，然后进行阳极氧化，使铝箔表面生成一层三氧化二铝的介电薄膜。这层三氧化二铝作为电介质，根据电介质外面紧靠着的电解质的不同，可分别制成湿式电解电容器和固体电解电容器。若电解质为液体，则是湿式电解电容器。如将上面阳极氧化后得到的铝箔，再用不含有杂质的吸水性较强的纸作为隔离层，将纸与上述铝箔一起卷绕起来，加入预先配制的乙二胺-硼酸溶液（电解液）进行浸渍，最后装于电容器外壳并进行密封处理，即可得到湿式电解电容器。在这种电容器中，铝箔是正极，而电解液是负极。固体电解器的制法是：在表面积增大了的高纯度铝金属烧结块表面或铝箔的表面上形成电介质氧化膜后，浸入硝酸锰的水溶液中，然后取出，加热，使硝酸锰分解生成二氧化锰，并附着在电介质上。这种二氧化锰层作为阴极，浸石墨，焊锡后，用引线引出外部，阳极预先从铝金属直接引出，装入外壳封装或直接用树脂封装。

钽的化学稳定性很好，而且 Ta_2O_5 的介电常数为 Al_2O_3 的 4 倍，因此，用钽作为阳极来制作电解电容器，比铝电解电容器的性能更好，但成本比铝电容器高。其制造方法和铝电解电容器的方法一样，一般钽电解电容器采用固体电解电容器。铝电解电容器已广泛应用于要求大容量的电子线路中，如收音机、电视机、立体音响设备、民用显像电子设备、照相闪光灯、氖灯、点火机等放电电源，以及计算机稳压电源和用于马达起动等。钽电解电容器适用于高温、低温和高频的场合，通常情况下，仅用于要求可靠性高的通信机、测量仪、计算机等工业用电子设备中。民用一般限于小型大容量特殊要求的部分电子设备中。这种电容器还不能集成化。

③ 陶瓷电容器　随着电子计算机、摄像机及汽车、钟表等机电一体化，特别是集成电路的发展，陶瓷电容器得到了很大的发展。陶瓷电容器的制造方法是将二氧化钴、钴酸盐、钽酸盐、铬酸盐等原料，按一定配比制成电介质材料后，再将它加工成所需的形状和尺寸，烧结成陶瓷，然后在陶瓷的两面涂附金属电极，焊接引出端线，涂绝缘层。为了扩大陶瓷电容器的电容量范围，现已开发出半导体陶瓷电容器，这种电容器开发成功可制造出适合晶体管低压电路所需的小型大容量陶瓷电容器，半导体陶瓷电容器扩大了陶瓷电容器的电容量，因此能够同有机薄膜电容器、固体钽电解电容器等相媲美，而且在价格上半导体陶瓷电容器较低，因此很有发展前途。半导体陶瓷电容器按其微观结构可分为阻挡层型、还原再氧化型、晶界型三种类型。这三种半导体陶瓷电容器中，第一种由于结构上绝缘性能不高，近年来，产量逐渐减少，后两种半导体陶瓷电容器，产量增加较快，还原再氧化型半导体陶瓷性能好，质量高、生产技术成熟。

④ 温度补偿电容器　温度补偿电容器，又称高频陶瓷电容器，该类电容器具有损耗低、电容量稳定性高、有多种温度系数等特点，适用于谐振回路和需要补偿过渡效应的电路，以及要求低损耗或电容量要求高且稳定的地方。温度补偿型陶瓷电容是以陶瓷为介质材料的圆

片电容器，也称中高压陶瓷电容器，产品外观颜色以蓝色、黄色为主。特点是电容器的电容量随温度改变呈线性变化。适用于调谐回路及需要补偿温度效应的电路中。主要用于高频振荡电路中作为补偿电容介质，在性能上要求具有稳定的电容温度系数和低的介质损耗。

（4）巨介电材料

通常将介电常数大于1000的介质材料称为巨介电常数材料。巨介电材料的发展追求更高的介电常数和更低的介电损耗，但实际中的电介质材料通常不能同时满足两者，越高的介电常数通常伴随着越高的介电损耗，这是由于在外加电场作用下材料的极化强度越大，意味着材料内部阻碍其极化的行为也会变强，即损耗会随之变大。研究者们通过掺杂改性等方式对巨介电常数材料进行研究，以期得到巨介电材料的同时进一步降低介电损耗。目前为止，人们已经发现了很多具有巨介电常数的电介质材料，如 $BaPbTiO_3$ 材料、NiO 基陶瓷、类钙钛矿型材料、共掺杂 TiO_2 基巨介电材料。

巨介电材料主要应用于集成电路和制备超级电容器。自晶体管和集成电路发明以来，微电子技术的发展势头相当迅猛，就总体经济规模来看，微电子产业已经发展成为国民经济中最重要的产业之一。由于实际的工业应用需求，集成电路的性能和性价比必须不断提高。当前提高微电子技术的最主要的途径是电子器件的尺寸不断缩小，芯片的集成度不断提高，以此提升性价比，所以需要研发出介电性能更优异的巨介电材料，在电容量相同的情况下，单位体积具有更高的介电常数，才能提高材料的物理层厚度，以防止电子隧穿效应，从而达到提高集成度的要求。

思考题与习题

1. 简单论述电介质在电场下的四种极化形式。
2. 名词解释：电极化、介电性能、介电常数、介电损耗、热击穿、电击穿。
3. 简述微波介电陶瓷的要求。
4. 与其他电容器用介电材料相比，介电陶瓷的特点有哪些。
5. 简述有机介电材料的分类及其通性。
6. 简述低介电材料的主要改性方法。
7. 简述气体介质基本要求。

参考文献

[1] 陈文彬. 微波介电材料[M]. 西安：西安电子科技大学出版社，2017.

[2] 刘顺华，刘军民，董星龙，等. 介电材料的特性参数[M]. 北京：化学工业出版社，2014.

[3] 陈国华，许积文. 新型电容器介电陶瓷储能材料[M]. 北京：化学工业出版社，2021.

[4] 刘晓燕. 先进能源材料与器件[M]. 北京：化学工业出版社，2024.

[5] 李佳斌. 新型压电铁电材料电子性质[M]. 北京：化学工业出版社，2024.

[6] Paul S Ho，Jihperng Jim Leu，Wei William Lee. Low Dielectric Constant Materials for IC Applications [M]. Berlin：Springer，2003.

[7] Zhang Haibo, Tan Hua. Dielectric Materials for Capacitive Energy Storage[M]. Abingdon: CRC Press, 2024.

[8] Shailendra Rajput, Sabyasachi Parida, Abhishek Sharma, et al. Dielectric Materials for Energy Storage and Energy Harvesting Devices[M]. Kolkata: River Publishers, 2023.

[9] 裴立宅. 功能陶瓷材料概论[M]. 北京：化学工业出版社，2021.

[10] 侯育冬. 电子陶瓷简明教程[M]. 北京：化学工业出版社，2022.

[11] 彭金辉，梅毅，巨少华，等. 微波化工技术[M]. 北京：化学工业出版社，2020.

[12] 刘锦，梁炳亮，张建军，等. 微波烧结微波介质陶瓷的研究进展[J]. 材料导报，2022，36(3)：136-145.

[13] 杜金花，李雍，孙宁宁，等. 无机电介质材料储能行为研究现状[J]. 硅酸盐学报，2022，50(3)：608-624.

[14] 李乐毅. 介电复合材料制备工艺与储备性能研究现状[J]. 一重技术，2024(6)：58-60，24.

[15] 张瑞，陈雷，曾文，等. 放电电压及介质材料对甲烷介质阻挡放电电离特性的影响[J]. 计算物理，2025，42(1)：47-56.

第 5 章

磁性材料与器件

5.1 磁性材料概述

磁性材料通俗来讲是指具有可利用的磁学性质的材料，作为功能材料最重要的分支之一，可以利用材料的磁性能和磁效应实现对能量及信息的转换及存储，或能量状态的改变。人们对磁性物质的认识源远流长，早在公元前几世纪，人类就发现自然界中存在天然磁体，磁性（magnetism）一词就因盛产天然磁石的 Magnesia 地区而得名。

磁性材料历史悠久，种类繁多，其发展经历了从无机到有机、固态到液态、宏观到微观、电子磁有序到核磁有序强磁材料、单一型到复合型，并且显现出优异的磁性能和综合特性。磁性材料由于分类标准和侧重点不同，从不同角度可以将其分为许多类别。通常，大体上分为两类：其一为铁磁有序的金属磁性材料；其二绝大多数为亚铁磁有序、具有半导体导电性质的非金属磁性材料。前者主要有电工钢、镍基合金和稀土合金等，后者主要是铁氧体材料。

磁性材料按照物质在外磁场中表现出磁性的强弱可分为铁磁性物质、亚铁磁性物质、顺磁性物质、反铁磁性物质和抗磁性物质。

大多数材料是抗磁性或顺磁性的，它们对外磁场反应较弱。铁磁性物质和亚铁磁性物质是强磁性物质，通常所说的磁性材料指强磁性材料。铁磁性材料一般是 Fe、Co、Ni 元素及其合金，稀土元素及其合金，以及一些 Mn 的化合物。

磁性材料按其功能可分为：①易被外磁场磁化的磁芯材料（变压器、继电器）；②可产生持续磁场的永磁材料；③通过改变磁化方向进行信息记录的磁记录材料（磁带、磁盘）；④通过光（或热）使磁化发生变化进行记录与再生的光磁记录材料；⑤在磁场作用下电阻发生变化的磁致电阻材料；⑥因磁化使尺寸发生变化的磁致伸缩材料（传感器）；⑦形状可以自由变化的磁性流体等。

磁性材料按照其磁化的难易程度，一般分为软磁材料及硬磁材料。

磁性材料按形态可分为粉体材料、液体材料、块体材料和薄膜材料等。

磁性材料按使用可分为软磁材料、永磁材料和功能磁性材料。

磁性材料按照磁滞回线的不同，可分成三类：①软磁材料，其矫顽力较小，磁滞回线较窄；②硬磁材料，其矫顽力较大，磁滞回线较宽；③矩磁材料，其剩磁大而矫顽力小，磁滞回线为矩形。

磁学与磁性材料界专家都有为院士建议将磁性材料分为两大类：

A 类：以磁滞回线为特性的磁性材料，如永磁、软磁、矩磁等；

B 类：以交叉耦合效应为特性的磁性材料，如磁致伸缩材料、磁光材料、旋磁材料、吸波材料、磁热材料、自旋电子学材料、多铁性材料等。

如按照应用来分类，会五花八门难以显示出材料的特性。

磁性材料种类众多，目前主要分为铁氧体磁性材料、稀土磁性材料及其他磁性材料三大类。本章主要介绍铁氧体磁性材料和稀土永磁性材料两类目前应用较广的材料。磁性材料分类如图 5-1 所示。

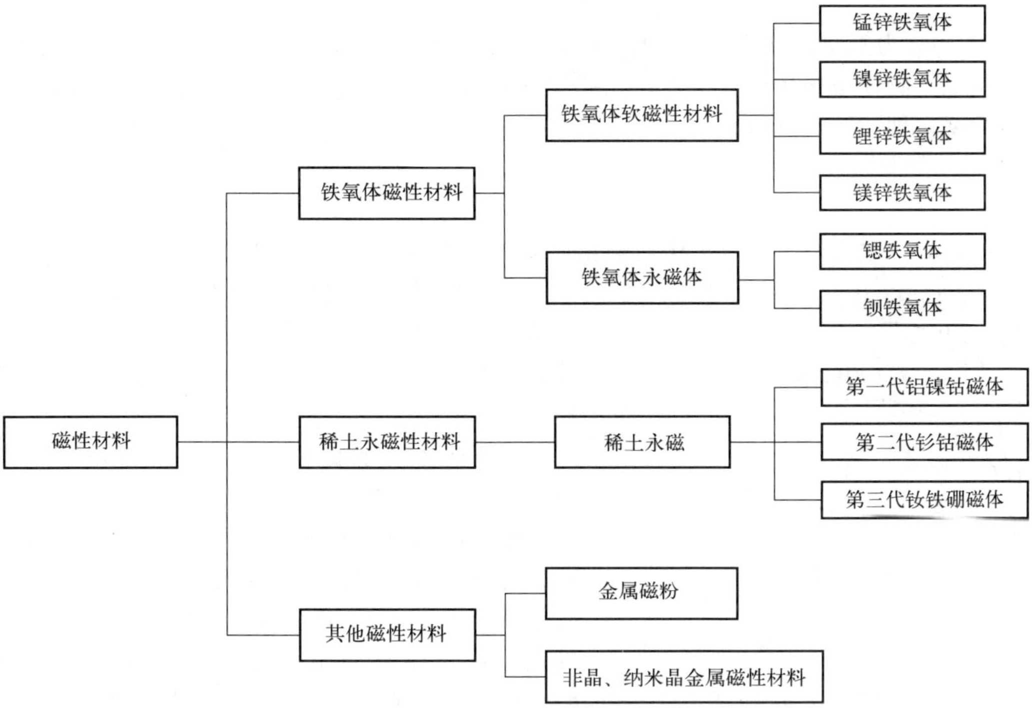

图 5-1　磁性材料分类

5.1.1　磁性的来源

物质的磁性来源于组成物质中原子的磁性，主要包括：

① 带电的粒子漂移或运动产生磁场；

② 电子的自旋；

③ 电子的轨道运动：核外电子的运动相当于一个闭合电流，具有一定的轨道磁矩；

④ 原子核的磁矩。

材料的磁性主要来源于电子的轨道磁矩和自旋磁矩。原子核的磁矩很小，只有电子的几千分之一，通常可以略去不计。

磁矩的定义［式（5-1）］：

$$M = I \times S \times n \tag{5-1}$$

式中，M 为载流线圈的磁矩；I 为线圈通过的电流；S 为线圈的面积；n 为线圈平面法线方向上的单位矢量。

在磁性材料中存在磁矩，磁矩可以看作由北极和南极组成的小磁棒，其方向由南指向北。磁矩在磁场中受到磁场对它的力矩作用时，将沿磁场方向取向，以降低系统的静磁能。

5.1.2 磁性物质的分类

任何材料在磁场中都会或大或小地显示出磁性，即被磁化。此时材料的总磁通密度见式（5-2）。

$$B=\mu_0 H+M=(\mu_0+\mu)H=\mu' H \tag{5-2}$$

式中，μ_0 为真空磁导率；H 为磁场强度；μ'为材料的有效磁导率；M 为磁化强度。

宏观上，物体被磁场磁化的程度与磁场强度有关。可以用磁化强度与磁场强度的比值来表示磁化率，即式（5-3）。

$$\chi=M/N \tag{5-3}$$

式中，χ 为磁化率，是表示物质磁化性的重要参数。

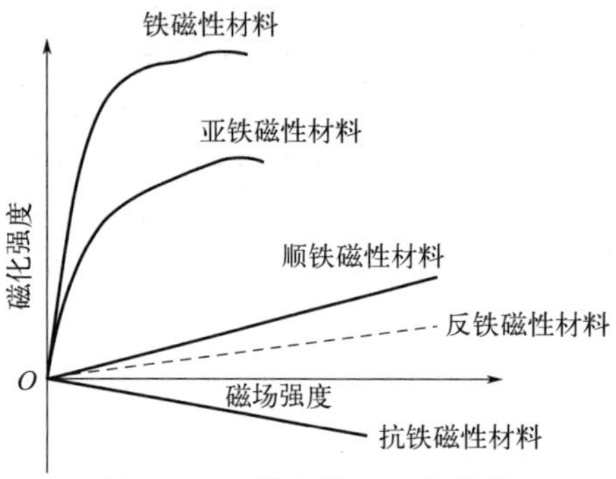

图 5-2　五类磁体的磁化曲线

物质可根据磁化率 χ 的不同分为铁磁性材料、亚铁磁性材料、顺铁磁性材料、反铁磁性材料及抗铁磁性材料。图 5-2 所示为五类磁性材料的磁化曲线。

① 铁磁体　铁磁性物质（主要为 Fe、Ni、Co）和一些稀土元素在没有外场时由于原子间的交换作用使原子磁矩发生有序的排列，即产生所谓的自发磁化，这种自发磁化的特性称为铁磁性。铁磁质的磁化率为 $1\sim10^4$。3d 金属元素如 Fe、Ni、Co 的自发磁化源于 3d 轨道电子之间的交换作用。4f 稀土元素的自发磁化则源于 4f 轨道电子的间接交换作用，即通过 4f 轨道电子与 6s 轨道电子的交换作用使 6s 轨道电子极化。而极化的 6s 轨道电子的自旋将 4f 轨道电子的自旋与相邻原子的 4f 轨道电子自旋间接地耦合起来，从而产生自发磁化。在 0K 时，铁磁质中原子磁矩都平行排列。

铁磁体自发磁化分成若干个小区域（这种自发磁化至饱和的小区域称为磁畴），由于各个区域（磁畴）的磁化方向各不相同，其磁性彼此相互抵消，所以大块铁磁体对外不显示磁性。在较弱的磁场作用下，就能产生很大的磁化强度。通常，χ 是很大的正数，且与外磁场呈非线性关系变化。

② 亚铁磁体　亚铁磁体比铁磁体更常见，它们多为复杂的金属化合物。在亚铁磁体中，相邻的自旋是反向平行的，只有大小不等或数目不等，因此具有剩余磁化强度。典型的亚铁磁体有尖晶石型铁氧体、石榴石型铁氧体和磁铅石型铁氧体，其作为高技术磁性材料，在信息科学等领域应用十分广泛。

③ 顺磁体　顺磁性是指磁质被磁化后，磁场方向与外场方向相同。顺磁性的起因是未满电子壳层结构的材料在外磁场作用下，未成对电子产生的磁矩会顺着磁场方向定向排列而产生宏观的净磁矩（在外磁场中显磁性）。磁化率 $\chi>0$，材料内部总的磁通密度大于外磁场的磁通密度，具有这种性质的材料称为顺磁材料。如含有过渡金属或稀土离子的材料，因为具有正磁化率，它们在磁场中受微弱吸引力。但在无外加磁场时，由于顺磁物质的原子做无规则热振动，宏观看来，没有磁性；在外加磁场作用下，尽管每个原子磁矩发生规则的取

向，但由于晶格振动的强烈干扰，物质显示极弱的磁性。铂、钯、锂、钠、钾、稀土金属等属于此类。

④ 反铁磁体　反铁磁性材料是一类内部相邻原子中电子自旋呈反平行有序排列的材料，其宏观净磁矩近乎为零，故无法自发产生显著磁场。当温度超过特定临界值（奈尔温度）时，反铁磁有序结构被破坏，材料转变为顺磁性状态。在弱外磁场作用下，因自旋系统的抗磁性耦合，材料仅表现出微弱正磁化率；若磁场强度超过临界值，则可能触发自旋翻转相变，导致磁化率显著上升。常见的反铁磁材料包括金属单质（如铬、锰）以及过渡金属氧化物（如 MnO、FeO、CoO、NiO），其中金属通过传导电子作用形成反铁磁序，而非金属化合物则依赖离子键局域电子实现自旋反平行排列。

⑤ 抗磁体　抗磁体是磁化方向与外磁场方向相反的磁性材料，其磁化率 χ 为负值（通常为 10^{-5}～10^{-6} 量级）。抗磁性源于外磁场作用下材料内部电子轨道运动产生的感应电流，该电流激发的磁场与外磁场方向相抵，导致总磁感应强度［$B=\mu_0(H+M)$］低于仅由外磁场产生的磁感应强度（$B_0=\mu_0 H$）。金属中仅有少数简单金属（如铜、银、金、铋）属于抗磁体。根据磁化率特性，抗磁体可分为两类：经典抗磁体（如铜、汞、锌）的磁化率 χ 几乎不随温度变化；反常抗磁体（如铋、镓、石墨）则表现出更强的抗磁性（χ 可达经典抗磁体的 10～100 倍）且对温度敏感。需注意的是，铜-锆合金的抗磁性源于其非晶态结构而非单一组分特性，故不宜直接归入上述分类。

5.2 磁性材料的各种物理效应

5.2.1 磁效应

物质的磁性和磁场会影响物质其他物理性质的变化，同时，物质其他性质的变化也会引起物质磁性的变化，前者被称为磁效应（如磁力效应、磁电效应、磁热效应、磁光效应等）后者称为逆效应。利用磁效应制备的材料称为铁磁材料。

（1）磁致伸缩效应（磁-形变作用）

铁磁性和亚铁磁性材料磁化时，在垂直磁化方向上所发生的伸长或缩短现象称为磁致伸缩。它是一种可逆的弹性变形。材料磁致伸缩的相对大小用磁致伸缩系数 λ 表示，如式（5-4）所示。

$$\lambda=\Delta l/l \tag{5-4}$$

式中，Δl、l 分别为沿磁场方向的绝对伸长与原长。

在发生缩短的情况下，Δl 为负值，因此 λ 也为负值。当磁场强度足够高、磁致伸缩趋于稳定时，磁致伸缩系数 λ 称为饱和磁致伸缩系数，用 λ_s 表示。对于 3d 金属及合金，λ_s 为 10^{-6}～10^{-5}。

（2）法拉第效应（光-磁作用）

当一束线偏振电磁波通过适当的纵向磁化介质时，电磁波的偏振面将正向或反向偏转，

偏转角 α 正比于波束通过的介质厚度 d 和介质的磁化强度 M，如式（5-5）所示。

$$\alpha = KMd \tag{5-5}$$

式中，K 为费尔德常数，它表征物质的磁光特性。

（3）克尔效应（光-磁作用）

一束偏振光投射到被抛光的磁极表面并被反射时，反射光的偏振面发生旋转，旋转角 α 正比于材料的磁化强度 M，如式（5-6）所示。

$$\alpha = \mathrm{KR}M \tag{5-6}$$

式中，KR 为常数。克尔效应可用于磁畴观察及光储存技术。

（4）维拉尔效应（磁-力作用）

强磁材料在力的作用下，其磁化率将发生变化。这种力对强磁材料磁化性能的影响叫作维拉尔效应。

（5）磁热效应（磁-热作用）

在绝热条件下，铁磁材料受到突然增加的磁场作用时，材料的温度升高，这种现象称为磁热效应。

5.2.2 磁化曲线与磁滞回线

在磁性材料中，由于电子的交换作用，要求原子磁矩平行排列，以使交换作用能最低。但大量原子磁矩的平行排列增大了体系的退磁能，因此使一定区域内的原子磁矩取反平行排列，出现了两个取向相反的自发磁化区域。由此形成的每个磁矩取向一致的自发磁化区域就称为一个磁畴。

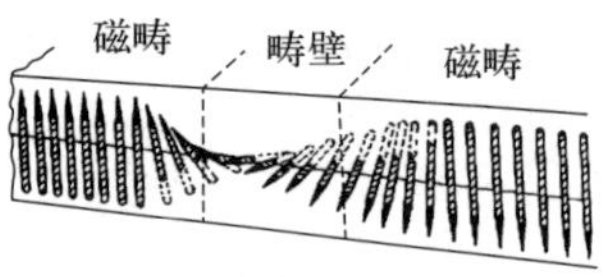

图 5-3　磁畴与畴壁结构示意图

在磁化方向不同的两个相邻畴的交界处，存在一个原子磁矩方向逐渐转变的过渡层，这个过渡层称为布洛赫（Bloch）磁畴壁，过渡层的厚度称为畴壁厚度，如图 5-3 所示。

对于磁性材料来说，磁化曲线和磁滞回线是反映其基本磁性能的特性曲线。磁化曲线表示物质中的磁场强度 H 与所感应的磁感应强度 B 或磁化强度 M 之间的关系。磁滞回线表示磁场强度周期性变化时，强磁性物质磁滞现象的闭合磁化曲线，它表明了强磁性物质在反复磁化过程中磁化强度 M 或磁感应强度 B 与磁场强度 H 之间的关系。

磁性材料对外加磁场有明显的响应特性，其磁化状态随外磁场强度的变化而发生变化。这种变化可以用磁化曲线和磁滞回线来表征。当铁磁性材料达到磁饱和状态后，如果减小磁场 H，介质的磁化强度 M（或磁感应强度 B）并不沿着起始磁化曲线减小，M（或 B）的变化滞后于 H 的变化，这种现象叫磁滞。在磁场中，铁磁性材料的磁感应强度与磁场强度的关系可用曲线来表示，当磁化磁场作周期性变化时，铁磁性材料中的磁化强度与磁场强度的关系是一条闭合线，这条闭合曲线叫磁滞回线。典型铁磁性材料的磁滞回线，如图 5-4 所示。以磁中性状态（$H=0$，$M=0$）为起始态，当磁状态沿起始磁化曲线 $OABC$ 磁化到 C 点附近时，磁场强度为 H_s，此时磁化强度为饱和磁化强度 M_s，曲线几乎与横轴平行。此后若减小磁场，则从某一磁场（B 点）开始，M 随 H 的变化偏离原先的起始磁化曲线，M 的变化落后于 H。当 H 减小至零时，M 不减小到零，而等于剩余磁化强度 M_r。为使 M 减至零，需加一反向磁场，磁滞回线上使磁化强度为零的磁场强度称为矫顽磁场强度（矫顽力）H_c。反向磁场继续增大到 $-H_s$ 时，强磁体的 M 将沿反方向磁化到趋于饱和 $-M_s$；反向磁场减小并再反向时，按相似的规律得到另一支偏离反向起始磁化曲线的曲线。于是当磁场从 H_s 变为 $-H_s$，再从 $-H_s$ 变到 H_s 时，强磁体的磁性状态将由闭合曲线 $CBDEFEGBC$ 描述，其中 BC 及 EF 两段相应于可逆磁化，M 为 H 的单值函数，而 $BDEGB$ 为磁滞回线。

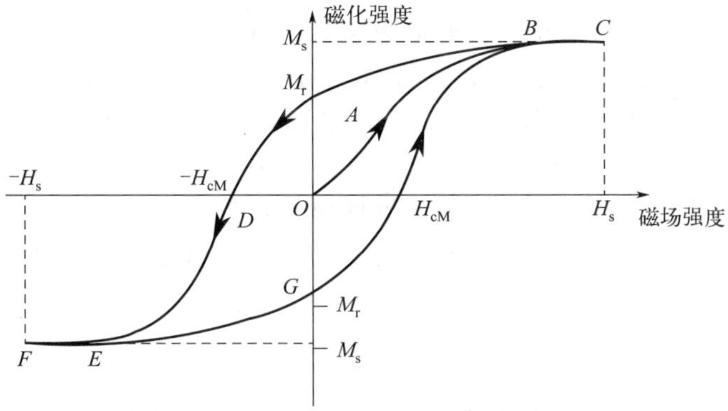

图 5-4　铁磁体的起始磁化曲线和磁滞回线

5.3 铁氧体磁性材料

5.3.1 铁氧体磁性材料的磁参量

铁磁物质和弱磁物质有很大的差别。对于铁磁物质，小的外加磁场就会使它强烈磁化。铁磁物质的特性主要分为两类：一是与其磁化过程有关的特性，即非结构敏感参数，又称作磁化特性；二是与其内部原子结构和晶格结构有关的特性，即结构敏感参数，也称为内禀特性。

（1）非结构敏感参数

非结构敏感参数的性能主要由材料的化学成分和晶体结构决定，称为内禀磁参量。

① 饱和磁化强度 M_s　M_s 是永磁材料极为重要的磁参量。永磁材料均要求 M_s 越高越好。铁磁性物质的原子都具有原子磁矩，它们按一定规律排列在晶格点阵中。因此，每个原子受到周围临近原子的强烈作用，使临近原子的磁矩方向趋于平行某一晶轴方向，因而自发地产生磁化强度。饱和磁化强度是磁体在足够强的磁场强度 H_s 下，磁化到饱和时的磁化强度。饱和磁化强度取决于组成材料的磁性原子数、原子磁矩和温度。

② 居里温度 T_C　指铁磁性或亚铁磁性物质转变成顺磁性时的临界温度。低于此温度时材料为铁磁性或亚铁磁性，高于此温度时材料为顺磁性。它是一个温度值，T_C 越高，永磁材料的使用温度越高，温度稳定性好。例如，如果想提高合金的居里温度，那么改变其晶粒尺寸或者是改变热处理工艺是徒劳的，必须要对其化学组分进行调整。

③ 磁晶各向异性场 H_A　H_A 是单轴各向异性单晶磁体难磁化方向磁化到饱和时对应的磁场。这项参数的大小是决定磁性材料是否可以成为永磁材料的一个条件。

（2）结构敏感参数

强烈地依赖材料的微观结构，与晶粒尺寸、晶粒取向、晶体缺陷、掺杂物、机械加工及热处理条件等有关。这类特性是物质的磁化曲线和磁滞回线直接联系的几个参数来表示的。

① 剩磁 B_r　剩磁 B_r 为剩余磁感应强度，是指当以足够大的磁场使磁性物质达到饱和后，又将磁场减小到 0 时的相应的磁感应强度。M_x 为剩余磁化强度。

② 矫顽力 H_c　铁磁体磁化到饱和以后，使它的磁化强度或磁感应强度降低到零所需要的反向磁场称为矫顽力。矫顽力是衡量磁体抗退磁能力的一个物理量。在磁体使用中，H_c 越高，表示温度稳定性越好，保持磁性的能力越强。H_c 的单位为 A/m。根据矫顽力的大小可以将磁性材料分为硬磁性材料和软磁性材料：通常 $H_c<1\text{kA/m}$ 称为软磁材料；$1\text{kA/m}\leqslant H_c\leqslant 10\text{kA/m}$ 为半硬磁材料；$H_c>10\text{kA/m}$ 称为硬磁材料，也叫永磁材料。

③ 最大磁能积 $(BH)_{max}$　第二象限退磁曲线上任何一点的 B 和 H 的乘积（即 $B\times H$）的最大值称为最大磁能积，这一参数表征永磁体所储存的能量的高低。当提到永磁材料磁性能时，常常以这一参量作为主要代表。最大磁能积的理论值通常可表示为式（5-7）：

$$(BH)_{max}=\frac{(\mu_0 M_s)^2}{4} \tag{5-7}$$

当永磁体的工作点位于最大磁能积对应点时，在提供相同能量时，永磁体体积最小。

5.3.2 铁氧体磁性材料特征

具有铁磁性质的材料有以下特点：

① 即使没有外磁场，在材料内部各个小区域（磁畴）内仍存在永久磁矩。但未经磁化的材料在没有外磁场时各磁畴的磁矩方向是任意分布的，其矢量和为零，故其整体并无磁性。

② 容易磁化。这是因为在外磁场作用下各磁畴的磁矩方向力图转到磁场方向，因此可得到很大的磁感应强度 B。按公式 $B=\mu_r B_0$（B_0 是真空中的磁感应强度），磁性材料的相对导磁率 μ_r 是很大的。如果空气（非磁性材料）的相对磁导率是 1，则铁氧体的相对磁导率为 10000。

③ 存在着磁饱和现象，即 B 随 H 增大而增大，但增大到一定值（B_s）后，就不再随 H 的增大而增加。B_s 就是该磁性材料的饱和磁感应强度。出现饱和现象的原因是 H 达到一定值后所有磁畴的磁矩都转到磁场方向。由于这个原因，B 和 H 便不呈线性关系，因此导磁率也不是常数，而是与磁场强度有关。

④ 存在磁滞现象，即磁感应强度的变化滞后于磁场的变化。

5.3.3 铁氧体磁性材料功能与用途

铁氧体磁性材料因其优异的磁性能、化学稳定性和低成本，在现代工业和日常生活中得到了广泛应用。根据其功能和用途，铁氧体磁性材料主要分为软磁铁氧体和硬磁铁氧体两大类，每一类材料都在不同领域中发挥着重要作用。

首先，软磁铁氧体材料具有高磁导率、低矫顽力和低涡流损耗的特点，广泛应用于电子和电力设备中。在高频电子设备中，软磁铁氧体被用作变压器、感应线圈和滤波器的核心材料。其次，硬磁铁氧体材料因其高矫顽力和高剩磁特性，主要用于制造永磁器件。在电机领域，硬磁铁氧体被广泛用于直流电机、步进电机和风力发电机中，作为永磁体提供稳定的磁场，从而提高设备的效率和可靠性。在消费电子领域，硬磁铁氧体被用于扬声器、耳机和麦克风中，作为磁性元件提供高质量的音频性能。此外，硬磁铁氧体还被用于磁性分离设备（如磁选机和磁性过滤器）中，用于分离和回收铁磁性物质。

在特殊功能应用中，铁氧体磁性材料还被用于微波器件和传感器中。例如，铁氧体材料在微波通信中被用作隔离器、环行器和移相器的核心材料，其优异的高频磁性能和低损耗特性使其成为微波技术的重要组成部分。此外，铁氧体磁性材料还被用于制造磁性传感器和霍尔元件，用于检测磁场变化和实现精确的位移、速度测量。

在电子技术领域中，磁性材料有重要的作用，如制造电力技术中的各种电机、变压器，电子技术中的各种磁性元件和微波电子管，通信技术中的滤波器和增感器，国防技术中的磁性水雷、电磁炮，各种家用电器等。

军事领域中，磁性材料是增强各国军事力量的中坚力量，如雷达的应用、电磁炮的使用。电磁炮的原理是将炮弹放在螺线圈中，螺线圈通电会产生磁场，磁场会作用于炮弹而对炮弹产生推动力，从而将炮弹射出。这是一种新研发的“电磁式武器”，电磁导弹也是根据这种原理而研发成功的新型武器。

生物医学中，大多数的医学设备也是由磁性材料制造的，如在医学上我们通过核磁共振来诊断人体异常的组织，从而可以诊断疾病。作为我们比较熟悉的一项技术，它主要是因为原子核本身带正电荷，并且能进行无序的自由旋转运动。核磁共振的特点是能够流动的液体是不会产生信号的，因此被称为流动效应，或者流动空白效应。由于这个特点，做核磁共振时呈现的灰白色管状结构就是人体的血管，无信号的黑色区域即流动的血液。

5.4 稀土永磁材料

永磁材料是不需要消耗能量而能保持其磁场的磁功能材料。稀土永磁材料是永磁材料的主体产品。稀土永磁材料，即稀土永磁合金，顾名思义，应当含有作为合金元素的稀土金属，它的永磁性来源于稀土金属 RE（Sm、Nd、Pr 等）与 3d 过渡族金属 TM（Fe、Co、Ni 等）形成的某些特殊金属间化合物。

稀土永磁材料具有较好的永磁特性［例如最大磁能积 $(BH)_{max}$ 是传统的永磁材料铝镍钴和铁氧体的 5～10 倍，甚至更高］。稀土永磁材料一经问世立即引起人们的极大关注，其应用已涉及所有永磁应用领域并迅速扩大。稀土永磁材料广泛应用于计算机、汽车、仪器、仪表、家用电器、石油化工、医疗保健、航空航天等行业。

稀土永磁材料是稀土元素 RE 与过渡金属 TM 所形成的一类高性能永磁材料。在元素周期表中，稀土元素是 15 个镧系元素的总称，镧系元素依次是镧（La）、铈（Ce）、镨（Pr）、钕（Nd）、钷（Pm）、钐（Sm）、铕（Eu）、钆（Gd）、铽（Tb）、镝（Dy）、钬（Ho）、铒（Er）、铥（Tm）、镱（Yb）和镥（Lu）。其中，排列次序位于钆之前的 7 个元素称为轻稀土元素，其他则称为重稀土元素。需要指出的是，人们常把ⅢB 族元素钪（Sc）和钇（Y）也列入稀土元素。

稀土元素未满电子壳层为 4f，由于受到 5s、5p、6s 电子层的屏蔽，受晶体电场的影响小，因此原子磁矩大，这是稀土永磁材料获得高矫顽力的基础。

对于纯稀土合金，4f 电子层受到屏蔽，合金居里温度低。纯稀土合金的居里温度大部分在室温以下，因此很难获得实用的永磁材料。铁、钴、镍一类过渡金属元素在室温下具有很强的铁磁性，同时具有高居里温度。那么，可将稀土金属和铁、钴等过渡金属组成合金，从而提高稀土金属的居里温度，获得性能优良的磁性材料。

5.4.1 稀土永磁材料分类

依照合金的成分分类，可以将稀土永磁合金分为三类：第一类稀土钴永磁合金；第二类稀土铁永磁合金；第三类稀土铁氮、稀土铁碳永磁合金。

依照稀土永磁合金的发展来看，可以将其分为四个阶段。第一代：1∶5 型稀土钴永磁合金，其是最早发展的 $RECo_5$ 型永磁合金。第二代：2∶17 型稀土钴永磁合金（RE_2Co_{17}）。第三代：稀土-铁基系列永磁合金（RE-Fe-B 系）。第四代：稀土铁氮（RE-Fe-N 系）永磁合金。

5.4.2 第一代稀土永磁材料

稀土原子与钴原子按 1∶5 组成的化合物为基相的稀土永磁合金，简称 $RECo_5$，其是第一代稀土永磁合金。$RECo_5$ 化合物具有 $CaCu_5$ 型六方晶结构。大多数 $RECo_5$ 化合物具有很高的磁晶各向异性，高的饱和磁化强度和高的居里温度，因此是理想的永磁材料。以 $SmCo_5$ 为代表的永磁合金具有优异的磁性能，其后又发展了 $PrCo_5$、$(Sm,Pr)Co_5$、$MMCo_5$（MM 为混合稀土）和 $Ce(Co,Cu,Fe)_5$ 等永磁合金。

$SmCo_5$ 永磁合金按磁性又可分为三类：第一类是高矫顽力（H_c）$SmCo_5$ 永磁合金（B-H 退磁曲线是线性的）；第二类是低矫顽力 $SmCo_5$ 永磁合金（B-H 退磁曲线是非线性的）；第三类是低温度系数 $SmCo_5$ 永磁合金。

（1）生产工艺

1∶5 型稀土永磁合金主要采用粉末冶金工艺液相烧结技术制造。例如，$SmCo_5$ 磁体，在熔炼前配制两种成分的原料：一种是基相，按 32%～33%钐＋68%～67%钴；另一种是液相，按 60%钐＋40%钴配比。两种原料分别进行熔炼并浇注成锭。然后，将两种钢锭按 36%～37%钐＋64%～63%钴配制在一起，经在保护介质中研磨，得到 3～5μm 的粉末。也可以利用还原扩散工艺直接从氧化钐和金属钴粉制取两种合金粉末，然后混合在一起，最后，经过磁场中成形和烧结处理得到烧结磁体。

（2）$SmCo_5$ 永磁材料的成分与磁性能的关系

$SmCo_5$ 永磁材料的成分对其磁性能有重要影响。按化合物分子式计算 $SmCo_5$ 的成分为 16.66%Sm＋83.33%Co（摩尔分数），或 33.79%Sm＋66.21%Co（质量分数）。研究表明，钐含量对其磁性能的影响非常大，在 Sm%为 17.0%时，可获得 H_c 和 $(BH)_{max}$ 的峰值。

（3）应用

$RECo_5$ 永磁体虽有很高的磁性和居里温度，但在加热时，其内禀矫顽力比剩磁降低的速度要快得多，如 $SmCo_5$ 磁体的磁性在 475℃附近降低到接近零。$SmCo_5$ 磁体的使用温度上限为 250℃左右。这类磁体含有大量的钐、镨（或铈）及钴，成本昂贵，且机械强度和加工性也较差。因此，限制了其应用范围的扩大，只在一些特殊要求的电信器件、电子钟表、微波器件和测量仪表中使用。很多应用场合已被 2∶17 型稀土钴永磁合金和钕铁硼永磁合金代替。

5.4.3　第二代稀土永磁材料

稀土原子与钴原子按 2∶17 组成的化合物为基相的稀土永磁合金，简称 RE_2Co_{17}，其是第二代稀土永磁合金。RE_2Co_{17} 系化合物的饱和磁化强度比 $RECo_5$ 高许多，其特点是居里温度最高为 850℃（与 $RECo_5$、Nd-Fe-B 系相比，其 T_C 最高），内禀饱和磁感强度比 $RECo_5$ 高，理论最大磁能积比 $RECo_5$ 高，$(BH)_{max}=525.4kJ/m^3$，其代表性的化合物是 $Sm(Co, Cu, Fe, Zr)_z$（$z=7\sim8$），组织结构是尺寸约为 50nm 的 Sm(Co，Cu，Fe，M)，边界相 Sm(Co，Cu，Fe，M）的厚度约为 10nm，它包围主相，故称为胞状结构。其高矫顽力的获得关键在于热处理工艺采用固溶处理，等温时效。例如，Nd_2Co_{17} 的 $(BH)_{max}=539kJ/m^3$。Sm_2Co_{17} 虽有易磁化轴，但各向异性场和矫顽力很低，难以成为实用的永磁材料，必须通过其他途径来改善矫顽力。

5.4.4　第三代稀土永磁材料

由于第一代、第二代稀土永磁材料所用的钴资源有限，价格昂贵，经过长期研究，人们终于研究出不含钴的高性能实用永磁材料，即稀土-铁-硼永磁材料，其称为第三代稀土永磁材料。其特点是：①具有创纪录的磁能积，其 Nd-Fe-B 的磁能积为 $446.4kJ/m^3$；②原材料资源丰富、廉价（以资源丰富的 Fe 取代了第一代、第二代永磁合金中的资源较少的钴，以廉价、资源丰富的 Nd 取代第一代、第二代稀土永磁合金中的价贵、资源较少的金属 Sm），因而从磁特性及磁体价格上远优于第一代、第二代稀土永磁。它可以在某些领域部分取代其他永磁的应用，因此，第三代稀土永磁合金发展最快。其缺点是其居里温度比第一代、第二代稀土永磁合金的低，温度稳定性较差、耐腐蚀性较差。RE-Fe-B 系列的种类颇多，如三元系的 Nd-Fe-B、Pr-FE-B、RE-Fe-B（RE＝La、Ce、MM……），四元系的 Nd-Fe（M）-B、$Nd\text{-}FeM_1M_2\text{-}B$，五元系、六元系、七元系也已经出现。此外，还有稀土铁氮永磁合金和纳米晶复合交换耦合永磁体。

（1）Nd-Fe-B 磁体的制备

按制造方法不同，Nd-Fe-B 永磁体可分为两类：一类是黏结永磁体，主要用于电子、电气设备的小型化领域；另一类是烧结永磁体，多为块体状，主要满足高矫顽力、高磁能积的要求。

① 黏结 Nd-Fe-B 磁体的制备

a. 磁粉的制备　磁粉的制备是加工 Nd-Fe-B 磁体的关键工序，磁粉磁性能的好坏直接影响磁体的磁性能。制备 Nd-Fe-B 磁粉的方法有机械破碎法、熔体快淬法、HDDR 法、气体喷雾法以及机械合金化法等。

熔体快淬法：首先采用真空感应熔炼母合金，然后在真空快淬设备中，在惰性气体保护下，于石英管中将母合金熔化，在氩气压力的作用下，母合金经石英管底部的喷嘴喷射到高速旋转的铜辊的表面上，快速凝固。快淬法存在最佳快淬速度，在该速度下制备的永磁体具有最佳的磁性能。这种方法制备的薄带较脆，将其粉末化以后可得到磁粉。由于其原始晶粒较小，粉末化过程中造成的磁性能劣化并不明显。

HDDR 法：HDDR 法是近些年发展起来的，通过氢化（hydrogenation)-分解(decomposition)-脱氢（dehydrogenation)-再结合（recombination）的过程制备高性能稀土

永磁粉的一种工艺。首先将合金破碎成粗颗粒，装入真空炉内，在一定温度下晶化处理，合金吸氢并发生歧化反应，然后将氢气抽出，在随后的强制脱氢过程中歧化产物复合成晶粒细小的原化合物相，从而实现对材料晶粒的细化（平均晶粒尺寸为 300nm），并产生了沿主相 C 轴方向的晶体结构，从而制备出具有优异磁性能和磁各向异性的磁粉、具有高矫顽力的磁粉。HDDR 工艺是一种非常有效的生产各向异性 Nd-Fe-B 磁粉的技术手段。

气体喷雾法：其工作过程是当 Nd-Fe-B 熔液流经一个高速喷嘴时，被高压氩气气流雾化成细小的金属液滴，射向粉碎盘，最终获得极细的非晶和微晶粉末。由于粉末流动性较好，采用注射成型时，可获得填充率较高的黏结 Nd-Fe-B 磁体。

机械合金化法：机械合金化是先将 Nd-Fe-B 合金铸锭破碎成粗粉，然后对粗粉进行长时间的高能球磨，再将产物在适当条件下进行退火处理，这样也可以得到与快淬法相同的微观组织。机械合金化法和快淬法有异曲同工之妙，但其成本较低。

b. 磁体的制备　黏结磁体是由永磁体粉末与可挠性好的橡胶或质硬量轻的塑料、橡胶等黏结材料相混合，按用户需求直接成型为各种形状的永磁部件。但同时由于黏结剂的加入，永磁体的最大磁能积和磁化强度等出现一定程度的下降。黏结磁体的磁粉通常通过熔体快淬的方法制备。

② 烧结 Nd-Fe-B 磁体的制备　制备烧结磁体磁粉的传统方法是采用“合金熔铸→粗破碎→细破碎”工艺。现今烧结磁体磁粉的制备多采用“熔炼甩带→氢爆→气流磨”工艺，制得的磁粉粒度大部分在 2～5μm 之间。与传统制粉工艺相比，该工艺具有含氧低、抗氧化性强、颗粒细、烧结温度低、节约能源、成本低等优点。

（2）Nd-Fe-B 磁体的性能

各类 Nd-Fe-B 磁体主要成分都是硬磁性的 $Nd_2Fe_{14}B$ 相。除此之外，Nd-Fe-B 磁体还包括富 Nd 相和富 B 相，还有一些 Nd 氧化物和 α-Fe、FeB、FeNd 等软磁性相。Nd-Fe-B 磁体的磁性主要是由硬磁性相 $Nd_2Fe_{14}B$ 决定。弱磁性相及非磁性相的存在具有隔离或减弱主相磁性耦合的作用，可提高磁体的矫顽力，但降低了饱和磁化强度和剩磁。同时，由配方和制备工艺所导致的微观结构的不同，也在很大程度上决定了永磁体的宏观磁性能。例如，Nd-Fe-B 磁体的矫顽力除取决于主相的各向异性场 H_A 外，还取决于材料的微观结构；Nd-Fe-B 磁体的剩磁 B_r 则与 M_s、主相体积分数、磁体密度和定向度成正比。

为了增大剩磁 B_r，Nd-Fe-B 永磁材料的成分应与 $Nd_2Fe_{14}B$ 分子式相近。实验结果表明，若按 $Nd_2Fe_{14}B$ 成分配比，虽然可以得到单相的 $Nd_2Fe_{14}B$ 化合物，但磁体的永磁性能很低。这是因为，此时液相（富 Nd 相）减少或消失，对磁体产生了两个不利的影响：一是液相烧结不充分，烧结体密度下降，不利于提高 B_r；二是液相不足就不能形成足够的晶界相，不利于提高 H_c。实际上只有永磁合金的 Nd 和 B 的含量分别比 $Nd_2Fe_{14}B$ 化合物的 Nd 和 B 的含量多时，才能获得较好的永磁性能。保持 B 的含量不变逐步增加 Nd 的含量时，可以发现在 Nd 的含量为 13%～15%时，磁体可获得最高的 B_r 值；继续增大 Nd 含量可以提高磁体的矫顽力，却导致材料 B_r 的下降。保持 Nd 含量不变逐步增加 B 含量时，研究发现 B 是促进 $Nd_2Fe_{14}B$ 四方相形成的关键因素，增加 B 的含量有助于 $Nd_2Fe_{14}B$ 相的形成。在 B 的原子分数为 6%～8%时，磁体的 B_r 和 H_c 都达到极值。所以，在 Nd-Fe-B 永磁材料的成分设计时应考虑如下原则：a. 为获得高矫顽力的 Nd-Fe-B 永磁体，除 B 含量应适当外，可适当提高 Nd 含量；b. 为获得高磁能积的合金，应尽可能使 B 和 Nd 的含量向 $Nd_2Fe_{14}B$

四方相的成分靠近，尽可能地提高合金的 Fe 含量。

Nd-Fe-B 磁体的矫顽力远低于 $Nd_2Fe_{14}B$ 硬磁性相各向异性场的理论值，仅为理论值的 1/5～1/3，这是由材料的微观结构和缺陷造成的。磁体的微观结构，包括晶粒尺寸、取向及其分布、晶粒界面缺陷及耦合状况等。另外，晶粒之间的耦合程度，晶粒形状、大小及其取向分布状态影响晶粒之间的相互作用，从而影响磁体的宏观磁性。理想 Nd-Fe-B 磁体应当由具有单畴粒子尺寸（约 0.3μm）且大小均匀的椭球状晶粒构成，硬磁性晶粒结构完整，没有缺陷，磁矩完全平行取向，晶粒之间被非磁性相隔离，彼此之间无相互作用。这种磁体的磁性能够达到理想化的理论值。实际上，对于采用各种工艺制备的不同成分的所有磁体，其晶粒的大小、形状及其取向各不相同。对于烧结磁体，各向异性晶粒的取向程度随磁粉压型时的取向磁场强度而变化，晶粒尺寸一般为 5～10μm，在热处理状态下一般呈多畴结构。对于采用快淬工艺制成的黏结磁体，晶粒一般为各向同性，各晶粒磁矩混乱分布，晶粒尺寸一般为 10～500nm，其小晶粒为单畴粒子，大晶粒可能为多畴结构。晶粒形状随工艺过程而变化，并且远非椭球状，可能有突出的棱和尖角。硬磁性晶粒之间部分被非磁性层间隔，有的晶粒界面直接耦合。这些都会直接影响磁体的宏观磁性能。

（3）影响 Nd-Fe-B 永磁体性能的因素

近邻原子之间的相互交换作用是物质磁性的来源。物质结构各层次之间的相互作用与材料磁性能密切相关。稀土（RE）-过渡族金属（TM）化合物中，RE 亚晶格与 TM 亚晶格之间的交换相互作用影响各向异性和磁化行为。此外，晶粒之间的相互作用影响磁体的矫顽力、剩磁和磁能积等宏观磁性。因此，凡是影响 Nd-Fe-B 中各晶粒之间的相互作用以及 $Nd_2Fe_{14}B$ 晶粒中 RE 和 TM 两种亚晶格之间的相互作用的因素都会对 Nd-Fe-B 磁体的性能产生影响。

① 添加元素的影响　添加元素既可以影响主相的内禀特性，又可以影响磁体的微结构，因此可改善磁体的 B_r、H_c、T_c 等指标。

② 磁粉和晶粒度的影响　提高 Nd-Fe-B 磁体矫顽力的一个途径就是采用细而且均匀的磁粉，在烧结后得到细而且均匀的晶粒。

③ 定向度的影响　在主相饱和磁化强度 M_s 和体积分数一定的情况下，定向度是影响磁体 B_r 的重要因素。如果定向度达到 96% 以上，Nd-Fe-B 磁体的最大磁能积 $(BH)_{max}$ 可达到 $422kA/m^3$ 以上。

④ 含氧量的影响　磁体制作过程中不可避免地要带入氧。有报道说，氧会使 Nd-Fe-B 磁体的 H_c 降低；也有报道说，适度的氧含量对提高磁体性能是有利的。Kim 研究了含 Co 的 Nd-Fe-B 磁体的 H_c 与氧含量的关系，得出适度的氧对提高含 Co 磁体的 H_c 和温度稳定性有利的结论。含氧量为 0.0050 的烧结磁体中，晶粒变细，晶界相局限于晶界交汇处；富 Nd 晶界相尺寸较小，比较分散，晶界非常平滑，少缺陷，有利于提高矫顽力。对于固定尺寸（3μm）的磁粉，含氧量高（0.0040）的 $Nd_{14.5}Fe_{80.5}B_6$ 磁体腐蚀失重比含氧量低（0.0010）的磁体小很多，即抗蚀性好。含氧量为 0.0065 时腐蚀失重已降为零。Kim 还研究了含氧量对不含 Co 的 Nd-Dy-Fe-Al-B 磁体的 H_c 的影响。结果与上述含 Co 磁体的相反，H_c 随含氧量增大而减小。

5.4.5 第四代稀土永磁材料

Nd-Fe-B 的居里温度为 583K，为了提高居里温度，引入 Re-Fe-N 永磁材料。稀土铁氮

（RE-Fe-N 系）永磁合金特点是：RE-Fe-N 系中的 N 为气体，区别于第一代、第二代、第三代稀土永磁合金。$Sm_2Fe_{17}N_x$（$x=0\sim3$）间隙金属间氮化合物，是于 450～550℃氮化处理后形成的，一个 Sm_2Fe_{17} 单胞有 3 个 9e 晶位，氮原子进入 Sm_2Fe_{17} 的 9e 晶位后，仍是 Th_2Zn_{17} 型结构，不同的是此间隙金属间氮化合物的点阵常数和晶胞体积增加导致其化合物晶体的 Fe-Fe 原子间距增加，使其化合物的磁参量的数值大幅度提高。$Sm_2Fe_{17}N_x$ 的最大磁能积 $(BH)_{max}=198.9kJ/m^3$，剩余磁感 $B_r=1.19$ T。另一个特点是温度稳定性好，耐磨性好。稀土铁氮（RE-Fe-N 系）永磁合金的不足之处是只能制作黏结 $Sm_2Fe_{17}N_x$ 永磁合金，因为大于 600℃时，此化合物就会分解。

5.4.6 稀土永磁材料的主要应用

永磁体最基本的作用是在某一特定的空间产生一恒定的磁场，维持此磁场并不需要任何外部电源。标志永磁材料好坏的参数有许多，最重要的是最大磁能积 $(BH)_{max}$，磁能积越大，材料每单位体积所产生外磁场的能量就越大。目前商品 Nd-Fe-B 永磁材料的最大磁能积已达到 50MGOe（$1G=10^{-4}T$，$1Oe=79.5775A/m$）。稀土永磁材料的高磁能积和高矫顽力等优异的特性，已给永磁应用带来革命性的变化，稀土永磁材料主要应用在以下几个方面。

（1）机电类

稀土永磁体的出现，意味着电机领域将发生革命性的变化。这是因为稀土永磁体没有励磁损耗、不发热，用它制造的电机优点很多。因稀土永磁电机没有励磁线圈与铁芯，磁体体积较原来磁场极所占空间小，没有损耗，不发热，因此为得到同样输出功率，整机的体积、质量可减小 30%以上，或者同样体积、质量，输出功率大 50%以上。

永磁电机，尤其是微电机，每年世界产量约几亿台，主要用在汽车、办公自动化设备和家用电器中。所使用的多为高性能的铁氧体和稀土永磁体。

今后稀土永磁电机的最大市场之一将是汽车工业。钕铁硼永磁材料性能优异，用于制造电机，可以实现汽车电机“钕铁硼化”。在汽车方面，用小马达，能降低汽车质量，增加舒适感，提高安全性，降低尾气排放，提高汽车的整体性能，目前用量最大的是启动电机。电机是汽车中不可缺少的部件，汽车上的电机数量在逐年增加。一般汽车上有 8～18 台，高级轿车多达 40～50 台，随着汽车工业的发展，汽车电机的需求是巨大的。高磁能积的稀土永磁体体积小，却能较铁氧体产生大得多的动力，因此提高了电效率。通过使用稀土磁体减少质量和尺寸，可以节约更多的燃料和增加设计的灵活性。

（2）稀土永磁材料在医疗中的应用

永磁式 MRI-CT 核磁共振成像设备过去采用铁氧体永磁材料，磁体质量达 50t，如今采用最新钕铁硼永磁材料，其磁场强度提高了一倍，图像清晰度也大大提高，并节省了大量原材料。每台核磁共振成像仪需钕铁硼永磁体 0.5～3t，按世界市场年需求量 1000 台计，年需磁体 500～3000t。

核磁共振成像仪是 20 世纪 80 年代应用的新技术新设备，它可拍摄各种不同角度的人体内部组织的相片，因此能构成立体图像，确定病变的性质与形态，对确定初期肿瘤病变很有帮助。过去使用超导磁体，其缺点是造价高、运转费用高。如果使用铁氧体永磁体，一台核磁共振成像仪需铁氧体永磁体100t，而如果改用钕铁硼永磁体，每台只用0.5t，若今后全世界的市场年需求1万台的话，年需磁体5000t，美国通用电气公司和德国西门子公司在中国均有核磁共振成像仪设备生产基地。全球MRI装置年均增速为6.1%。

（3）磁选机

磁选机是一种利用磁场对物料进行分选的设备，广泛用于矿物加工、资源回收和环境保护等领域。稀土永磁材料（如钕铁硼）因其高磁能积、高矫顽力和优异的抗退磁性能，成为现代磁选机的核心部件。一般的磁选机有永磁式和电磁式两种。以前，永磁式磁选机的磁体多用铁氧体。稀土永磁出现后，设计并制造了各种型号和类型的永磁磁选机，尤其是在中高磁场磁选机中，必须用稀土永磁体。

在矿物加工领域，稀土永磁材料被用于制造高强度磁选机，高强度磁选机用于分选弱磁性矿物。例如，钕铁硼永磁体能够产生强磁场，显著提高了磁选机对赤铁矿、褐铁矿和锰矿等弱磁性矿物的分选效率。这种高效分选技术不仅提高了矿物资源的利用率，还降低了选矿过程中的能耗和成本。

在资源回收领域，稀土永磁材料制成的磁选机被广泛用于废旧金属的回收和分离。例如，在废钢回收过程中，磁选机利用稀土永磁体的强磁场，将铁磁性金属从非金属材料中分离出来，从而实现资源的高效回收和再利用。此外，在电子废弃物处理过程中，稀土永磁磁选机能够高效分离废弃电路板中的金属和非金属成分，为电子废弃物的无害化处理和资源化利用提供了重要技术支持。

在环境保护领域，稀土永磁材料制成的磁选机被用于水处理和污染物分离。例如，在工业废水处理中，磁选机利用稀土永磁体的强磁场，将废水中的磁性颗粒物分离出来，从而实现水质的净化和污染物的回收。这种技术在钢铁、化工和电力等行业的废水处理过程中得到了广泛应用。

（4）计算机及外围设备

稀土永磁材料因其高磁能积、高矫顽力和优异的抗退磁性能，在计算机及其外围设备中得到了广泛应用。随着信息技术的快速发展，稀土永磁材料在硬盘驱动器、光驱、电机以及其他计算机相关设备中发挥了重要作用。

首先，在硬盘驱动器（HDD）中，稀土永磁材料是关键部件——磁头驱动器的重要组成部分。硬盘驱动器中的磁头需要在极短的时间内完成高精度的定位，而钕铁硼（NdFeB）永磁体因其高磁性能和小体积，能够提供强大的磁场，从而实现磁头的快速响应和高精度定位。这种高性能磁体的应用显著提高了硬盘的存储密度和读写速度，满足了现代计算机对大容量、高速存储的需求。其次，在计算机的光驱和软驱中，稀土永磁材料也被广泛应用于驱动电机中。光驱和软驱的电机需要在高转速下保持稳定的运行，而钕铁硼永磁体因其高剩磁和高矫顽力，能够提供稳定的磁场，从而提高电机的效率和可靠性。此外，稀土永磁材料的小型化特性使得这些设备能够在有限的空间内实现高性能运行。

在计算机外围设备中，稀土永磁材料同样具有重要应用。例如，在打印机和扫描仪中，稀土永磁体被用于驱动电机和步进电机，以实现高精度的纸张传输和扫描头定位。此外，在计算机的冷却风扇中，稀土永磁材料被用作无刷直流电机的核心部件，提供高效、低噪声的散热解决方案。

（5）各种仪表

稀土永磁材料因其高磁能积、高矫顽力和优异的抗退磁性能，在各种仪表中得到了广泛应用。随着现代工业和科技的发展，稀土永磁材料在测量、控制和显示等仪表设备中发挥了重要作用，显著提升了仪表的性能和可靠性。

首先，在电表和水表等计量仪表中，稀土永磁材料被用作核心部件之一。例如，在电表中，钕铁硼（NdFeB）永磁体被用于制造磁阻尼装置，通过提供稳定的磁场来实现转盘的精确制动，从而提高计量的准确性和稳定性。同样，在水表和气表中，稀土永磁体被用于传感器和计量装置，以实现高灵敏度和高精度的流量测量。其次，在工业控制仪表中，稀土永磁材料被广泛应用于伺服电机和传感器。例如，在自动化控制系统中，伺服电机需要高性能的永磁体来提供强大的磁场，以实现高精度的位移和速度控制。钕铁硼永磁体因其高磁性能和小型化特性，能够满足工业控制仪表对高效率和高可靠性的要求。此外，在角度传感器和位置传感器中，稀土永磁材料被用作磁性元件，通过与霍尔元件或磁阻元件的配合，实现对角度、位置和速度的精确测量。

在医疗仪表中，稀土永磁材料也有重要应用。例如，在核磁共振成像（MRI）设备中，稀土永磁体被用作磁场源，为成像系统提供稳定而强大的磁场，从而提高图像的分辨率和清晰度。此外，在便携式医疗设备中，稀土永磁材料被用于微型电机和传感器，以实现设备的小型化和高性能。最后，在航空航天和军事仪表中，稀土永磁材料因其优异的抗退磁性能和高温稳定性，成为关键部件的首选材料。例如，在惯性导航系统中，稀土永磁体被用于陀螺仪和加速度计，以提供高精度的导航和定位功能。此外，在飞行控制系统和雷达设备中，稀土永磁材料被用于伺服电机和磁性传感器，以满足高可靠性和高精度的要求。

（6）扬声器和耳机

稀土永磁材料因其高磁能积、高矫顽力和优异的抗退磁性能，在扬声器和耳机等音频设备中得到了广泛应用。随着音频技术的不断发展，稀土永磁材料在提升音质、减小设备体积和提高能效方面发挥了重要作用。

首先，在扬声器中，稀土永磁材料被用作驱动单元的核心部件。扬声器的工作原理是通过磁场与音圈的相互作用，将电信号转化为声波。钕铁硼（NdFeB）永磁体因其高磁性能和小型化特性，能够在有限的空间内提供强大的磁场，从而显著提高扬声器的灵敏度和音质表现。与传统的铁氧体磁体相比，钕铁硼永磁体不仅能够减小扬声器的体积和质量，还能增强低频响应和动态范围，因此被广泛应用于高端音响系统、家庭影院和便携式音箱中。其次，在耳机中，稀土永磁材料同样具有重要应用。耳机的驱动单元需要在小体积内实现高效的电磁转换，而钕铁硼永磁体因其高剩磁和高矫顽力，能够提供稳定而强大的磁场，从而提高耳机的音质和效率。特别是在入耳式和头戴式耳机中，钕铁硼永磁体的应用使得耳机能够在小型化的同时实现高保真音质。此外，稀土永磁材料还被用于降噪耳机中，通过与麦克风和数字信号处理技术的结合，提供更好的主动降噪效果。

在专业音频设备中，稀土永磁材料的应用更加广泛。例如，在录音室监听扬声器和舞台音响中，钕铁硼永磁体能够提供更高的功率密度和更低的失真，从而满足专业音频设备对高保真和高输出的要求。此外，在助听器等医疗音频设备中，稀土永磁材料的小型化和高效特性也发挥了重要作用，为用户提供了更舒适和清晰的听觉体验。

（7）微波器件

在微波领域中，微波管、毫米波管发生器或放大器需要稳定磁场。稀土永磁体在其中主要起电子运动的聚集作用。稀土永磁材料是将钐、钕混合稀土金属与过渡金属（如钴、铁等）组成的合金，用粉末冶金方法压型烧结，经磁场充磁后制得的一种磁性材料。

稀土永磁分钐钴（SmCo）永磁体和钕铁硼（NdFeB）系永磁体，其中，SmCo永磁体的磁能积在15～30 MGOe之间，NdFeB系永磁体的磁能积在27～50 MGOe之间，其被称为“永磁王”，是目前磁性最高的永磁材料。钐钴永磁体，尽管其磁性能优异，但含有储量稀少的稀土金属钐和稀缺、昂贵的战略金属钴，因此，它的发展受到了很大限制。随着计算机、通信等产业的发展，稀土永磁（特别是NdFeB永磁）产业得到了飞速发展。

稀土永磁材料是现在已知的综合性能最高的一种永磁材料，它比十九世纪使用的磁钢的磁性能高100多倍，比铁氧体、铝镍钴性能优越得多，比昂贵的铂钴合金的磁性能还高一倍。稀土永磁材料的使用，不仅促进了永磁器件向小型化发展，提高了产品的性能，还促使某些特殊器件的产生，所以稀土永磁材料一经出现，立即引起各国的极大重视，发展极为迅速。我国研制生产的各种稀土永磁材料的性能已接近或达到国际先进水平。

现在稀土永磁材料已成为电子技术通信中的重要材料，用在人造卫星、雷达等方面的行波管、环行器中以及微型电机、微型录音机、航空仪器、电子手表、地震仪和其他一些电子仪器上。目前稀土永磁应用已渗透到汽车、家用电器、电子仪表、核磁共振成像仪、音响设备、微特电机、移动电话等方面。在医疗方面，运用稀土永磁材料进行“磁穴疗法”，使得疗效大为提高，从而促进了“磁穴疗法”的迅速推广。在应用稀土的各个领域中，稀土永磁材料是发展速度最快的一个。它不仅给稀土产业的发展带来巨大的推动力，也对相关产业产生相当深远的影响。

5.5 其他磁性材料

5.5.1 新型磁性材料

节能的永磁材料：降低现有磁性材料的损耗，研发更低损耗的新材料，便可以在使用磁性材料的各种电机和电器中节约能源。例如，用永磁体代替电流在空间形成1个静磁场（如永磁电机中的定子磁场或转子磁场、扬声器和仪器仪表中的气隙磁场等），这样，不但节省了电能，降低了温度，而且省去了一部分电源及控制系统、冷却系统。如在汽车中用永磁电机替代传统的电机，可使体积和质量减小40%～70%，效率提高50%以上，并可节省铜材和电力。将电气设备中大量使用的电磁开关、电磁阀的电磁铁换成永磁体，可节电90%以上。

在人类活动中，大量的能源消耗在克服摩擦力所做的功上。利用永磁体之间的排斥力和吸引力，做成各种磁悬浮系统，如果再将系统中的空气抽出，则摩擦力几乎接近零。例如，利用磁悬浮原理制成新型磁轴承，其能耗可降低90%以上，转速可达几十万转每分钟。

奇特的非晶态磁性合金：非晶态磁性合金就是磁性玻璃。这种非晶态合金材料是将熔融的金属用每秒近10^6℃的超急冷方法直接喷在高速旋转的风轮上，使熔化的液态合金立即凝固成薄带，来不及结晶而形成非晶态。

非晶态合金具有铁芯损耗小、电阻率高、频率特性好、磁感应强度高、抗腐蚀性强等特点。在漏电保护器、电感滤波器、电力配电变压器和开关电源等方面已获得广泛应用。据估计，我国变压器的总损耗占系统发电量的10%左右，损耗每降低1%，每年可节约电上百亿千瓦时，其节能效果十分显著。

磁性节能器件：磁水器在锅炉和热交换系统中的使用，不但提高了热效应，节约了能源，而且还减少了管道和设备的除垢工作。采用磁力除垢器或磁水器均可节约能源并提高维护保养水平。

绿色节能磁冰箱：利用“绝热去磁”（给一种磁性材料施加磁场时发热，去掉磁场时冷却）全新原理工作的磁冰箱，其制冷工作效率为常规气体制冷机的2～4倍，能耗低，可节电50%。使用固体工质，故而体积小、重量轻，又无压缩机，很少有零件磨损和挤压现象。即使有运动部件，其转速也十分缓慢，故而省电、便于维护、寿命长、无振动噪声，没有氟利昂对环境的污染，可保护臭氧层，因此被称为绿色冰箱。

利用磁场制作的水泥，具有松散、不结块的特点。由于磁场的作用使水泥旋转，只要在水泥中添加一种可与水泥吸附在一起的铁磁材料，使之具有韧性和弹性。因无转动部件，磨损极小，耗能少。磁性水泥混凝土的形状和大小不受限制，具有良好的持久性，在水中和海洋工程方面，可用于磁性定位；在危险地区可做成磁性地段，便于检测；在路面上作磁性标记以引导盲人步行，使汽车通行无阻。

磁性液体：又称磁流体、铁磁流体或磁液，是一种新型的功能材料，它既具有液体的流动性又具有固体磁性材料的磁性，是由直径为纳米量级（10nm以下）的磁性固体颗粒、基载液（也叫媒体）以及界面活性剂三者混合而成的一种稳定的胶状液体。该流体在静态时无磁性吸引力，当外加磁场作用时，才表现出磁性，正因如此，它才在实际中有着广泛的应用，在理论上具有很高的学术价值。用纳米金属及合金粉末生产的磁性液体性能优异，可广泛应用于各种苛刻条件的磁性流体密封、减震、医疗器械、声音调节、光显示、磁流体选矿等领域。

磁性液体作为一种特殊的功能材料，是将纳米数量级（10nm左右）的磁性粒子包裹一层长链的表面活性剂，均匀地分散在基液中形成的一种均匀稳定的胶体溶液。磁流体由纳米磁性颗粒、基液和表面活性剂组成。一般常将Fe、Ni、Co等作为磁性颗粒，水、有机溶剂、油等为基液，油酸等为活性剂防止团聚。磁流体具有液体的流动性和固体的磁性，使得磁流体呈现出许多特殊的磁、光、电现象，如法拉第效应、双折射效应和二向色性等。这些性质在光调制、光开关、光隔离器和传感器等领域有着重要的应用前景。

磁性液体在磁场的作用下形成丰富的微观结构，这些微观结构对光产生不同的影响，能在很大程度上改变光的透射率和折射率，产生大的法拉第旋转、磁二向色散性、克尔效应等。磁流体的这种在磁场中的特性可以用在磁光开关、磁光隔离器、磁光调制器、粗波分复用器等。

磁流体静力学研究导电流体在磁场力作用下静平衡的问题；磁流体动力学研究导电流体与磁场相互作用的动力学或运动规律。磁流体力学通常指磁流体动力学，而磁流体静力学被看作磁流体动力学的特殊情形。

导电流体有等离子体和液态金属等。等离子体是电中性电离气体，含有足够多的自由带电粒子，所以它的动力学行为受电磁力支配。宇宙中的物质几乎都是等离子体，但对地球来说，除大气上层的电离层和辐射带是等离子体外，地球表面附近（除闪电和极光外）一般不存在自然等离子体，但可通过气体放电、燃烧、电磁激波管、相对论电子束和激光等方法产生人工等离子体。

能应用磁流体力学处理的等离子体温度范围颇宽，从磁流体发电的几千摄氏度到受控热核反应的几亿摄氏度量级（还没有包括固体等离子体）。因此，磁流体力学同物理学的许多分支以及核能、化学、冶金、航天等技术科学都有联系。

（1）磁性液体的种类

磁性液体按材料、超微颗粒制作、分散方法等不同，分成很多具体品种。磁性液体按照其磁性颗粒的不同，可分为铁氧体型磁性液体、金属型磁性液体以及复合型磁性液体。

① 铁氧体型磁性液体　以金属氧化物作为磁性微粒，这种磁液出现较早，比较成熟，目前仍在发展中。如日本早期的 T081A 磁性液体，其 $4\pi M$ 为 14 kA/m，相对密度为 1.40，黏度为 40Pa·s，使用上限温度为 140℃。目前我国部分院所自行研究开发的磁性液体种类和性能见表 5-1。铁氧体磁性液体常用的制备方法有化学共沉淀法、机械球磨法、微乳液法、溶胶-凝胶法等。

表 5-1　我国自行开发的部分氧化物磁性液体种类及性能

磁粉	型号	基液	$4\pi M$ /(kA/m)	黏度（25℃）/(Pa·s)
Fe_3O_4	CY1-20B	水	14	4
	CY2-20C	碳氢化物	15	6
	CY3-20C	矿物油	15	12
	CY4-20E	精制油	15	109
	CY5-40D	二酯基液	28	348
	CY6-40F	二酯基液	28	133
	CY10-25E	选平油	18	132
	Fe_3O_4-Ⅱ	以氟醚酸为活性剂，以氟醚油为基液	47.5	
	79-1	以氟醚酸为活性剂，以氟醚油为基液	43.6	
	PE-3020		23.9	
	FV-55		43.8	

② 金属型磁性液体　以金属或合金作为磁性微粒，按基液的不同，又可分为非导体型和导体型。如用气体蒸发法制备的分别以 Fe、Co、Ni 为微粒的非导体型金属磁液，其 $4\pi M$ 分别为 13.13kA/m、21.49kA/m、16.84 kA/m。金属磁性液体多用热分解法、真空蒸发法等制备而得。日本研制的以氮化铁为微粒的金属磁液，其 $4\pi M$ 高达 135.28 kA/m。有人还报道了用电火花法研制的以 Fe75、Si15、B10 合金为微粒的金属磁性液体以及用化学工艺法研制的以 Fe、Co、Ni、Co-Fe 和 Ni-Fe 为微粒的金属型磁性液体。日本研制的以铁氮化物为微粒将其分散于甲苯或煤油中形成的两种磁性液体，分别为 0.022 T 和 0.233 T。所谓导体型的金属磁性液体，就是指用液态金属（常用汞）或低熔点合金（如 Ga 合金、锡合金、铅铋合金等）作基液的磁性液体。微粒在液态金属基液中很不稳定，而且也不能用有机的表面活性剂，而只能用非磁性的金属膜（或合金膜，如金属 Sn、Sb 和 Na 等）去覆盖磁性金

属微粒。

③ 复合型磁性液体　以普通磁性液体和非磁性微颗粒复合形成的一种新型磁性液体。超声波、微波和光波在此种磁液中传播时显示出新的特性，如双折射性和二向色性等。有时为了改善磁性液体的某些性能，加入某些物质，如在水基的磁液中添加无水硫酸钠用以调节其黏度，添加稀土钴微粒用以提高磁液的 M_s，添加乙二醇用以降低凝固温度等。这些也可归为复合磁性液体。例如，以 Co 和 Fe_3O_4 为磁性微粒，以 D1（由几种活性剂配制的一种复合活性剂）和 D2（油酸）为活性剂以及以烃类化合物为基液制成的新型 Co-Fe_3O_4 磁性液体，其 $4\pi M_s$ 是用纯 Fe_3O_4 微粒制成的磁性液体的 1.6 倍。结果表明，Co 可提高磁液的 $4\pi M_s$。

④ 其他类型的磁性液体

日本研制成了彩色的水基磁性液体，其颜色有红、黄、蓝、黑等，在 6.4×10^{-5}A/m 外磁场作用下，约为 0.77×10^{-2}T，彩色磁体液体是将磁性液体按一定方法与染料溶液混合配制而成的。日本还研制出一种透明的磁性液体，其磁性微粒为 10～30nm 的钇铁石榴石。巴西用光学方法发现 $MnFe_2O_4$ 磁性液体中有液晶，还用光学方法对掺杂不同粒度磁晶的 $CoFe_2O_4$ 磁性液体中的液晶进行了研究。

（2）磁性液体的特性

决定磁性液体基本特性的因素是磁性胶体、分散溶剂以及二者之间的不同组合。构成磁性胶体的有磁铁矿、铁氧体等磁性氧化物，以 Fe、Co、Ni、Co-Fe、M-Fe 为代表的金属及合金，通过合理选择分散这些微颗粒的溶剂，获得磁性液体所必要的黏度、使用温度、蒸气压等。

① 磁性　被分散的磁性颗粒，因种类不同，其磁矩的状态有两类：一类是磁矩与颗粒的晶体学方向无关，混乱无序，呈无规律热运动的超顺磁性；另一类是磁矩固定于晶体学特定方向，可以认为由一个个的小磁铁构成。无论是哪种情况，只要颗粒被充分分散，它就可在液体中自由旋转，因此在外磁场作用下，颗粒的磁矩便按一定取向排列，即磁液处于被磁化的状态。根据实验，该特性在磁场较弱时可观察到，而在较强的磁场下，磁响应特性变差。这可能是由磁感应颗粒发生有序化排列所致，究其原因，或者是形成颗粒集团，或者是发生分散相的相分离，现在还无明确结论。

② 黏性　无外加磁场，且磁性胶体的浓度低时，磁性液体呈牛顿流动特性。当施加静态的强磁场时，磁性液体的黏度一般会增加，并呈现非牛顿流动特性。黏度增加的程度因磁性液体种类不同而异，在烷烃等无极性溶剂中增加较小，在水及极性溶剂中增加较大，剪切速度小时黏度增加可达 20 倍左右。一般认为，这与在磁场作用下，磁性液体中颗粒产生团聚或形成相分离结构相关。磁场的施加与消除是可逆的，因此可以通过磁场控制黏度，这对于实际应用有重要意义。近期，为使变动磁场很好地适合流动状态，从而使其黏度比液体本来的黏度更小等开发备受关注。

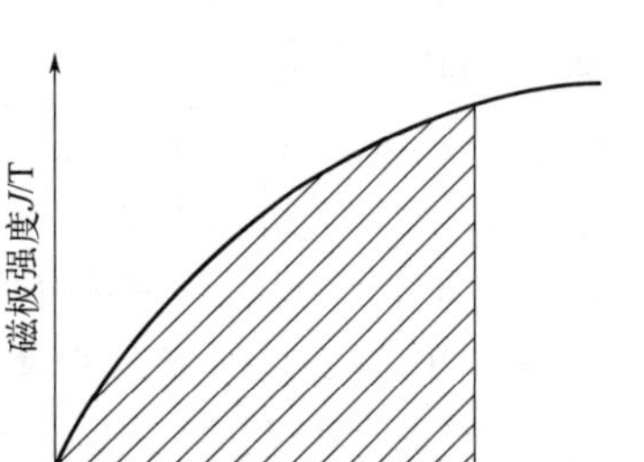

图 5-5　磁性液体的磁化曲线

③ 磁压力　当由外部施加磁场时，磁性液体内部的压力会因其磁化而上升。图 5-5 中阴影部分的面积是该流体受磁场强度为 H 的磁场磁化所需做的功，近似地讲，与此相当的能量以磁压力的形式存储于磁性液体中。这种内部

压力可由磁场加以控制。例如，通过施加非均匀磁场，可产生内压梯度，由此可在液体内部输运非磁性体。也可将磁压力用于浮沉分离等，实用方面，甚至相对密度为10的物质也可被浮起。

④ 界面控制　在垂直于磁性液体界面的方向施加磁场，由该磁场产生的静磁能有使界面扩张的作用，从而使表面张力减小。如果上述扩张作用大于流体的表面张力，则表面变得不稳定，并可产生钉头状突起。在与其他液体的界面上，会形成类似迷宫或磁泡状的泡粒，这些可由外加磁场诱发和控制。相反，当在平行于界面的方向施加磁场时，可抑制表面的紊乱。

在磁场作用下，磁性液体具有附着并保持在器壁表面上的功能。当其他非磁性液体沿这种自由界面流动时，与沿着固体壁面流动的情况相比，流动损失是不同的。有实验报告指出，在磁性液体的黏度比液动流体的黏度低的情况下，可降低压力损失，而且有利于壁面的热传导。

磁性液体的制备自1744年被提出后，一直到20世纪60年代开始，磁性液体因其使用而获得实质性的突破。最初主要从事磁性液体在宇航服可动部分的密封研究。随着广大科研学者的不懈努力，磁性液体的研究迅速发展，目前磁性液体已广泛应用于机械、电子、航空航天等领域，并在生物医药、化工、环保、医疗等多个基础领域展现出了巨大的应用潜力。

磁流体力学主要应用于三个方面：天体物理、受控热核反应和工业。

宇宙中恒星和星际气体都是等离子体，而且有磁场，故磁流体力学首先在天体物理、太阳物理和地球物理中得到发展和应用。当前，关于太阳的研究课题有太阳磁场的性质和起源，磁场对日冕、黑子、耀斑的影响。此外，还有星际空间无作用力场存在的可能性，太阳风与地球磁场相互作用产生的弓形激波，新星、超新星的爆发，地球磁场的起源等。

磁流体力学在受控核反应方面的应用，有可能使人类从海水中的氘获取巨大能源。对氘、氚混合气来说，要求温度达到5000万到1亿摄氏度，并对粒子密度和约束时间有较高的要求。而使用环形磁约束装置在受控热核反应的研究中显出较好的适用性和优越性。

磁流体力学除了与开发和利用核聚变能有关外，还与磁流体发电密切相关。磁流体发电的原理是用等离子体取代发电机转子，省去转动部件，这样可以把普通火力发电站或核电站的效率提高15%～20%，甚至更高，既可节省能源，又能减轻污染。

飞行器再入大气层时，激波、空气对飞行器的摩擦，使飞行器的表面空气受热而电离为等离子体，因此利用磁场可以控制对飞行器的传热和阻力。但由于磁场装置过重，这种设想尚未实现。

此外，电磁流量计、电磁制动、电磁轴承理论、电磁激波管等也是磁流体力学在工业应用上所取得的成就。

磁流体发电是一种新型的高效发电方式，其定义为当带有磁流体的等离子体横切穿过磁场时，按电磁感应定律，由磁力线切割产生电；在磁流体流经的通道上安装电极并和外部负荷连接时，则可发电。

为使磁流体具有足够的电导率，需以钾、铯等碱金属，或加入微量碱金属的氦、氩等惰性气体作为工质，在高温、高速条件下利用非平衡电离原理提高电离度。前者直接利用燃烧气体穿过磁场的方式称开环磁流体发电，后者通过换热器将工质加热后再穿过磁场的称闭环磁流体发电。

磁流体发电本身的效率仅20%左右，但由于其排烟温度很高，从磁流体排出的气体可送往一般锅炉继续燃烧成蒸汽，驱动汽轮机发电，组成高效的联合循环发电，总的热效率可达50%～60%，是目前正在开发的高效发电技术中最高的。同样，它可有效地脱硫，有效地控制 NO_x 的产生，也是一种低污染的煤气化联合循环发电技术。

磁流体密封装置由不导磁座、轴承、磁极、永久磁铁、导磁轴、磁流体组成，在磁场的作用下，使磁流体充满环形空间，建立起一系列“O形密封圈”，从而达到密封的效果。

5.5.2 磁致伸缩材料

（1）磁致伸缩材料的概述

磁致伸缩材料是一类具有电磁能/机械能相互转换功能的材料。20世纪70年代开始出现的室温下具有巨磁致伸缩性能的稀土-铁合金（RFe_2）材料，由于它们能量密度高、耦合系数大，具有传感和驱动功能，因此作为智能材料或相应器件在智能材料领域得到了越来越广泛的应用和发展。

工程上利用这一特性将电能转换成机械能或将机械能转换成电能。磁致伸缩是指在交变磁场的作用下，物体产生与交变磁场频率相同的机械振动；或者在拉伸、压缩力作用下，由于材料的长度发生变化，材料内部磁通密度相应地发生变化，在线圈中感应电流，机械能转换为电能。

工程上常用磁致伸缩材料制成各种超声器件（如超声波发生器、超声接收器、超声探伤器、超声钻头、超声焊机等）、回声器件（如声呐、回声探测仪等），以及机械滤波器、混频器、压力传感器、超声延迟线等。

磁致伸缩材料可以分为稀土超磁致伸缩材料和传统磁致伸缩材料，其中传统磁致伸缩材料又可分为金属磁致伸缩和铁氧体磁致伸缩材料两部分。

（2）铁氧体磁伸缩材料

磁伸缩系数 λ_s 最大的单元铁氧体是 $CoFe_2O_4$（$\lambda_s=200\times10^{-8}$），其次是 Fe_3O_4（$\lambda_s=40\times10^{-6}$）及 $NiFe_2O_4$＜-26×10^{-6}）。$CoFe_2O_4$ 的各向异性常数 K_1 太大，要在很大的交变磁场下磁伸缩效应才表现出来，因此未被采用，Fe_2O_3 的 ρ 太低，耐振性能差，也未被选用；只有Ni系铁氧体具有良好的磁伸缩特性，如机电耦合系数 $K=18\%\sim21\%$、品质因数 Q 高达4000。常用复合材料如NiZn、NiCu、NiZnCo铁氧体等最为普遍。Ni系铁氧体的性能由下列因素决定。

① Zn含量增加，虽 λ_s 有所下降，但当工艺适当，密度提高使 M_s 上升，可逆 μ_r 与起始 μ_i 的比值 μ_r/μ_i 和磁伸缩灵敏度系数 d 也有所上升，总的磁伸缩特性就会有较大的提高。

② 用少量CuO替代NiO作助熔剂，可使密度和机电耦合系数提高。当成分为0.8～0.85 $CuFe_2O_4$-0.2～0.15 $NiFe_2O_4$ 时，如工艺适当，可使 $K=22\%$，$Q=7000$ 甚至 2×10^4。

③ 加少量CoO可降低 K_1 提高机电耦合系数 K_0，当含 $CoFe_2O_4$ 为2%时，可在室温获得 $K=22\%$，如再提高密度，K 可达25%。作集成滤波器使用时要求较低的温度系数，因此常在NiZn中加 $CoFe_2O_4$（1.4%～2.1%）使 K 的温度系数降至很小，这也是利用正负 K_1 的补偿作用使 μ_i 及 K 均升高。但温度变化，补偿条件也变化，故应根据工作温度范围来选取合适的Co含量。

与金属磁伸缩材料相比，铁氧体磁伸缩材料有以下特点：a. 电阻率 ρ 高，无须分层叠片，高频电损耗小，高次振动模式可避免；b. 机械品质因数 Q 高达 2000～8000，适合作机械滤波器；c. 电声效率（辐射功率与总功率之比）高达 93%，而金属磁仅 60%～70%；d. 铁氧体有一定空隙，因此降低了材料强度，限制了辐射功率；e. 居里温度较低，温度稳定性较差，例如，NiZn 的振荡频率在 20～50℃范围内且有 0.1%～0.3%的变化。

（3）稀土超磁致伸缩材料

稀土超磁致伸缩材料，如（Tb，Dy)Fe_2 化合物为基体的合金——$TbO_{0.3}Dy_{0.7}Fe_{1.95}$ 材料的 λ 达到 1500×10^{-6}～2000×10^{-6}，比金属磁伸缩材料的 λ 大 1～2 个数量级。特点是磁致伸缩应变及推力大、室温下机械能-电能转换率高、稳定性好和可靠性高等，有电磁能与机械能或声能转换的功能，因此用途广泛。

在声学应用领域，稀土超磁致伸缩材料一方面可用于低声呐探测系统，如图 5-6 所示的超磁致方环换能器是国际上应用较多且技术先进的水声换能器类型，其在低频环境下仍能输出大功率声信号，具有声信号衰减小、传输距离远、设备体积小、耐高压等特性，显著提升了声呐系统的探测性能；另一方面可制成超磁致伸缩大功率超声换能器，该换能器通过线圈通入交流电产生交变驱动磁场，使超磁致伸缩棒（Terfenol-D）频繁伸长与缩短，带动输出杆产生超声振动并释放大功率声能，广泛应用于破碎、焊接、医疗器械、分离、清洗等场景，还可加速化工过程中的化学反应、助力农作物大幅增产等。

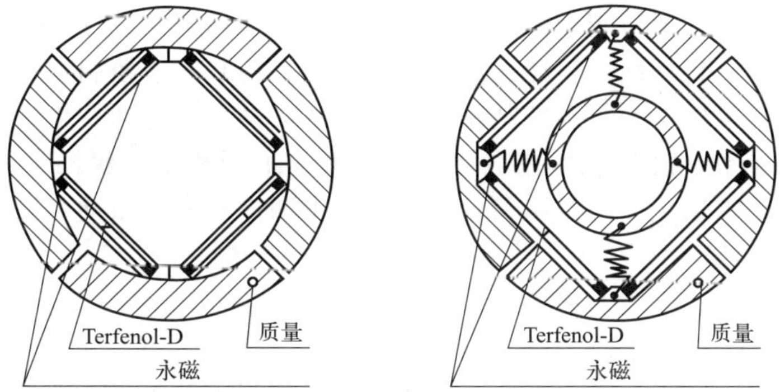

图 5-6　水下声呐系统的方环换能器

超磁致伸缩力传感器，如图 5-7 所示。其原理是磁致伸缩逆效应。其优点为比压电陶瓷传感器的性能更突出，以及体积轻巧、抗干扰能力强、过载能力好、工艺简单、寿命长等。其应用于静态力测量、动态力测量、重工业、化学化工、自动化控制系统等领域。

（4）磁致伸缩材料器件的应用

磁致伸缩材料因其在磁场作用下能够产生显著的形变特性，在现代工业、电子技术和精密仪器中得到了广泛应用。作为一种功能材料，磁致伸缩材料在传感器、执行器、换能器以及其他智能器件中发挥了重要作用，推动了相关技术的发展。

首先，在传感器领域，磁致伸缩材料被广泛用于制造高灵敏度的磁场传感器和位移传感器。例如，基于磁致伸缩效应的磁场传感器能够通过检测材料的形变来感知外部磁场的强度和方向。这类传感器具有高灵敏度、宽量程和良好的环境适应性，被广泛应用于工业自动化、汽车电子和地磁探测等领域。此外，磁致伸缩位移传感器利用材料在磁场作用下的长度变化实现高精度的位移测量，广泛应用于机床加工、机器人控制和精密测量设备中。其次，

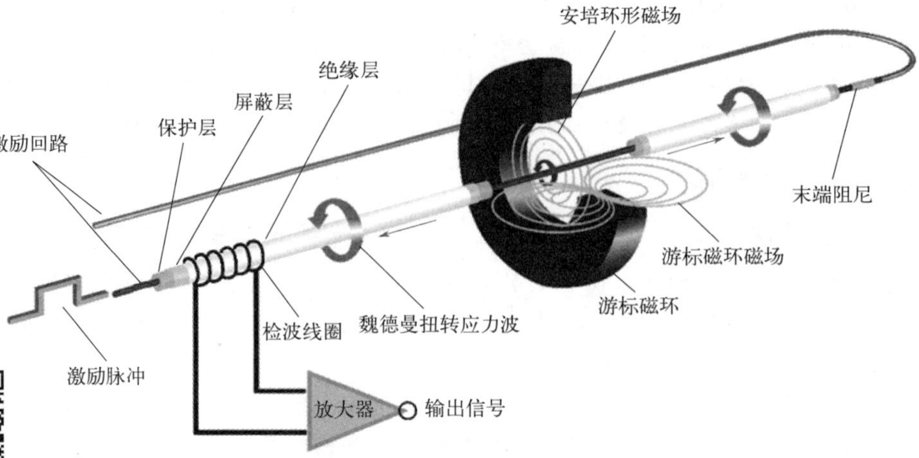

图 5-7　超磁致伸缩材料制得的力感反馈装置示意图

在执行器和换能器领域，磁致伸缩材料因其快速响应和高能量密度的特点，成为重要的功能材料。例如，基于磁致伸缩效应的执行器能够将电磁能直接转化为机械能，用于驱动机械部件的运动。这类执行器具有高响应速度和高精度的特点，被广泛应用于超声波设备、微机电系统（MEMS）以及航空航天领域。此外，磁致伸缩换能器利用材料的形变特性实现电能与机械能的高效转换，广泛应用于超声波探测、水声通信和声学成像等领域。

在特殊应用中，磁致伸缩材料还被用于制造智能结构和振动控制装置。例如，在智能结构中，磁致伸缩材料可以作为主动控制元件，通过感知外部环境的变化并产生相应的形变来实现结构的自适应调节。这种技术在航空航天、土木工程和精密仪器中具有重要应用。此外，磁致伸缩材料还被用于振动控制装置中，通过主动抑制机械振动来提高设备的稳定性和可靠性。

5.5.3　磁记录材料

磁记录材料（magnetic recording material）是指利用磁特性和磁效应输入（写入）、记录、存储和输出（读出）图像、数字等信息的磁性材料。其分为磁记录介质材料和磁头材料。前者主要完成信息的记录和存储，后者主要完成信息的写入和读出。

磁记录材料的记录原理是：在记录信息过程中，输入信息先转变为相应的电信号输送到磁头线圈中，使记录磁头中产生与输入电信号相应的变化磁场；此时紧贴气隙并以恒定速度移动的磁带上的磁记录介质受到变化磁场的作用，从原来的退磁状态转变为磁化状态，即将随时间变化的磁场转变为按空间变化的磁化强度分布；磁带通过磁头后转变到相应的剩磁状态，从而记录下与气隙磁场、磁头电流和输入信号相应的信息。当需要输出信息时，正好与上述记录过程相反。

（1）二氧化铬磁粉

与 γ-Fe_2O_3 磁粉相比，二氧化铬（CrO_2）磁粉是一种高质量的磁粉。它是一种针状的正方晶系的金红石型结构。如果在制备的过程中适当添加诸如锑、铁、钌等元素，则制成的磁粉将具有更为突出的如下特点：粒子细、矫顽力（H_c）高、针形好、易分散、填充率高。这种磁粉非常适用于灵敏度高、频响广、高频好、色彩逼真、图像清晰的盒式录音磁带和录像磁带。但是，因为这种磁粉目前采用的两种生产方法，都要在高温高压下反应，易燃易爆、工艺复杂、毒性大、安全性差、磁粉粒子硬、对磁头磨损大，所以限制了它的广泛应用。

（2）金属磁粉

金属磁粉，作为纯铁及其合金（如 Fe-Co、Fe-Ni 等）磁粉的统称，结构呈针状、体心立方型，属于新型磁粉。它具备矫顽力（H_c）高、比饱和磁化强度（σ_s）高、粒子细、比表面积大、填充密度高等显著特性。曾经存在的稳定性差、易氧化燃烧、易化学腐蚀等问题，通过一系列钝化技术已基本攻克。如今，金属磁粉在以 8mm 盒式录像磁带、数字录音磁带为代表的磁记录器件中的应用日益广泛，产量也逐年递增。钡铁氧体（$BaO \cdot 6Fe_2O_3$）磁粉，其结晶形态为六角晶系片状结构，专门用于垂直磁记录器件，记录性能远高于纵向记录，因此在新型微型软磁盘、磁卡片中得到大量应用 。此外，还有用于磁记录的 Co-Cr、Co-Ni-Cr 等溅射连续膜，以及 Co-Cr/Ni-Fe 垂直记录双层膜等磁粉。目前，新型磁光存储器作为最新、最高级的磁存贮器，是当下最高密度、最大容量的信息存贮器，堪称海量存贮的典范。

（3）磁记录材料的发展趋势

磁记录材料发展到现在，记录波长从最初的 1000μm 缩短到 1μm 以下，H_c 从 10^2Oe 提高到 10^3 Oe 以上，使用最广泛的材料有氧化物磁粉（主要有 γFc_2O_3、CrO_2 和包钴磁粉）和合金磁粉。主要从以下三个途径提高材料性能以满足高密度记录要求：

① 寻求提高磁各向异性，如采用超微粒、高轴比的针状磁粉，CrO_2 和包钴磁粉以及 H_c>1000Oe 的合金磁粉等新材料。

② 减薄磁层和改进涂布技术，提高 H_c，实现高密度记录。常采用除去氧和省去黏合剂两种办法。前者是以金属粉取代氧化物，后者是做成薄膜。合金薄膜是这两种方法并用的结果。

③ 从记录原理和记录模式上作根本的改进。目前，通用的纵向记录当密度增高时，所产生的退磁场能使信号减小，并产生垂直分量，通过提高 H_c 和减薄磁层的方法虽可克服这一缺点，但有一定的限度。因此出现了垂直记录材料，它所产生的退磁场，随着密度的增加反而趋向于零。并且垂直记录不需很高的 H_c 和很薄的材料，有效地克服了纵向记录在高密度记录时的致命弱点。垂直记录要求材料具有垂直磁层表面的单轴各向异性。1975 年以来，日本岩崎俊一研制成功的 Co-Cr 垂直膜及以后的 Co-Cr 和 Ni-Fe 双层膜，都是能适应垂直记录的材料。1977 年岩崎俊一公布了线密度高达 7.9 千位每厘米（20 千位每英寸）的成果，而硬盘的线密度至今才不过 5.9 千位每厘米（15 千位每英寸）。日本东芝公司已制造出钡铁氧体垂直磁化录像磁带，所用磁粉为六角板状钡铁氧体超微粒子，记录密度比普通录像带高 2 倍，特别在短波长记录方面，其特性比金属磁带更为优良。垂直磁记录及垂直磁记录材料在今后的高密度记录中将有广阔的发展前景。

（4）磁记录介质材料

实用磁记录介质材料应具备下述条件：在常温、常压附近，可进行高密度、大容量的信息记录；能保证长期的可靠性（包括耐磨损、耐环境性等）；能保证反复记录、再生和清除；存储信息的稳定性；为保证更高的再生灵敏度，要求记录介质具有高饱和磁化强度（高饱和磁通密度)、最佳矫顽力(近年来有向高矫顽力方向发展的倾向)、高矩形比等磁学特性;价格便宜;资源有保障,无公害等。

磁记录材料的记录方式有:

a. 纵向磁记录材料,记录在磁层表面上的信号磁化方向与记录材料运动方向一致,如录像磁带等;

b. 横向磁记录材料,记录在磁层表面上的信号磁化方向与记录材料运动方向垂直或接近垂直,如录像磁带等;

c. 垂直磁记录材料,记录在磁层表面上的信号磁化方向与记录材料表面垂直,如磁光盘等。

(5) 磁记录材料器件的应用

磁记录材料因其优异的磁性能和信息存储能力,在现代信息技术中得到了广泛应用。作为信息存储和处理的核心材料,磁记录材料在硬盘驱动器、磁带、磁卡以及其他磁存储设备中发挥了重要作用,推动了信息存储技术的快速发展。

首先,在硬盘驱动器(HDD)中,磁记录材料是存储介质的关键组成部分。硬盘的存储盘片通常由高性能的磁性薄膜材料[如钴基合金(如 CoCrPt)]制成,这些材料具有高矫顽力、高剩磁和优异的热稳定性,能够实现高密度的信息存储。随着垂直磁记录技术的应用,磁记录材料的性能进一步提升,使得硬盘的存储密度大幅提高,满足了现代计算机对大容量存储的需求。其次,在磁带存储设备中,磁记录材料被用作磁带的涂层材料。磁带通常采用氧化铁或钡铁氧体作为磁性颗粒,这些材料具有良好的磁性能和化学稳定性,能够在长时间存储中保持数据的完整性。磁带存储设备因其高容量、低成本和长寿命的特点,广泛应用于数据备份和归档领域,特别是在云存储和大数据中心中具有重要地位。

此外,在磁卡和磁条设备中,磁记录材料被用作信息存储的介质。磁卡的磁条通常由氧化铁或钴基磁性材料制成,用于存储身份信息、金融数据等。这类磁记录材料具有高可靠性和易读写的特点,被广泛应用于信用卡、门禁卡和交通卡等领域。在特殊应用中,磁记录材料还被用于磁光存储设备中。例如,磁光盘采用磁性薄膜材料与光学技术相结合的方式,通过激光加热和磁场作用实现数据的读写。这种存储技术具有高密度、可擦写和长寿命的特点,适用于数据归档和长期存储。

思考题与习题

1. 名词解释:磁矩和磁化强度、磁场强度和磁感应强度、磁化曲线和磁滞曲线、磁化率和磁导率。

2. 内禀矫顽力和磁感矫顽力有什么区别和联系?

3. 退磁场是怎样产生的?能克服吗?

4. 物质的磁性可以分为几类?它们各有什么特点?

5. 磁性材料可以分为几类?它们各有什么特点?

6. 一长 20cm、半径 2cm 的螺线管由 200 匝线圈绕制而成,其中通以 $I=0.5\text{A}$ 的电流,试计算此时螺线管中部和端部的 H 大小。

7. 某一铁的旋转椭球长轴为 1mm，短轴直径为 0.1mm，饱和磁化强度为 $\mu_0 M_s = 2.1T$，求长轴和短轴方向的退磁场。

参考文献

[1] 吴其胜. 新能源材料[M]. 上海：华东理工大学出版社，2012.

[2] 王会宗. 磁性材料及其应用[M]. 北京：国防工业出版社，1989.

[3] 严密. 磁学基础与磁性材料[M]. 杭州：浙江大学出版社，2006.

[4] 孙兰. 功能材料及应用[M]. 成都：四川大学出版社，2015.

[5] 田民波. 磁性材料[M]. 北京：清华大学出版社，2001.

[6] 柯艾 J M D. 磁学与磁性材料[M]. 韩秀峰，姬扬，余天，等，译. 合肥：中国科学技术大学出版社，2024.

[7] 奥汉德利 R C. 现代磁性材料原理和应用[M]. 周永洽，等，译. 北京：化学工业出版社，2002.

[8] 曾蓉，张爽，邹淑芬，等. 新型电化学能源材料[M]. 北京：化学工业出版社，2019.

[9] 贺显聪. 功能材料基础与应用[M]. 北京：化学工业出版社，2021.

[10] 廖蕾. 金属氧化物半导体纳米线的物性研究及器件研制[M]. 武汉：武汉理工大学出版社，2017.

[11] 彭晓领，葛洪良，王新庆. 磁性材料与磁测量[M]. 北京：化学工业出版社，2020.

[12] 田民波. 图解磁性材料[M]. 北京：化学工业出版社，2019.

[13] 孙颖，郭欢，韩思远，等. 铁氧体磁性材料在智能设备上的应用现状及发展[J]. 金属功能材料，2024，31(6)：212-218.

[14] 刘璇，赵健，鄢永庚，等. 基于 CiteSpace 的稀土元素应用研究现状与发展趋势分析[J]. 中国矿业，2023，32(4)：8-15.

[15] 翁兴园. 中国磁性材料及器件行业发展现状和趋势[J]. 新材料产业，2021(4)：32-35.

第 6 章

新能源材料与器件

6.1 新能源材料与器件概述

过度依赖化石能源导致二氧化碳排放急剧增加（近半个世纪增长约 8 倍），引发全球气候变暖等环境问题，并面临资源枯竭风险。为实现可持续发展，能源转型已成为国际共识，其核心在于降低能源需求和增加可再生能源供应，逐步替代化石能源，发展清洁能源。能源转型将促进能源可持续利用，缓解能源供需矛盾，并带动经济增长、就业以及提升国家竞争力。全球正积极推进能源转型并实施相关政策支持可再生能源发展。

新能源材料和器件是推动新能源产业转型升级的关键。它们不仅能够提高能源效率和拓展能源供给，保障能源安全，促进经济发展，更对减少碳排放，最终实现可持续能源体系至关重要。高效太阳能电池、先进储能技术和新型燃料电池等技术的进步，都依赖于能源材料和器件的突破性进展。本章将系统介绍新能源领域的基础知识，随后着重介绍太阳能、氢能和电化学能源材料与器件的相关信息。最后，展望新能源材料和器件未来的研究方向和发展趋势，包括材料设计与制备的新方法、器件结构与工艺的创新，以及面向实际应用的挑战与机遇，有利于读者更全面地理解该领域。

常用新能源如下所述。

（1）太阳能

太阳能是一种清洁、可再生且储量巨大的能源，具有广阔的应用前景。太阳每秒辐射的能量约为 4×10^{26} W，理论上 40 分钟的地球表面接收量即可满足全球一年能源的需求。然而，太阳能利用也面临挑战：其能量分布随波长变化，导致光电转换效率（通常低于 20%）受限；到达地面的太阳能强度较低（通常不超过 $1kW/m^2$），需要大面积装置，成本较高；受季节、地域和天气等因素影响，具有间歇性和不稳定性。这些挑战需要通过技术创新来克服，以充分发挥太阳能的巨大潜力。

（2）风能

风能源于太阳辐射和水汽含量差异造成的气压差，全球可利用风能资源巨大，约为 2×10^{13} W，是全球水力资源可利用量的十倍。风力发电具有成本低、建设周期短、环境友好等优势，全球装机容量持续增长。然而，风能利用也存在一些不足：间歇性强，发电量波动大；可能影响部分动植物；需要大面积土地；存在噪声污染；能量转换效率有待提高；地理位置受限制严重。未来发展需关注解决这些问题，以进一步提升风能的利用效率和可持续性。

（3）氢能

氢能是一种二次能源，其制备途径包括电解水、天然气重整、光解水、生物制氢等。与化石燃料不同，氢能燃烧仅产生水蒸气，实现零碳排放。其高能量密度使其可广泛应用于交通、电力、储能等领域，并可作为工业原料和航天燃料。目前，氢能制备技术涵盖电解水制氢、光解水制氢、生物质制氢等多种方式，转化技术则包括燃料电池、燃气轮机发电等。发展高效、低成本的制氢和转化技术是氢能大规模应用的关键。

（4）生物质能

生物质能是通过光合作用储存的太阳能，是可再生能源和重要可再生碳源，目前约占全球一次能源消耗的14%。其资源丰富，涵盖林业、农业及工业废弃物等。生物质能的利用途径包括直接燃烧、热化学转换（气化、热解）和生物化学转换（厌氧消化等）。需关注其可持续利用，避免对环境和粮食生产造成负面影响，并提升能源转化效率和减少污染物排放。生物质能有望成为未来重要的可持续能源。

（5）潮汐能

潮汐发电利用潮汐涨落驱动水轮机发电，其能量密度高，可预测性强，属于清洁可再生能源。虽然近年来发展迅速，但高投资、发电间歇性和海水腐蚀等问题限制了其大规模应用。未来发展方向包括建设大型潮汐电站及研发储能技术（如压缩空气储能），以提高发电效率和稳定性。

6.2 能量储存与转换技术

能源材料是能源工业和能源技术的基础，包括燃料材料、能源结构材料和能源功能材料等，其高性能化是提升能源转换、传输和储存效率的关键。中国新能源材料产业已实现大规模产业化，但仍面临效率、成本和稳定性等挑战。发展高效、稳定、低成本的新能源材料，并促进多学科交叉融合，对新能源技术规模化应用至关重要。能源储存与转换技术是新能源技术发展的基石，可有效解决可再生能源的间歇性和不稳定性问题，提升能源利用效率。本章将重点介绍太阳能光伏电池、氢能利用技术、锂离子电池和超级电容器四种储能系统。

（1）太阳能光伏电池

太阳能电池利用光伏效应将太阳光直接转化为电能，具有清洁环保的优势。其核心原理是光子激发半导体材料中的电子，形成电子-空穴对，并在PN结内建电场作用下分离产生电流。为提高效率，常采用多晶硅或单晶硅等材料，并结合抗反射涂层和背场技术等。主流类型包括晶体硅电池、薄膜电池（如非晶硅、CdTe、CIGS）、染料敏化电池和钙钛矿电池，其性能受材料、结构和电极等因素影响。

目前太阳能电池技术面临高成本和低转换效率的挑战。各种类型电池（如单晶硅、多晶硅、非晶硅、CdTe、CIGS、有机、纳米晶、染料敏化和量子点电池）各有优劣，其应用场景取决于效率、成本、稳定性、柔性和其他性能要求的权衡。未来研究重点在于提升效率、降低成本、增强稳定性，并开发满足不同应用需求的新型材料和结构，例如，单晶硅电池适用于大型光伏电站，而薄膜和有机电池更适合柔性应用和建筑一体化。

（2）氢能利用技术

氢能利用技术是一个复杂的系统工程，涵盖制氢、储氢和氢能利用（如燃料电池）三个核心环节。制氢技术流程包括原料预处理、制氢、纯化和储存输送四个阶段，目前常用的制氢方法包括蒸汽甲烷重整、水电解、光解水和生物质气化等，这些方法对材料的要求差异显著，其效率、成本和对环境的影响是关键的考量因素。高效、安全的储氢技术是氢能大规模应用的关键瓶颈。主要的储氢方法包括压缩气态储氢、液态储氢、固态储氢（金属氢化物、复杂氢化物、氨硼烷等）、化学储氢、吸附储氢和载体储氢等。理想的储氢材料应具备高储氢密度、快速的吸附/解吸速率、良好的热稳定性、高安全性以及长循环寿命等特性。

储氢材料是氢能利用的关键，也是当前研究的重点。现有的储氢材料体系主要包括金属氢化物（具有高储氢密度和可逆性，但吸/放氢动力学较慢，需要较高温度和压力）、碱金属氨合物（储氢密度高，但吸/放氢动力学缓慢）、镁基材料（包括镁合金、镁粉、镁基薄膜和镁氢化物，储氢能力高，但需要改进制备工艺以提升性能）、化学吸附材料［如金属有机框架（MOF）、多孔吸附剂、氨合物，具有高孔隙率和表面积，可在较低压力下吸/放氢，安全性高），以及储氢合金（如 AB5 型稀土合金，储氢能力强，但需要进一步提升性能并降低成本）。不同储氢材料各有优劣，实际应用需要综合考虑储氢密度、吸/放氢动力学、循环寿命、成本和安全性等多方面因素。未来的研究方向集中于提高储氢效率、降低成本、增强循环稳定性以及开发新型高性能储氢材料。

燃料电池是氢能利用的关键技术，它通过氢气或其他含氢燃料与氧气发生电化学反应，直接将化学能转化为电能，具有高效、清洁、低排放等优点。燃料电池主要由正极、负极、电解质和电子导体构成。正极通常采用铂等贵金属作为氧气还原催化剂；负极则使用铂等贵金属作为燃料氧化催化剂。电解质（如固体聚合物电解质、液体电解质或固体氧化物电解质）隔开正负极并传导离子；电子导体（如碳纸或铜箔）连接正负极，传导电子。根据燃料种类，燃料电池可分为多种类型，如氢氧燃料电池（包括常见的质子交换膜燃料电池）、甲醇燃料电池和固体氧化物燃料电池等，它们的工作温度、效率和应用场景各不相同。燃料电池在可再生能源、交通运输、便携式电源等领域具有广阔的应用前景，但成本、耐久性和氢气供应链等问题仍需进一步解决。

（3）超级电容器

超级电容器（supercapacitor），又称电化学电容器或超级电容，是一种兼具高功率密度和长循环寿命（可达数万次）的电化学储能装置。它不同于电池，不依赖于缓慢的化学反应，而是基于双电层电容原理，通过电荷在电极表面的快速吸附/脱附（以及部分类型的赝电容效应）来储存能量。这种储能机制使其具有快速充放电和高功率输出的特性，在电动汽车、储能系统和便携式电子设备等需要频繁充放电或高功率输出的应用中展现出显著优势。然而，超级电容器的能量密度相对较低，且存在耐压较低和成本较高的限制。超级电容器由电极、电解质和封装材料组成。电极材料通常采用高比表面积材料（如活性炭、石墨烯、碳纳米管、金属氧化物或导电聚合物）以最大化电荷储存能力；电解质（有机溶剂、离子液体或固态电解质）负责离子传导；封装材料则保护内部结构并防止电解液泄漏。高性能超级电容器需要电极材料具备高比表面积、优异电导率和良好电化学稳定性；电解质需要高离子电导率和宽电化学窗口；封装材料则需具备良好的密封性、耐腐蚀性和机械强度。材料科学与工程的持续发展将不断提升超级电容器的性能，拓宽其应用范围，并使其成为可持续能源体系中的关键组成部分。

超级电容器的储能机制主要包括双电层电容和赝电容效应。双电层电容依靠电极表面离子吸附实现静电储能，赝电容则源于电极材料表面的快速法拉第反应，进一步提升储能密度。电极材料是决定超级电容器性能的关键因素，主要分为双电层电容材料和赝电容材料两大类。双电层电容材料，如活性炭、各种碳纳米材料（碳纳米管、石墨烯等）、部分金属氧化物和导电聚合物，依靠高比表面积和丰富的吸附位点实现静电储能。赝电容材料，如某些金属氧化物（MnO_2、Fe_2O_3 等）、导电聚合物以及一些过渡金属氧化物，则通过电极表面的快速法拉第反应储存电荷，具有更高的能量密度。选择何种电极材料取决于对能量密度、功率密度和循环寿命等性能指标的具体需求。目前，研究人员正致力于开发新型电极材料和优化现有材料，以提升超级电容器的整体性能，使其在电动汽车、电子设备、可再生能源系统和储能系统等领域发挥更大作用。

(4) 锂离子电池

锂离子电池（LIB）是一种广泛应用于便携式电子设备、电动汽车和储能系统的二次电池，其工作原理基于锂离子在正负极材料间的可逆嵌入/脱嵌。LIB 凭借高能量密度、长循环寿命、快速充放电能力以及不断下降的成本，成为电动汽车和可再生能源储能领域的首选储能技术。锂离子电池由正极、负极、电解质、隔膜和外壳组成。正极材料（如 $LiCoO_2$、$LiFePO_4$、NCM 和 NCA 等）的锂离子嵌入/脱嵌能力和电化学稳定性直接决定电池的能量密度和循环寿命，不同材料各有优劣，例如 $LiCoO_2$ 能量密度高但成本高且热稳定性差，$LiFePO_4$ 循环寿命长且安全但能量密度相对较低。负极材料通常为石墨，但近年来高理论容量的硅基材料也受到广泛关注，其循环稳定性仍需进一步提高。电解质（包括有机溶剂基电解液和正在积极研发的固态电解质）负责锂离子的传输，其离子电导率、电化学稳定性和热稳定性对电池性能至关重要。隔膜（通常为多孔聚烯烃薄膜）隔离正负极并允许锂离子通过，需要兼具高离子电导率和低电子电导率。外壳提供保护和机械支撑，需要具备耐腐蚀性和高强度。材料科学的持续创新是提升 LIB 性能的关键，未来的研究方向将集中于开发更高能量密度、更长循环寿命、更安全、更低成本的材料和技术，以满足日益增长的能源存储需求。

锂离子电池的关键组成部分包括正极、负极和隔膜。正极材料的选择直接影响电池的能量密度和循环寿命，常用材料包括钴酸锂（高能量密度，但成本高，热稳定性差）、三元材料（NCM、NCA，综合性能好）、磷酸铁锂（长寿命，安全，成本低）以及锰酸锂（经济实惠）等。负极材料主要有石墨（稳定性好，但容量相对较低）、硅（高理论容量，但存在体积膨胀问题）、金属氧化物和碳纳米材料等，其中石墨应用最为广泛。隔膜位于正负极之间，其作用是隔离正负极防止短路，同时允许锂离子通过，常用材料包括聚合物薄膜[如 PP（聚丙烯）和 PE（聚乙烯）]和陶瓷薄膜（如 Al_2O_3）。理想的隔膜材料应具有高机械强度、耐热性、低电阻和高离子传导率。目前，锂离子电池技术仍面临容量衰减、循环寿命限制、热稳定性、成本和资源可持续性等挑战，因此开发高性能、低成本、安全且环保的新型电极材料、电解质和隔膜材料是未来研究的关键方向。

6.3 太阳能电池材料

6.3.1 太阳能电池发展概况

太阳能是极具潜力的可再生能源。太阳内部的核聚变反应产生高达 1.5×10^7K 的高温，释放出巨大能量。地球每年所需的能量，只需 40 分钟的太阳辐射即可满足。利用太阳能还能有效减少环境污染。目前，光伏转换是太阳能利用的主要方式。为了定量描述太阳辐射，太阳常数被定义为地球平均距离处自由空间中的太阳辐射强度，其值为 1353W/m^2。如图 6-1 所示，大气质量（air mass，AM）表示大气对地表太阳辐射的影响程度。不同的 AM 值对应不同的太阳光谱。AM0 表示太阳常数条件下的光谱，适用于卫星和宇宙飞船；AM1.5G（G 表示 global）代表地球表面的标准光谱（入射功率 1000W/m^2）。AM0 和 AM1.5G 光谱的差异主要源于大气对太阳光的吸收（如臭氧吸收紫外光，水蒸气吸收红外光）和散射。太阳光谱特性是太阳能电池材料选择的重要依据。

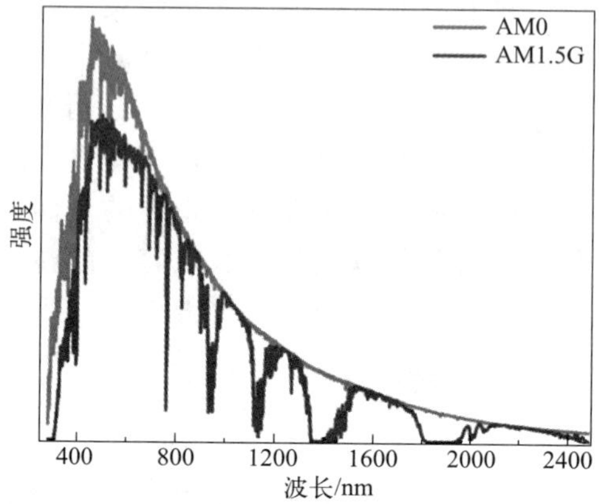

图 6-1　AM0、AM1.5G 光谱图

6.3.2 太阳能电池工作原理

（1）能带理论

能带理论基于量子力学原理，解释了晶体中电子的能级分布。原子间的相互作用导致离散的原子能级分裂并形成一系列连续的能带，这是理解固体材料导电性、光学性质等诸多物理性质的关键。原子轨道间的相互作用，使离散的原子能级在周期性势场中演变为连续的能带。目前，对能带形成的解释主要包括以下三种模型：

① 从孤立原子到晶体　孤立原子具有离散的电子能级。如图 6-2 所示，当多个相同原子相互靠近形成晶体时，原子间的相互作用（主要源于库仑力和泡利不相容原理）变得显著。这种相互作用导致每个原子的相同能级分裂，形成一系列紧密排列的能级，即能带。能带的宽度取决于原子间距和相互作用强度：原子间距越小，相互作用越强，能带宽度越大。

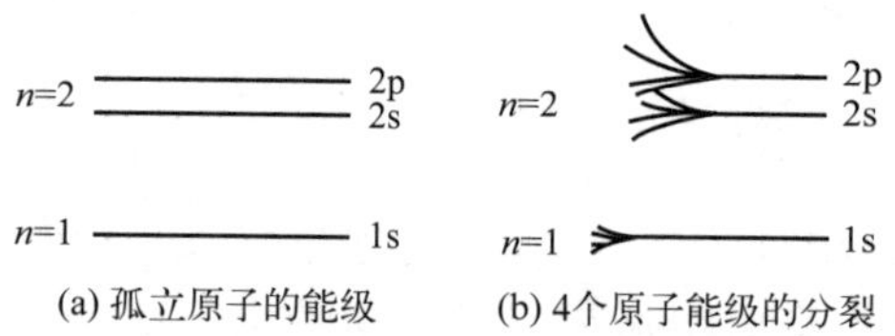

图 6-2　孤立原子能级分裂

② 量子力学解释　更精确的解释是利用量子力学中的原子轨道线性组合（linear combination of atomic orbitals，LCAO）方法。此方法认为，晶体中的电子波函数可以表示为各个原子轨道波函数的线性组合［式（6-1）］：

$$\psi=c_1\varphi_1+c_2\varphi_2+\cdots+c_n\varphi_n \tag{6-1}$$

式中，ψ 表示电子在晶体中的波函数；φ_i（$i=1,2,\cdots,n$）表示第 i 个原子的轨道波函数；c_i 为对应轨道波函数 φ_i 的线性组合系数，反映各原子轨道在总波函数中的贡献比例；n 表示参与组合的原子轨道总数。

如式（6-1）所示，当 n 个相同的原子排列成晶体时，每个原子都有一个特定的原子轨道（例如，s 轨道或 p 轨道）。这些原子轨道相互作用，形成 n 个新的分子轨道（如图 6-3 所示）。这些分子轨道非常接近，能量相近，形成了能带。当原子轨道波函数同向叠加时，形成能量较低的成键轨道（构建性干涉）。当原子轨道波函数反向叠加时，形成能量较高的反键轨道（破坏性干涉）。成键轨道和反键轨道共同构成能带。能带的宽度取决于原子轨道之间的相互作用强度。

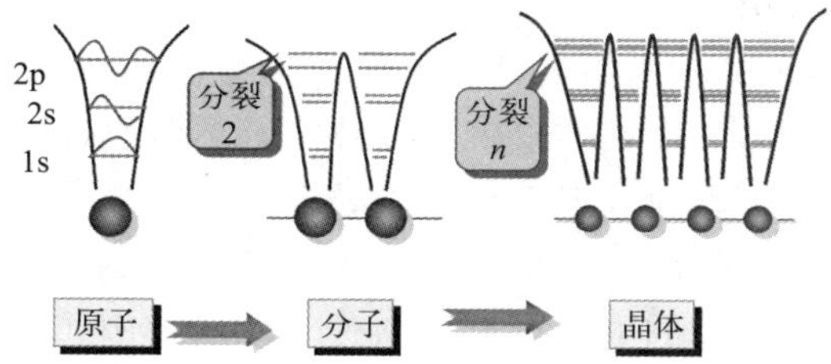

图 6-3　原子轨道线性组合

③ 布洛赫定理　布洛赫定理是理解能带形成的重要基础之一。它指出，在周期性势场（如晶体）中，电子的波函数具有周期性，可以写成如下形式［式（6-2）］：

$$\psi(\boldsymbol{r})=\mathrm{e}^{\mathrm{i}\boldsymbol{k}\cdot\boldsymbol{r}}u(\boldsymbol{r}) \tag{6-2}$$

式中，$\psi(\boldsymbol{r})$ 是电子波函数；$u(\boldsymbol{r})$ 是具有晶格周期性的函数；$\boldsymbol{k}$ 是波矢，代表电子的晶体动量。布洛赫定理表明，电子的能量是波矢 $\boldsymbol{k}$ 的函数，即 $E(\boldsymbol{k})$。当 k 取布里渊区的所有值时，$E(k)$ 就构成了能带（如图 6-4 所示）。

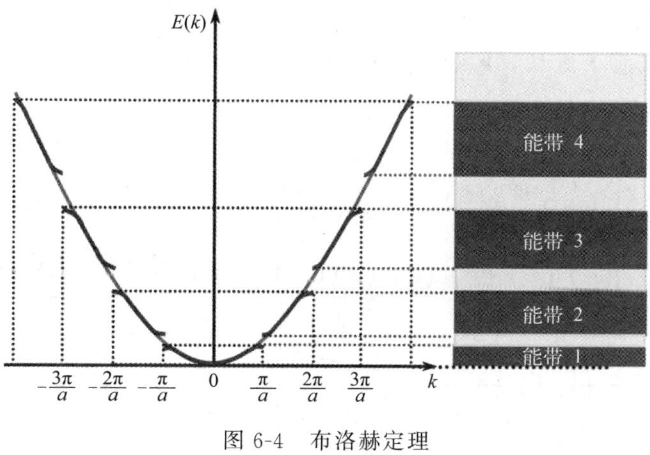

图 6-4　布洛赫定理

导带（conduction band）是固体结构中自由电子占据的能量区间，代表自由运动电子的能量范围。金属的价电子完全占据导带。半导体则不同，价电子占据价带，能量更高的能带才是导带。在绝对零度下，半导体的价带被电子完全占据（满带）。光照或加热激发价带电子跨越禁带（带隙）进入导带，导带中的电子使材料导电。掺杂半导体中，载流子（电子或空穴）主要来自杂质：提供电子的杂质为施主，提供空穴的杂质为受主。施主能级位于禁带靠近导带底处，受主能级位于禁带靠近价带顶处。未掺杂半导体的费米能级位于价带和导带之间；N 型半导体的费米能级靠近导带底，P 型半导体的费米能级靠近价带顶。导带底是导带最低能级，可视为电子的势能，电子通常位于导带底附近；高于导带底的能量代表电子的动能。外加电场作用于半导体时，电子势能改变，导致导带底倾斜；能带倾斜区域必然存在电场（外加电场或内建电场）。

价带（价电带，valence band）是半导体或绝缘体中在绝对零度时被电子完全占据的最高能带。半导体价带中的能级近乎连续。价带中电子在绝对零度时不能自由运动。然而，光照或其他能量输入可激发价带电子跃迁至更高能级，留下空穴，使价带部分填充，从而允许剩余电子和空穴在固体中自由运动。

禁带（带隙，forbidden band）指价带和导带之间能态密度为零的能量区间。禁带宽度决定材料是半导体还是绝缘体。半导体禁带宽度较窄，热激发即可使电子跃迁至导带，从而导电。绝缘体禁带宽度很宽，即使高温下也难以导电。无机半导体的禁带宽度通常在 0.1～2.0eV 之间，π-π 共轭聚合物的带隙为 1.4～4.2eV，绝缘体的禁带宽度则大于 4.5eV。

能带理论可以解释许多固体的电学、光学和磁学性质。例如，半导体的导电性可以通过掺杂来控制，这是因为掺杂会改变费米能级的位置，从而影响载流子的浓度。

（2） PN 结

PN 结是由 P 型半导体和 N 型半导体接触形成的。如图 6-5 所示，由于两种材料中载流子（P 型区空穴，N 型区电子）浓度的差异，载流子发生扩散：空穴从 P 区扩散到 N 区，电子从 N 区扩散到 P 区。这种扩散导致载流子复合，在 P 区留下带负电的离子，在 N 区留下带正电的离子。这些离子形成内建电场，该电场方向与扩散方向相反，最终阻止进一步的载流子扩散，形成动态平衡。这个内建电场在 PN 结中建立了一个势垒，限制了载流子的流动。施加正向偏置电压（P 区接正，N 区接负）会降低势垒高度，使载流子更容易通过，PN 结呈现低电阻状态，允许电流通过。反向偏置电压（P 区接负，N 区接正）则会增高势垒高度，极大阻碍载流子流动，PN 结呈现高电阻状态，电流难以通过。

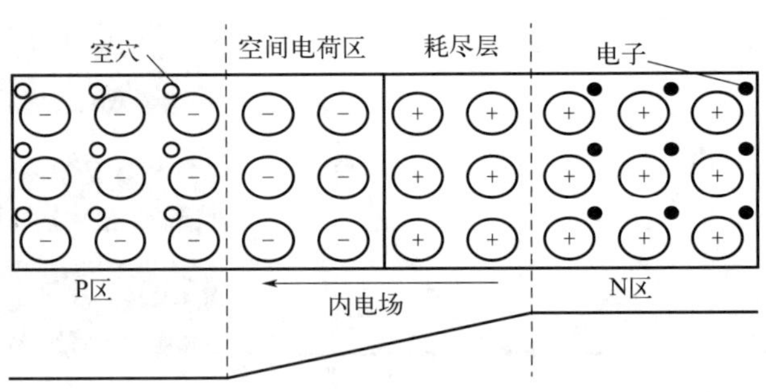

图 6-5　PN 结的示意图

（3）半导体的载流子输运特性

半导体的导电离不开载流子的运动，因此本节将详细介绍半导体中的载流子运动情况。在半导体里，电子和空穴的流动将会产生电流，将载流子的这种运动过程称为输运。半导体中载流子的运动主要有以下三种：漂移运动、扩散运动和热运动。

① 漂移（drift）运动　半导体载流子的漂移运动是指在外加电场作用下，载流子（电子和空穴）的定向运动。如图 6-6 所示，电子在外电场作用下，受电场力作用而加速，其运动方向与电场方向相反。然而，晶格散射导致电子并非做匀速直线运动，而是呈现加速和减速交替的复杂运动，其净漂移方向与电场方向相反。空穴由于其正电性，则沿电场方向发生类似的漂移运动，其净漂移方向与电场方向相同。

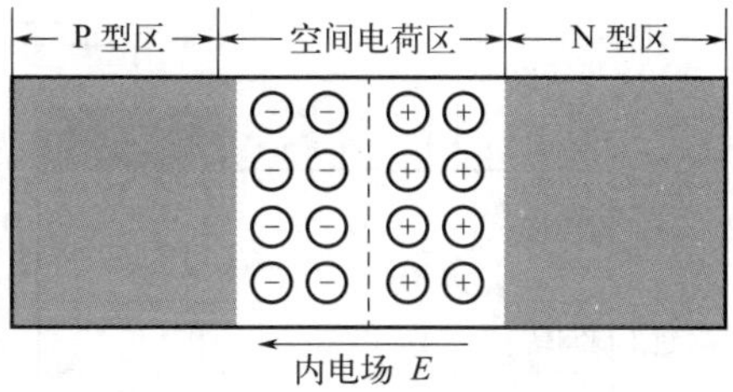

图 6-6　载流子的漂移运动

② 扩散（diffusion）运动　半导体载流子的扩散运动是由载流子浓度梯度驱动的，载流子从高浓度区域向低浓度区域迁移。如图 6-7 所示，这一过程由载流子的热运动及其趋于均匀分布的内在趋势所致，无须外加电场。虽然载流子热运动随机，但浓度梯度导致高浓度区域流向低浓度区域的载流子净通量大于反方向，从而产生扩散电流。扩散电流密度可用菲克第一定律描述［如式（6-3）所示］。

$$J=-D\times\nabla n \tag{6-3}$$

式中，J 是扩散电流密度（单位面积上的载流子通量）；D 是扩散系数，它反映了载流子扩散的快慢，与载流子的迁移率和温度有关；∇n 是载流子浓度梯度，表示浓度在空间上的变化率；“－”表示扩散电流的方向与浓度梯度方向相反（从高浓度到低浓度）。扩散运动是半导体器件中许多重要现象的基础，如 PN 结的形成、二极管的整流作用以及晶体管的放大作用等，都与载流子的扩散运动密切相关。扩散运动与漂移运动共同决定了半导体中的总电流。

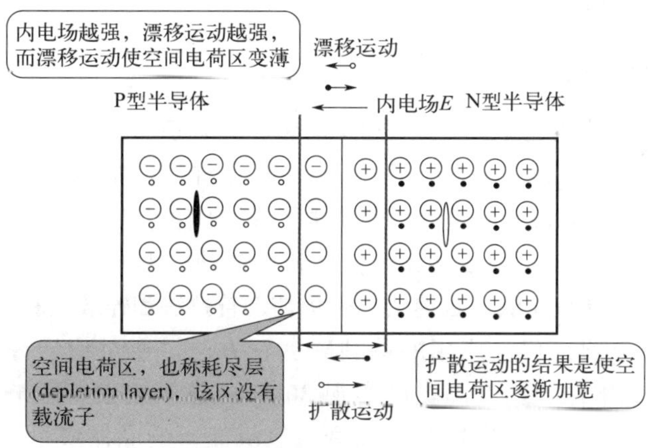

图 6-7　载流子的扩散运动

③ 热运动　即使无外加电场或浓度梯度，半导体载流子（电子和空穴）也持续进行着由晶格热振动引起的随机热运动。热运动强度与温度呈正相关，高温下晶格振动剧烈，载流子动能增大，热运动更显著。虽然单个载流子运动随机，平均净位移为零，但热运动是扩散运动的微观基础。浓度梯度存在时，热运动导致高浓度区域净流出载流子，形成扩散。载流子的热运动及其相关参数（平均速度、平均自由程）直接影响迁移率和扩散系数，其在半导体器件分析中不可忽略。

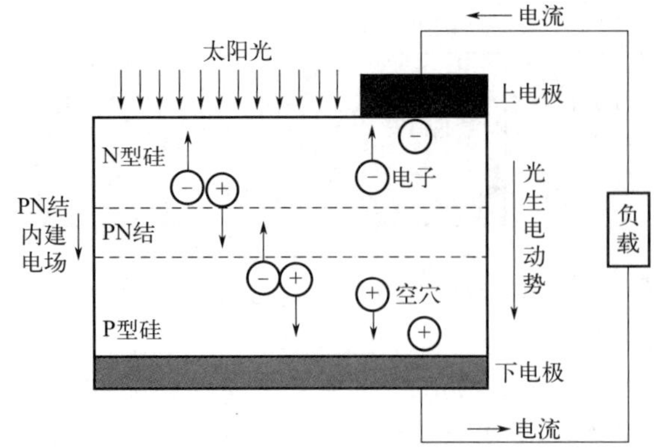

图 6-8 光伏效应原理图

(4) 光伏效应

如图 6-8 所示，光伏效应是指光照射半导体材料时，光子能量激发电子从价带跃迁至导带，产生电子-空穴对，从而形成电势差和电流的现象，这是太阳能电池工作的基础。在内建电场（如 PN 结）的作用下，电子和空穴分离，形成电流，该电流可经由外部电路提取，实现光电转换。光伏效应包括外光电效应和内光电效应，并根据器件结构分为 PN 结型和肖特基势垒型等。

外光电效应（或称外部光电效应）发生在金属或半导体表面，光子激发电子克服材料的逸出功而成为自由电子，在外电场作用下形成光电流。与之不同，内光电效应主要发生在半导体内部，特别是 PN 结中。光子激发电子从价带跃迁至导带，形成电子-空穴对。PN 结内建电场使电子和空穴分离，形成光生电流，这是太阳能电池的核心工作机制。

肖特基势垒由金属与半导体接触形成，由于金属功函数低于半导体导带，形成能量势垒。光照射下，光子能量克服势垒，激发金属中的电子进入半导体导带，形成光生电子。这些电子在外电场作用下形成光生电流。为维持电荷平衡，金属-半导体界面形成反向偏置电压（开路电压）。连接外部电路后，开路电压和光生电流可驱动负载，实现光电转换。

6.3.3 太阳能电池材料

(1) 单晶硅太阳能电池

① 单晶硅材料　硅是地壳中第二丰富的元素，具有适宜的带隙能级，是最广泛应用的太阳能电池材料，光电转换效率可达 25%以上，并具有优异的耐久性和化学稳定性。用于单晶硅太阳能电池的硅片需满足高纯度、低杂质、低缺陷密度、精确厚度和高表面平整度等要求。硅的高热导率［约 150W/(m·K)］有利于散热，其电导率和迁移率随掺杂而变化。主要的单晶硅生长方法包括直拉法、区熔法、磁场辅助直拉法和连续加料法。

直拉法（CZ 法）是目前广泛应用的单晶硅生长方法，通过旋转籽晶从硅熔体中提拉生长单晶。其优势在于成本低、产量高，已实现 300mm 甚至更大直径硅单晶的生产。该方法的核心技术在于热场控制和氧浓度控制，以避免氧沉淀影响晶体质量。大直径直拉单晶硅的生产需克服热对流对晶体结构的影响。

悬浮区熔法（FZ 法）利用感应加热在无坩埚状态下局部熔化硅棒，磁场悬浮熔区，并以旋转籽晶拉制单晶硅。该方法避免了硅与坩埚的接触，显著降低了杂质污染，提高了材料纯度，从而获得性能优异的单晶硅，单晶硅主要用于生产高性能器件，如整流器和探测器等，广泛应用于航空航天和军工领域。但其工艺复杂，设备要求高，生产成本相对较高。

磁场辅助直拉法（MCZ 法）是在传统直拉法（CZ 法）的基础上，施加磁场以抑制熔体对流，从而改善晶体质量。磁场作用下，熔体中的对流受到洛伦兹力的影响而减弱，尤其以横向磁场或组合磁场最为有效，可显著降低单晶硅中的氧浓度。

连续加料法，即CCZ法。CCZ法主要在原料的补充及设备方面进行改善，原理上和CZ法没有本质区别。CCZ法的优点：a. 维持着固定的溶液量，石英坩埚内的熔硅无需太多，熔液的对流相对比较稳定，有利于晶体的生长；b. 石英坩埚与熔硅液的界面的面积与熔液的自由面的面积之比可维持一定，使晶体中氧的轴向分布较为均匀；c. 因为不断补充新原料及掺杂物，晶体的轴向电阻率的变化也会比较缓慢。

综上所述，以上各种生产工艺各有千秋，实践证明，不同生产企业会根据自己的实际情况选择适合自己的工艺或者采用各工艺的亮点编制自己独有的一套工艺制度。

② 单晶硅太阳能电池的结构　如图6-9所示，晶体硅太阳能电池主要结构包括：正面电极（包含用于收集电流的表面细栅线和主栅线）、蓝色氮化硅减反射膜、N型扩散层、P型硅基体（两者界面处形成PN结）以及背面铝硅合金电极（收集电流）。硅片经半导体扩散工艺在基体表面形成N型层（扩散层），从而构成PN结，并通过丝网印刷等方法形成正反面电极。多个电池片串并联后封装于钢化玻璃和防水树脂中，制成太阳能电池组件。

③ 单晶硅太阳能电池的制备　晶体硅太阳能电池制备流程（如图6-10所示）包括：a. 高纯硅片制备及表面处理；b. 碱腐蚀（$Si+2NaOH+H_2O \longrightarrow Na_2SiO_3+2H_2\uparrow$）制绒以降低反射率；c. 磷扩散形成PN结，并去除边缘扩散层；d. 化学腐蚀去除磷硅玻璃（PSG）；e. 去除背面PN结；f. 减反射膜沉积（如SiN_x）；g. 电极（常用丝网印刷银浆）和背电场制备及烧结；h. EVA（乙烯-乙酸乙烯酯共聚物）封装和性能测试。

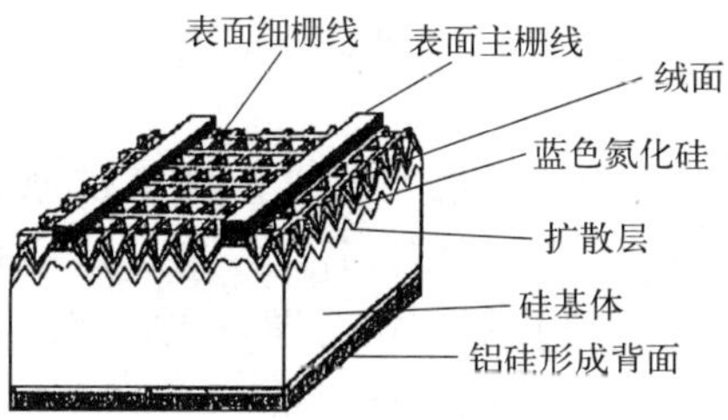

图6-9　太阳能电池结构

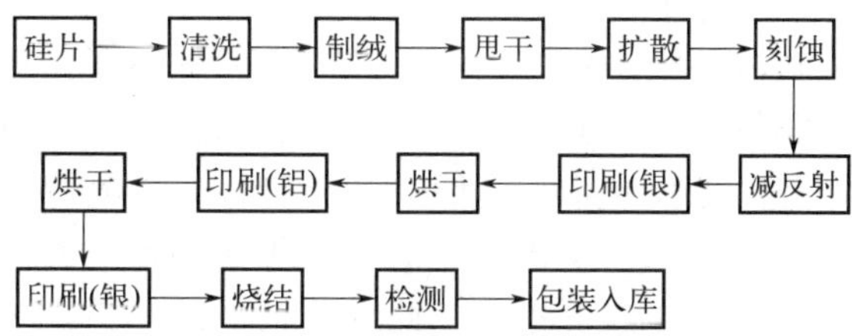

图6-10　单晶硅太阳能电池制造工艺

（2）多晶硅太阳能电池

多晶硅太阳能电池凭借其制备工艺简单、成本低廉、耐受性强（灰尘、阴影、辐射和高温）等优势，在全球太阳能市场占据主导地位。下文将详细介绍多晶硅材料及其电池的制造工艺。

① 多晶硅材料　多晶硅是由多个晶粒组成的硅材料，其晶体结构较单晶硅不规则，晶界存在缺陷。它由冶金级硅提炼而成，由于原材料和工艺差异，不同厂家生产的多晶硅在技术经济指标、质量、用途、检测方法及安全方面存在差异。目前主流的多晶硅生产工艺为改良西门子法，其产量约占全球总产量的85%，此外还包括硅烷法、冶金法和流化床法等。

a. 改良西门子法（或称闭环式三氯氢硅还原法）以冶金硅为原料，经三氯氢硅（TCS）合成、精馏、氢还原及尾气回收等步骤，最终制得高纯度多晶硅。其优点是成熟易扩建、沉积速率快、安全性好；缺点是能耗高、副产品多、投资成本大。相比之下，硅烷法具有更高的生产效率，但成本也更高。

b. 硅烷法多晶硅制备工艺，通过冶金硅的转化、三氯氢硅的精馏和歧化反应，获得高纯度硅烷气体。利用硅烷热分解的化学气相沉积（CVD）方法，在较低温度下生长出多晶硅，实现杂质严格控制。

c. 冶金法（物理冶金法）利用冶金技术，通过湿法冶金、真空熔炼等手段，去除工业硅中的杂质，制备多晶硅。该方法不涉及硅的化学反应，仅依靠物理性质差异进行提纯，具有低成本、低能耗、环保的优势，是近年来发展的新技术。

d. 流化床法利用流化床反应器，使 $SiHCl_3$ 和 H_2 在高温下反应，硅在硅颗粒表面沉积生长。通过控制气体流速和停留时间，提高转化率并实现连续生产，具有高效率、低能耗和高反应效率等优点。

② 多晶硅太阳能电池的制造工艺　多晶硅和单晶硅太阳能电池均基于硅材料，但其制备工艺和晶体结构存在差异。多晶硅采用相对简单的工艺（如改良西门子法）制备，晶体结构不规则，晶界的存在导致转换效率低于单晶硅。单晶硅则采用 CZ 法或悬浮区熔法等复杂工艺制备，具有高度有序的晶体结构，转换效率更高。因此，多晶硅电池成本低，应用广泛；单晶硅电池效率高，占据高端市场。技术发展不断推动着两种电池效率的提升和成本的降低。

（3）非晶硅太阳能电池材料

非晶硅太阳能电池（a-Si 太阳能电池）是一种薄膜太阳能电池，其核心材料是非晶硅（a-Si）。a-Si 具有无序的原子结构，与晶体硅相比，其光吸收系数更高，能够有效吸收更宽波段的太阳光。a-Si 的高光吸收能力、半导体特性和良好的机械强度使其成为光电器件的重要材料，并在可再生能源领域具有重要意义。

① 非晶硅太阳能电池的优缺点　非晶硅广泛应用于场效应晶体管、液晶显示器、图像传感器等电子器件，以及各种传感器（光敏传感器、位敏传感器、力敏传感器、热敏传感器等）和静电复印感光膜等。其应用领域不断拓展，未来发展潜力巨大。

非晶硅太阳能电池具有显著的成本优势，源于其薄膜结构、低温制备工艺和廉价原材料。其高光吸收系数和弱光响应特性使其效率高且适合多种环境。PECVD（等离子体增强化学气相沉积）制备工艺适于大规模生产，并可实现柔性设计，拓展应用范围，包括室内弱光环境及可穿戴设备等。此外，其能量回报期短，且高温性能优于晶体硅电池。

非晶硅太阳能电池的主要缺点是光电转换效率低于晶体硅电池，且存在光致衰退（Staebler-Wronski 效应）导致效率下降的问题，其微观机制仍需进一步研究。

② 非晶硅太阳能电池的结构和工作原理　非晶硅太阳能电池以玻璃、不锈钢或塑料为基底，采用透明导电氧化物（TCO）膜作为电极，并通过激光切割成多个串联的子电池单元，以满足不同的电压与电流需求。TCO 膜的绒面结构可提高光吸收率。

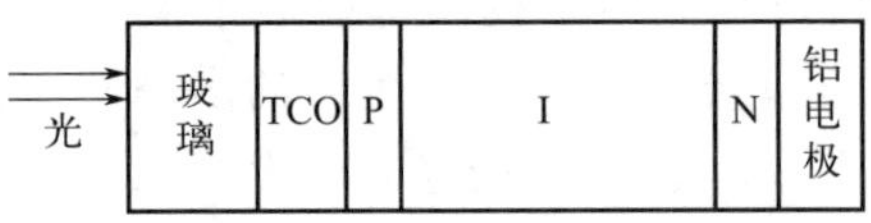

图 6-11　a-Si 太阳能电池结构

非晶硅太阳能电池采用 PIN 结结构（图 6-11），而非 PN 结。其中，I 层（本征层）是主要的载流子产生区域，P 层和 N 层厚度很薄，主要用于收集载流子并与电极形成欧姆接触。由于非晶硅的高光吸收系数，I 层的厚度通常在 0.5μm 左右。

非晶硅太阳能电池利用光电效应将光能转化为电能。光照激发 I 层中的电子到导带，产生电子-空穴对，PIN 结结构将载流子分离，形成电流。载流子复合会降低电池效率。

③ 非晶硅太阳能电池的制造工艺　非晶硅太阳能电池制造工艺包括基板（玻璃等）清洗及倒角处理、透明导电氧化物（TCO）膜沉积、非晶硅 PIN 层沉积（CVD 或 PVD）、电极（TCO 和金属）制备、光学蒙板制备以及可选的输运层制备，最后进行切割、封装和测试，完成电池组件。

（4）铜铟镓硒太阳能电池

铜铟镓硒（$GuInGaSe_2$，缩写为 CIGS）薄膜太阳电池是一种基于Ⅰ-Ⅲ-Ⅵ族化合物半导体的薄膜太阳能电池，其禁带宽度可调，吸收系数高，仅需薄膜即可实现高效光电转换。CIGS 电池具有成本低、稳定性好、抗辐照能力强、弱光特性好等优点，最高转换效率已超过 19%，是极具发展潜力的薄膜太阳能电池技术。

① 铜铟镓硒太阳能电池的结构　CIGS 太阳能电池（如图 6-12 所示）由玻璃或柔性塑料衬底、钼背电极、$CuInGaSe_2$ 吸收层、CdS 或 ZnSe 缓冲层、ZnO 或 ZnSe 窗口层、ITO（透明电极）或 AZO（铝掺杂氧化锌）透明导电层、减反射膜以及金属（Al 或 Ag）电极构成。各层协同作用，实现光吸收、载流子分离和收集，最终将光能转化为电能。

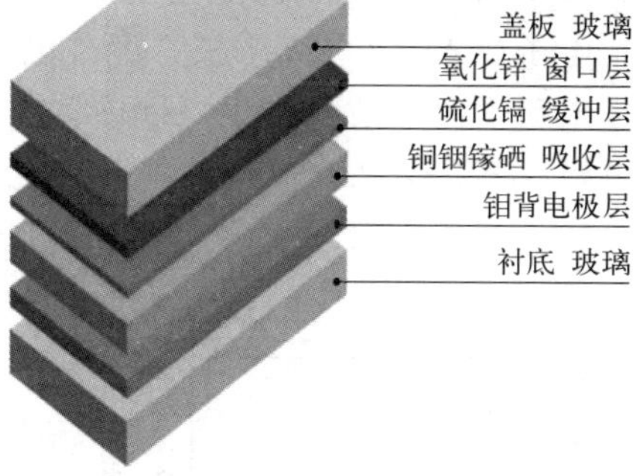

图 6-12　铜铟镓硒太阳能电池的结构

② 铜铟镓硒太阳能电池的制备技术　CIGS 薄膜太阳能电池的制备方法主要分为真空法（如磁控溅射和热蒸发）和非真空法（如电沉积和涂覆法）两类。真空法目前占据主流，但非真空法因其成本优势而备受关注。制备过程中需用到 Cu、In、Ga、Se、Mo、CdS、CuGa 等多种材料。

a. 共蒸发法：共蒸发法是目前实验室制备高效率 CIGS 薄膜太阳能电池的主要方法，其最高效率已达 19.99%。常用的三步共蒸发法包括：低温下沉积 $(In, Ga)_2Se_4$ 预置层；高温下沉积富铜 CIGS 薄膜；补充 In、Ga、Se，获得最终成分。该方法可获得晶粒大、表面平整、致密的 CIGS 薄膜，并通过 Ga 梯度调控提高开路电压和短路电流。然而，共蒸发法对设备要求高，大面积制备困难，材料利用率低，这限制了其大规模产业化应用。关键工艺参数包括衬底温度、硒源温度和沉积速率等。

b. 电化学沉积法：通过在含 Cu 离子、In 离子、Ga 离子和 Se 离子的电解液中电解沉积，制备 CIGS 薄膜太阳电池。该方法设备简单，对原料纯度和衬底形状要求不高，材料利用率高。但其薄膜成分控制难度大，仍需克服技术瓶颈才能实现大规模商业化应用。

c. 喷涂热解法：通常将反应物以气溶胶（雾）的形式通过惰性气体引入反应腔中，在衬底上沉积制备吸收层薄膜。衬底通常保持在高温状态，使化学原料发生裂解，形成薄膜。制备 CIGS 薄膜通常采用饱和的氯化铜、三氯化铟、三氯化镓和 N,N-二甲基硒脲水溶液，使该混合物喷射到已加热的衬底上，使之发生热解反应沉积成 CIGS 薄膜。

d. 丝网印刷法：涂覆法将 CIGS 前驱体浆料涂布于衬底，经高温烧结去除有机物，形成 CIGS 薄膜。该方法材料利用率高、设备简单，但难以精确控制薄膜成分，易出现杂相，且溶剂对环境有潜在危害，薄膜表面平整度也需改进。

e. 溅射后硒化法：溅射后硒化法是 CIGS 薄膜太阳能电池产业化的主流方法。该方法利用磁控溅射技术沉积金属前驱体薄膜，再进行硒化处理，获得高质量、大面积 CIGS 薄膜，组件效率可达 18%～12%。其优点包括成分可控、成膜速度快、薄膜附着力好且表面平整，并避免了剧毒气体的使用。

（5）染料敏化太阳能电池

染料敏化太阳能电池（DSSC）是一种新型光化学电池，利用染料敏化 TiO_2 纳米薄膜吸收光能，实现光电转换。DSSC成本低、工艺简单、性能稳定，效率已超过10%，并有望通过改进材料和结构进一步提升效率。其研究重点包括阳极材料、染料、电解质和阴极材料的优化。

① 染料敏化太阳能电池的工作原理　染料敏化太阳能电池利用光敏染料吸收光能，激发电子注入 TiO_2 光阳极，经外电路形成光电流。电解质中的氧化还原对（如 I^-/I^{3-}）负责电荷平衡和染料再生。DSSC具有三明治结构：导电玻璃/TiO_2 光阳极/染料/电解质/对电极。其优势在于制备简单、成本低廉、透光性好，但效率提升仍需优化染料吸光能力、电子注入和传输效率等。

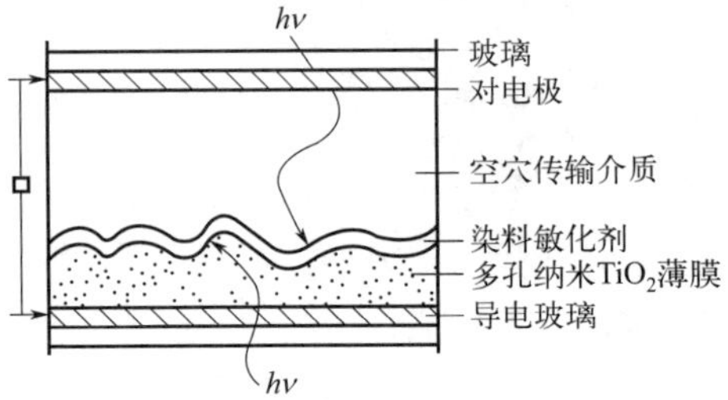

图 6-13　染料敏化太阳能电池结构

暗电流：$I^{3-}+2e^-$ (TiO_2 导带)$\longrightarrow I^-$

② 染料敏化太阳能电池的结构　染料敏化太阳能电池（图6-13）由光阳极（通常为 SnO_2 或 ZnO 透明导电氧化物）、吸光染料、电解质、阴极（常为碳材料）、导电基底和密封层组成。光阳极吸收光能，染料将光能转化为电子并注入光阳极，电解质维持电荷平衡，阴极收集电子，最终形成光电流。

a. 光阳极：目前最常用的光阳极是 TiO_2，纳米晶 TiO_2 多孔薄膜具有吸附染料、分离电荷、传输光生载流子、使电解质充分渗透到纳米晶薄膜网络内部有效还原染料正离子等功能。因此制备的纳米 TiO_2 多孔薄膜的性能好坏直接关系到电池的光电转换效率及使用性能。在DSSC中，光阳极膜通过大的表面积吸附大量的单分子层染料分子，提高太阳光的收集效率。半导体电极的巨大表面积也增加了电极表面的电荷复合，降低太阳能电池的光电转换效率。为了改善电池的光伏性能，人们开发了多种物理化学修饰技术来改善纳米 TiO_2 电极的特性，这些技术包括 $TiCl_4$ 表面处理、表面包覆、掺杂等。

b. 对电极：对电极又称阴极，在染料敏化太阳能电池中起收集外电路电子并且将电子传递给电解液的 I^{3-} 的作用。因此这就要求对电极必须导电性好、传输电子快、比表面积大、催化活性高，能够将未被染料吸收的太阳光反射回光阳极，使染料重新吸收。目前广泛使用的对电极可分为三种：Pt对电极、非Pt金属对电极和碳对电极。

c. 染料：染料敏化太阳能电池类似人工光合作用系统，其中染料（如钌配合物）模拟叶绿素，TiO_2 纳米晶膜模拟类囊体膜。理想染料需具备在 TiO_2 上良好吸附性、宽光谱高吸收、长激发态寿命、高电荷传输效率、稳定氧化还原态以及与 TiO_2 能级匹配等特性。尽管钌配合物性能优异，但成本高、易光解且红外吸收不足，限制了其应用。因此，研究低成本、高性能、宽光谱吸收的新型染料（如有机染料、高分子染料等）成为当前热点。

（6）有机太阳能电池

有机太阳能电池（organic solar cells，OSC）因具有成本低、质量轻、柔性及可大面积低温湿法制备等优点，成为当前太阳能电池技术的热点研究方向之一。近几年，随着给体、受体等材料体系研究的日益深入，有机太阳能电池光电转换效率（PCE）稳步增加，单结电池PCE从最初的1%发展到现在的20%以上，叠层电池效率已经突破26%。

① 有机太阳能电池的工作原理及结构　有机太阳能电池由夹在透明电极间的有机活性层构成。活性层由电子给体和受体材料组成，吸收光子产生激子。激子需扩散到给受体界面

发生电荷分离，形成自由电子和空穴，二者分别经各自传输通道到达电极，最终产生光电流。激子寿命短和低迁移率是限制效率的关键因素。

② 有机太阳能电池的结构　有机太阳能电池主要由光敏层、电子传输层、空穴传输层和电极层构成。光敏层（由共轭聚合物、有机小分子等构成）吸收光子并产生电子-空穴对；电子传输层（如 TiO_2 或 ZnO）收集和传输电子；空穴传输层（如 PEDOT∶PSS）收集和传输空穴；电极层（如 ITO 或金属）收集电流。光线穿过透明电极和电子传输层到达光敏层，激发的电子和空穴分别经由传输层到达相应电极产生电流。不同应用需求下，OSC 的结构和材料可进行优化，如引入界面修饰层以提高效率和稳定性。

6.4 氢能材料

6.4.1 氢能的定义和特点

现阶段，人类已经形成以煤炭、石油等化石燃料为主的能源消费模式，但大量的温室气体、酸性氧化物、固体粉尘颗粒等有害物质被排放到大气环境中，这使得人们赖以生存的地球出现了全球变暖、酸雨、雾霾等一系列严重威胁人类生存及发展的环境问题。而氢能是一种来源丰富、绿色低碳、应用广泛的二次能源，能帮助可再生能源大规模消纳，实现电网大规模调峰和跨季节、跨地域储能，加速推进工业、建筑、交通等领域的低碳化。就碳氢比例而言，含碳量大的能源类型（如木材和煤炭等传统能源）会带来更严重的能源浪费，而氢能能够达到几乎零污染排放。同时，传统能源主要将燃料中的化学能转换为机械能或电能，受卡诺循环的限制，其转换效率仅有 33%～35%，这会造成极大的能源浪费，因此迫切需要寻找一种作为替代品的清洁能源。

氢元素位于元素周期表第一位，原子序数是 1，英文 Hydrogen，原子量为 1.0079，沸点为−252.87℃（在标准大气压下）。氢是密度最低、导热性及燃烧性好、燃烧最清洁的元素。二次能源又可以分为“过程性能源”和“含能体能源”，而电能就是应用最广泛的过程性能源，汽油和柴油是目前应用最广泛的含能体能源。氢能是人类能够从自然界获取的储量最丰富且高效的含能体能源，相较于化石能源，氢能资源丰富，具有可再生性、可存储性、环保性等特点，可以同时满足资源、环境和可持续发展的要求，这是其他能源所不能比拟的，表 6-1 列举了 H_2 和一些常见碳氢燃料的性质。

表 6-1　H_2、甲烷、甲醇和汽油的若干性能比较

项目	H_2	甲烷	甲醇	汽油
分子量/（g/mol）	2.018	16.043	32.042	100～105
含碳量/%	0	75	37.5	85～88
气态密度/（g/L）	0.0838	0.6512	1.11	—
液态密度/（g/L）	70	468	796	690～790
沸点/℃	−252.87	−162	65	27～225
燃烧热/（kcal/mol）	68.3	212.9	173.5	10kcal/g

续表

项目	H_2	甲烷	甲醇	汽油
质量比能量/（kcal/g）	34.15	13.3	5.42	13
最低爆炸极限（体积分数）/%	4.1	5	7.3	1.4
最高爆炸极限（体积分数）/%	75	15	36	7.6
扩散系数/（cm^2/s）	0.61	0.16	—	0.05

注：1kcal=4186.8J。

（1）氢能的特点

① 储量丰富　氢是自然界最普遍存在的元素，据估计它构成了宇宙质量的75%，除空气中含氢气之外，它主要以化合物的形态储存于水中，而水是地球上最广泛的物质。据推算，如果把海水中的氢全部提取出来，它所产生的总热量比地球上所有化石燃料放出的热量还多9000倍，水就是地球上无处不在的“氢矿”。另外，还可以通过各种一次能源（如化石燃料、天然气、煤、煤层气）、可再生能源（如太阳能、风能、生物质能、海洋能、地热能）或二次能源（如电力）来开采“氢矿”。

② 燃烧热值高　氢的热值很高，除核燃料之外，氢的热值是所有化石燃料、化工燃料和生物燃料中最高的。氢的能量密度极高，达到120MJ/kg，每千克氢燃烧后的热量约为汽油的3倍、焦炭的4倍。

③ 能源载体　氢可以作为一种高密度能源存储的载体，可以以多种形式存储。与电、热不能大规模存储不同，氢可以以气态、液态或固态的金属氢化物存储，这提供了一种高密度存储能量的途径。能适应储运及各种应用环境的不同要求，所以氢可以很容易地大规模存储，就像天然气一样。

④ 能量的可转换性　燃料的使用是通过转换成其他形式的能量而实现的，如热能、电能、机械能等。因此能量的可转换性也是衡量燃料实用价值的一项指标，表6-2中列出来氢能与其他化石燃料的能量可转换性。可以看到，化石燃料只能通过燃烧的方式实现能源的利用。而氢能可以通过多种方式实现利用，如除了可以通过燃烧外，还可以直接转换成蒸汽、通过催化燃烧转换成热能，还能通过化学反应成为热源或者通过电化学过程转换成电能等。因此，氢能是一种多转换性能源。

表6-2　氢能与化石燃料的能量可转换性

转换形式	氢能	化石燃料
燃烧	可	可
直接转换成蒸汽	可	否
催化燃烧	可	否
化学反应	可	否
电化学	可	否

⑤ 无毒性　氢气无毒，不像有的燃料毒性很大，如甲醛就很危险。对于化石燃料来说，除了燃料本身具有毒性外，还会产生二氧化碳、一氧化碳、碳氢化合物、铅化物、粉尘颗粒等对环境有害的污染物质，具有毒性。并且毒性随着C、H比例的增加而更强。对于氢能来

说，氢的燃烧产物是水，是没有毒性的，因此氢能是一种非常清洁无污染的燃料。所以说，氢可以作为一种能源载体提高能源系统选择的灵活性，而质子交换膜燃料电池技术是目前较为广泛且相当有潜力的氢能利用技术。

（2）氢能的应用

质子交换膜燃料电池发电作为新一代发电技术，经过多年的基础研究与应用开发，质子交换膜燃料电池用作汽车动力的研究也取得了一定成果。同时，质子交换膜燃料电池发电系统有望成为移动装备电源和重要建筑物的备用电源。采用质子交换膜燃料电池，氢能发电将大大提高重要装备及建筑电气系统的供电可靠性，使重要建筑物以市电和备用集中柴油站供电的方式向市电与中小型质子交换膜燃料电池发电装置、太阳能发电、风力发电等分散电源联网备用供电的灵活发供电系统转变，极大地提高建筑物的智能化程度、节能水平和环保效益。

总的来说，氢燃料电池可高效清洁地将化学能直接转化为电能，是比常规热机更为先进的转化技术。而燃料电池汽车被认为是后化石能源时代的车用动力来源。与电能一样，氢气作为能源载体，可以通过一次能源的转化获取，其成为化石能源向非化石能源转换、碳的低排放向碳的零排放的桥梁。

而随着科学技术和新兴产业的快速发展，氢能正广泛应用于能源、化工、冶金、电子、机械等民用行业，以及航空航天、核工业等国防工业领域，但氢能的大规模商业应用还需解决以下关键问题：

① 目前制氢效率很低，因此寻求大规模的廉价制氢技术是各国科学家共同关心的问题。

② 安全可靠的储氢和输氢方法。由于氢易气化、着火、爆炸，因此妥善解决氢能的储存和运输问题也就成为了开发氢能的关键。

③ 高效稳定长寿命的氢能转换系统的研发，提升氢能进一步利用的市场空间和商业化水平。

氢能产业链包括氢气制备、氢气分离和提纯、氢气存储、氢能转换等环节（图 6-14），而新材料作为高新技术发展的基石，可以为氢气的高效制备和氢能转换打下坚实的基础。

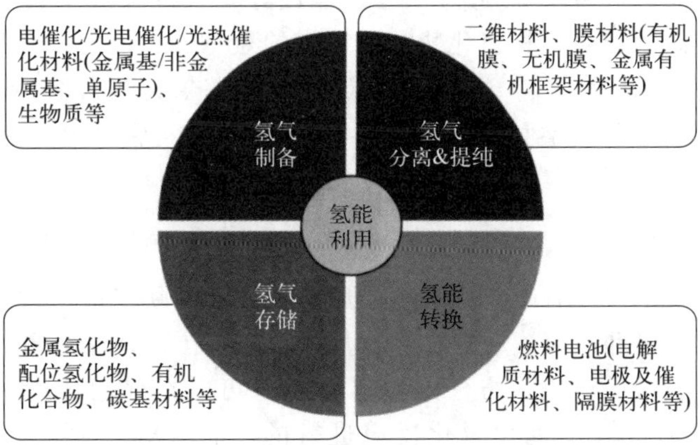

图 6-14　氢能利用中的新材料

6.4.2 储氢材料

氢气的制备技术已经日渐成熟，人类获得大量氢气的难度并不大，但氢能的存取却限制了氢能的利用，尤其是存储技术已经成为氢能利用走向规模化的瓶颈。根据技术发展趋势，今后储氢研究的重点在新型高性能大规模储氢材料上。储氢材料主要包括金属储氢材料、碳基吸附储氢材料和金属有机物多孔储氢材料。

常用的储氢技术主要包括物理储氢、化学储氢与其他储氢。不同的储氢方式应用场景不同，通常所说，物理储氢技术成熟，化学储氢更有前瞻性。物理储氢技术是指单纯地通过改变储氢条件提高氢气密度，以实现储氢的技术。该技术为纯物理过程，无须储氢介质，成本较低，且易放氢，氢气浓度较高。主要分为高压气态储氢与低温液化储氢。

复合材料储氢气瓶由内至外包括内衬材料、过渡层、纤维缠绕层、外保护层、缓冲层。储氢气瓶进行充气的周期可能较长，而氢气在高压下又具有很强的渗透性，所以氢气储罐内衬材料要有良好的阻隔功能，以保证大部分的气体能够储存于容器中。

氢储存在不同的介质中，即金属氢化物（固体介质）、复合氢化物、液氢载体、材料表面储存，这些存储过程中的大多数仍处于研究阶段。

（1）金属氢化物

金属氢化物（metal hydride）是由某些金属元素（碱金属元素、除铍以外的碱土金属元素、部分 d 区元素和部分 f 区元素）与氢元素组成的化合物。此类化合物化学性质活泼，储量少，但具有很高的使用价值。常见的金属氢化物有氢化钠、氢化钾、氢化钙、氢化铝锂、氢化锂。储氢合金的储氢能力很强。单位体积储氢的密度，是相同温度、压力条件下气态氢的 1000 倍，也即相当于储存了 1000 个大气压（101.3MPa）的高压氢气。研究发展中的储氢合金主要有钛系储氢合金、锆系储氢合金、铁系储氢合金及稀土系储氢合金。储氢合金不但有储氢的本领，而且还有将储氢过程中的化学能转换成机械能或热能的能量转换功能。储氢合金在吸氢时放热，在放氢时吸热，利用这种放热-吸热循环，可进行热的储存和传输，制造制冷或采暖设备。

（2）复合氢化物

还有另一组氢化物称为复合氢化物。这些是含有氮（酰胺）和硼（硼氢化物）的氢化物。它们与氢形成牢固的键。这种氢化物具有很高的氢重储存能力。常见的复合氢化物有氢化铝锂（$LiAlH_4$）、硼氢化钠（$NaBH_4$）等。然而，这些氢化物目前存在许多问题［如高工作温度、可逆性、较慢的动力学和分解产物（硼烷、氨等）等］，还不能用于储存，但如果进行更多的工作来解决了问题，那么它可以用于移动和固定储氢。

（3）液氢载体

液态有机物储氢技术（LOHC）原理是借助某些烯烃、炔烃或芳香烃等储氢剂和氢气的一对可逆反应来实现加氢和脱氢，质量储氢密度在 5%～10%，储氢量大，储氢材料为液态有机物，可以实现常温常压运输，方便安全。LOHC 可以在普通环境条件下以化学方式高密度储存氢。储氢是通过放热催化氢化反应进行的，而释氢是通过吸热催化脱氢反应进行的。

（4）材料表面存储

氢也可以通过吸附可逆地储存为山梨酸盐，通过范德瓦耳斯力吸附在特定表面积的材料中。一些吸附材料包括金属有机框架（MOF）、沸石、碳纳米管等。所需的工作温度较低，而这种存储形式的压力较高。表面存储系统也具有低体积密度。

6.4.3 氢能转换材料

氢气目前主要作为工业原料应用于石油、化工、化肥及冶金等领域，如合成氨、石油精炼及甲醇生产，三大领域占比约为 90%，而其作为清洁燃料及其他方面的应用仅占 10%。氢气作为燃料最具吸引力的应用是燃料电池（用于发电、新能源车等），其最终的产物是水，可实现真正的零污染。

燃料电池是一种使用氢作为燃料而发电的电化学能量转换装置。它可以将化学能直接转化为电能，并且比传统的机械系统具有更高的效率。燃料电池种类繁多，按照不同的分类方式可分为不同种类。例如，按照燃料电池的工作温度，其可分为高温、中温、低温三种类型；按照燃料的来源，燃料电池又可分为直接式燃料电池（如直接甲醇燃料电池）、间接式燃料电池（如甲醇通过重整器产生氢气，然后氢气为燃料电池的燃料）和再生类燃料电池；现在大多依据燃料电池电解质类型来划分，可大体分为五大类，即，磷酸型燃料电池、质子交换膜燃料电池、熔融碳酸盐燃料电池、固体氧化物燃料电池和碱性燃料电池。

燃料电池的能量转换效率是不受卡诺原理限制的，其转换效率高、清洁、无污染、噪声小、方便制作、比功率高，既可以集中供电，又适合分散供电。以质子交换膜燃料电池（PEMFC）为例，其主要包括以下部分：膜电极组件、双极板及密封元件等。膜电极接合体是在电化学反应中，电极和电解质膜通过多孔的阳极和阴极气体扩散元件的核心组件。燃料电池是一种将化学能直接转化为电能的装置。它利用燃料和氧化剂（通常是氢气和氧气）在电解质膜两侧发生氧化还原反应，产生电流。反应产物是水，因此燃料电池是一种清洁能源。单个燃料电池的工作电压约为 0.7V，为了获得更大的电压，通常将数百个单电池串联起来形成燃料电池堆。燃料电池的工作原理类似于原电池，但需要更复杂的工作系统，包括燃料供应、氧化剂供应、水和热管理、电子控制等。只要燃料和氧化剂持续供应，燃料电池就能持续发电。

6.4.4 氢能器件的主要应用

氢能作为一种清洁、高效的能源，在全球能源转型中具有重要的地位。氢能器件在多个领域的应用涉及氢的生产、储存、运输和利用等多个环节。随着氢能技术的不断进步，氢能器件的功能化和高效性得到显著提升，氢能器件广泛应用于交通、工业、能源、环保等多个领域。以下是氢能器件的主要应用。

（1）氢气生产与分解设备

氢气的生产是氢能利用的基础，氢气生产设备是氢能产业化的重要组成部分。常见的氢气生产方法包括水电解法、天然气重整法和生物质转化法等。

水电解是最清洁的氢气生产方法之一，通过电解水将水分解为氢气和氧气。电解槽是水电解制氢的核心设备，通常采用铂、钯等贵金属或镍合金材料作为电极材料。随着研究的进展，非贵金属催化剂材料（如过渡金属氧化物、氮掺杂碳材料等）逐渐被用于提高电解效率，并降低成本。

固体氧化物电解槽（SOEC）是一种高温电解水制氢技术使用的设备，其工作温度高于 600℃。SOEC 具有较高的电解效率，能够利用废热提高氢气生产效率，尤其适合高温工业过程中的氢气生产。

天然气重整法是工业中常用的氢气生产方法之一。重整器设备通过催化剂将天然气（主要是甲烷）与水蒸气反应，生成氢气和二氧化碳。随着氢能需求的增加，开发更为高效、低碳的重整技术成为研究的重点。

（2）氢气储存与运输设备

氢气的低密度使其在储存和运输过程中面临巨大挑战。为了解决氢气的高效存储与运输问题，氢能器件的发展集中在氢气储存技术上。

高压氢气储罐：氢气的高压储存是一种常见的氢气储存方式，氢气被压缩到高达700bar（$1bar=10^5Pa$）以上的压力后，储存在高压容器中。这些容器通常采用碳纤维或其他高强度复合材料制作，具有较轻的重量和高强度，能够承受高压氢气的存储要求。高压氢气储罐被广泛应用于氢能汽车、氢气加气站和工业气体储存等领域。

液态氢储罐：液态氢储存是通过将氢气冷却至极低温（约−253℃）使其液化。这种储存方式可以在较小的体积内存储更多的氢气，适合远距离运输和大规模储存。液态氢储罐在航空、航天和大型能源系统中有重要应用，能够为大型氢能系统提供充足的氢气供应。

固态氢储存：固态氢储存技术利用金属氢化物、化学氢化物或纳米结构材料将氢气存储在固体介质中。这种储存方式具有较高的能量密度和安全性，近年来受到了广泛研究。金属氢化物（如钠铝氢化物、镁氢化物等）被用作氢气储存介质，通过物理吸附或化学反应吸附氢气。

（3）氢能燃料电池

氢能燃料电池是氢能应用的核心设备之一，它通过氢气与氧气发生电化学反应，生成电能、水和热能。氢能燃料电池具有零排放、环境友好的优势，广泛应用于交通、发电、便携式能源等领域。

氢燃料电池汽车：氢燃料电池汽车是最为广泛的氢能交通工具。通过将氢气储存在高压氢气罐中，氢气与空气中的氧气在燃料电池中发生反应，产生电能驱动电动机。氢燃料电池汽车具有快速加注、较长续航、零排放等优点，是未来绿色交通的重要组成部分。

便携式氢燃料电池：便携式氢燃料电池作为移动电源，在电力供应较难获得的情况下具有重要应用。它们广泛用于通信设备、便携式电子产品、军用设备等领域，能够为用户提供长时间的可靠电源。

氢燃料电池发电机：氢燃料电池发电机可作为备用电源、远程电力供应等应用，特别适用于偏远地区和应急场合。氢燃料电池发电机具有高效、低噪声、环保等特点，能满足不间断电力供应（UPS）等需求。

（4）氢能动力系统

氢能不仅用于交通工具的驱动，还可以与其他能源系统结合，形成更为复杂的氢能动力系统。氢能作为航空燃料的应用逐渐受到重视。氢燃料电池或氢气内燃机可以作为飞机的动力来源，具有零排放、低噪声和高效能的优点。氢能飞机是未来航空运输发展的方向之一。氢能也被用于船舶和铁路领域。氢燃料电池驱动的船舶和火车具有绿色、低碳的特点，能够减少传统内燃机的污染排放。通过在船舶和火车中搭载氢气储罐和燃料电池系统，能够有效推动零排放的绿色交通系统发展。在可再生能源领域，氢能也发挥着重要作用。通过将风能或太阳能转化为氢气进行储存，可以解决可再生能源波动性问题。氢气可以作为储能介质，在电力需求高峰时提供电力，促进能源系统的稳定性。

6.5 电化学能源材料

6.5.1 概述

电源是将其他形式的能转换为电能，供给电器设备使用的装置。常见的电源是电池（直流电）与家用的110～220V交流电源。电池主要分为三大类，即化学电池、物理电池以及生物电池。

① 化学电池是将化学能转换为电能的装置，其主要分为一次电池、二次电池以及储备电池和燃料电池四种。

② 物理电池是利用光、热、物理吸附等物理能量发电的电池，如太阳能电池、超级电容器以及飞轮电池等。

③ 生物电池是利用生物化学反应发电的电池，如微生物电池、酶电池以及生物太阳能电池等。

化学电池由正极、负极、电解质、隔膜以及电池壳与极耳等组成。其基本特点为：化学电池涉及的化学反应是氧化还原反应，氧化还原反应分别在电池的两极同时进行，电子通过外线路转移，离子通过电解质转移。

化学电池的特性包括电池电动势、电池内阻、开路电压和工作电压、容量和比容量、能量和比能量、功率和比功率、库仑效率和能量效率、循环性能（电池寿命）、倍率性能、自放电性能、安全性能、毒性以及成本等。

电池的性能是上述各种性能的综合表现。这些性能都是电池材料本征特性的直接体现，因此各种性能之间往往具有一定的关联性，会互相影响、相互制约。例如，一种常见的提高电池倍率性能的做法是将电极材料纳米化，但这同时带来的影响可能有：电极材料振实密度降低，导致体积能量密度下降；电极材料比表面积增加，与电解液副反应程度增加，电池循环性能变差；成本增加。一般来说，一个电池不太可能在所有的性能方面都很优越。我们要用辩证的方法来研究电池，对其性能不能一味地求全求美，而是要研究材料特性，再针对不同的应用需求来设计具有不同特性的电池，如能量密度型、功率密度型、快充型、长寿命型等。混合动力汽车则对电池的功率密度、能量密度以及安全性都有很高的要求；应用于电网储能及调峰的电池则对体积能量密度要求较低，但对能量效率、功率密度的要求较高。

6.5.2 锂离子电池

锂离子电池是一种二次电池（充电电池），它主要依靠 Li^+ 在两个电极之间往返嵌入和脱嵌来工作。锂系电池分为锂电池和锂离子电池。手机和笔记本电脑使用的都是锂离子电池。电池一般采用含有锂元素的材料作为电极，锂离子电池是现代高性能电池的代表。而真正的锂电池由于危险性大，很少应用于日常电子产品。锂离子电池由日本索尼公司于1991年最先开发成功。它是把锂离子嵌入碳（石油焦炭和石墨）中形成负极（传统锂电池用锂或锂合金作负极）。

（1）锂离子电池工作原理

锂离子电池由三部分组成：正极、负极和电解质。电极材料是锂离子可以嵌入（插入）/脱嵌（脱插）的。其中，电极材料一般选择离子导电和电子导电的复合导体材料，电解质一般选择好的锂离子导体物质。正极材料一般选择电位相对较高（vs. Li^+/Li）且稳定的嵌脱锂的过渡金属氧化物和聚阴离子类化合物等，负极材料则一般选择电位接近金属锂析出电位的可逆嵌脱锂材料，常见的如 MCMB（中间相炭微球）；电解液一般为以锂盐（如 $LiPF_6$ 等）为溶质的有机碳酸酯溶液；隔膜材料一般为聚烯烃系树脂，如 Celgard 2400 隔膜为 PP/PE/PP 三层微孔隔膜；集流体正极一般采用 Al 箔，负极采用 Cu 箔。

如图 6-15 所示，锂离子二次电池实际上是一种锂离子浓差电池，充电时，锂离子从正极脱出，经过电解质嵌入到负极，负极处于富锂状态，正极处于贫锂状态，同时电子的补偿电荷从外电路供给到碳负极，以确保电荷的平衡。放电时则相反，Li^+ 从负极脱出，经过电解液嵌入到正极材料中，正极处于富锂状态。在正常的充放电情况下，锂离子在层状结构的碳材料和层状结构氧化物的层间嵌入和脱出，一般只引起材料的层间间距发生变化，不破坏晶体结构，在充放电过程中，负极材料的化学基本结构也保持不变。因此从充放电反应的可逆性看，锂离子电池反应是一种理想的可逆反应。

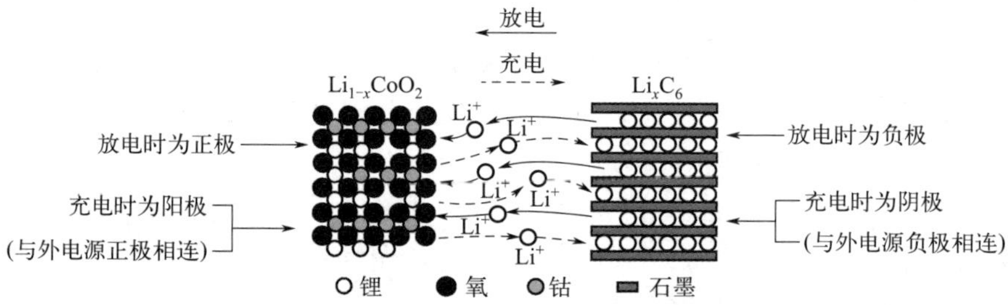

图 6-15 “摇椅”式工作原理

（2）锂离子电池正极

正极材料是决定锂离子电池性能的关键材料之一，也是目前商业化锂离子电池中主要的锂离子来源，其性能和价格对锂离子电池的影响较大。

为了使锂离子电池具有较高的能量密度、功率密度，较好的循环性能及可靠的安全性能，正极材料应满足以下条件：

① 正极材料起到锂源的作用，它不仅要提供在可逆的充放电过程中往返于正负极之间的 Li^+，而且还要提供首次充放电过程中在负极表面形成 SEI 膜时所消耗的 Li^+；

② 提供较高的电极电位，这样电池输出电压才可能高；

③ 整个电极过程中，电压平台稳定，以保证电极输出电位的平稳；

④ 为使正极材料具有较高的能量密度，要求正极活性物质的电化学当量小，并且能够可逆脱嵌的 Li^+ 量要大；

⑤ Li^+ 在材料中的化学扩散系数高，电极界面稳定，具有高功率密度，使锂电池可适用于较高的充放电倍率，满足动力型电源的需求；

⑥ 充放电过程中结构稳定，可逆性好，保证电池的循环性能良好；

⑦ 具有比较高的电子电导率和离子电导率；

⑧ 化学稳定性好，无毒，资源丰富，制备成本低。

现有的锂离子电池正极材料体系主要可归纳为四类结构框架。第一类是以层状氧化物为核心的层状结构材料，典型代表包括 $LiCoO_2$、$LiNiO_2$、$LiMO_2$（M 为 Co、Ni、Mn 的单金属或复合金属）体系，以及基于三元金属复合的 NCM（如 $LiNi_{1/3}Co_{1/3}Mn_{1/3}O_2$）和 NCA（$LiNi_{0.8}Co_{0.15}Al_{0.05}O_2$）材料。第二类为尖晶石结构材料，涵盖经典尖晶石 $LiMn_2O_4$ 和具有高电压特性的改进型尖晶石（如 $LiNi_{0.5}Mn_{1.5}O_4$）。第三类是以聚阴离子框架为特征的聚阴离子型材料，其下可细分为橄榄石结构如 $LiFePO_4$、$LiMnPO_4$、$LiCoPO_4$）、NASICON 型结构［如 $Li_3V_2(PO_4)_3$］以及其他衍生体系（如硫酸盐、硅酸盐）。最后一类属于特殊功能材料，主要包括通过多相复合设计的富锂锰基材料［典型组成为 $x Li_2MnO_3 \cdot (1-x) LiMO_2$］以及以羰基化合物、导电聚合物为代表的有机正极材料。

① 钴酸锂（LCO） 适合小型电池，实际容量不高。

钴酸锂是第一代商业化正极材料，具有放电平台高、比容量较高、循环性能好、合成工艺简单等优点。但该材料含钴较多，成本较高。但其仍是小型锂电池的最佳选择。目前在 3C 电子电池中，大多数仍使用钴酸锂而并非比容量更高的三元材料，原因是钴酸锂材料的压实密度大于三元材料，即单位体积内能容纳的钴酸锂量更多。在更为重视体积能量密度的小型电池中，钴酸锂占有一席之地。

钴酸锂理论容量高，但实际容量却只有理论的一半。原因是在充电过程中锂离子要从钴酸锂材料中脱出，但脱出量小于 50%时，材料的形态和晶型可以保持稳定。随着锂离子脱出量增大至 50%，钴酸锂材料将发生相变，如果此时继续充电，钴将溶解在电解液中并产生氧气，严重影响电池循环稳定性和安全性能，因此一般的钴酸锂充电截止电压为 4.2V。

② 磷酸铁锂（LFP） 能量密度低，安全性突出。

磷酸铁锂是目前广受关注的正极材料之一，理论比容量为 170mAh/g，实际比容量可达 150mAh/g 以上。其主要特点是成本低廉、安全性非常好、循环寿命高，这些特点使得磷酸铁锂材料迅速成为研究热点，磷酸铁锂电池也在电动汽车领域有了广泛的应用。

磷酸铁锂的缺点也较为明显，即能量密度低。原因有两点：一是磷酸铁锂材料的电压仅 3.3V 左右，低于其他正极材料，这使得磷酸铁锂电池储存能量较低；二是磷酸铁锂导电性较差，需要纳米化并进行包覆才能获得良好的电化学性能，这使得材料变得蓬松，压实密度较低。二者综合作用，使得磷酸铁锂电池的能量密度低于钴酸锂和三元电池。因此磷酸铁锂电池主要应用于电动大巴车及少量乘用车中。

③ 三元材料（NCM、NCA） 性能可调控。

三元材料是与钴酸锂结构极为相似的锂镍钴锰氧化物（$LiNi_xCo_yMn_{1-x-y}O_2$）的俗称，这种材料可以在比能量、循环性、安全性和成本方面进行均衡和调控。镍、钴、锰三种元素的不同配置将为材料带来不同的性能：镍含量增加将增加材料的容量，但会使循环性能变差；钴的存在可使材料结构更加稳定，但含量过高会使容量降低；锰的存在可以降低成本并改善安全性能，但含量过高则会破坏材料的层状结构，因此找到三种材料的比例关系以达到综合性能最优化，是三元材料研发的重点。常见配比有 NCM111、NCM523、NCM622、NCM811 等。

（3）锂离子电池负极

负极材料是电池在充电过程中锂离子和电子的载体，起着能量的储存与释放的作用。在电池成本中，负极材料占了5%～15%，是锂离子电池的重要原材料之一，图6-16是目前负极材料的主要分类。

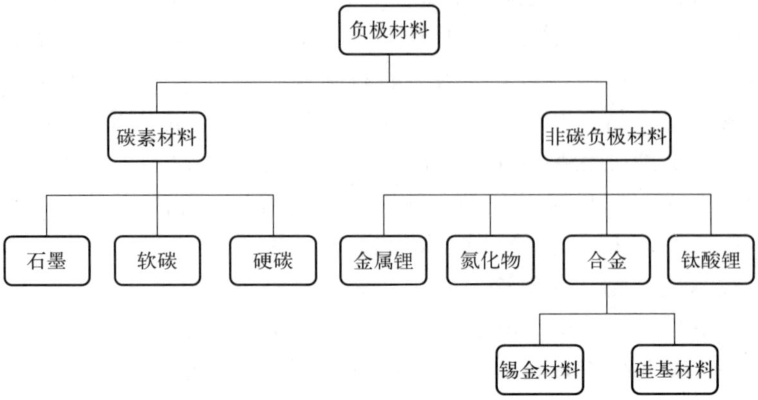

图6-16　锂离子电池负极材料的分类

① 碳基负极材料

a.石墨　石墨类材料因其具有对锂电位低、首次效率高、循环稳定性好、成本低廉等优点而成为目前常用的锂离子电池负极材料。石墨主要分为天然石墨和人造石墨。

天然石墨根据其结晶状态可分为晶质石墨（鳞片状石墨）和隐晶质石墨（土状石墨），常采用天然鳞片状石墨作为锂离子电池的负极材料。天然鳞片石墨通过开采、分选、改性等步骤处理制成球形石墨使用。天然石墨之所以无法直接作为锂离子电池的负极材料，主要原因有：天然石墨表面缺陷多，比表面积大，首次效率较低；采用PC基电解液（碳酸酯基电解液），有严重的溶剂化锂离子共嵌入现象，导致石墨层膨胀剥离，电池性能失效；天然石墨具有强烈的各向异性，锂离子仅能从端面嵌入，倍率性能差，易析锂。因此，需要对天然石墨进行改性，以提高其电化学性能。

人造石墨一般采用致密的石油焦或针状焦作为前驱体经过石墨化高温处理制成。避免了天然石墨的表面缺陷，但仍存在因晶体各向异性导致倍率性能差、低温性能差、充电易析锂等问题。

b.软碳　软碳又称易石墨化碳材料，是指在2500℃以上的高温下能石墨化的无定形碳材料。一般而言，根据前驱体烧结温度的区别，软碳会产生3种不同的晶体结构，分别是无定形结构、湍层无序结构和石墨结构，石墨结构也就是常见的人造石墨。其中，无定形结构结晶度低、层间距大、与电解液相容性好，因此低温性能优异、倍率性能良好，从而受到人们的广泛关注。软碳首次充放电时不可逆容量较高，输出电压较低，无明显的充放电平台，因此一般不独立作为负极材料使用，通常作为负极材料包覆物或者组分使用。

c.硬碳　硬碳又称难石墨化碳材料，在2500℃以上的高温也难以石墨化，一般由前驱体经500～1200℃范围内热处理得来。常见的硬碳有4类：树脂碳、有机聚合物热解碳、炭黑、生物质炭。其中，酚醛树脂在800℃热解可得到硬碳材料，其首次充电容量可达800mAh/g，层间距$d(002)>0.37$nm（石墨为0.3354nm），大的层间距有利于锂离子的嵌入和脱嵌，因此硬碳具有极好的充放电性能，正成为负极材料新的研究热点。但是，硬碳首次不可逆容量很高、电压平台滞后、压实密度低、容易产气等也是其不可忽视的缺点。

② 非碳基负极材料

a. 晶体硅材料　优势为容量高［4200mAh/g（$Li_{4.4}Si$）］；劣势为体积膨胀可达 300%，这不仅会导致 Si 负极的颗粒破碎，还会破坏电极的导电网络和黏结剂网络，导致活性物质损失，从而严重影响硅负极材料的循环性能。

b. 氧化亚硅　体积膨胀小，但首效过低。SiO_x 材料体积膨胀要远小于晶体硅材料，但是其膨胀水平仍远高于石墨类材料，因此 SiO_x 材料的研制工作仍然要着重考虑体积膨胀问题，减少在循环过程中材料的颗粒破碎和粉化，提高材料的循环寿命。

c. 锡基材料　因其具有较高的理论比容量（Sn 为 990mAh/g，SnO_2 为 1494mAh/g，分别是石墨化碳理论容量的 2 倍和 4 倍多）、嵌脱锂电压适中、自然储量丰富、价格低廉、无毒、安全性高和环保等优点，受到人们的广泛关注和研究，是取代当前商业碳成为下一代锂离子电池负极材料的理想材料。但是，锡基材料由于其在嵌/脱锂时发生相变和合金反应，产生巨大的体积膨胀效应，材料粉碎，结构受到破坏，容量急剧衰退，其循环性能差。此外，二氧化锡材料作为金属氧化物，具有半导体属性，电子的导电性差，因此其倍率性能也比较差。

d. 钛酸锂　尖晶石结构，电位平台 1.5V，三维离子扩散通道，晶格稳定，理论容量 176mA·h/g。该材料具有高安全、高倍率、长寿命的特点。相对石墨，具有更高的离子扩散率，但是导电能力差，需要碳包覆和掺杂改性；电位高，与高电位正极材料只能形成 2.4～2.6V 电压，需降低钛酸锂电位（金属取代部分 Ti）。

e. 金属锂　是密度最小的金属，标准电极电位 −3.04V，理论比容量 3860mA·h/g，仅次于硅的 4200mA·h/g，应用于锂硫电池（2600W·h/kg）、锂空气电池（11680W·h/kg）等。锂金属电池有着很高的容量表现，但是，使用中存在锂枝晶、负极沉淀、负极副反应现象，严重影响电池的安全，故而现阶段处于概念性阶段。

作为锂离子嵌入的载体，负极材料需满足以下要求：

① 锂离子在负极基体中的插入氧化还原电位尽可能低，接近金属锂的电位，从而使电池的输入电压高；

② 在基体中大量的锂能够发生可逆插入和脱嵌以得到高容量；

③ 在插入/脱嵌过程中，负极主体结构没有或很少发生变化；

④ 氧化还原电位随 Li 的插入/脱出变化应该尽可能小，这样电池的电压不会发生显著变化，可保持较平稳的充电和放电；

⑤ 插入化合物应有较好的电子电导率和离子电导率，这样可以减少极化并能进行大电流充放电；

⑥ 主体材料具有良好的表面结构，能够与液体电解质形成良好的 SEI；

⑦ 插入化合物在整个电压范围内具有良好的化学稳定性，在形成 SEI 后不与电解质等发生反应；

⑧ 锂离子在主体材料中有较大的扩散系数，便于快速充放电；

⑨ 从实用角度而言，材料应具有较好的经济性以及环境友好性。

锂离子电池负极材料未来将向着高容量、高能量密度、高倍率性能、高循环性能等方面发展。现阶段锂离子动力电池负极材料基本是石墨类碳负极材料，对石墨类碳负极材料进行表面包覆改性，增加与电解液的相容性、减少不可逆容量、增加倍率性能也是当下提升的一个重点。对负极材料钛酸锂进行掺杂，提高电子电导率、离子电导率是现阶段一个重要的改进方向。对于硬碳、软碳、合金等负极材料，虽然具有较高的容量，但是存在循环稳定性问题。锂金属负极，虽然具有很高的能量密度，但是其存在的固有锂枝晶等安全问题尚无行之有效的解决办法。

6.5.3 超级电容器

超级电容器（有时称 SC）是能够快速存储和供应高功率电力以及大量循环（高达数百万次循环）而不会显示性能衰减的电化学装置。

如图 6-17 所示，超级电容器是通过电极与电解质之间形成的界面双层来存储能量的新型元器件。当电极与电解液接触时，库仑力、分子间力及原子间力的作用，使固液界面出现稳定和符号相反的双层电荷，称其为界面双层。把双电层超级电容看成是悬在电解质中的 2 个非活性多孔板，电压加载到 2 个板上。加在正极板上的电势吸引电解质中的负离子，负极板吸引正离子，从而在两电极的表面形成了一个双电层电容器。双电层电容器根据电极材料的不同，可以分为碳电极双层超级电容器、金属氧化物电极超级电容器和有机聚合物电极超级电容器。

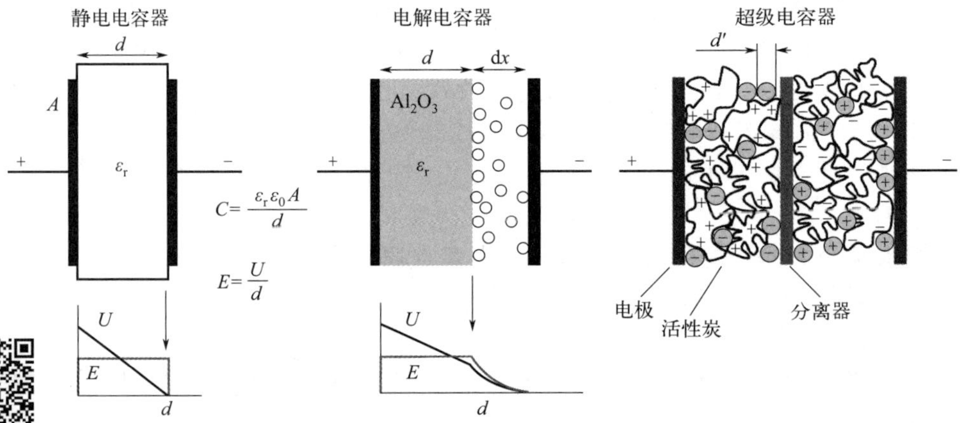

图 6-17　超级电容器与标准电容器的比较

与蓄电池和传统电容器相比，超级电容器具有以下主要特点：功率密度高，可达到 $10^2 \sim 10^4$ kW/kg，远超蓄电池；循环寿命长，经过 50 万至 100 万次高速深度充放电后，容量和内阻仅下降 10%～20%；工作温度范围宽，从 −40～80℃，且在低温下表现出较小的容量变化；免维护，具备较强的充放电承受能力，能够稳定地进行反复充放电；绿色环保，生产过程中不使用重金属和有害化学物质，且具有较长的使用寿命，是一种环保的能源选择。

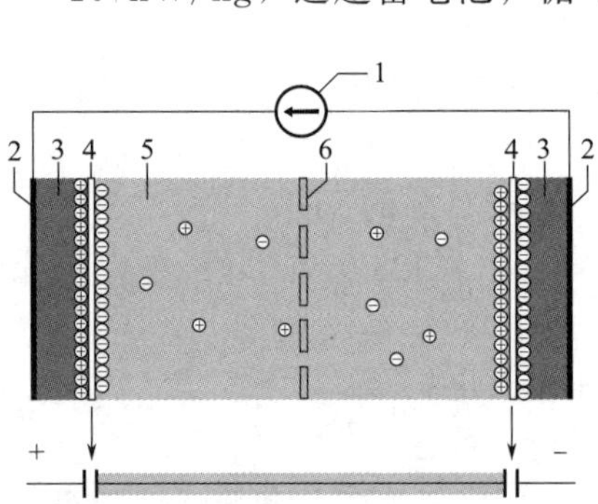

图 6-18　超级电容器的典型结构

1—电源；2—收集器；3—极化电极；4—亥姆霍兹双电层；5—具有正负离子的电解质；6—分离器

（1）超级电容器原理

在传统的电容器中，电荷在电场中会受力而移动，当导体之间有了介质，则阻碍了电荷移动而使得电荷累积在导体上，造成电荷的累积储存，储存的电荷量则称为电容。如图 6-18 所示，超级电容器由两个被离子渗透膜隔开的电极和连接两个电极的电解质组成。电极被外加电压极化时，电解质中的离子便形成与电极极性相反的双电层。例如，正极化的电极会在电极-电解质界面上激发出一层负离子，同时，体系会自发吸附正离子层附着在负离子层上。负极化电极的情况则相反。此外，一些离子可以根据电极材料和表面形状渗透进双层，成为特定的吸附离子，形成赝电容器，可视作总电容的一部分。

两个电极相当于两个单独电容 C_1 与 C_2 串联，总电容 C_{total} 可由式（6-4）得到。

$$C_{total}=\frac{C_1C_2}{C_1+C_2} \tag{6-4}$$

超级电容器可以有对称或不对称的电极。电极的对称性是指两个电极是否拥有相同的电容值，拥有对称电极的电容总值是每个电极的一半（即若 $C_1=C_2$，则 $C_{total}=1/2C_1$）。极不对称电容器的电容值可直接近似为电容较小的电极的电容值（若 $C_1 \gg C_2$，则 $C_{total} \approx C_2$）。

超级电容器使用双电层效应来储存电能，而没有传统的用于分隔电荷的固体电介质。在电极的双电层中，主要使用两种不同的原理来储存电能。

电静力双层电容器（EDLC）一般使用碳电极或其衍生物，电容值大大高于电化学赝电容，在电极表面和电解质间的界面处的亥姆霍兹双电层中实现电荷的分离。电荷分离的量级为 0.3～0.8nm，比传统电容器小得多。

电化学赝电容器一般以金属氧化物或导电聚合物为电极，在双层电容外还有大量的电化学赝电容。赝电容通过法拉第电子电荷转移，配合氧化还原反应、嵌入或电吸附实现。

混合电容（如锂离子电容）使用两种不同特性的电极：一个表现为电静力电容，另一个表现为电化学电容。

电化学电容器中，单位电压能储存的电荷量基本是电极尺寸的函数。不同储存原理的电容，电容值可以有极大的差异。

① 双电层电容　插入电解质溶液中的金属电极表面与液面两侧会出现符号相反的过剩电荷，从而使相间产生电位差。那么，如果在电解液中同时插入两个电极，并在其间施加一个小于电解质溶液分解电压的电压，这时电解液中的正、负离子在电场的作用下会迅速向两极运动，并分别在两电极的表面形成紧密的电荷层，即双电层（如图 6-19 所示），它所形成的双电层和传统电容器中的电介质在电场作用下产生的极化电荷相似，从而产生电容效应。紧密的双电层近似于传统电容器中的电介质层，但其厚度只有一个分子，因此具有比普通电容器大得多的容量。因此传统板式电容器的计算公式也可用来计算其电容［式（6-5）］：

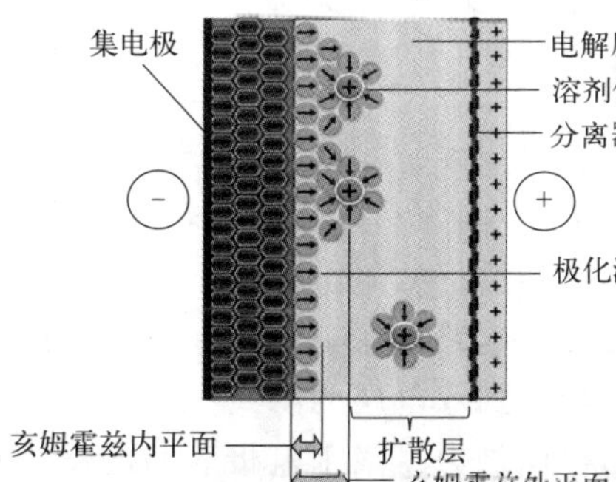

图 6-19　电极中负离子和液态电解质中溶解的正离子形成的双电层

$$C=\varepsilon\frac{A}{d} \tag{6-5}$$

式（6-5）表明，电容率 ε 越高，电极板表面积 A 越大，板间距 d 越小，电容 C 越大。因此，双层电容器的电容远高于传统电容器，这是因为活性炭电极的表面积极大，而双电层距离极小，只有 0.3～0.8nm，相当于德拜长度的数量级。

双电层电容器没有传统的电介质，而是使用绝缘体隔开。这个绝缘层可以让电解液中的正、负离子通过。该电解液本身不能传导电子。所以当充电结束后，电容器内部不会发生漏电（电子不会从一极流向另一极）。当放电的时候，电极上的电子通过外部电路从一极流向另一极，结果是电极与电解液中的离子吸附显著降低，从而使电解液中的正负离子重新均匀分布开来。

双电层电容器具有远高于电池的功率密度，因此，虽然现有的双电层电容器的能量密度是传统电池的 1/10，但其功率密度是后者的 10～100 倍。它们适合介于电化学电池（持续的能量释放）与静电电容器（瞬间能量释放）之间的应用。

电化学电容器中，单位电压能储存的电荷量基本上是电极尺寸的函数。双电层中的静电储能与储存的电荷呈线性关系，并与吸附离子的浓度相对应。由于在电极或电解质内没有发生任何化学变化，理论上双电层的充电和放电量是无限的，真正的超级电容器的寿命只受电解质的蒸发所限。

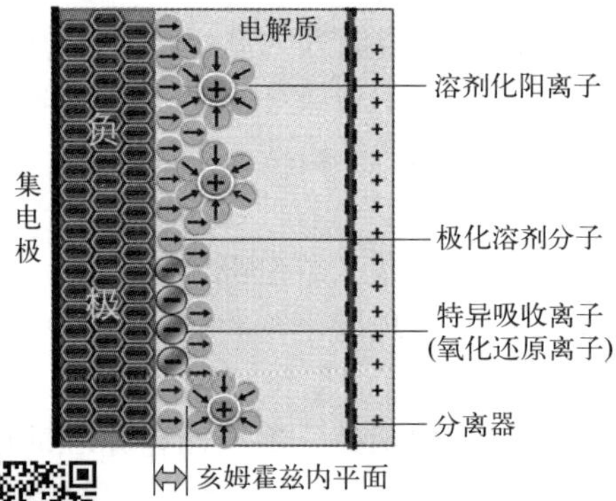

图 6-20　赝电容材料表面的双电层的简化视图

② 电化学赝电容器　赝电容材料表面的双电层的简化视图见图 6-20。

在电化学电容器一端施加电压，电解质离子便移动到极性相反的极化电极上，形成双电层，其中单层溶剂分子充当分离器。当电解质中的特定吸附离子渗透进双电层中，就会产生赝电容：虽然不是电容，但可以储存电能。赝电容通过可逆的法拉第氧化还原反应，在具有双电层的电化学电容电极表面储存电能。赝电容是一种电化学储能方式，它是通过电解质和电极间快速可逆的电子转移实现的。这种转移由一连串高速的可逆氧化还原反应、嵌入或电吸附引起，来自发生了去溶剂化并吸附在电极表面的离子，每个离子只涉及一个电子。被吸附的离子与电极的原子不会发生化学反应（没有化学键产生），因为只发生电荷转移。

参与法拉第过程的电子往来于氧化还原电极反应物的价电子态（原子轨道）。它们进入负极，通过外部电路流向正极，在那里形成具有相同阴离子数的第二个双电层。到达正电极的电子没有转移到双电层的阴离子中，而是留在了电极表面的过渡金属离子旁。因此，法拉第赝电容的存储能力受限于电极表面的反应物数量。

法拉第赝电容只与双电层电容器一起出现，其大小可能超过相同表面积的双电层电容 100 倍，取决于电极的性质和结构，因为所有赝电容反应都发生在去溶剂化的离子上，比带溶剂壳的溶质离子少得多。赝电容的值在狭窄的范围内遵循一个线性函数，由电位吸附阴离子的多少决定。

电极通过氧化还原反应、离子嵌入或电吸附过程形成赝电容的能力，在很大程度上取决于电极材料对表面吸附离子的化学亲和力，以及其孔结构与尺寸特性。在赝电容器中，表现出氧化还原行为的典型材料主要包括过渡金属氧化物，如 RuO_2、IrO_2 或 MnO_2。为了增强其电化学性能，这些活性材料常通过掺杂方式引入电极结构中，与导电基底如活性炭、聚苯胺或聚噻吩衍生物等结合使用，以提升电子传输效率与离子扩散能力，从而实现更高的比电容和循环稳定性。

储存赝电容中的电荷量与两端电压成正比，赝电容的单位是 F。

（2）与其他存储技术的对比

表 6-3 展现了 3 种超级电容器、铝电解电容器和锂离子电池的主要参数。

表 6-3　超级电容器、铝电解电容器和锂离子电池的性能参数比较

参数	铝电解电容器	超级电容器			锂电子电池
		双电层电容（内存后备电源）	准电容	混合（锂离子）	
温度范围/℃	−40～125	−40～70	−20～70	−20～70	−20～60
最大电压/V	4～630	1.2～3.3	2.2～3.3	2.2～3.8	2.5～4.5
充放电次数/千次	<无限	100～1000	100～1000	20～100	0.5～10
电容/F	≤2.7	0.1～470	100～12000	300～3300	—
比能/(W·h/kg)	0.01～0.3	1.5～3.9	4～9	10～15	100～265
功率质量比/(W/g)	>100	2～10	3～10	3～14	0.3～1.5
室温下自放电时间	短（数天）	中（数周）	中（数周）	长（月）	长（月）
效率/%	99	95	95	90	90
室温下工作年限	>20 年	5～10 年	5～10 年	5～10 年	3～5 年

电解电容器的主要特点包括：在低频交流电中能够进行几乎无限次的充放电循环，具备较高的介电强度（最高可达 550V），并具有良好的频率响应能力。相比之下，超级电容器虽然不能用于交流电路，但其能量存储能力远超电解电容器，可储存其 10～100 倍的能量。

与蓄电池相比，超级电容器的峰值电流更高，每周期成本更低，没有过度充电的危险；可逆性良好，电解质无腐蚀性，且具有低材料毒性。蓄电池成本较低，放电电压稳定，但需要复杂的电子控制和开关设备，能量损失和短路时的火花风险很大。

（3）超级电容器材料

① 超级电容器特性　超级电容器的特性主要源于其内部材料之间的相互作用，尤其是电极材料与电解质的选择，它们共同决定了器件的电学、热学性能以及整体功能表现。

超级电容器的电极通常为涂覆在金属集流体上的薄层结构。这些电极材料需具备优良的导电性、高温和化学稳定性、耐腐蚀性、环境友好性、低成本，以及在单位体积和质量下具备尽可能高的比表面积。单位电压下的储能能力大致与电极表面积成正比。因此，电极多采用具有多孔结构的材料（如活性炭），以提供极高的比表面积。

此外，某些电极材料还能通过法拉第过程（如快速氧化还原反应）进一步提升电容性能。一般来说，电极孔径越小，比电容和比能越高，但这也会带来等效串联电阻的上升，从而降低功率密度。若应用场景要求承受高峰值电流，则需采用较大的孔径以减小内阻；而对高比能的需求则倾向于选择更小孔径的材料结构，以增加电荷存储能力。

② 超级电容器电极材料　超级电容器最常用的电极材料是各种形式的碳，如活性炭

(AC)、碳纤维布（AFC)、碳化物衍生碳（CDC)、碳气凝胶、石墨（石墨烯)、石墨烷和碳纳米管（CNT)。

a. 碳基电极　碳基电极主要表现为电静力双电层电容，不同孔径下可能也会出现赝电容。孔径从微孔（<2nm）到中孔（2～50nm）不等，只有微孔能产生赝电容。当孔径大小接近溶壳大小时，溶剂分子便被排除在外，只有未溶解的离子填充孔隙，通过法拉第过程增加离子堆积密度和储存能力。

b. 活性炭　活性炭是首个用于 EDLC 电极的材料。虽然其电导率仅有金属的约万分之零点三（125～300S/m)，但对于超级电容器来说也够用了。它是一种极度多孔的碳，具有极高的比表面积——1g 活性炭的表面积是 1000～3000m^2，差不多是 4～12 块网球场的大小。电极中主要使用的是低密度活性炭，孔隙很多，具有很高的双电层电容值。

固态活性炭也称固结无定形碳（CAC)，是超级电容器最常用的电极材料，可能比其他碳衍生物成本更低。活性炭粉末可通过压制变为这样的块状物。一个表面积约 1000m^2/g 的电极，典型的双电层电容约为 10μF/cm^2，比电容约为 100F/g。截至目前，超级电容器在电极材料的选择和制备方面有了显著进展，虽然活性炭仍然是最广泛使用的电极材料，但其来源已经扩展，除椰壳炭外，也包括木材、生物质衍生炭、石墨烯掺杂碳、碳凝胶等。先进多孔碳材料的比表面积可达 2000～3000m^2/g，常规产品仍在 1000～1500m^2/g 范围内，对应比电容可达 150～250F/g，部分赝电容材料甚至更高。

c. 活性炭纤维　活性炭纤维（ACF）由活性炭制成，典型直径为 10μm。它们可以有孔径十分统一的微孔，可以很容易地控制。ACF 制成的纺织品的表面积约为 2500m^2/g。ACF 电极沿纤维轴的电阻很低，与收集器接触良好。就活性炭而言，ACF 电极主要表现为双电层电容，由于微孔也有少量赝电容。

d. 碳凝胶　碳凝胶是一种高度多孔合成超轻材料，来自有机凝胶，其中的液体成分已被气体取代。凝胶电极通过间苯二酚-甲醛气凝胶的热裂解制得，导电性优于大多数活性炭。它可使厚度在几百微米的薄电极具有均匀的孔径大小。凝胶电极还可以为在高振动环境下使用的超级电容器提供振动稳定性。研究人员创造了一种碳凝胶电极，比表面积 400～1200m^2/g，体积电容为 104F/cm^3，比能为 325kJ/kg。标准气凝胶电极主要表现为双电层电容。含复合材料的气凝胶电极可增加大量赝电容。

e. 碳化物衍生碳　碳化物衍生碳（CDC）是由碳化物前驱体（如二元碳化硅和碳化钛）衍生的碳材料系列，通过物理（如热裂解）或化学（如卤化）过程转化为纯碳。碳化物衍生碳可表现出高比表面积和可被调节的孔径，以最大程度地通过法拉第的氢气吸附处理，增加赝电容。调整过孔径的 CDC 电极比传统活性炭提供的比能高 75%。

f. 石墨烯　石墨烯是单原子厚度的石墨薄片，以规则的六边形排列，也被称作“纳米复合纸”。石墨烯的理论比表面积为 2630m^2/g，可以达到 550F/g 的电容。此外，与活性炭相比，石墨烯的导电性更高。

石墨烯的二维结构改善了充放电过程。垂直方向薄片中的电荷可以迅速移入或移出电极的深层结构，从而使电流增加。这样的电容器适合 100/120Hz 的滤波器应用，这是使用其他碳材料的超级电容器不能企及的。

g. 碳纳米管　碳纳米管（CNT）是具有圆柱体纳米结构的碳分子，管壁由一个原子厚的石墨烯围成。这些片材以特定、不连续（“手性”）角度滚动，手性角度和管径的组合影响着导电性和电解质湿润性。纳米管可分为单壁纳米管（SWNT）和多壁纳米管

(MWNT)，后者在单壁纳米管外缠绕了很多层纳米管。SWNT 的直径在 1～3nm，MWNT 的不同层之间以接近石墨烯层间距（0.34nm）的距离分开。纳米管可以垂直生长在硅片等收集器基底上，典型的长度为 20～100μm。碳纳米管具有高度湿化的表面，导电性强，可以极大改善电容性能。

思考题与习题

1. 简述 PN 型异质结的光生伏特效应基本原理。
2. 简述光伏系统的构成和工作原理。
3. 简述超级电容器与传统电容器的区别。
4. 影响超级电容器性能的因素有哪些？
5. 如何降低超级电容器的内阻？
6. 目前锂离子电池的性能失效机制有哪些？
7. 简述锂离子电池的性能的影响因素。
8. 锂离子安全特性是如何实现的？

参考文献

[1] 赵玉峰，张久俊，等. 超级电容器[M]. 北京：化学工业出版社，2023.

[2] 任玉荣，曾芳磊. 新型储能材料[M]. 北京：化学工业出版社，2023.

[3] 李星，王明珊，陈俊臣，等. 储能材料与器件[M]. 北京：化学工业出版社，2023.

[4] 张林森，方华. 新能源材料与器件概论[M]. 北京：化学工业出版社，2024.

[5] 王新东，王萌. 新能源材料与器件[M]. 北京：化学工业出版社，2019.

[6] 张云，李美成，张静全，等. 新能源材料与器件制备技术[M]. 北京：化学工业出版社，2024.

[7] 吴宇平，朱玉松，等. 新能源材料与器件导论[M]. 北京：化学工业出版社，2020.

[8] 王艳艳，徐丽，李星国. 氢气储能与发电开发[M]. 北京：化学工业出版社，2017.

[9] 李强. 新能源系统储能原理与技术[M]. 北京：机械工业出版社，2022.

[10] 吴朝玲，李永涛，李媛，等. 氢气储存和输运[M]. 北京：化学工业出版社，2021.

[11] 陈林夕，李馨雨，杨玉露，等. 柔性太阳能电池生物质基底材料的研究进展[J]. 造纸科学与技术，2023，42(2)：1-5，18.

[12] 王宏铎. 我国氢能技术发展现状及展望[J]. 山东化工，2024，53(4)：83-85.

[13] 殷朝辉，蒋利军，刘蔚，等. 氢能利用关键技术及发展现状[J]. 太阳能，2024(7)：62-69.

[14] 朱宏伟. 氢能与新材料[J]. 自然杂志，2023，45(1)：54-56.

[15] 栾永超，熊亚林，何广利，等. 氢气分离膜研究进展[J]. 中国工程科学，2022，24(3)：140-152.

第 7 章

隐身材料与器件

隐身技术又称目标特征信号控制技术或低可探测技术，是通过控制装备或人体信号特征，使其难以被发现、识别和跟踪打击的技术。按照所使用的探测波来划分，隐身技术可分为雷达吸波隐身技术、红外隐身技术、可见光隐身技术、激光隐身技术和多频谱兼容隐身技术等。通常所采用的隐身措施与手段主要有隐身外形技术、隐身材料技术、无源干扰技术和有源隐身技术。其中，隐身材料技术是具有长期有效性和行之有效性的隐身手段，是众多隐身技术中技术含量较高、效果极佳、发展前景极为光明的技术。

7.1 隐身技术概述

隐身技术是指通过弱化目标所呈现的雷达、红外、声波和光学等信号特征，最大限度地降低探测系统发现和识别目标能力的技术。控制目标信号特征来提高现代武器装备的生存能力和突击能力，达到克敌制胜的效果。

采用隐身技术可实现以下效果：a. 通过精心设计武器装备外形，减少雷达散射截面（RCS），使得结构吸波材料或贴片或涂层吸收掉部分雷达波或透过部分雷达波，以达到隐身的目的；b. 减少红外辐射，适当改变发动机排气系统，减少发射热量，采用多频谱涂料和防热伪装材料改变目标的红外特征，以实现红外隐身；c. 降低噪声，使用低噪声发动机，并运用消声隔声蜂窝状或泡沫夹层结构控制信号特征，达到声波隐身的目的；d. 伪装遮罩，涂覆迷彩涂料，视觉伪装网、释放遮蔽烟幕，降低目标特征，达到可见光隐身的目的。

如图 7-1 所示，主要的隐身技术有以下几点。

① 低 RCS 技术　外形隐身技术是提高装备产品隐身性能的一项重要技术，是目前隐身技术中最有效的技术途径之一，外形隐身并不能吸收雷达波，而是通过精确的外形设计将雷达波能量反射到较低威胁的方向上，以减小高威胁方向上的雷达回波。采用单一的外形隐身设计方法，对降低整体的 RCS 指标并不理想，因为需要综合采用各种隐身设计。

② 雷达目标特征信号控制技术　包括雷达有源隐身技术和雷达吸波材料。雷达有源隐身技术主要是利用有源手段使武器装备规避声、光、电、热等探测设备探测的一种技术，其实现的主要技术途径如下：电子欺骗、有源干扰和有源对消法。雷达吸波材料包括铁氧体吸波材料、多晶铁纤维吸波材料、金属微粉吸波材料、含铁氧体的玻璃钢材料、碳纤维复合材料、结构陶瓷及陶瓷基复合材料及其他的新型隐身材料。

③ 红外及可见光特征信号控制技术　其主要原理是隔热温控或使红外辐射能量集中于红外探测系统工作波长 3～5μm 和 8～14μm 两个波段以上的频段上。可见光特征信号控制手段主要采用迷彩、伪装技术，在武器表面涂上与背景颜色相近的迷彩，或在武器表面罩上伪装网。

④ 声频特征信号控制技术　主要是采用消声瓦技术手段降低其自身的噪声辐射，避免被敌方主动声呐探测到。

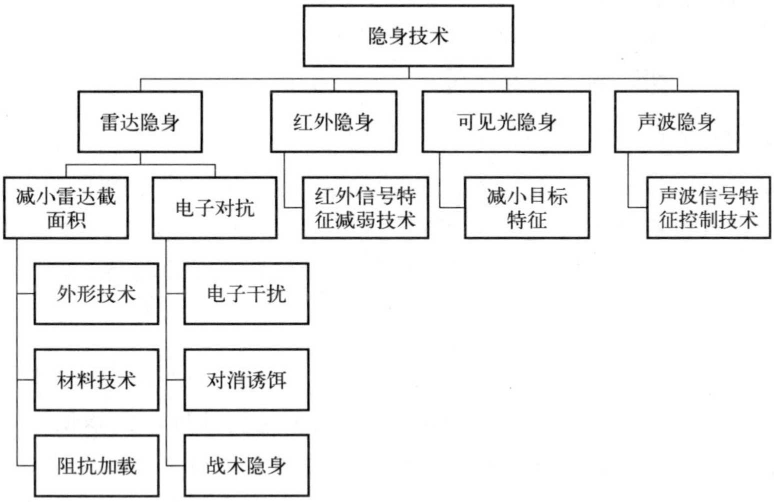

图 7-1　隐身技术的分类

7.2 吸波剂

微波吸收材料（也称吸波剂）是一种重要的功能材料，它在隐身技术、微波通信、微波暗室、抗电磁辐射以及防电磁污染等方面得到了广泛应用。为了探索新的吸收机理和进一步提高吸波性能，纳米微粒、纤维、薄膜等低维材料日益受到重视，它们具有吸收频带宽、兼容性好、吸收强、质量轻等优点，极具发展潜力。

7.2.1 微粉吸波剂

（1）铁氧体吸波剂

铁氧体是一种具有铁磁性的金属氧化物，价格便宜，化学稳定性好，是发展最早、研究最多、较为成熟的吸波材料。按晶体结构的不同，铁氧体主要分为尖晶石型、石榴石型和磁铅石型，它们均可用作吸波材料。

（2）羰基铁吸波剂

羰基铁吸波剂是目前最为常用的雷达波吸波剂之一，它是一种典型的磁损耗型吸波材料，磁损耗角可达 40°左右，与高分子胶黏剂复合成的吸波涂料具有吸收能力强、应用方便等优点。羰基铁吸波剂有粉状和针状两种，粉状羰基铁密度大，电损耗和磁损耗也比较大，介电常数高，电磁参数难以匹配。针状羰基铁颗粒细、密度小，吸波剂涂层兼具宽频、高吸收和质轻等优点。纳米级铁粉电导率很低，材料的比饱和磁化强度下降，但磁化率和矫顽力急剧上升。其在细化过程中，处于表面的原子数越来越多，增大了纳米材料的活性，因此在一定波段电磁波的辐射下，原子、电子运动加剧，促进磁化，使电磁能转化为热能，从而增加了材料的吸波性能。一般认为其对电磁波能量的吸收，由晶格电场热振动引起的电子散射、杂质和晶格缺陷引起的电子散射，以及电子与电子之间的相互作用三种效应来决定。羰基铁粉能改善铁氧体复数磁导率的弥散效应及涂层的阻抗匹配效应，减小铁氧体的匹配厚度，展宽吸收频带，并使吸收率显著提高。

（3）磁性微球吸波剂

磁性微球具有很多优良特性，如具有磁响应性，在外加磁场作用下，可以方便分离；具有电磁吸波性能，可以有效避免电磁波干扰；粒径小，表面积大，表面特性多样，易于吸附，可以在表面赋予多种反应性功能基团，使物质同时具有多种功能。磁性微球包括磁性高分子微球、磁性无机-无机复合微球、磁性金属合金微球等。

（4） $BaTiO_3$ 吸波剂

$BaTiO_3$ 具有优良的介电性能，极化效应强且化学稳定性好，成本低廉，是一种很有前途的雷达波吸收剂。它的复介电常数实部主要与偶极子极化和界面极化有关，其损耗主要是由与极化相关的弛豫所引起的。球磨时间、球磨工艺、粉体粒度等对 $BaTiO_3$ 的介电性能会有一定的影响，提高吸波效率和拓宽吸波频段是 $BaTiO_3$ 吸波剂目前研究和发展的重点。

（5）铁（镍）氮化物

铁（镍）氮化物具有高电阻率和高的抗氧化性、耐腐蚀性以及作为软磁性材料的高铁磁性，它与高分子基体复合成涂层，该涂层有望成为一种新型高效吸波材料。

（6）石墨吸波剂

与铁氧体颗粒吸波剂相比，石墨吸波剂具有相对宽的吸波带宽。为了提高石墨的表面阻抗匹配能力，改善吸波性能，研究人员采用化学镀镍的方法对石墨进行表面改性，改性后的石墨介电常数降低，磁导率升高，介电常数和磁导率更加接近。阻抗匹配能力得到提高，吸波频带得到提高，最大吸收峰向高频移动。

7.2.2 纤维吸波剂

（1）多晶铁纤维吸波剂

多晶铁纤维吸波剂是满足“薄、轻、宽、强”条件的理想吸波剂之一。我国在多晶铁纤维的研究上也做了不少工作，但目前无论从制备还是应用上都存在问题。羰基多晶铁纤维的制备方法主要有拉拔法、机械切削法、磁场引导生产法和化学合成法。制备过程的关键是控制纤维的直径、长度及含碳量，国内报道较多的是磁场引导法制备多直径小于 $10\mu m$ 的铁纤维。对于多晶铁纤维吸收性能的研究报道，多数只是从理论上进行了推导，认为多晶铁纤维电磁参数具有显著的各向异性。有些学者从理论上推导了多晶铁纤维的电磁参数表达式，但是这些理论推导及证明都是在假设多晶铁纤维的直径相同且均匀的条件下得到的，而实际情况电磁参数各向异性究竟对涂层吸收性能有何影响，在雷达波吸收涂层中如何体现有待进一步研究。

（2）碳纤维吸波剂

碳纤维对吸波结构具有特殊意义。碳纤维电阻率较低，是雷达波的强反射体，必须经过特殊处理调节其电阻率，才能够使其具有吸波性能。碳纤维的吸波性与碳化温度有关。碳化温度的升高，碳纤维电导率逐渐增大，易作为吸波材料的导电性反射材料和增强体；但低温处理的碳纤维由于其晶化程度低，结构更加疏松散乱，是电磁波的吸收体。改变碳纤维原料、截面形状以及表面，都有望获得理想的吸波性能。碳纤维复合材料中电场方向与纤维方向垂直时，碳纤维是雷达波的反射材料；当电场方向与纤维方向平行时，碳纤维能吸收雷达波。为了使雷达隐身涂料充分发挥，吸波纤维的尺寸应与雷达工作波长相匹配，其次涂层宜为多层。碳纤维与碳化硅纤维混合使用，吸波性能更好，能在宽频范围内有效衰减雷达波。目前主要研究的碳纤维品种有聚丙烯腈基碳纤维、黏胶基碳纤维、沥青基碳纤维与石墨纤维。

（3）碳化硅纤维吸波剂

碳化硅纤维是β形式的多晶结构，其表面结构非常光滑，纤维断面形状为圆形。其拉伸强度和拉伸模量高，密度低，耐热性好，在1000～1100℃空气中可长期使用。它是目前使用增强材料中工作温度最高的。用碳化硅纤维制备的先进复合材料在高技术领域，特别是航空航天领域有广泛的应用前景。碳化硅纤维与金属反应性小，浸润性好，基本上与金属不发生反应。纤维具有半导体性，随组成不同，电阻率在10^{-6}～10^{-1}Ω·cm之间可调。通常制备的碳化硅纤维是一种典型的透波材料，要使这种碳化硅纤维具有良好的吸波性能，必须降低其电阻率或调整磁导率，提高电磁损耗。常见的碳化硅纤维改性方法有高温处理法、表面处理法、掺杂异元素法和改变纤维截面形状法。

（4）晶须吸波剂

晶须是短纤维状单晶无机增强材料，是完全晶体、单晶胞结构的新型材料，是短纤维的一种。晶须制品的结构形态是肉眼可见的短纤维，它的直径非常小，几乎不可能产生削弱晶体的缺陷，由于其内在的完整性，所以强度较高。随着材料及工艺不同，晶须有不同的横截面几何形状。在理论上，任何能结晶的材料都可能形成晶须，如陶瓷、金属甚至塑料。晶须除能增强树脂外，还能使基体树脂具有特殊的电学、光学、磁学、介电、导电，以及超导电等性能。国外开发的一种四针状氧化锌晶须（三维结构），导电性能优异，不仅可用作抗静电材料、微波发热体材料，而且可以用作电磁波吸收体。其在雷达工作5～18GHz波段可吸收达20dB的电磁波，即99%以上，是一种综合性能良好的雷达吸波材料。

（5）玄武岩纤维吸波剂

玄武岩纤维是当今世界研究开发的一个热点课题。玄武岩纤维以天然玄武岩矿石为原料，将矿石破碎后加入熔窑中，经过高温熔融、均化，熔化后的原料直接流入成型通路，拉制成纤维。玄武岩纤维具有耐高温、耐腐蚀、热导率小等许多优良的物理化学特点。将玄武岩纤维与镍石蜡复合，可形成吸波性复合材料。

（6）竹炭纤维吸波剂

碳纤维具有超强的吸附性能，将竹炭纤维与高聚物复合，形成竹炭纤维/高聚物复合体，在复合体内添加磁性介质以调节电磁性能参数，从而制备吸波复合材料，还可以将竹炭核壳同尖晶石铁氧体（如 $Ni_{0.5}Zn_{0.5}Fe_2O_4$）混合烧结，制备吸波材料。

7.2.3 新型吸波剂

（1）等离子体吸波剂

等离子体吸波原理是在武器表面形成等离子体云，当雷达发射的电磁波照射到等离子体云上时，与等离子体的带电粒子相互作用，一部分能量就会被带电粒子吸收，从而导致雷达发射的电磁波衰减，达到武器隐身的目的。飞机、导弹、卫星等装备的特定部位，如强散射区可以采用等离子体吸波涂料隐身。等离子体隐身技术不仅吸波频带宽、隐身效果好，而且使用简洁，无须对装备做任何结构和性能上的改变，就能使反射回雷达的能量变小，使敌方雷达侦察系统难以探测和发现。

（2）电路模拟吸波材料

将电路模拟结构引入到吸波材料中，可以在质量增加很小的情况下实现较好的电磁吸收。相比于传统的吸波材料，电路模拟吸波材料质量轻、吸波性能好，可以很好地设计波阻抗匹配，实现宽频吸收。电路模拟吸波材料通常具有一定的频率选择特性，只能在某一频段内吸收电磁波。

（3）自适应隐身吸波剂

自适应隐身技术是指通过一定的技术手段，使目标的各种可探测特征自动地适应不同背景条件下的隐身要求的新技术，而各种可探测特征的改变又是通过各种具有自身隐身功能的材料来实现的，所以自适应隐身材料被认为是自适应隐身技术的关键环节。自适应隐身材料亦称为智能隐身材料，而自适应隐身技术则称为主动隐身技术，自适应隐身材料可以感知不同背景条件下不同方位到达的电磁波或光波特性，对感知信息进行处理，并通过自我指令对信号做出最佳响应。根据目标的可探测特征及其所处的频段不同，当前研究的自适应隐身材料可分为可见光、红外和雷达隐身三大类；根据材料的工作原理不同，每类材料又包含多种功能材料，如表 7-1 所示。

表 7-1 自适应隐身吸波剂分类

技术分类	可见光自适应隐身	红外自适应隐身	雷达自适应隐身
材料主要种类	光致变色材料	相变控温材料	电致变电磁参数聚合物
	光致亮度调节材料	电致变温材料	
	电致变色材料	电致变色材料	雷达自适应吸波体
	热致变色材料	超吸水调温材料	

7.3 雷达吸波隐身材料

7.3.1 雷达吸波隐身机理

雷达吸波隐身材料是最重要的隐身材料之一，它能吸收雷达波，使反射波减弱甚至不反射，从而达到隐身的目的。它在隐身技术、微波通信、微波暗室、抗电磁辐射以及防止电磁污染等方面得到了广泛的应用。按其承载能力分为结构吸波材料和涂层吸波材料。

雷达吸波材料能吸收投射到它表面的电磁波能量，通过材料的电磁损耗使其能量转化为其他形式的能量（如机械波、电能或热能），并加以吸收，从而消耗掉雷达波部分能量，使其回波残缺而不完整，极大地破坏雷达的探测概率。根据吸波机理的不同，吸波材料的损耗介质可以分为电损耗型和磁损耗型。电损耗型吸波材料主要是通过介质的电子极化、离子极化、界面极化来吸收衰减电磁波。磁损耗型吸波材料主要通过磁滞损耗、畴壁共振和后效损耗等磁极化机制来吸收、衰减电磁波。

吸波材料吸收电磁波的基本要求主要有两条：第一，入射电磁波最大限度地进入材料内部，而不是在其表面被反射（材料的表面阻抗匹配特性）；第二，进入吸波材料内部的电磁波能迅速被吸收而衰减掉（材料的衰减特性）。

第一个条件通常通过引入特殊的边界条件来满足。材料对电磁波的透射特性主要由其与空气之间的阻抗匹配程度决定，当电磁波通过阻抗为 Z_0 的自由空间入射到输入阻抗为 Z_i 的吸收材料界面上时，吸波材料的反射系数见式（7-1）：

$$R=\frac{Z_0-Z_i}{Z_0+Z_i}\quad \left(Z_0=\sqrt{\frac{\mu_0}{\varepsilon_0}},Z_i=\sqrt{\frac{\mu_i}{\varepsilon_i}}\right) \tag{7-1}$$

式中，Z_0 为自由空间的特征阻抗；Z_i 为吸波材料的归一化输入阻抗；μ_0 和 ε_0 分别为自由空间的磁导率和介电常数；μ_i 和 ε_i 分别为材料的磁导率和介电常数。

若要反射系数为 0，则要求 Z_0 与 Z_i 匹配，即$\frac{\mu_0}{\varepsilon_0}=\frac{\mu_i}{\varepsilon_i}$

吸波材料的电磁参量满足一定的要求则实现第二个条件。根据微波理论，用衰减参数 α 来表示单位长度上波的能量损耗量，其表达式为式（7-2）、式（7-3）及式（7-4）。

$$\varepsilon_i=\varepsilon'-i\varepsilon''\qquad \mu_i=\mu'-i\mu'' \tag{7-2}$$

$$\tan\delta=\tan\delta_e+\tan\delta_m=\frac{\varepsilon''}{\varepsilon'}+\frac{\mu''}{\mu'} \tag{7-3}$$

$$\alpha=\frac{\omega}{\sqrt{2c}}\sqrt{(\varepsilon''\mu''-\varepsilon'\mu')\sqrt{\mu'^2+i\varepsilon''^2}} \tag{7-4}$$

式中，ε'和ε''分别表示介电常数实部和虚部；μ' 和 μ''分别表示磁导率实部和虚部；δ_e 和 δ_m 分别表示为电损耗角和磁损耗角；$\tan\delta_e$ 为电损耗；$\tan\delta_m$ 为磁损耗；ω 为角频率；c 为电磁波在真空中的传播速度。吸波材料的吸波特性一般用介电常数 ε 和磁导率 μ 表征。要满足第二个条件及进入的电磁波被衰减，必须满足 ε''和 μ''不同时为零，要提高 α 值总是 μ'' 大为好，ε'小为好。ε'和ε''则要看吸波材料属于磁性材料还是电损耗材料，对于磁性材料，ε'大、ε''小为好，电损耗吸波材料则相反。

7.3.2 结构吸波隐身材料设计与制备

（1）结构吸波材料的种类

结构型雷达吸波材料是一种多功能复合材料，它既能承载作结构件，具备复合材料质轻、高强的优点，又能较好地吸收或透过电磁波，已成为当前隐身材料重要的发展方向。

① 碳碳增强塑料　碳碳增强塑料适用于高温部位，能很好地抑制红外辐射并吸收雷达波。在发动机部位用致密碳泡沫层来吸收发动机排气的热辐射，这种材料还可被制成机翼前缘、机头及机尾。

② 含铁氧体的玻璃纤维增强塑料　这种材料质轻、强度和刚度高，已有国家将它装备在空对舰导弹（ASM-1）的尾翼上，其弹翼也将使用这种材料改装，使其隐身性能大为提高。

③ 填充石墨的增强塑料　如今科学家在石墨-热塑性增强塑料和石墨-环氧树脂增强塑料的研制方面取得很大进展，这些材料在低温下仍保持隐身性。

④ 玻璃纤维增强塑料　这种材料是在塑料中加入玻璃纤维制成的。这种材料较为坚硬，可以制作飞机蒙皮和一些内部构件，无须加入金属加强筋，就具有较好的雷达吸波特性。

⑤ 碳纤维增强塑料　某材料实验室研制的碳纤维增强塑料，能吸收辐射热，而不反射辐射热，既能降低雷达波特性，又能降低红外线特征，用它可制作发动机舱蒙皮、机翼前缘和机身前段。

⑥ 碳化硅纤维、碳化硅-碳纤维增强塑料　碳化硅纤维中含硅，吸波特性好，能减弱发动机的红外信号。此外，碳化硅纤维还具有耐高温、相对密度小、韧性好、强度大、电阻率高等优点，是国外发展最快的吸波材料之一，但目前还存在一些问题，如电阻率过高等。通过人工设计来调整碳和碳化硅的比例，控制其电阻率，就可制成耐高温、抗氧化、具有优异力学性能和良好吸波性能的碳化硅-碳复合纤维。碳化硅-碳复合纤维与环氧树脂制成增强塑料。由碳化硅-碳纤维和接枝酰亚胺基团与环氧树脂共聚改性为基体而组成的结构材料，吸波性能都很优异。

⑦ 混杂纤维增强塑料　混杂纤维增强塑料是通过增加纤维之间的混杂比例和改变结构设计的形式制造而成的、满足特殊性能要求或综合性能良好的增强塑料。目前我国已制造出吸波性能良好的混杂纤维增强塑料，并广泛用于飞机制造中。

⑧ 特殊碳纤维增强的碳-热塑性树脂基增强塑料　这种材料具有极好的吸波性能，能使频率在 0.1MHz～50GHz 之间的脉冲大幅度衰减，现在已用于先进战斗机（ATF）的机身和机翼。

⑨ 导电增强塑料　导电增强塑料是在非金属聚合物或树脂类物质中加入导电纤维、薄皮、纳米级金属粉末而制成的。当雷达波透过时，部分能量被吸收，因而反射的雷达波能量大为衰减，从而成为有效的吸波材料，其吸收频带可通过改变加入物质的种类和多少来调节。混入的物质可以是聚丙烯腈纤维、镀镍碳纤维、不锈钢纤维、薄铝片、铁氧体、镍、钴粉末等，这种复合材料可用作飞机或导弹的结构材料。

（2）结构形式设计

结构吸波材料虽然有较好的吸波性能，但是靠一种或一层结构吸波材料并不能达到完全隐身的效果，应该设计多层结构吸波材料。结构吸波材料可能存在图 7-2 所示的结构形式。

① 波纹板夹层结构：波纹板为两个斜面相交的结构形式，波纹板涂覆吸波材料后有利于多次吸波。

② 角锥夹层结构：角锥四个斜面相交，角锥的高度不同，有效吸收范围不同。

③ 蜂窝夹芯结构：蜂窝制造比较成熟，形状多种，蜂窝的高度、孔径、吸收剂用量都会影响吸波性能。

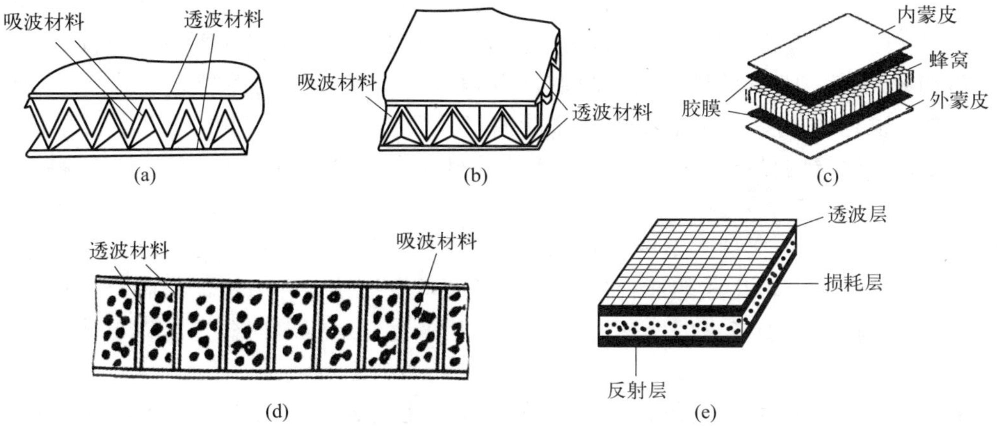

图 7-2 结构吸波材料结构

（a）波纹板夹层结构；（b）角锥夹层结构；（c）蜂窝夹芯结构；（d）吸波材料填充结构；（e）层板型结构

④ 吸波材料填充结构：在蜂窝夹芯结构中填充絮状、泡沫状、空心球状或纤维状的吸波材料。

⑤ 层板型结构：通常由透波层、损耗层和反射层组成。根据梯度吸波原理设计十几甚至几十层材料以获得更宽的吸波频带和更好的吸波效果。

（3）结构吸波隐身材料的制备

① 碳纤维吸波结构的制备　高性能碳纤维是一种可替代金属的结构材料。高性能碳纤维电阻率较低，是雷达波的强反射体；高温处理后的碳纤维适合作为吸波材料的导电性反射材料和增强体；只有经过特殊处理的碳纤维才能够吸收雷达波。制备吸波型碳纤维的工艺，主要有以下几种：降低碳纤维的碳化温度；改变碳纤维横截面的形状和大小；对碳纤维进行表面改性；对碳纤维进行掺杂改性；制备复合型碳纤维；制备螺旋型碳纤维。

② 聚氨酯泡沫吸波材料的制备　由于电磁波环境的日益恶化，为进行电子仿真实验，迫切需要建造不受电磁波干扰的无回波暗室，这为聚氨酯泡沫塑料开辟了新的应用领域。聚氨酯泡沫塑料与吸波剂和阻燃剂的相容性好，能够进行连续化生产，并且制成的吸波材料在物理性能和阻燃性能方面表现优异。因此聚氨酯泡沫塑料成为吸波体基体材料的首选。

聚氨酯泡沫塑料基吸波材料分为软质和硬质两种。硬质聚氨酯泡沫塑料基吸波材料是将吸波剂加入硬质聚氨酯泡沫体系中，再注入特定形状模具中发泡而成，工艺简单，质量稳定，可机械化生产。软质聚氨酯泡沫塑料基吸波材料需要经过原料发泡，切割成预定形状，再进行浸渍吸波剂、烘干等流程，才能够得到成品。它的优点是不需要特定形状的模具，可以根据需要任意切割；缺点是浸渍吸波剂需要人工完成，生产效率低，产品质量不稳定。

7.3.3 涂覆吸波隐身材料设计与制备

（1）涂覆吸波材料的种类

雷达吸波涂料主要由黏结剂和吸收剂组成：吸收剂的功能是吸收大部分投射到吸波材料表面的电磁波，从而提升物体的隐身性能；黏结剂的主要功能是将涂层和被涂装物体黏结在一起。雷达吸波涂料一般具有质量较轻、耐高温、抗腐蚀性能强等特点，以便尽量减小对被涂装物体的影响，同时保护被涂装物体的主要功能不被损坏。雷达吸波涂料的分类有很多，根据损耗机制分类，雷达吸波涂料可以分为电阻损耗型、电介质损耗型以及磁损耗型。

① 电阻损耗型　吸波材料的吸收机制与其电导率有关，导电性越好，载流子引起的宏观电流越大，越有利于将电磁能转化为热能的形式消耗。因此，对于电阻损耗型的材料来说，其需要具有优异的导电性。具有这一特性的材料有金属材料、导电高分子材料、碳基导电材料等。

② 电介质损耗型　这种类型的材料依靠介质损耗吸收机制来吸收雷达波，通过介质材料的反复极化将电磁能转化成热能耗散掉，一般是具有极性、导电性的材料等。这类电介质极化过程有电子在不同能态下的跃迁、电子云位移极化、电矩转向极化、铁电体电畴转向极化等过程。

③ 磁损耗型　磁损耗机制与铁磁性介质动态磁化过程中的磁损耗相关，此过程主要包括磁滞损耗、旋磁涡流损耗、畴壁位移损耗、磁畴自然共振损耗、阻尼损耗以及磁后效应损耗等，在这些过程中，雷达波被吸收和消耗，进入吸波材料内部的电磁波因转化成热能而迅速损耗。损耗程度可由电损耗因子和磁损耗因子来表示，在阻抗匹配的情况下，复介电常数和复磁导率虚部越大，吸波材料中的电磁波损耗越大，吸波材料对雷达波的吸收越强。在选择雷达波吸波材料时，要根据使用要求选择合适的介电常数与磁导率的材料。

（2）结构形式设计

雷达隐身涂层必须通过合适的结构设计，才能达到理想的吸波效果。根据吸波涂层对电磁波吸收机理不同，吸波涂层的结构可分为吸收型涂层结构（单层结构和多层结构）、干涉型涂层结构、谐振型涂层结构等。

① 吸收型涂层结构　吸收型涂层的基本原理是利用介电物质在电磁场作用下产生传导电流或位移电流，受到电导率限制，使进入涂层中的电磁能转换为热能损耗掉，或是借助磁化物内部偶极子在电磁场作用下运动，受磁导率限制而将电磁能转变成热能损耗掉。这种涂层结构必须保证涂层的表面和自由空间匹配，使入射的电磁波不产生反射而全部进入涂层，并被完全衰减和吸收掉。吸收型涂层可以是单层、双层或多层。单层吸波涂层对米波、分米波的吸收是有效的，厘米波一般采用双层或多层结构。

a. 单层吸波涂层　组成结构如图 7-3 所示，其中颗粒状的为吸收剂。其复介电常数和复磁导率分别为 ε_1 和 μ_1；胶黏剂填充于吸收剂之间，其复介电常数和复磁导率分别为 ε_2 和 μ_2。

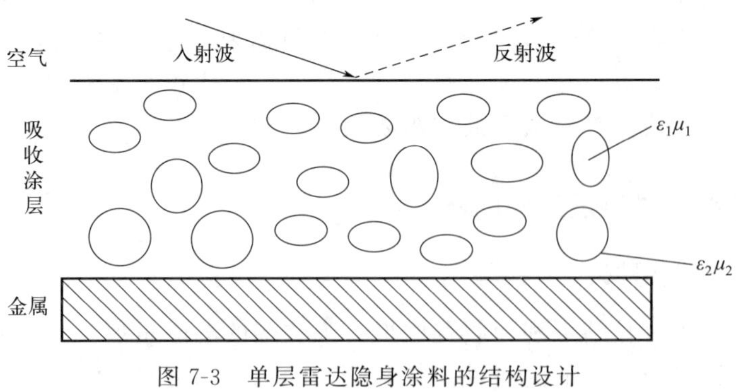

图 7-3　单层雷达隐身涂料的结构设计

b. 双层和多层涂覆结构　为了满足隐身涂层质轻、宽频的要求，在实际中常采用多层结构设计，如图 7-4 所示。其阻抗变化是一个渐进的过程，可以实现最佳的阻抗匹配，使得入射的电磁波产生较少的反射而逐渐被涂层完全吸收或衰减。

在选择各层材料的电磁参数和厚度时，应该遵循一定的准则：a. 根据要求的工作频带、反射率以及给定的总厚度选择层数，一般不超过 5 层，厚度一般是外层小内层大；b. 选择各层的电磁参数时应该使各层的归一化波阻抗的幅值呈阶梯变化，相邻两层间的变化不能太大。多层结构还可以设计成蜂窝夹芯结构、角锥夹层、波纹板夹层等，它们均是通过多次反射和折射来扩大吸收效果。为进一步提高涂层的吸波性能，多层吸波涂层可以设计成几何渐变式结构，采用角锥、方锥或圆锥结构，使得斜向投向锥面涂层表面反射的电磁波可以经锥面多次反射而被全部吸收。多层结构选材较为灵活，可以根据应用需求对每层的选材进行设计。设计时主要考虑在满足吸波涂层“宽、强”的同时兼顾“轻、薄”的需要，目前研究较多的是电损耗材料和磁损耗材料相结合的双层和三层吸波涂层，但多层结构往往采用复杂的结构和工艺以及昂贵的吸波涂料，成本将大幅增加。

② 干涉型涂层结构　干涉型吸波涂层的原理是基于电磁波的相消干涉效应。入射波在涂层表面和目标表面分别产生反射波，这两束反射波在设计上具有 180°的相位差（即相差半波长），从而在传播路径中发生相消干涉，有效降低整体反射能量，实现吸波效果。因此涂层厚度 L 应为 $\lambda/4$（λ 为涂层内电磁波波长）的奇数倍。其原理如图 7-5 所示，采用多层结构的干涉型涂层可以实现宽频带吸波。

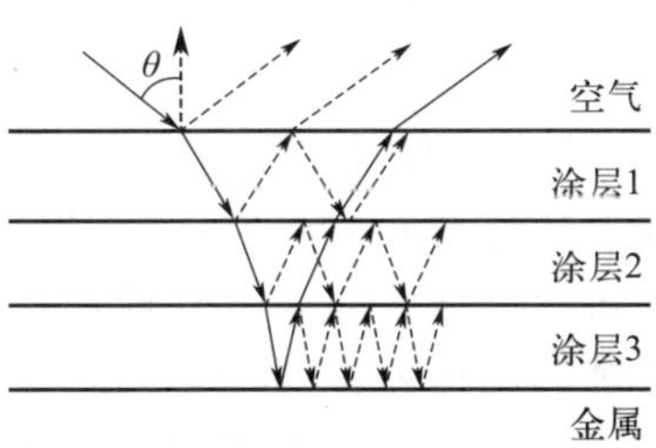

图 7-4　多层雷达隐身涂料电磁波传播示意图

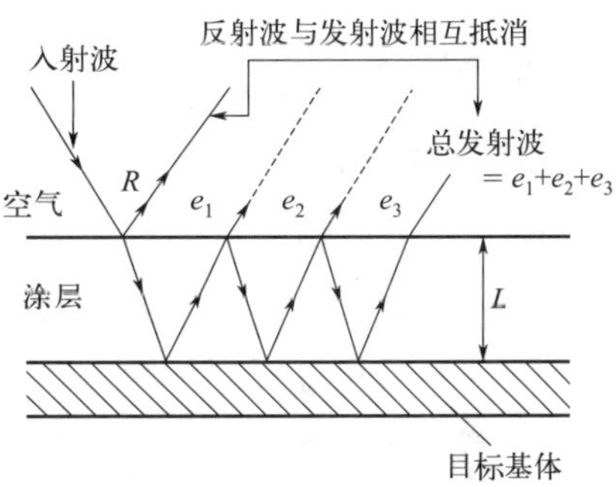

图 7-5　干涉型吸波涂层结构

③ 谐振型涂层结构　谐振型吸波涂层包括多个吸波单元，通过调整各单元的电磁参数及其尺寸使得对入射电磁波发生谐振，进而使入射的电磁波得到最大的衰减。如果把各个谐振单元的谐振频率设置在不同的频段上，则可以很方便地实现宽频带吸收。谐振单元为矩形的谐振型吸波涂层较为常见，如图 7-6 所示，各谐振单元的宽度、长度、间隔都相同，只是厚度不同。

（3）涂覆吸波隐身材料的制备

吸波涂料主要由吸收剂和胶黏剂构成，吸波剂对涂料的电磁性能起决定性作用，而胶黏剂则保证涂料的力学性能。

在选择吸波剂时，不仅要注意吸收剂频散特性，还应该考虑磁导率、介电常数、温度特性、吸收剂密度、形貌、粒径等物理性能以及吸收剂与胶黏剂的匹配性。胶黏剂应当满足高颜基比条件下力学性能与指标接近、与吸收剂匹配的电参数、较好的环境适应性与理化性

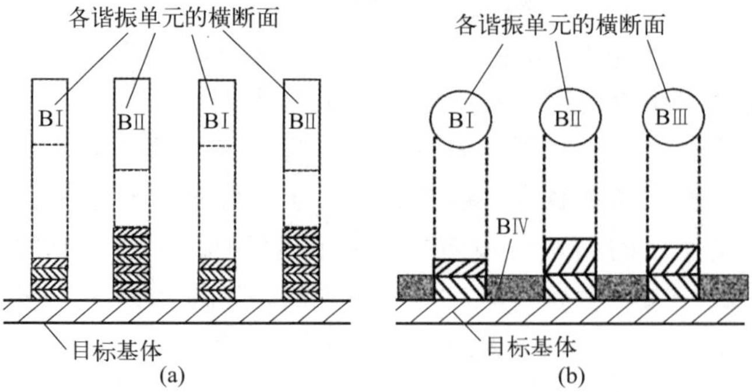

图 7-6　谐振型涂层结构

（a）矩形谐振单元；（b）圆形谐振单元

能、涂层施工工艺要求。

吸波涂层的主要性能指标是涂层的反射率及附着力。要想获得性能优良的吸波涂层必须从原材料、前处理、喷涂及检测四方面着手，保证涂层附着良好、组成均匀及厚度可控。

7.4 红外隐身材料

7.4.1 基本概念

（1）红外隐身原理

一切高于 0K 的物体都能发出红外辐射，不同温度的物体发射出来的红外辐射波长不同，红外探测系统就是依靠目标和背景温度不同而造成的热辐射差异来发现和识别目标，主要原理是利用红外的光电效应将光信号转换为电信号，再通过电路放大等处理，将电信号进一步转变为视觉信号，使红外辐射可视化。红外探测系统的原理就是通过上述红外光电效应将红外辐射特征信号转化为电信号。红外探测的方法有两种。一是点源探测，与红外探测系统能够探测目标的最大距离有关。二是成像探测，利用目标与背景的红外辐射对比度识别发现目标。红外隐身的目的是降低或改变目标的红外辐射特性，减小红外探测系统对目标的作用距离，从而降低目标被探测的概率。

对于点源探测方法而言，能探测到目标的最大距离 R 为式（7-5）：

$$R=D^{*}\sqrt{J\tau_{a}}\sqrt{\frac{\pi}{2D_{0}\mathrm{NA}\tau_{0}}}\sqrt{\frac{1}{\sqrt{\omega\Delta f}\frac{V_{s}}{V_{n}}}} \tag{7-5}$$

式中，J 是目标辐射强度，反映目标的红外辐射特性；τ_a 是大气透过率，反映辐射的大气传输特性；D_0、NA 分别代表红外探测系统中光学系统的接收孔径、数值孔径；τ_0 为光学系统中红外透过率；D^* 为红外探测系统的探测率；ω 为瞬时视场；Δf 为系统带宽；V_s 和 V_n 分别为信号电平和噪声电平。D_0、NA、τ_0、D^*、ω、Δf、V_s、V_n 反映的是红外探测系统中光学系统的特性以及信号处理特性。由式（7-5）可知，可以通过降低目标的

红外辐射强度 J 使目标能被探测的距离减小，来实现红外隐身。

要减小红外探测系统对目标的作用距离可以通过以下方式来实现：①降低物体表面的发射率；②控制物体表面的温度，减小目标与背景的温差；③减小目标高温区辐射面积；④采用光谱转换技术，使目标红外辐射偏移到探测系统的响应波段之外。

物体发出的红外辐射通过大气传输才能到达红外探测器，实际上红外线在大气中传播很容易被空气中的水、气体分子和尘埃等物质散射和吸收，而绝大部分波段的红外线在传播过程中会发生衰减，只有一小部分波段的红外线衰减较少，可以进行畅通无阻地传播，这一小部分波段被称为“大气窗口”，包括 0.76～1.5μm、3～5μm 和 8～14μm 三个波段。近红外波段 0.76～1.5μm 对应于原子能级之间的跃迁和分子振动泛频区的振动谱带，是夜视仪等近红外侦察探测仪的工作波段。3～5μm 和 8～14μm 两个波段对应于分子转动、振动能级之间的跃迁，是无机物和有机物的吸收光谱区。其中，3～5μm 波段的红外线在大气中有较明显的衰减，是导弹、飞机等空中武器的红外制导用探测器工作波段。8～14μm 远红外波段在大气中衰减较弱，是热成像系统的工作波段，地面目标的威胁主要来自该波段的红外探测。目前使用的红外探测器大多工作在这三个波段，可以采用合适的材料作为表面涂层，调节军事目标的红外辐射波段至大气窗口之外，使得对方红外探测器无法探测到目标的红外辐射能量。

（2）技术措施

对于近红外来说，目标与背景的亮度差别是主要暴露征候，而中远红外的主要暴露征候则是温度差别。反红外伪装就是对目标进行处理，设法减少或消除目标与背景之间的亮度差别或温度差别，使伪装目标与背景的红外特征相适应。红外伪装的方法很多，主要有迷彩隐身、隐身烟幕、红外诱饵、热红外隐身网和红外涂层。实现红外隐身的途径，从理论上可以从 4 个方面来实现：

① 改变目标红外辐射传输路径　改变目标红外辐射传输路径主要是改变目标周围大气的光谱透过率，增加其在传输过程中的吸收、散射和反射，以改变目标红外辐射的功率分布，以达到屏蔽和对红外探测器干扰的作用。烟幕以其较好的经济性和较高的实用性在海上军事舰艇红外隐身方面得到了广泛的应用。烟幕的主要功能是通过在空气中释放气溶胶微粒，改变电磁波介质传输特性。实施对光电探测、观瞄和制导武器系统的干扰。

② 改变目标红外辐射特性　改变目标红外辐射特性的主要措施是改变目标的主要红外辐射波段以及模拟背景辐射，使得敌方红外探测器无法探测或识别己方目标的红外辐射。

改变目标主要红外辐射波，其一是使目标主要红外波段在对方探测器的工作波段之外；其二是使己方目标的主要红外辐射集中在大气强损耗波段。

模拟背景辐射特性，即红外图形迷彩，是指通过使用不同发射率的材料来改变目标物体各部分红外辐射分布状态，使得目标与背景的红外辐射分布状态相协调，从而让目标的红外图像成为整个背景红外图像的一部分，使得己方探测器难以识别。

③ 降低目标红外辐射强度　降低目标红外辐射强度主要是通过降低物品表面的发射率和物体表面的温度来实现的。

④ 采用光谱转换技术　光谱转换主要是采用特定的涂料，使得目标表面在 3～5μm 和 8～14μm 波段大气窗口有较低的发射率，而在这两个大气窗口外的中远红外波段有较高的发射率。

7.4.2 低发射率红外隐身材料

利用涂料实现红外隐身，对于点源探测来说，就是降低目标涂层的红外发射系数；对于成像探测，就是调整目标涂层的红外发射系数，使其与背景辐射一致。高发射系数的涂料是比较容易获得的，因此不论是点源探测还是成像探测，对涂料的研究主要是寻找低红外发射系数的涂料。以降低发射率为主要目标的热隐身涂料主要性能指标是目标表面的发射率（包括 3～5μm 和 8～14μm 的中远红外波段）ε_{TIR}、在可见光和近红外波段的太阳能吸收率 A_{sun} 及其他不断隐身要求的兼容性。

（1）无机低发射率材料

无机低发射率材料是低红外发射率材料中报道最多、效果最为显著的一类，在红外隐身材料领域占主导地位。根据 Hagen-Rubens 定律［式（7-6）］：

$$E(\omega)\approx 2\sqrt{2}\varepsilon_0\omega\rho \tag{7-6}$$

式中，$E(\omega)$ 为红外发射率；ε_0 为介电常数；ω 为电磁波的角频率；ρ 为材料的电阻率。材料的电阻率越小，即导电性越好，红外发射率越低。大部分金属都有优良的导电性，在众多的金属材料中，铝粉的性价比最高，是最常用的一种金属类无机低发射率材料。该类材料在使用过程中的最大问题是在空气中易被氧化，氧化后红外发射率会升高；并且金属在对红外辐射强反射的同时，对可见光和其他波段的电磁波也具有很强的反射能力，很难实现多波段兼容隐身。金属材料的红外发射率虽然很低，但是受表层形貌的影响较大，并且其兼容隐身性能较差，所以半导体材料成为近年来研究的热点。半导体材料是一种由金属氧化物（主体）和掺杂剂（载流子给予体）两种基本组分构成的、介于导体和绝缘体之间的掺杂型材料。掺杂半导体的电导率主要是由载流子浓度 N、载流子迁移率 μ、载流子碰撞频率 ωt 等参数控制的，载流子迁移率是材料特有的性质，通常可以通过调控 N 和 ωt 来调节材料的红外发射率，使其在红外波段具有较低的红外吸收。

（2）有机低发射率材料

有机聚合物材料分子结构复杂，含有许多对红外线有强烈吸收的官能团，导致其红外发射率比较高，这极大地限制了有机聚合物材料在红外隐身材料领域的应用。其中，具有独特电学、光学特性的导电聚合物和分子结构简单的高红外透明性的有机聚合物成为研究有机低发射率材料的突破点。

导电聚合物是由具有共轭 π 键的高分子经化学或电化学掺杂，使其由绝缘体转变为导体的一类高分子材料，它具有与金属和半导体类似的电学、光学特性，对红外光有很高的反射性能；并且具有质量轻、电导率变化范围大、材料组成可控性好等优点，通常被用作单一组分型红外隐身材料。但由于其分子链呈刚性，且链间有着较强的相互作用，大部分导电聚合物具有难溶、难熔、可加工性差的缺点，且一般导电高聚物的价格比较昂贵，目前只有对聚苯胺的研究应用稍多一些。

另一类研究较多的有机低发射率材料是高红外透明性聚合物。根据能量守恒定律，当红外辐射到一种材料的表面上时，一部分能量被物体吸收，一部分被表面反射，一部分被透射出去，即 α(吸收率)$+\rho$(反射率)$+\sigma$(透射率)$=1$。结合基尔霍夫定律[α(吸收率)$=\varepsilon$(发射率)]可知，吸收率越小的物体，发射率也越小。高红外透明性聚合物的分子结构比较简单，在大气窗口的红外吸收较弱，红外发射率较低，故可用作红外隐身材料。不过，高红外透明性聚合物一般不单独使用，通常会和一些无机材料进行复合，主要用作红外隐身薄膜、红外隐身涂层的基体树脂或黏合剂，是复合型红外隐身材料的重要组成成分。

（3）有机-无机复合低发射率材料

有机相与无机相的复合，弥补了各自的不足，无机相的加入降低了有机基团的饱和度，减弱了分子振动及官能团在红外窗口的吸收强度，有机相的加入改善了材料的物理力学性能和加工性能。二者之间的协同作用使复合材料的综合性能更加优良，为其在低发射率红外隐身材料的应用奠定了基础。国内外研究较多的有机-无机低红外发射率材料主要有薄膜和涂层两大类，涂层材料具有成本低、加工简单的优势，可以在不改变原有军事装备外形、结构的前提下，使目标具有隐身性能，所以得到了更为广泛的研究和应用。

低发射率涂层材料主要由黏合剂和填料组成，黏合剂是涂层材料的主要成膜物质，需要具有较好的红外透明性以及较好的力学性能、耐腐蚀性能等。通常来说，影响红外发射率的因素如下：

① 黏合剂　黏合剂对涂层红外发射率的影响主要从黏合剂的红外透明性和黏度两方面进行分析。黏合剂种类不同，所含有的基团种类不同，对红外线的吸收也会有所不同，可以通过黏合剂的红外吸收光谱得出其吸收系数的大小，通常吸收系数越小，基体树脂的红外透明性越好，红外发射率越低。

② 填料　填料的种类、形貌、粒径和用量都会对涂层的红外发射率产生影响。不同金属的发射率是不同的。

③ 黏合剂和填料之间的相容性　无机相和有机相的物理及化学性能存在着一定的差别，这可能会导致在复合的时候出现不易混合均匀、相容性较差的问题，从而影响材料的红外发射率。所以有时需要通过对无机填料进行表面改性或者对黏合剂进行接枝改性等以提高两相之间的相容性。

④ 材料本身的一些结构特点也可能会对红外发射率产生影响，如涂层厚度、表面粗糙度等。

总之，对于有机-无机低发射率复合涂层而言，影响红外发射率的因素有很多，在实际使用过程中需要优化最佳使用条件。

（4）低发射率薄膜

低发射率薄膜是一类极有潜力的热隐身材料，适用于中远红外波段，这种薄膜的作用是弥补目标与环境的辐射温差。其最大优点是具有很低的发射率（$\varepsilon_r<0.05$）和良好的绝热作用。按其结构成分可分为金属膜、电介质/金属多层复合膜，以及半导体掺杂膜和类金刚石碳膜。

7.4.3　光子晶体红外隐身材料

光子晶体（photonic crystal，PC）是一种由介电常数（或折射率）不同的介质材料在空间周期排布而成的人工微结构材料，按照介质材料在空间的排列构型可将其分为一维、二维和三维光子晶体。光子晶体最基本的特征是具有光子带隙，频率在该带隙范围内的电磁波会发生很强的反射作用。根据能量守恒定律和基尔霍夫定律，当透射率一定时，材料的反射率对发射率具有决定性作用：反射率越高，吸收率越低，光子晶体就是利用光子带隙的高反射特性来实现红外隐身的。光子带隙受介质材料的折射率之比、光子晶体的周期结构等因素的影响，故可以通过材料选择和结构设计将光子带隙置于特定的红外波段上，从而实现某特定波段的红外隐身。光子晶体的主要参数如下。

（1）介质材料的折射率之比

光子带隙的宽度与组成光子晶体的介质材料的折射率之比成正比，介质材料的折射率之比越大，光子晶体的禁带效应越明显。光子晶体若要对某频率波段的光产生禁带效应，必须满足介质材料的介电常数/折射率变化幅度较大。

（2）周期结构

光子晶体还可以通过周期结构设计来调控光子带隙，可从介质材料的单层厚度、周期数、异质结构等方面着手进行设计。光子晶体的层厚设计主要基于光的干涉原理，根据光学多层膜的四分之一波长理论，当入射光波长为 λ_0 时，在基底材料上镀每层光学厚度均为 $\lambda_0/4$ 或 $\lambda_0/4$ 奇数倍的高、低折射率交替的介质多层膜，则能够得到较高的反射率，即 $nd=\lambda_0/4$（n、d、λ_0 分别指折射率、物理厚度和中心波长）。

理想的光子晶体周期数可以是无限大的，但实际制备出来的光子晶体周期数都是有限的，所以实际光子晶体的光子带隙并不是严格意义上的全反射带，光子晶体的反射率会随着周期数的减少而降低，这就为设计不同反射率的光子晶体提供了基础。

7.4.4 新型红外隐身材料

（1）控温材料

根据斯特藩-玻尔兹曼定律（Stefan-Boltzmann law），物体的红外辐射能量与温度成正相关，控制物体的温度可以有效降低其红外辐射能量。控温涂层黏合剂的选择同低发射率涂层一样，都要求黏合剂既有良好的红外透过性且与填料的相容性良好，又具有优良的物理力学性能和成膜性。目前，控温涂层的研究主要集中在填料方面，为了降低目标的表面温度，填料一般采用热惯量大、热导率低的材料，主要包括隔热材料和相变材料两类。

① 隔热材料　隔热材料是利用其热导率低的性质，阻隔物体发出的热量使其不会发散出来，从而达到降低物体红外辐射强度的目的，起到红外隐身的效果。而多孔材料是最常见的一类隔热材料，材料内部具有很多孔隙，而孔隙内的空气热导率一般较低［约为 0.026W/(m・K)］，会阻碍热流的传递，因此起到隔热的作用。研究较多的主要有聚合物微球、空心陶瓷微珠、气凝胶等。

聚合物微球常为苯乙烯和不饱和聚酯共聚物，微球中含有许多封闭的小孔或微泡。

空心陶瓷微珠是一种性能稳定、尺寸微小的中空结构球体，具有优异的隔热性能，能使被保护目标的红外辐射能较包覆前明显降低。

气凝胶是凝胶材料中的溶剂被气体取代后形成的一种纳米多孔网络结构的高分散固态材料，由于这些纳米多孔结构，气凝胶通常表现出低密度、高孔隙率和低热导率的特征。气凝胶的热导率主要由固态导热、气态导热和辐射导热三部分组成。SiO_2 气凝胶的气相传导和固相传导在常温常压下可以达到最小，但它存在强度低、易碎等缺陷，这在一定程度上限制了它的应用。

② 相变材料　相变材料（phase change material，PCM）是指以潜热形式储存和释放能

量的材料。在红外隐身涂层中应用的主要形式是将相变材料微胶囊化，利用其在相变温度发生物相转变时伴随的吸热或放热效应，来保持目标表面温度不变的特性，减小军事目标与环境间的温度差，从而达到红外隐身的目的。

（2）陶瓷降温隐身材料

微波衰减材料已广泛应用于消极电子对抗中，如重要的军事设施、空中的飞行器、保密的微波隔离室等，都需要大量使用微波衰减材料来防止对方的发现、跟踪和袭击。这种新型的陶瓷化合物雷达波吸收材料的工作原理和物理特性与以往的隐身材料有较大的差异。陶瓷化合物雷达波吸收材料的工作原理是：高度风化的陶瓷材料中，化合物的粒子直径极小，遇上电磁波后发生振动和位移，将雷达波的能量转化为动能和热能，以达到吸收和减弱雷达波能量的目的。它具有以下几个优势：一、不存在材料使用厚度上的问题；二、粉状陶瓷化合物制成的隐身涂料密度远小于传统的铁化合物隐身涂料；三、材料成本低，维护简单；四、陶瓷化合物隐身材料的主要成分都经过高风化侵蚀处理，对外界适应能力极强；五、陶瓷化合物隐身材料所覆盖的波段极广，添加不同的金属元素制成的隐身材料所涵盖的波段也不同。

（3）智能隐身材料

智能隐身材料，顾名思义，是智能材料和隐身材料的有机结合，它可以感应自身和背景环境的差异，并能对感知信号进行处理，促使自身发生物理或化学变化，动态地调整自身的发射率，减小目标与环境的辐射对比度，增强目标对环境的适应能力。根据诱导因素的不同，智能隐身材料可分为电致变色智能隐身材料和热致变色智能隐身材料。

电致变色智能隐身材料是一类在不同电压或电流的作用下发生电化学氧化或还原反应，使得材料组分或材料结构发生可逆变化，从而使其透射率或发射率发生明显可逆变化的材料。金属氧化物（如三氧化钨）和导电高聚物（如聚苯胺、聚噻吩及其衍生物）是两类极具应用前景的电致变色材料。

热致变色型智能隐身材料能够根据自身温度变化调节其热辐射特性，即通过响应外界温度的变化，动态调整其红外发射率。目前研究较多的代表性材料包括钙钛矿结构氧化物 $La_{1-x}Sr_xMnO_3$ 和二氧化钒（VO_2），这两类材料在达到特定相变温度时会在半导体态与金属态之间发生相变，导致红外发射率随之改变。其相变温度可通过掺杂元素来调控。然而，VO_2 存在一定毒性风险，$La_{1-x}Sr_xMnO_3$ 的合成工艺较为复杂，且二者成本较高。因此，当前有研究趋向于寻找更环保、易得、低成本且同时具备良好热致变性能与发射率调控能力的替代材料。

变温材料构成的自适应隐身器件，整体灵敏度差，难以满足使用的要求。单纯的变发射率材料构成的隐身器件光谱选择性及其发射率可调节的范围有限。而将变发射率材料与光子晶体结合起来构建自适应隐身系统，不但灵敏度更高，而且能够在更大的波段范围内实现对物体红外辐射特征的动态调制。因此，变发射率材料构成的光子晶体自适应隐身器件是自适应红外隐身的发展方向。

7.4.5 红外隐身材料应用

（1）飞机的红外隐身技术

① 发动机喷管采用碳纤维增强的碳复合材料或陶瓷复合材料；喷口安放在机体上方或

喷管向上弯曲，利于弹体遮挡红外挡板，在喷口附近安装排气挡板或红外吸收装置，或采用大角度倾斜的尾翼等遮挡红外辐射；在尾喷管内部表面喷涂低发射率涂料；采用矢量推力二元喷管、S形二元喷管等，降低排气冷却速度，从而减少排气的红外辐射。在燃料中加入添加剂，以抑制和改变喷焰的红外辐射频带，使之处于导弹响应波段之外。目前国外采用的一种特殊燃料，使飞机尾焰辐射移到 5～8μm 的大气强损耗波段。

② 采用散热量小的发动机。隐身飞机大多采用涡轮风扇发动机，它比涡轮喷气发动机的平均排气温度低 200～250℃，使飞机的红外隐身性能得到大大改善。用金属石棉夹层材料对飞机发动机进行隔热，防止发动机热量传给机身。如 B-2 隐身轰炸机采用 50%～60% 的降温隔热复合材料，F-117 则采用了超过 30%的新型降温隔热复合材料。

③ 在飞机表面涂覆红外涂料，在涂料中加入隔热和抗红外辐射成分，以抑制飞机表面温度上升和抗红外辐射。采用闭合回路冷却系统，这是在隐身飞机上普遍采用的，它能把座舱和机载电子设备等产生的热传给燃油，以减少飞机的红外辐射或将热在大气中不能充分传热的频率下散发掉。

④ 采用气溶胶屏蔽发动机尾焰的红外辐射，如将含金属化合物微粒的环氧树脂聚乙烯树脂等可发泡高分子物，随气流一起喷出，它们在空气中遇冷便雾化成悬浮泡沫塑料微粒；或将含有易电离的钨、钠、钾、铯等金属粉末喷入发动机尾焰，高温加热形成等离子区；或在飞机受威胁时喷出液态氮，形成环绕尾焰的冷却幕。上述三种方法可有效屏蔽红外辐射，同时还能干扰雷达、激光和可见光侦察设备。

⑤ 降低飞机蒙皮温度。可采用局部冷却或隔热的方法降低蒙皮温度，也可利用其温度对燃油进行预热。当马赫数大于 3 时，其壁面温度高达 600K，飞机利用这一温度对燃油进行预热，并通过机体结构进行冷却，从而降低了飞机蒙皮温度。

通过采用上述各项技术措施，可把飞机的红外辐射抑制掉 90%，使对方红外探测器从飞机尾部探测飞机的距离缩短为原来的 30%，甚至更小。

（2）舰艇的红外隐身技术

控制舰艇红外辐射特征的目的是降低不同区域的温度差，从而降低红外侦察设备和导弹的识别能力。舰艇采用的热抑制措施主要有冷却和屏蔽两种。

① 降低 3～5μm 波段的红外辐射　燃气轮机和柴油机排放的高温废气是舰艇在 3～5μm 波段最强烈的红外辐射源，因此国外在舰艇红外隐身领域的工作，大多从降低废气温度、抑制红外辐射开始。对燃气轮机来说，由于其排气量大、排气流速高，普遍采用隐身技术和烟囱喷水技术，故可使烟囱部位的红外辐射强度大大降低。一般还采用双层烟囱。在烟囱底部开有冷空气进孔，以便使燃气轮机的热气与大量的冷空气混合，从而大大降低烟囱排放废气的温度。

对于柴油机排气的红外抑制，目前普遍采用烟道冷却和海水喷射技术。舰艇采用烟道冷却后，舰艇红外辐射降低 60%以上。采用海水喷射装置后，可使排气温度由 500℃降低到 60℃。

② 屏蔽/降低 8～14μm 波段的红外辐射　主要采用屏蔽的方法。可采用红外隐身材料，改变舰艇的红外辐射特征，使用隔热材料来阻止舰艇舱内的热源向外辐射；采用喷淋水幕技术，将舰艇笼罩起来，达到降温、屏蔽的效果。

总之，目标内在的红外隐身技术在空中和海上的应用与发展是不平衡的。就目前的水平看，飞机的红外隐身技术比较成熟，已达到实用阶段，应用于飞机的设计和制造中。舰艇的红外隐身技术刚刚起步，目前还只能是对现有装备进行小的改进，完成低水平的红外隐身，离实用阶段还有一定距离。

综上所述，为了降低水面舰艇的红外辐射，各国主要采用：冷却上升烟道的可见部分；冷却排烟，使它尽可能地接近环境温度；选取隐身材料，吸收 3～5μm 的红外辐射；采用绝缘材料来限制机舱排气管道及舱内外结构的发热部位；对舰桥等上层建筑涂敷红外隐身涂料，这样不仅能减少红外辐射，而且能减少光反射；应用红外隐身材料进行屏蔽，从而降低舰艇 8～14μm 波段的红外辐射；采用海水喷射技术，降低排气温度；采用引射技术和烟囱喷水技术，使烟囱部位的红外辐射强度大大降低。

（3）坦克装甲车辆红外隐身技术

坦克的红外辐射主要来源于发动机及其排出的废气、火炮射击时的炮管、履带与地面摩擦，以及受阳光照射而产生的热。坦克装甲车辆的红外辐射抑制措施主要有：

① 发动机排气和冷却空气出口只能指向后方，而且不能直指地面，以防扬尘。排气中粒子杂质含量极低，以减少其热辐射。采用陶瓷绝热发动机，降低坦克的红外辐射强度。

② 内部热耗散较低，朝向天空的水平表面部分应具有较高的发射率，以防向天空辐射。垂直面及与垂直面成小角度平面的发射率应足够低，以使车辆热点视在温度降到最低。

③ 避免车辆自身产生高热对比度。避免大面积地存在温差分布，利用热导和热发射率，在温度表面差异形成破损视。利用红外表面涂层或反射技术，降低热点视在温度。

④ 将导向和悬挂部件的热特性降到最低程度，并避免从前方和侧面暴露，使车辆行驶留下的地面热迹降到最低。

（4）人体目标红外隐身

8～14μm 的热红外探测器是对人体隐身的最大威胁。

① 低红外发射率柔性隐身材料是实现人体隐身的关键技术，这是由于目标的形状是红外成像系统发现和识别的重要依据。目前军用热成像仪的温度分辨率可达 0.1℃温差，因此目标的表面温度与环境温度的温差降到很小的程度，目标的形状仍然可以显现出来。所以单一的低发射率面层并不能提供有效的热红外隐身，只有通过选择适宜的不同发射率材料，并进行图案设计，才能分割热像图，实现红外隐身。

② 降低人体红外辐射强度，即热抑制技术也是非常重要的热红外隐身途径。通常采用具有吸热、隔热功能的纤维织物来实现。纤维材料可明显吸收人体热量而抑制衣服表面升温。纳米红外吸收材料制备的纤维织物和对电、热敏感的金属纤维织物也是红外隐身材料发展的一个重要方向。

7.5 可见光隐身材料

7.5.1 基本概念

可见光是人的眼睛可以看见的光线，其波长是 0.4～0.75μm，常见的可见光探测器有望远镜、电视摄像机、微光夜视仪等要实现可见光伪装，必须消除目标与背景的颜色差别，只要伪装目标的颜色与背景色彩协调一致，就能实现伪装，这就是可见光伪装的原理。

可见光隐身可以通过减小目标的可视外形、涂覆伪装迷彩和覆盖伪装网等手段，尽量降低目标与背景之间的亮度和色度等可视对比特征。伪装迷彩涂料和多波段隐身材料虽然能相对比较简单地涂覆或覆盖到目标的表面，但仅在目标静止或运动较慢的情况下才表现出较好的隐身效果，这限制了作战装备和单兵的机动性能。为了克服上述缺陷，军事专家积极研究能根据战地环境改变亮度、色度的智能隐身材料，目前已经取得初步成果的有热致变色材料、光致变色材料和电致变色材料。另外，纳米技术的飞速发展也极大地推动了可见光隐身材料的发展。

7.5.2 可见光隐身迷彩涂料

隐身迷彩涂料一般由成膜物质、颜料、溶剂和助剂等组成。成膜物质决定迷彩能否牢牢粘在伪装目标上，不同颜料喷涂出来的迷彩图案和颜色组合则是涂料实现可见光隐身的关键。

（1）隐身涂料的研制与发展

涂料的成膜物质早期一般选用醇酸树脂、丙烯酸树脂，如醇酸型伪装瓷漆、自干型无光泽伪装涂料、F1 伪装涂料、C5-350 自干型醇酸伪装涂料等。很多国家也普遍使用由聚氨酯和丙烯酸盐基料加褐、黑、绿 3 种颜料配制而成的三色变形伪装涂料。这种三色涂料对伪装颜色的种类、色度坐标，以及可见光、近红外亮度因数提出了更合理的分类和要求，提高了伪装性能，而且涂料的力学性能、使用性能也大有提高，可以满足防毒剂渗透和易于表面毒剂清洗的要求，代表了当今光学迷彩伪装涂料的先进水平。

对地面目标实施迷彩伪装是最早采用的伪装技术之一。采用迷彩伪装涂料将目标的外表面涂覆成各种大小不一的斑块和条带等图案，不仅可防可见光探测，还可防紫外光、近红外雷达的探测。这是一种最基本的伪装措施。其目的是改变目标的外形轮廓，使之与背景相融合、减小军事目标与地形背景之间的光学反差，以降低被发现的概率。

伪装迷彩分为三种：a. 适合草原、沙漠、雪地等单色背景中目标的保护迷彩；b. 适合斑驳背景上活动目标的变形迷彩；c. 适合固定目标的仿造迷彩。当代最具代表性的伪装涂料是耐化学毒剂的聚氨酯伪装涂料。这种涂料在遇有化学毒剂污染时容易清洗，尤其是在改用三色迷彩和大斑点后在远近距离上都有较好的伪装效果。

国外已研制出一种多用途的伪装迷彩，它由塑料溶液添加 5%～25%（质量分数）的金属粉料制成的外壳和用酚醛树脂加 10%～15%（质量分数）的石墨或烟黑制成的导电纤维所组成，使用这种迷彩涂料的坦克车辆可防止可见光、红外和射频的探测。

德国的涂覆型多波段隐身材料是一种在可见光、热红外、微波、毫米波都可起作用的涂料，它可使目标特征尽可能地接近背景以减小目标的可侦察性，在可见光区的颜色和亮度适宜、光泽度小，在热红外区使目标的辐射温度与背景的辐射温度相适应，在微波和毫米波段尽可能宽的波段内吸收辐射。

（2）迷彩图案与颜色

迷彩涂料图案斑块的颜色和斑块的形状大小是影响隐身效果的关键。适用于可见光隐身领域的颜料有黄、深绿、浅绿、棕、褐、黑、氧化铬绿、咔唑紫、氧化铁系颜料。由于空中、地面和水上战地环境的不同，陆海空三军装备选用的迷彩图案和颜色也不尽相同。

地面装备一般选用绿色、褐色、沙漠黄色、黑色等与林地、沙漠等战地环境类似的迷彩图案和色彩。如俄罗斯和欧洲一些森林资源丰富的国家多采用带有锯齿和树叶形色斑的丛林三色或四色迷彩涂料，沙特阿拉伯等中东国家则使用三色或六色沙漠迷彩涂料，以色列选用沙黄色、褐色、绿色的三色沙漠迷彩，美军则同时采用了四色丛林变形迷彩和六色沙漠迷彩涂料。

对海军的船舰来说，世界各国现在普遍采用灰色单色涂装。探测系统的观察角度是多方位的，包括高空、水面和水下，因此船舰也要在不同的部位采用稍有不同的色彩配置。舰船的浅舰体色一般选用浅灰色、中灰色、深灰色，深舰体色则选暗海灰，吃水线以下舰体选用舰底红色，甲板则选用深灰色。

空军的战地环境是天空，根据探测角度的差异，作战飞机不同部位选用不同的迷彩色。飞机上部选用暗绿色、浓绿色、天灰色、中度蓝、海蓝色等；飞机下部选用天灰色、中灰色、哑光白、乳白色或浅蓝色；发动机尾喷管选用钛金色。

7.5.3 伪装遮障

伪装遮障是一种设置在目标附近或外加在目标之上的防探测器材，主要包括各种伪装网和伪装覆盖物等，通过采用不同的伪装技术分别对抗可见光、近红外、中远外和雷达波段的侦察与探测。最具代表性的伪装遮障是热伪装网系统和超轻型伪装网。

热伪装网系统实为双层式热伪装遮障，此伪装遮障由具有防光学和防热红外探测性能的伪装网和隔热毯组成，其中隔热毯用定距支架固定就位，上端覆以热伪装网，隔热毯与热伪装网之间保持一定的距离，隔热毯的作用是将有源热目标变为无源“冷”目标，隔热毯上有眼睑式通风孔，可散逸发动机产生的热量，使坦克在热成像仪上仅显示出一个不完整的热图形。隔热毯实际上很薄很轻，酷似塑料薄膜，其质量每平方米不足 180 g。热伪装网上附装有电阻膜，其可起防毫米波、厘米波雷达的作用。这是一种多功能伪装网，能对付可见光、近红外光、雷达和热红外（3～5μm 和 8～14μm）波段的探测，还有另一种伪装可用于覆盖军事目标，如坦克的热表面。此伪装罩有一聚酯纤维底层，其上为一层聚酯薄膜，两表面用铝层覆盖，还有超吸收纤维，如丙烯酸纤维、人造纤维和聚丙烯纤维制成的薄条以及结合在一起的两层绿色聚丙烯纤维层，绿色层应预先浸透水分，以便在使用中保持冷态。此伪装罩可在可见光、红外和雷达范围内起伪装效果。

超轻型伪装网，是一种宽波段能量吸收毯，其基体为多层结构的板材。基体材料能有效地吸收和抑制可见光、雷达波、热和声信号，是一种多波段的伪装材料。它以金属导电层为底层，最外层为泡沫吸收层，可使表面反射率最小。其 2～5 层为阻抗层与吸收层相互间隔，阻抗层从里向外电阻率递增，这样带宽也增大，可实现由导电层反射回的入射雷达波的相位相消。泡沫吸收层起隔热、吸声作用。一般说来，导电层为金属箔或金属板；阻抗层为具有适当电阻率的碳或石墨层；吸收层为泡沫塑料或其他合成泡沫，如含空心玻璃球或陶瓷小球的半硬质胶黏剂，其厚度不超过 25.4mm。将超轻型伪装网覆盖在坦克车辆或其他军事目标上，有很好的伪装效果。

7.5.4 新型可见光隐身材料

可见光隐身材料的最新进展主要表现在两个方面：一方面是智能隐身材料的研究开发；

另一方面是纳米隐身材料在伪装织物上的应用。可见光智能隐身材料是一种具有“变色龙”特性的材料系统。在武器装备上，涂覆或掺杂智能隐身材料，其表面在光、电、热等刺激下变色或改变亮度，使目标融入背景中，提高装备的隐身和机动特性。

（1）光致变色隐身材料

光致变色材料在一定波长和强度的光作用下，分子结构发生变化，引起材料对光吸收峰值的变化，最终导致颜色改变，达到隐身的目的。

（2）热致变色隐身材料

热致变色材料能在感知背景光的亮度和色度信息后，在温度控制装置的控制下使材料温度发生改变，从而呈现出与背景一致的亮度和色度。热致变色材料，按组成物质可分为无机热致变色材料和有机热致变色材料；按变色方式分为可逆和不可逆热致变色材料，但只有可逆热致变色材料才能应用于动态隐身。无机热致变色材料有结晶改变、发生化学反应和发生热分解等多种变色机理。目前热致变色材料研究虽然取得了一定的进展，但存在颜色变化数少，亮度可控范围窄，变色的温度多数在高温区等缺陷。

（3）电致变色隐身材料

电致变色材料在通电后能够迅速调节其亮度与颜色，因此可通过计算机控制，实现与目标环境在可见光条件下的亮度和色彩匹配，从而达到一定程度的光学隐身效果。当前，相关前沿研究已在颜色响应控制方面取得显著进展。例如，法国国家科学研究中心（CNRS）下属的巴黎凝聚态材料化学实验室（LCMCP）成功开发出可在1s内完成颜色切换的电致变色系统，显著提升了响应速度。然而，变色材料的使用寿命和亮度稳定性仍然是其进一步应用推广的关键挑战。

7.6 隐身器件的应用

隐身技术最初起源于军事领域，特别是在航空器和舰船的隐身设计上。随着技术的不断进步，隐身技术逐渐扩展至多个领域，成为各项技术发展的研究热点。隐身器件通过改变物体与周围环境的相互作用，降低其被探测到的概率，从而使其在雷达、电磁波、红外线等探测系统中实现隐形效果。

隐身技术在军事领域的应用最为广泛，尤其是在隐形飞机、隐形无人机、隐形导弹等武器装备的研发中。军事上使用隐身器件的核心目的是提高武器系统的隐蔽性，从而使其能够避开敌方的雷达、红外、可见光探测等侦察系统。隐身飞机是最典型的应用之一，采用雷达吸波材料（RAM）以及独特的气动外形设计，隐身飞机能将雷达波散射至不同方向，极大地降低敌方雷达系统对其的探测能力。现代隐身飞机和隐身战斗机，均采用了高性能的雷达吸波材料和设计优化，确保了在复杂战场环境中难以被敌方发现。此外，隐身无人机（UAV）也成为军事侦察、监视和打击任务中的关键装备。无人机由于体积小、灵活性强，常常被用于执行危险的侦察任务，通过隐身技术能够最大程度避免被敌方发现。例如，美国的全球鹰无人机在执行情报搜集任务时，就采用了隐身设计，使其能够远离敌方探测范围。隐形导弹的设计同样也借助了隐身技术来提高打击效率。隐形导弹不仅要避开敌方雷达的探测，还需避免被红外线探测系统发现，因此采用了热隐身涂层和特殊外形设计，使导弹在飞行过程中难以被侦测，增加了任务的成功率。

隐身技术在航空航天领域的应用也日益广泛，尤其是在卫星和空间探测器的设计中。随着航天技术的发展，隐身器件不仅限于飞行器的设计，还扩展到卫星和空间探测器的隐身。卫星通常在运行过程中会暴露在敌方的空间侦察系统中，因此使用隐身技术能够降低其被侦测的概率。雷达隐身卫星通过使用特殊涂层和外形设计，可以将其在某些频段的反射信号最小化，从而避免被地面雷达或其他卫星探测到。此外，在空间探测器设计中，隐身技术的应用不仅可以减少卫星的反射信号，还能够调节其红外信号。红外隐身技术通过对卫星或探测器的表面进行温度调节，使其在红外探测器中的热信号大幅降低。这种技术尤其在军事卫星中至关重要，因为一旦卫星被红外探测系统发现，便极大地影响其执行任务的隐蔽性。

隐身技术的应用不仅局限于军事领域，随着技术的进步，隐身器件在交通工具中的应用也开始受到关注。隐形汽车、隐形船只等交通工具的出现，为提高交通安全性和执行特殊任务提供了新的思路。在交通工具的隐身设计中，重点是减少物体在雷达和传感器中的反射面积，降低其在不同频段的可探测性。隐形汽车的设计理念是对车身外形的优化和材料的特殊选择，使得汽车在雷达和红外传感器中难以被追踪。这种设计不仅能够提高汽车在某些特殊环境下的隐蔽性，还可以减少道路上的交通监控，增强驾驶的隐私性和安全性。此外，隐形船只也可在军事或敏感地区使用，通过减少雷达和声呐系统的反射信号，确保船只的隐蔽性。这类技术对于避免海上监控和提升行动安全具有重要意义。

除了军事和航空航天领域，隐身技术在民用设备中的应用逐渐兴起，尤其是在高科技监控设备、传感器以及各种探测器的设计上。隐身材料和技术可以帮助这些设备在执行任务时避免被敌方或竞争者发现。通过设计隐形传感器和探测器，设备可以在恶劣环境中进行长时间的侦测工作，而不暴露其位置。例如，隐形传感器被应用于自然灾害监测、环境监测以及军事侦察等领域。通过减少其在雷达和传感器中的可见性，这些设备能够在执行任务时保持高度隐蔽，避免受到干扰或攻击。

思考题与习题

1. 隐身材料有哪些？
2. 隐身材料一般应用在哪些领域？
3. 简述雷达吸波材料的隐身机理。
4. 雷达吸波材料可以分为哪几类？
5. 目前雷达波隐身武器存在的缺陷和应对的反隐身技术有哪些？
6. 结合实际生活，谈一谈对隐身材料的理解与认识。

参考文献

[1] 张玉龙，李萍，石磊. 隐身材料[M]. 北京：化学工业出版社，2018.
[2] 孙敏，于名讯. 隐身材料技术[M]. 北京：国防工业出版社，2013.

[3] 钟华，李自力．隐身技术[M]．北京：国防工业出版社，1999.
[4] 邢丽英，等．隐身材料[M]．北京：化学工业出版社，2004.
[5] 禹熙权，李弘．先进功能材料[M]．杭州：浙江大学出版社，2011.
[6] 陈鹤鸣，等．激光原理及应用[M]．3 版．北京：电子工业出版社，2017.
[7] 刘渊，陈桂明，等．磁性核壳结构吸波材料构建与制备[M]．北京：化学工业出版社，2020.
[8] 高雨毅，李千慧，韩擎之，等．高温雷达吸波涂层研究进展[J]．航空发动机，2024，50(3)：17-32.
[9] 刘晓明，华宇晨，傅远翔，等．雷达吸波材料研究进展[J]．中国材料进展，2023，42(9)：685-698，731.
[10] 陈海通，王进美，等．红外隐身材料的应用及其研究进展[J]．印染，2023，49(11)：81-86，92.
[11] 李魏，宋涛，王坤，等．红外隐身材料的研究进展[J]．现代技术陶瓷，2023，44(4)：245-262.
[12] 左建坤，潘美妍，段辉高，等．新型红外隐身结构材料研究综述[J]．光电工程，2023，50(5)：6-27.

第 8 章

超导材料与器件

8.1 超导材料概述

超导材料是一类在低于特定温度时电阻率突然下降到零的材料，同时它们表现出完全抗磁性，即磁力线无法穿透这些材料。现阶段人们已经发现了数百种超导体，同时依据超导体的临界温度，又可以将超导体分为高温超导体以及低温超导体这两种不同的类型。图 8-1 显示了目前大量研究的材料对象，主要包括氢化物、硫化物、金属间化合物以及单质，随着材料体系的迭代，不同压力下临界温度不断提升。

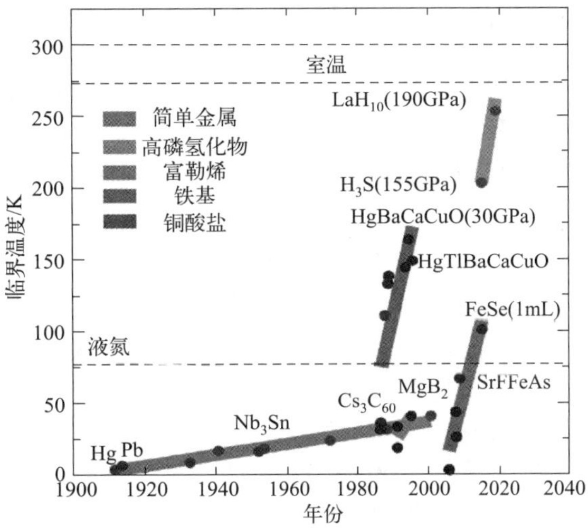

图 8-1　随时间发展的高临界温度超导材料开发路线

超导材料所组成的功能无机材料器件应用前景广阔，包括磁共振成像（MRI）系统、粒子加速器、磁悬浮列车、电力传输线路和超导电缆等。它们在强电应用方面显示出巨大的潜力，如在磁约束受控核聚变和高能粒子加速器中发挥关键作用。此外，超导量子干涉器件（SQUID）在测量微弱磁信号方面具有极高的灵敏度，应用于生物磁测量、大地磁测量和磁成像等领域。正因如此，自超导发现以来，人们对超导材料的探索脚步一直不断向前，对超导微观机理和超导应用的研究热情也从未衰减。

8.2 超导现象原理

8.2.1 超导电性

超导电性的基本特征是完全导电性和完全抗磁性。材料在特定温度（临界温度）T_c 之下呈现零电阻和排斥磁力线（即完全抗磁性）。

（1）完全导电性

完全导电性是超导电性的基本特性之一，即零电阻特性，是指超导体的电阻率 ρ 在温度低于某一温度（临界温度 T_c）时迅速降至零，在 T_c 以下超导体不存在可观测的直流电阻。

（2）完全抗磁性

完全抗磁性是超导电性的另一基本特征，是指当超导体处于外加磁场中时，磁场分布发生改变，磁通量被完全排斥出超导体。不论是先给超导体外加磁场，再降温使之变为超导态；还是先降温再外加磁场，处于超导态的超导体中的磁场强度始终为零。通常这称为迈斯纳效应。

穿透深度 λ 是由于趋肤效应，交流电沿导线表面能达到的径向深度。导线流过高频交变电流时，有效截面的减少可用穿透深度来表示。实际上，磁场仍能穿透超导样品表面薄层，此薄层厚度称为穿透深度，典型大小只有几百埃（$1\text{Å}=10^{-10}\text{m}$），与材料和温度有关。

当外磁场超过某临界磁场强度 H_c 时，材料超导性被破坏，由材料正常态和超导态时的单位体积的（亥姆霍兹）自由能差 f_n-f_s 决定，H_c 可近似表示为式（8-1）：

$$H_c(T)=H_c(0)\left[1-\left(\frac{T}{T_c}\right)^2\right] \tag{8-1}$$

式中，$H_c(T)$ 为某温度 T 下的临界磁场强度；T_c 为临界温度。

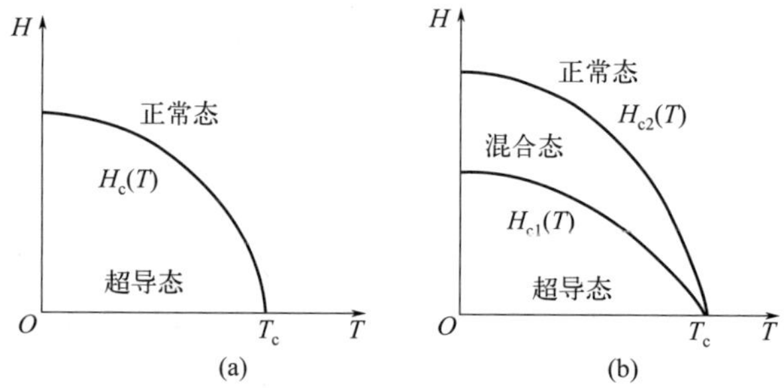

图 8-2　临界磁场与温度的关系

（a）Ⅰ类超导体；（b）Ⅱ类超导体

临界磁场与温度的关系如图 8-2 所示，图 8-2 可看作正常态转变为超导态的相图，超导体在 $T>T_c$、$H>H_c$、$J>J_c$ 任一条件下其超导性均消失。

Ⅰ类超导体［图 8-2（a）］：在 $H<H_c$ 时不被磁场穿透，在 $H>H_c$ 时则被磁场全部穿透。

Ⅱ类超导体［图 8-2（b）］：在 $H<H_{c1}$ 时不被磁场穿透，在 $H>H_{c1}$ 时开始被磁场穿透，磁感应强度（B）随磁场强度（H）增强而增强；当 $H>H_{c2}$ 时才被磁场全部穿透。在 H_{c1} 至 H_{c2} 区间超导体处于混合态；$H>H_{c2}$ 时，超导体已全部转变为正常态。

Ⅰ类超导体［图 8-2（a）］有一个临界磁场强度 B_c，在小于临界温度 T_c 和临界磁场强度 B_c 的区域里，物质表现为超导体，而超过临界磁场强度 B_c，超导体将被“击穿”而恢复正常状态。Ⅱ类超导体［图 8-2（b）］有两个临界磁场强度 B_{c1} 和 B_{c2}，在 B_{c1} 和 B_{c2} 之间，物质呈现为“混合态”。

非常规超导体的超导电性指超导电性不能用常规的电子-声子相互作用给予透彻解释的超导体。目前已发现的有重费米超导体、有机超导体、高温（氧化物）超导体 3 类，其为超导电性提供了新的物理机制。例如，高温（氧化物）超导体的发现，临界温度从液氦（4.2K）温区提高到液氮（77K）温区，最高 T_c 达 125K，远超过 BCS（巴丁-库珀-施里弗，Bardeen-Cooper-Schrieffer）理论允许的临界温度极限值。

8.2.2　超导能隙理论

从物质的微观结构看，金属是由晶格点阵与共有化电子组成的。其中，晶格点阵上的离子之间、共有化电子之间、离子与共有化电子之间，都存在着不同程度的相互作用。那么，究竟是哪一种作用对超导电性的产生起决定性作用呢？同位素效应的发现，为这一问题的解决提供了重要的启示。超导电性的产生，应与晶格点阵上离子的某种行为有关，而超导电性又是与电子的凝聚密切相关的一种现象。因此，处理这个问题时，必须顾及晶格点阵运动与共有化电子两个方面。因此，完全有理由推测，电子与晶格点阵之间的相互作用，可能是导致超导电性产生的根源。

图 8-3 的左半部分是正常态的能谱，图的右半部分是超导态的能谱。这种能谱的一个显著特点是：在费米能级附近，有一个半宽度为 Δ 的能量间隔，在这个能量间隔内禁止电子占据，人们把 2Δ 或 Δ 称为超导态的能隙。在绝对零度下，处于能隙下边缘以下的各能态全被占据，而能隙上边缘以上的各能态全空，这种状态就是超导基态。当频率为 ν 的电磁波照射到超导体上时，由于能隙的存在，只有当照射频率满足式（8-2）时，激发过程才会发生。

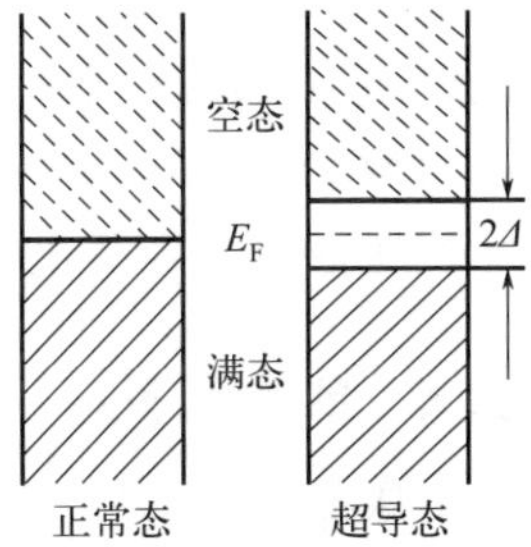

图 8-3 绝对零度下的电子能谱

$$h\nu \geqslant E_g \tag{8-2}$$

式中，h 为普朗克常数；ν 为电磁波频率；E_g 为禁带宽度。

当照射频率 $\nu=\nu_0=E_g/t$（t 为时间）时，超导体就会开始强烈地吸收电磁波。临界频率 ν_0 一般处于微波或远红外频谱部分。此时，相当于将 E_g 看成等于零。超导体在这些频段的行为同正常金属没有什么差别。超导体的临界频率 ν_0 有所差异，实际上是因为能隙不同，其 E_g 不同，且随温度升高而减小，当温度达到临界温度 T_c 时，有 $E_g=0$，$\nu_0=0$。实验结果表明，一般超导体的临界频率为 10^{10} Hz 量级左右。

8.2.3 电子-声子的相互作用

在温度高于绝对零度时，晶格点阵上的离子并不是固定不动的，而是要在各自的平衡位置附近振动。各个离子的振动，通过类似弹性力那样的相互作用耦合在一起。因此，任何局部的扰动或激发，都将通过格波传播，导致晶格点阵的集体振动。

在处理与热振动能量相关的一类问题时，往往将晶格点阵的集体振动，等效成若干个不同频率的互相独立的简正振动的叠加。而每一种频率的简正振动的能量都是量子化的，其能量的量子 $hw(q)$ 称为声子，q 表示该频率下晶格振动对应的波矢或准动量（quasi-momentum）。

引进声子的概念后，可将声子看成一种准粒子，它像真实粒子一样与电子发生相互作用。通常把电子与晶格点阵的相互作用，称为电子-声子相互作用。这样处理，既简明又生动。一个电子通过相互作用，把能量、动量转移给晶格点阵，激起它的某个简正频率的振动，叫作产生一个声子。反之，也可以通过相互作用，从振动着的晶格点阵获得能量和动量，同时减弱晶格点阵的某个简正频率的振动，叫作吸收一个声子。这种相互作用的直接效果是改变电子的运动状态，产生各种具体的物理效应，其中包括正常导体的电阻效应和超导体的无阻效应。

电子在晶格点阵中运动，它对周围的正离子有吸引作用，从而造成局部正离子的相对集中，导致对另外电子的吸引作用。这种两个电子通过晶格点阵发生的间接吸引作用，可以用电子-声子相互作用模式处理。

但还应注意，虽然这个可以造成电子之间相吸的电子-声子过程初态和终态之间动量是守恒的，但在初态和中间态之间或中间态（中间态是指第一个电子已发出一个声子而第二个电子尚未吸收这个声子时的状态）和终态之间能量并不一定守恒，这是在能量和时间之间有测不准关系之故，$\Delta E \times \Delta t \approx \hbar$，如果中间态寿命 Δt 很短，那么能量不确定性 ΔE 就会很大，其结果是在发射和吸收过程中能量不必守恒，这种能量不守恒的过程叫作虚过程。而声子的虚发射只有在第二个电子准备几乎立即吸收该声子时才有可能发生。

电子-声子相互作用产生超导电性这一事实也说明了为什么超导体都是不良的正常导体，例如，Pb 有较高的临界温度，它必然有很强的电子-声子相互作用，因此室温下是不良导体；而像 Cu、Au 和 Ag 这一类在室温下是良导体，这些金属一定有弱的电子-声子作用，因此即使在现在已经达到的最低温度下，这些金属也不显示超导电性。

8.2.4 库珀电子对

金属晶体中的外层价电子处在带正电的原子实组成的晶格环境中，带负电的电子吸引原子实向它靠拢，在电子周围形成正电势密集的区域，它又吸引第二个电子，即电子通过格波声子相互作用形成电子对，称为“库珀电子对”。这种库珀电子对具有低于两个单独电子的能量，在晶格中运动时没有任何阻力，因此产生超导性。在讨论电子-声子相互作用的基础上，库珀证明了，只要两个电子之间有净的吸引作用，不管这种作用多么微弱，它们都能形成束缚态，两个电子的总能量将低于 $2E_F$。此时，这种吸引作用有可能超过电子之间的库仑排斥作用，而表现为净的相互吸引作用，这样的两个电子被称为库珀电子对。从能量上看，组成库珀对的两个电子，由相互作用所导致的势能降低，将超过比动能多出 2 倍的量，即库珀对的总能量将低于 $2E_F$。

8.2.5 BCS 超导微观理论

1957 年，美国物理学家巴丁、库珀和施里弗证明，库珀对的模型可以推广至多个相互作用的电子系统。具体而言，从绝对零度下的金属出发，可以移除两个动量略低的电子，使其形成库珀对，从而使系统能量降低。如果一对电子形成库珀对，其他电子也能通过类似方式进一步降低系统能量，导致原本稳定的费米球不再稳定。实际上，在绝对零度下，超导基态的费米分布与正常金属基态的费米分布存在差异。

如图 8-4 所示，在绝对零度下，对于超导态，低能量的即在费米球内部深处的电子，仍与在正常态中的一样。但在费米面附近的电子，则在吸引力作用下，按相反的动量和自旋全部两两结合成库珀对，这些库珀对可以理解为凝聚的超导电子。在有限温度下，一方面出现一些不成对的单个热激发电子，另一方面，每个库珀对的吸引力减弱，结合程度较差。这些不成对的热激发电子，相当于所谓正常电子。温度越高，结成对的电子数量越少，结合程度越差。达到临界温度时，库珀对全部拆散成正常电子，此时超导态即转变成正常态。

从动量角度看，在超导基态中，各库珀对中单个电子的动量（或速度）可以不同，但每个库珀对总是涉及各个总动量为零的动态，因此，所有库珀对都凝聚在零动量上。

当正常金属载流时，将会出现电阻。因为电子会受到散射而改变动量，使这些载流电子沿电场方向的自由加速受到阻碍。而在超导情况下，组成库珀对的电子虽会不断受到散射，但是，由于在散射过程中，库珀对的总动量维持不变，所以电流没有变化，呈无阻状态。

必须指出，库珀对是由吸引力束缚在一起的两个电子，实际上使它们结合在一起的吸引作用并不强，其结合能仅相当于超导能隙的量级。利用测不准关系，可估计出一个库珀对的

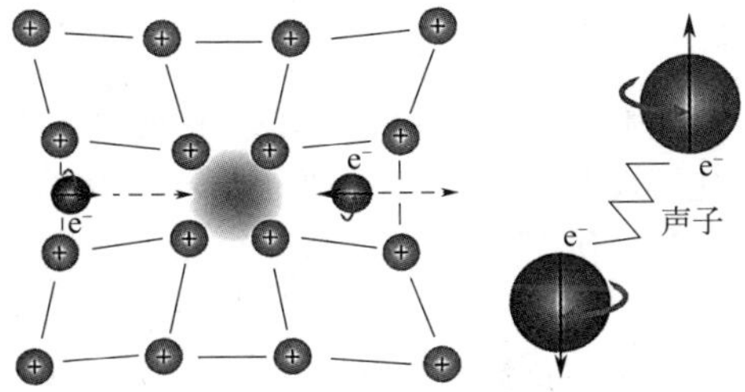

(a)　　　　(b)

图 8-4　巴丁-库珀-施里弗超导微观理论示意图

(a) 电声耦合过程；(b) 自旋和动量相反的电子配对形成库珀对

尺寸（约为 10^{-4}cm），这个尺寸相当于晶格常数的 10000 倍。由此可见，一个库珀对在空间延展的范围是很大的，在这个空间范围内存在着许多个库珀对互相重叠交叉分布。库珀对有一定的尺寸，反映了组成库珀对的两个电子，不像两个正常电子那样，完全互不相关地独立运动，而是存在着一种关联性，库珀对的尺寸正是这种关联效应的空间尺度，称为 BCS 相干长度。

另外，所谓库珀对以及超导能隙，都是全体电子的集体效应。两电子之间的吸引力，并不是仅凭它们之间与晶格的相互作用就能产生的，而是整个电子气体与晶格协同作用的结果。其大小取决于全部电子的能态分布。因此，要把一个库珀对拆散为两个正常电子，至少需要克服能量 2Δ［Δ 是材料的超导能隙，通常在毫电子伏（meV）量级］。

由巴丁、库珀和施里弗三人共同努力，建立起来的超导微观理论，即 BCS 理论，可以很好地解释人们所观察到的与低温超导相关的各种实验事实，并包含了已经建立起来的各种唯象理论，清楚地揭示了超导电性的微观本质。但是，BCS 理论也存在着一些问题。例如，关于吸引作用，只考虑了自旋和动量都相反的一对电子之间存在；在电子-声子相互作用过程中，格波的波速不能认为是无限大，从而交换声子是需要时间的；还有该理论只是在弱耦合的情况下才成立；等等。尽管如此，BCS 理论仍然是迄今为止最为成功的低温超导微观理论，已为学术界所公认。

8.2.6　超导自旋电子学说

在不同性质材料的界面上，材料可能会产生新奇的物理现象。其中一个典型例子是超导体与铁磁体的界面。通常，它们之间的电子有序性会相互破坏；但在特定条件下，超导体-铁磁体界面可实现超导性与自旋极化的协同，形成一种新型超导态。在该态下，自旋传输过程将极大降低焦耳热耗散，具有节能的潜力优势。

相较于基于电荷的传统半导体晶体管技术，自旋电子学利用自旋电流控制逻辑运算，具有更高的速度和更低的能耗。作为一个活跃的研究方向，自旋电子学不仅实现了纳米尺度的自旋与电荷调控，还在磁存储领域中因巨磁电阻效应获得了应用。结合超导性与自旋电子学的研究，近年来的工作聚焦于如何在超导体中产生净自旋极化的准粒子。例如，早期的自旋输运实验采用铁磁/超导双层结构，首次拓展了该方向研究的边界。

更进一步的研究中，在超导体-铁磁界面观测到自旋三重态库珀对，为超导自旋电子学的发展提供了关键突破。自旋电流可通过铁磁材料产生，而在超导体中，电荷流则由成对电子（库珀对）承载。根据 Ginzburg 理论，磁场中库珀对的稳定性受到轨道效应和塞曼耦合影响，强磁场会导致其不稳定。近年来的理论与实验研究正在探索规避这些限制的新方案。

描述库珀对的双费米子关联函数 f 需满足反对称的泡利原理，但其自旋部分并不要求处于自旋单线态（↑↓－↓↑）状态。只要在费米子 $1 \rightleftharpoons 2$ 整体交换下（包括空间、自旋和时间坐标）f 为反对称，就符合泡利原理要求。这意味着库珀对可以处于费米子交换下对称的自旋三重态，即（↑↓＋↓↑）、↑↑或↓↓态，前提是 f 在交换空间和时间坐标时改变符号，形成奇时（频率）配对。这种自旋三重态库珀对能与磁场共存，因为只要抑制轨道效应，塞曼耦合就不会使库珀对发生断裂。

由于库珀对可被自旋极化，因此自旋三重态超电流能携带净自旋分量，从而有望消除自旋电子器件的热量滋扰。然而，要在自旋电子学中利用这种超电流，必须能在器件中产生和操纵三重态库珀对。在实验室阶段，这一领域取得了重大进展，尤其是在超导体-铁磁体结构中常规实现了三重态库珀对的产生。

超导自旋电子学的目标之一是通过引入超导材料，来增强自旋电子学中心效应并探究超导性与磁有序共存时的相互作用。研究结果令人振奋：已证实存在自旋极化超电流；注入超导体中的自旋极化准粒子的自旋寿命比常规金属高出数个数量级；甚至磁化动力学也受到了超导序的强烈影响，为超导性影响畴壁运动增添了可能性，这一学说和理论体系也为后续超导材料的器件化应用开辟了新的方向和思路。

8.3 低温超导材料

低温超导材料是指在较低温度（通常低于液氮温度）、特定磁场和电流条件下，能够表现出零电阻和完全抗磁性等超导特性的材料，且具备实际应用潜力。目前已经发现的超导体有三类材料，即金属超导体如 Hg（4K）、Pb（7K）；金属间化合物超导体如 Nb-Ti（一代）、Nb_3Sn、V_3Ga（二代）、Nb_3Ge、$PbMo_6S_8$（三代）；高温陶瓷氧化物超导体如 YBCO、BSCCO、TiBCCO 等。可制备成体、带、片、丝、膜材，供不同使用对象（强电、弱电）选择使用，满足不同使用性能要求。

临界温度在 25～30K 之间的超导体，称为低温超导体。现阶段低温超导材料主要为 NbTi、Nb_3Sn、Nb_3Al 等材料。虽然在现阶段低温超导材料的发展过程中，受到一些高温超导材料的挑战，但是对于这种低温超导材料而言，在进行批量生产加工的过程中，其成本投入、使用稳定性等方面都有着无法取代的优势。在当下的科学技术发展下，制冷技术也得到了长足的发展，这样在进行低温超导装置的一些设计和研发上，也不再过于依赖液氦，使得低温超导材料在未来的使用过程中，会成为超导产业链的重要组成部分。当前我国已经存在低温超导材料的制备工艺，并且产品的性能已经趋于成熟以及稳定，使得在国际材料销售中，竞争力主要来自同类型的材料。而我国西部超导材料科技股份有限公司的产品已经在低温超导材料的制备中有着自身特有的竞争优势，因此在未来的发展过程中，就需要充分发挥自身的产品优势，同时对于产品的短板进行不断的弥补和完善，这样便可以尽可能地提升材料的性能。同时，还需要基于我国工程实验室的研究进度以及在国内市场发展过程中的实际需求，形成与产品匹配的生产能力。

8.3.1 纯金属超导材料

在常压下，发现有 28 种元素具有一定超导电性，如超导临界温度（T_c）和临界磁场强度（H_c），如典型金属 α-Hg（T_c=4.15K，H_c=412Oe）、Pb（T_c=7.2K，H_c=803Oe）、Nb（T_c=9.26K，H_c=1950Oe），其中以 Nb 为最高。高压下 Cs、Ba、Bi、Y、Ge 等才显现超导电性。

表现出超导性的金属元素一般是电阻比较大的元素，与此相反，良导体的银和铜等不表现超导性，表现出反强磁性和强磁性的金属也不表现超导性。目前发现有超导性的金属元素有 28 种，其中过渡元素 18 种，如 Ti、V、Zr、Nb、Mo、Ta、W、Re 等。非过渡元素有 Bi、Al、Sn 等 10 种。超导合金有很多，如二元合金 NbTi、三元合金 Nb-Ti-Zr，超导化合物中著名的有 Nb_3Sn、Nb_3Ge。最有希望的金属系超导实用材料是组成比为 3∶1 的二元系 A-15 型金属化合物晶体。但是这种化合物硬而脆，不能够塑性加工，所以要求特殊的加工技术。实用化的 Nb_3Sn（T_c=18K）多芯线是将 Cu-Sn 合金（青铜）母材与其内插入的铌棒形成的复合体拉丝加工，如此反复进行，最后将多芯结构在 600～700℃下进行热处理，利用扩散反应制成 Nb_3Sn 化合物多芯细线。这种制作方法称为青铜法或者复合加工法，如图 8-5 所示。

Nb_3Sn 是目前主流的高场低温超导材料之一，广泛应用于 12T 以上的超导磁体系统。其实际工作温度通常在 4.2K（液氦）下，Ti 或 Ta 掺杂可以有效提升其在高磁场下的 J_c 和 H_{c2}。尽管像 V_3Ga 和 Nb_3Ge 等材料具有较高的 T_c 和 H_{c2}，但由于加工复杂性和力学性能限制，目前尚未实用化。

相比之下，Nb-Ti 合金因其优良的力学性能和高 H_{c2}（4.2K 下约 11.5T）成为当前应用最广的低温超导材料，尤其适用于 10T 以下的磁体系统。Nb-Zr 合金也在特定环境下实现实用化。图 8 6 所示为 Nb-Ti 超细多股芯线的截面结构。

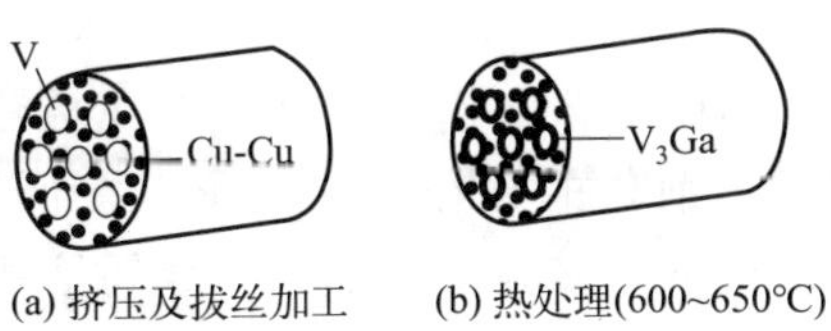

图 8-5　用复合加工法制备 V_3Ga 的超细多芯线的原理图

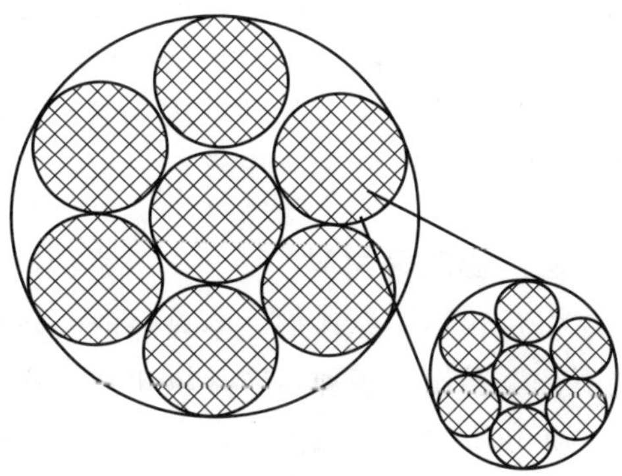

图 8-6　Nb-Ti 超细多股芯线的截面结构（在直径为 1mm 的线管中埋入数万根芯线）

薄膜化的 Nb 或 NbN 超导材料因其高临界温度和优良的成膜特性，常被用于制备高灵敏度的 SQUID（超导量子干涉器件）。2001 年，日本青山学院大学的秋光纯一郎等发现了具有 AlB_2 型六方晶体结构的金属硼化物 MgB_2，其临界温度 T_c 达 39K，是一种不含铜的体相超导体。作为金属超导体，MgB_2 的超导机制符合 S 波 BCS 理论，且具有独特的双能隙特征，有望进一步提升其电流密度与应用性能。目前，世界各地的研究团队正持续推进其在磁共振成像、超导输电及其他工程领域的应用，有望在中温超导技术中实现更广泛的实用化。

8.3.2 金属间化合物超导材料

金属间化合物超导体的出现为超导材料的应用开辟了广阔的前景。测试发现，有 5000 种合金和化合物具有一定超导电性，临界温度最高的是 Nb_3Ge（$T_c=23.2K$），其次为 Nb_3Sn（$T_c=18.1K$，$H_c=24.5kOe$）。Nb-60Ti（$T_c=9.3K$，$H_c=115kOe$）具有更高的临界磁场强度 H_c 和优良的加工性能并取代 NbZr 合金，生产出高纯铜中数百至数千芯超导线的多芯超导体，成为至今的标准生产方法。选择合理的加工热处理工艺，NbTi 合金 J_c 可达到 $2\times10^5 A/cm^2$（5T，4.2K）。

金属间化合物超导体主要用途是制成超导电缆，这种超导电缆电流输送能力高于同样截面的普通电缆 2～4 倍，损耗仅为常规电缆的 10%甚至更低；其强大的载流能力可减少输电线的使用，节约资源；基于抗磁效应制备开发屏蔽元件，如磁悬浮列车等产品。超导发电机是在常规发电机的基础上，将发电机转子用超导材料代替而制成的。超导发电机体积仅是常规发电机的 1/2，质量为常规发电机的 1/3，但它的发电效率却可提高 50%，紧凑性也大为提高。在航空航天方面应用超导发电机，可以使超导发电机发挥其优势，同时也可满足人们在速度效率等方面的要求。

8.4 高温超导材料与器件

高温超导体是指临界温度 T_c 高于液氮温度（77K）的材料。由于其独特的无耗散输运电流和完全排斥外磁场的性质，它们被认为是革命性的功能材料，在能源、电力、电子、医学等领域具有巨大的应用前景。虽然高温超导机理至今仍有待深入理解，但学术界已成功发现多种具有较高临界温度的铜氧化物材料，如铋钙铜氧化物、铈钡铜氧化物和汞钡铜氧化物等。这些材料的临界温度分别可达 77K、93K 和 134K，这意味着利用廉价且无毒的液氮就可实现超导态，大大降低应用成本。

8.4.1 氢化物超导材料

高压氢化物是一类新型高临界温度的超导材料，长期以来，人们一直怀疑，在足够的压力条件下，氢会作为一种金属加入Ⅰ族，图 8-7 总结了目前氢的存在形式相图。在低压下，在第Ⅰ、Ⅱ和Ⅲ阶段，氢分子占主导地位。在高温和压力下，实验发现了一个金属液相（与太阳系和更远的气态巨行星有关）。然而，在低温下，即使最近的光学测量表明，在 495 GPa 左右向固体金属氢的转变，仍存在相当大的争议。所有的理论结果都表明，在足够的压力下存在一个固体金属氢。在这种过渡状态下，实验和理论计算都是极具挑战性的。在引入传统超导的 BCS 理论之后，Ashcroft 的研究团队在 1968 年提出如果可以制造出固体金属氢，它将是高温超导体，并且临界温度将非常高。虽然当时还不能制备金属氢，但受该理论启发的研究大量涌现，寻找环境压力下的超导金属氢化物。然而，所研究的化合物要么不是超导的，如镧氢化物，要么只是 T_c 在 10K 左右的超低温超导体。

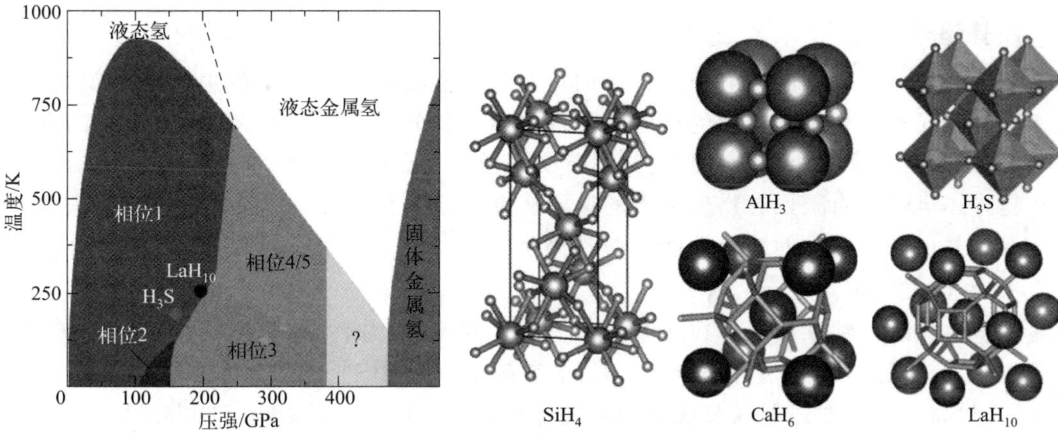

图 8-7 氢化物高温超导材料相图及典型晶体结构

氢化物的超导性探索经历了一个早期的失败阶段，如 SiH_4、$LiBH_4$、$NaBH_4$、NH_3BH_3、$Si(CH_3)_4$ 等，它们要么无法显示超导性，要么无法在压力条件下金属化。面对早期的失败，实验性的探索仍在继续，H_2S 逐渐进入了研究视野，归因于这种材料被广泛使用且预测其会在高压及 80K 左右展现超导性。进一步的检查显示，T_c 随着压力的强烈增加，达到约 150K。偶然，人们注意到不仅压强，温度的升高也导致 T_c 飙升，这表明动力学转变在起作用。然后对样品进行额外加热，T_c 进一步增加，稳定在 200K 左右。人们怀疑 H_2S 的生成与温度不成比例，很可能转化为 H_3S 和 S，通过计算方法的预测，H_3S 很可能是另一种高 T_c 的化合物，且通过实验得到了证实。这一实验发现激发了进一步的理论探索工作，可变化学计量晶体结构预测清楚地确定了 H_2S 在 50GPa 以上的热力学不稳定，它主要分解为 H_3S 和 S。在分解产生的所有可能的化合物中，第一原理计算（DFT）很快确定只有 H_3S 可以提供如此高的 T_c，所有其他的可能性所产生的 λ 值都太低了。且观察到随着压力的增加，H_3S 的含量增加，这进一步支持了 H_2S 分解为 H_3S 导致 T_c 升高的观点。

H_3S 超导性的发现，表明氢化物确实可以成为高温超导体。同时，它清楚地说明了理论和实验的结合在表征和理解这些材料方面是多么富有成效。很快，有证据表明磷化氢在 100K 和 200GPa 时超导。然而，第一原理计算表明，PH_n 化合物分解成 P 和 H 的热力学状态并不稳定，这表明在化学计量未知的化合物中可能以亚稳态发生超导。此外，在 150～200GPa 条件下，氢化镧展现了高达 250K 以上的超导跃迁。这种突破性的 T_c 值最可能的候选物是具有 LaH_{10} 化学计量和空间群 $Fm\text{-}3m$ 的氢化合物结构。对于这种结构，存在一个纯超导金属氢晶格，La 原子向其提供电子。到目前为止，大量的氢化物已经被理论上预测为是热力学稳定的，并表现出较高的 T_c，大量的实验正在为这些理论计算结果提供依据，仍有进一步突破性发现的空间。

通过高压合成，氢化物超导体的 T_c 可以显著提高，更加接近室温超导的目标。此外，理论预测和计算模拟为实验探索提供了有力指导，帮助科学家更有针对性地寻找和设计新型超导材料。尽管在氢化物领域已经取得了卓有突破的研究进展，这些理论也将为室温超导材料的开发提供珍贵的理论指导，但这类材料苛刻的实验制备条件以及性能可复现性、稳定性依然是阻碍其器件化应用的主要问题，仍需要研究工作的投入和进一步探索。

8.4.2 铁基超导材料

由于电子自旋的静态有序与电子对（库珀对）动态形成之间存在竞争，传统观点认为具有较大磁矩的铁元素不利于超导性的产生。然而，这一认知被铁基超导体（IBSCs）的发现所颠覆。自2008年东京工业大学细野研究组首次报道转变温度达26K的$LaFeAsO_{1-x}F_x$以来，铁基超导体迅速成为凝聚态物理领域的重要研究对象。此类材料目前已实现最高临界温度超过55K，并展现出优异的综合性能，包括高上临界场（$H_{c2}>100T$）、低各向异性、高临界电流密度（$J_c>10^6A/cm^2$）等。

得益于这些优势，铁基超导体在多个技术方向中逐渐由“潜在可行”迈向“原型验证”和“工程部署”阶段，特别是在超导磁能储存系统（SMES）、高场磁体（如NMR与MRI）、下一代高能物理加速器以及核聚变装置等关键应用场景中展现出广阔前景。

铁基超导材料与铜基超导材料具有类似的层状结构。这些材料通常包含一个由Fe^{2+}构成的方形晶格，铁离子与Pn（P和/或As）或Ch（氧族元素，如S、Se、Te等）离子形成四面体配位。

目前已知多种铁基超导母体化合物，其晶体结构可通过在FePn或FeCh层之间插入不同的离子或构建块来调控。由于母体化合物的费米能级主要由Fe的5个3d轨道控制，铁在其超导性中起到核心作用。

目前广泛研究的典型母体包括：11型（FeSe）、111型（LiFeAs）、122型（$BaFe_2As_2$）和1111型（LaFeAsO）。它们共同具有类似反氧化铅型结构的FeSe或FeAs层，并沿晶体学c轴堆叠，电子输运与超导性主要发生在这些层中。在这些结构中，Fe原子位于四面体中心，As或Se原子位于Fe层上下两侧。通过对这些母体材料进行异质原子掺杂或调控Fe-As/Fe-Se键角，通常可诱导或增强超导性。下面将介绍两类典型的铁基超导材料。

①“1111”型材料是铁基超导体中最早研究的体系，铁基超导体转变温度的最高纪录也出现在该体系中。这种四元铁砷化合物的分子通式一般写为LnFeAsO（Ln＝La，Pr，Nd，Gd），属于ZrCuSiAs型四方晶系，常温下空间群为$P4/mmm$。2008年，在首次发现F掺杂的LaFeAsO可以实现超导后，人们开始试着用稀土元素完全替换La，替换后均能得到不同转变温度的超导体。中国科学家敏锐地意识到该类型化合物可能存在氧缺位，他们使用高压技术得到T_c为55K左右的无F缺O电子型超导体。随后中国科学院闻海虎小组用Sr^{2+}部分替换正三价的La离子合成了世界上第一种空穴掺杂型铁基超导体。然而，“1111”型体系一般很难长出较大的单晶，因此以多晶研究为主。

②“122”型铁基超导体属于$ThCr_2Si_2$型四方晶系，空间群为$I4/mmm$。其实，在发现该体系超导体之前，人类早已合成多种不含Fe元素的$ThCr_2Si_2$型化合物。2008年，德国的Rotter小组在$BaFe_2As_2$中用K部分替换Ba原子，当达到最佳掺杂浓度（$Ba_{0.6}K_{0.4}Fe_2As_2$）时其超导转变温度高达38K。有趣的是，“122”型超导材料可以实现超高浓度的空穴掺杂，当Ba原子完全被K原子替换时，所得的KFe_2As_2仍然可以表现出4K左右的超导电性。随着进一步的研究，相似类型的母体材料$CaFe_2As_2$和$EuFe_2As_2$相继被发现。由于材料的制备较为简单，易得到大体积高质量的单晶，因此在铁基超导中对于“122”体系的研究最为系统和深入。

如图8-8所示，T_s是结构转变温度，T_N是奈尔温度，指反铁磁体材料发生反铁磁有序的临界温度，当温度降低到奈尔温度以下时，会发生反铁磁相变，自旋周期性排列产生反铁磁有序态。SC 为超导相，PM 为泡利顺磁性，QCP 则为量子临界点，该参数描述的是在绝对零度下，通过改变某一个非热控温度（如掺杂浓度、压力、磁场等）诱导的相变临界点。与经典相变不同，QCP 附近的奇异性不是由热扰动引起，而是由量子效应驱动的。可以看到，“1111”型和“122”型体系的明显区别在于，“1111”体系中 T_s 和 T_N 在“1111”体系中相对独立，而在“122”体系中统一，超导性和反铁磁有序化现象在“122”体系中共存，而在“1111”体系中相互隔离。

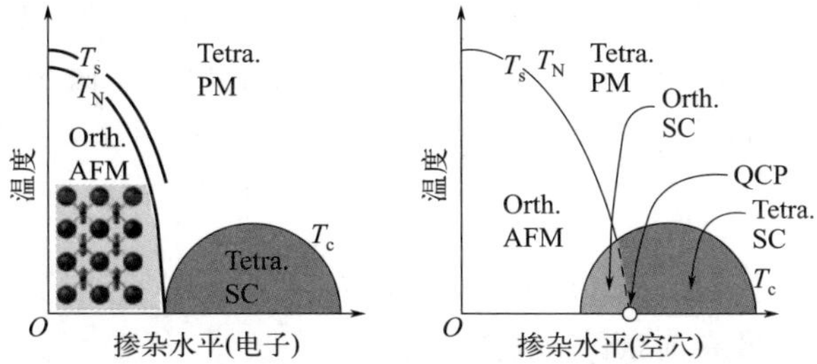

图 8-8 “1111”型（a）“122”型（b）系统的相位示意图

AFM 为反铁磁相；Orth. 为正交晶相；Tetra. 为四方晶相

“111”型体系通常包括 LiFeAs、NaFeAs 和 LiFeP。其中 LiFeAs 是发现最早的“111”体系超导材料，由于其独特的晶体结构，表现出不同于大多数铁基超导材料的特性。LiFeAs 不具备长程反铁磁相变，材料本身就具有超导性，其转变温度约为 18K。NaFeAs 是继 LiFeAs 之后发现的又一“111”体系超导材料。其晶体结构和温度的变化密切相关，在 52K 时其晶体结构将会发生由四方到正交晶系的转变，41K 时将会表现出反铁磁相变，而在 9K 时发生超导转变。LiFeP 同样没有长程反铁磁序，其材料本身在 6K 时表现出超导电性。因为大尺寸的 LiFeP 单晶较难获得，因此该材料的物性还有待进一步的研究。

总体来说，铁基超导材料具有金属性，相比其他超导材料更容易被加工成线材或带材，可承载的上临界电场/临界电流近乎铜基超导材料，有可能甚至更为优越。然而，在大多数情况下，铁基超导材料的制备需要用到砷化物、碱金属或碱土金属，这些物质往往具有一定的毒性，而且在空气中较为敏感，从而对制备工艺和安全使用等提出了更高的要求。在弱电应用领域，由于铁基超导材料仍处于刚刚起步阶段，与已经趋于成熟的铜基超导材料相比，铁基超导材料在弱电应用方面存在着较大的差距。

铁基超导材料作为超导领域的一颗新星，尽管其研究进展与铜氧化物超导材料相比还有一定的差距，且 IBSCs 的 T_c 与铜氧化物相比较低，但 IBSCs 在晶界性质、低各向异性和超导相的高晶体对称性方面具有明显的优势。这些优点可以应用合金超导体的标准处理方法，即用来制造电线和磁带。但考虑到其临界转变温度或将得到进一步的升高、具有上临界磁场高及各向异性参数小等优势，更加有利于实际应用，特别是强磁场领域，因此受到国内外科研人员的关注。当前，致力于提高铁基超导带材临界电流密度的研究已取得突破进展，铁基超导薄膜也被用来制备薄膜器件等。在不久的将来，铁基超导系统有望成为实用化超导材料的新成员。

8.4.3 钇基氧化物超导材料

钇基超导材料的主要成员是 YBCO，这是一种具有里程碑意义的高温超导铜氧化物材料，其全称为钇钡铜氧化物（$YBa_2Cu_3O_{7-\delta}$）。1987 年，武汉大学物理系的许肇基教授和张锦屏教授课题组首次合成出这种新型超导体，其临界温度 93K，创造了当时最高临界温度记录。

YBCO 材料具有两个导致超导性质的关键结构：一是 Cu-O 平面，铜和氧原子排列形成一层层扭曲的方钠石型结构；二是 Ba-O 层，钡离子嵌入其中。这些层状结构交替排列，就形成了 YBCO 的基本晶体框架。当温度降低到 93K 以下时，Cu-O 平面内的导电电子就会转化成宏观的量子态，从而表现出零电阻和完全反磁的超导性质。除了 93K 的高临界温度，YBCO 还具备许多其他优异性能：良好的电磁屏蔽性能、较高的临界电流密度、出色的力学性能和化学稳定性等。这使得它广泛应用于超导电缆、电机、医用磁体成像等领域。本节将从 YBCO 的两种主要器件形式（即带材和块材的角度）介绍这类超导材料。

（1）YBCO 带材

YBCO 带状超导体是指将 YBCO 超导材料制备成长条带状结构的一种超导线材。它是目前工程应用中最成熟、最有前景的高温超导体之一。

YBCO 带状超导体通常由双轴低温区熔融生长或离子束辅助激光沉积等方法制备而成。其基本结构为：内含大量 YBCO 超导晶粒的带芯，以及具有一定取向的非超导缓冲层和金属基底。这种“带芯-缓冲层-基底”的多层复合结构，不仅赋予了材料良好的机械强度，更重要的是能够有效“钉扎”磁通，从而获得较高的临界电流密度。与块体 YBCO 相比，YBCO 带状超导线材具有以下优点：一是较高的电流传输能力，在 77K 时可达几百安培；二是具备机械柔顺性，便于绕制线圈和缆线；三是可以大批量制备长达数百米的线材，且适合工程应用。这些优良性能使得 YBCO 带状超导线材为发电机定子线圈、限流器、无损输电线路等电工领域的实际应用铺平了道路。

获得高性能的第二代高温超导（Y 系）带材的主要障碍在于弱连接问题。用常规陶瓷烧结工艺制备的 YBCO 超导体由许多细小的晶粒组成，在整体上表现为弱连接的颗粒超导性；YBCO 超导体又是一种各向异性材料，结晶取向无规则的烧结体，很难具有高临界电流密度（J_c），而且 J_c 在磁场下急剧下降，从而无法达到实际应用的要求。另外，YBCO 的电流传输主要在其 ab 面内，因此要获得高性能的第二代高温超导带材，必须先在柔性的金属基带上制备出 c 轴垂直于基带表面的强立方织构的 YBCO 层。而要获得长尺度的强立方织构 YBCO，则一般需要采用涂层技术的外延生长方法，因此 YBCO 超导带材也被称为涂层导体。

（2）YBCO 块材

YBCO 超导块材由于具有优异的强磁场俘获能力及自稳定的磁悬浮性能，因此在磁悬浮轴承、发电机/电动机等领域相比其他高温超导材料（线材、带材和薄膜）有着不可替代的应用前景。

YBCO 块体主要通过坩埚熔融法或使用种子晶体进行高温固相反应法制备而成。其内部结构由大量的 YBCO 超导晶粒紧密排列组成，其具有一定的取向性和完整的晶体结构。与带状 YBCO 相比，块体 YBCO 具有更为均匀一致的超导性能。YBCO 块体超导材料的典型特征如下：它具有较高的临界温度 T_c（可达 93K 左右），可在液氮温度下实现超导态；较高的临界磁场 H_c 和临界电流密度 J_c，在 77K 时可达百万安培/(厘米)^2 量级；优异的电磁屏蔽性能，可有效遮蔽大部分外加磁场；良好的力学和化学稳定性，有利于器件的制造和使用。

YBCO 块材的重要应用是磁悬浮系统。YBCO 超导块材和永磁体组成的磁浮轴承基本原理（见图 8-9）：利用 YBCO 超导块材的迈斯纳效应及其与永磁体电磁相互作用的轴对称模型。YBCO 是非理想的第二类超导体，块材进入超导混合态后，具有不完全的迈斯纳效应，磁通又可以部分穿透且以磁通量子涡旋形式存在于 YBCO 超导块内部，并被超导体内的钉扎中心所钉扎，形成由镜像磁场（基于迈斯纳效应）产生的悬浮力，以及由“冻结”磁场形成的电磁感应。这个磁感应使得被悬浮的状态在一定的范围被“冻结”，任何偏离被“冻结”的运动都依楞次定律被电磁感应力所平衡，表现出既具有悬浮力，也具有吸引力的特点。它将阻止任何破坏这种被“冻结”的磁场平衡状态的运动，所以这种产生于迈斯纳效应以及超导体内磁通钉扎特性的悬浮系统不仅具有自动悬浮特性，还具有自动导向特性；不仅可以上下悬浮，在一定的范围内还可以侧挂、倒挂，或以任意角度悬挂或悬浮。YBCO 超导块材与永磁体组成的轴对称系统和平移对称系统，可以广泛应用于磁浮轴承、飞轮储能、磁浮列车等领域。

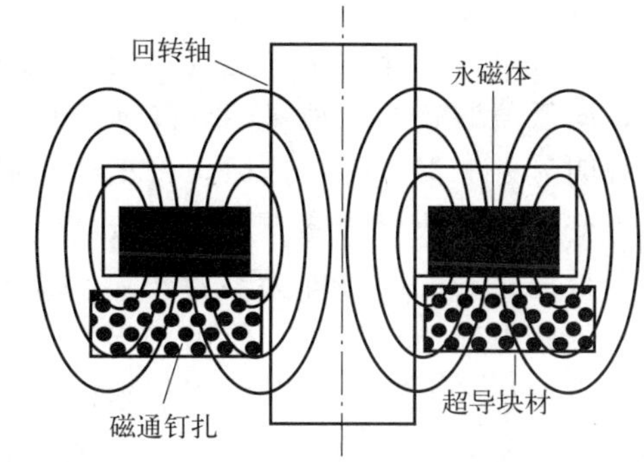

图 8-9　超导块材磁轴承的基本原理（轴向型）

超导磁浮轴承根据块材与永磁体的排列方式，可分为轴向型与径向型两类。轴向型结构中，YBCO 块材与永磁体产生的悬浮力沿旋转轴方向作用，具有结构简洁、制造工艺相对简便的特点。以巴西里约热内卢大学提出的一种设计为例，其采用轴向磁化的永磁转子结构，由多个永磁弧段拼接组成。为增强轴向磁通的梯度，相邻磁环设计为同极相对，从而有效提升了系统的悬浮能力和力学刚度。

在径向型中，YBCO 块材与永磁体之间的悬浮力指向转子径向，其优点是结构很紧凑，并且可以在不改变主轴大小的情况下通过沿轴向增加定子中块材的数量来提高承载能力。

超导飞轮储能的基本原理是利用电动机将悬浮的飞轮转子驱动到高速旋转状态，电能转变为机械能储存。需要时飞轮减速，电动机作发电机运行，实现机械能到电能的转换，这样就通过飞轮的加速和减速，完成能量的储存与释放。超导飞轮储能系统主要由超导磁浮轴承、飞轮转子、电动机/发电机、电力电子转换装置和真空/安全保护装置构成。超导磁浮轴承是超导飞轮储能系统的核心部件，作用是支撑飞轮转子并保证其无摩擦高速稳定旋转。基于 YBCO 块材的超导磁悬浮列车，通过 YBCO 超导块材和永磁轨道相互作用产生的悬浮力和导向力沿行驶方向在永磁导轨上方稳定行驶，相比于电磁悬浮列车和电动悬浮列车，该类型的超导磁悬浮列车不需要复杂的控制系统，静态或动态均能实现稳定的悬浮和导向，属于被动悬浮，运行时节能环保，结构上更加简单。

高温超导磁悬浮车利用了超导体特有的迈斯纳效应，即当金属冷却进入超导态时，体内的磁力线一下被排出，磁力线不能穿过它的体内，体内的磁场恒等于零。产生迈斯纳效应的原因是：当超导体处于超导态时，在磁场作用下，表面产生一个无损耗感应电流。这个电流产生的磁场恰恰与外加磁场大小相等、方向相反，因此总合成磁场为零。这个无损耗感应电流对外加磁场起着屏蔽作用，因此称它为抗磁性屏蔽电流。目前，高温超导磁悬浮车系统所使用的是高温超导 YBCO 块材，它属于非理想Ⅱ类高温超导材料，采用液氮浸泡式冷却，即超导体被安装于低温液氮容器的底部，冷却时向低温液氮容器内加入液氮，YBCO 块材处于液氮浸泡状态以达到充分冷却并进入超导态的目的。高温超导磁悬浮车系统悬浮过程如下：运行时，车体置于一定高度处，此时，YBCO 块材的外场处于上临界场和下临界场之间，向低温装置中加液氮，以浸泡冷却 YBCO 块材至 77K，即实现超导，此时的 YBCO 块材很明显处于混合态；然后，将车体降低到一定的工作高度，在此过程中，块材所处的外场发生变化，在块材中感应产生屏蔽电流，屏蔽电流与永磁轨道外场相互作用产生洛伦兹力，用于抵消重力的部分即为悬浮力，当悬浮力与重力平衡即实现悬浮。当车体发生左右偏移时，屏蔽电流与外场相互作用，产生一个阻碍发生偏移的力，该力称为导向力，导向力表现为阻碍偏移的发生并使车体恢复到初始平衡位置。这样，车体便实现了悬浮和导向无须控制的自稳定悬浮。驱动时，轨道上的直线电机初级与车体底部的直线电机次级相互作用产生推力，驱动车体平稳前进。

高温超导磁悬浮有以下独特优势：

① 固有的自稳定磁悬浮特性，悬浮、导向和驱动不需要车载电源，悬浮和导向不需要主动控制，系统自动调节。

② 可以采用高温超导直线电机实现高速低能耗推进。

③ 高温超导磁悬浮技术采用液氮浸泡的方式来冷却高温超导体，冷却方式简单可靠，而氮气在空气中的含量相当丰富，约占空气的 78%，因此发展高温超导磁悬浮具有雄厚的自然资源基础，其运营成本相当低廉。

④ 无启动噪声和运行噪声。

⑤ 高温超导磁悬浮系统结构简单、运行和维护成本较低，悬浮高度可调（15～50mm），适用于低、中、高速多种运行场景。

⑥ 关键原材料如钇（Y）、钕（Nd）等稀土元素资源丰富，中国是世界上稀土储量和产量最大的国家之一。

但由于高温超导磁悬浮车研究时间短，且在实际运行过程中受到外部扰动的运行工况远比实验室工况复杂，所以，要想使其走出实验室达到工程实际应用，还需要进行更加深入细致的实用化研究。目前，将高温超导应用到磁悬浮车中主要需要克服的问题有：由水平轨道到坡道时、加载减载时及受到振动时悬浮高度变化。

当前，YBCO 块体的主要挑战是：晶体生长路径复杂、昂贵的制备成本、存在晶粒间弱连接问题等。因此，科研工作者正在不遗余力地研究新的制备方法和掺杂策略，以进一步提高 YBCO 块体的临界电流密度、力矩密度等关键参数，扩大其应用前景。总的来说，YBCO 块状超导材料作为高温超导体家族的重要成员，凭借其卓越的综合性能，必将在未来的高场、大电流、大功率等极端条件下的应用中扮演不可或缺的角色。

8.4.4 铋基氧化物超导材料

Bi 系超导材料，作为一种重要的超导材料，自 1911 年超导现象被发现以来，一直是科研工作者关注的焦点。这类材料以其高临界温度、优异的载流能力和独特的层状结构，在超导技术的实用化进程中扮演着关键角色。Bi 系超导材料主要包括 Bi-2201、Bi-2212 和 Bi-2223 等多种超导相，其中 Bi-2223 以其高达 110K 的临界温度和出色的性能，成为最早被制备成长线带的高温超导材料之一。这些材料的晶体结构特点在于其层状钙钛矿结构，其中 CuO_2 层被碱土金属（Sr，Ca）离子-氧离子层和 Bi_2O_3 层分开，形成了一种独特的层状结构。这种结构赋予了 Bi 系超导材料相干长度短、各向异性较高等特性，使其在高温超导领域具有广泛的应用前景。目前常用于制备 Bi 系超导原料粉末的工艺方法主要有喷雾热分解法（spray pyrolysis）、共沉淀法（co-precipitation）、固相反应法。

Bi 系超导材料主要指 Bi-2201、Bi-2212 和 Bi-2223 三类超导陶瓷材料，属于氧化物超导体的一种。这些材料都包含 CuO_2 面且具有层状结构，并且其分子式可以表示为 $Bi_2Sr_2Ca_nCu_{n+1}O$，其中 n 的值决定了具体的超导材料。

① Bi-2201　当 $n=0$ 时，材料化学式为 Bi_2Sr_2CuO，即简写为 Bi-2201。这种材料表现出较高的超导转变温度，并且其面内和面外热电势具有高度各向异性。研究人员发现，层状 Bi-2201 薄膜可通过扭转 45°角的方式沿钙钛矿型单晶基板外延生长，并基于此成功构筑出脉冲激光能量探测原型器件。

② Bi-2212　当 $n=1$ 时，材料化学式为 $Bi_2Sr_2CaCu_2O$，即简写为 Bi-2212。这是最典型的高温超导体材料之一，其超导转变温度（约 90K）在液氮温度以上，具有在基础科学和应用领域的重要研究价值。然而，尽管其物理性质的研究已经非常深入，但化学稳定性方面的研究较少。特别是其单层和薄层在水中会发生显著的退化，超导转变温度会逐渐降低至完全消失。

③ Bi-2223　当 $n=2$ 时，材料化学式为 $Bi_2Sr_2Ca_2Cu_3O$，即简写为 Bi-2223。这种材料拥有该系统中最高的超导临界温度，并因其潜在应用而受到广泛关注。由于石墨烯具有优异的电学、力学和化学性能，石墨烯纳米粒子作为添加剂与 Bi-2223 结合，有望进一步提高超导体的电流密度。

另外，Bi 系三维拓扑绝缘子也具有诱导超导性。三维（3D）拓扑绝缘子（TI）是一种具有二维（2D）表面态的半导体，它在整个体带隙上具有能量色散。Bi 系材料包括 $Bi_{1-x}Sb_x$、Bi_2Se_3 和 Bi_2Te_3 等化合物，其存在拓扑表面态的有力实验证据，晶体结构见图 8-10。

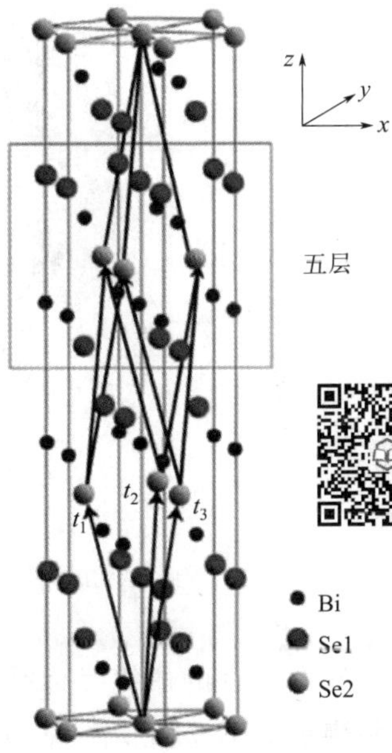

图 8-10　作为双基三维拓扑绝缘子一个典型实例的 Bi_2Te_3 晶体结构［t_1、t_2、t_3 是指晶体结构中层间耦合（interlayer coupling）或跃迁路径（hopping parameters）］

在发现 Bi 基化合物拓扑绝缘子后不久，就有报道观察到了超导体-拓扑-绝缘子结构中的超导电流，以及超导性和拓扑表面态的共存现象。该类材料器件的制备技术（如外延薄膜生长和机械剥离）获大量使用，超导电极沉积在顶部，形成横向连接。这种剥离结构被证明具有结构灵活性，且具有高电势。高质量、厚度小、表面光滑的拓扑绝缘子材料可以允许在一个薄片上构建多个器件，这为其未来的大规模器件化应用奠定了基础。

Bi 系高温超导材料作为强电应用领域最有前途的一种超导材料，其制备工艺技术还存在一些难点，制备出的线材和带材存在一些缺陷，因此高质量的 Bi-2212/Bi-2223 成品价格偏高，限制了其大规模的使用和推广。鉴于 Bi 系高温超导材料在电缆、发电机、核磁共振、核聚变磁约束装置、电磁炮等领域具有显著的性能优势，世界各国也必将不断深入研究，攻克制备工艺上的难点，在未来迎来 Bi 系高温超导材料应用的普及。

8.5 二维超导材料

二维超导材料由于其优异的高相变温度（T_c）、连续相变和增强的平行临界磁场（B_c）等物理性能而引起了人们的广泛关注，近年来得到了迅速的发展（图 8-11）。超导是物理学中最迷人的宏观量子现象之一，是历久弥新的研究领域，而二维材料是目前材料研究领域的前沿。通过探索不同的物理参数，以找出意外的超导现象背后的机制，包括调整样品的厚度、制造各种异质结构、通过电场和化学掺杂调节载流子密度等。许多二维材料（如石墨烯、$FeSe\text{-}SrTiO_3$、单层的 $NbSe_2$ 和 MoS_2 等材料）相继被报道出超导电性，并展现出丰富的物理性质（如电荷密度波、量子 Griffiths 相变、量子金属态等）。此外，二维超导材料在超导微纳器件中具有重要的潜在应用价值。例如，二维超导材料可应用于更小的便携式磁共振成像仪，以及用于高精度的微型磁场探测器上实现单自旋的探测和控制等。二维超导材料因其优异的物理性质和潜在的应用价值已成为备受关注的超导前沿材料。

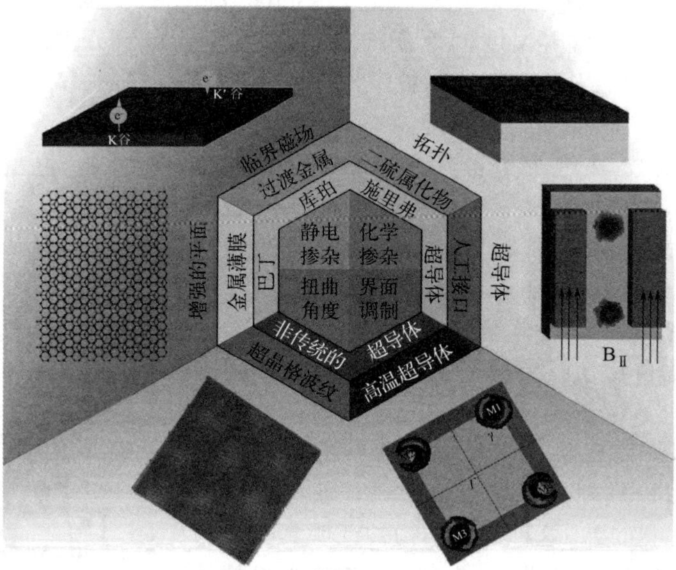

图 8-11　二维超导体的类别示意图

（中心部分表示二维超导性的一般调制方法）

超导性研究的最终目标是发现在环境温度下仍然存在的超导性，因此，寻找高温超导体无疑是很重要的。对于具体的二维系统，在二维极限下是否存在高 T_c 超导性？在二维极限下高 T_c 超导性与体积极限下的区别是什么？回答这些问题的一个很自然的方法是将厚度减薄到几层。由于常见的二维材料（如石墨烯、黑磷、MoS_2 等）本征的半金属或半导体的特性，需要对其进行调控才能够出现超导电性。目前，二维材料调控超导的手段有化学吸附、施加应力和载流子掺杂等。

在本节内容中，着重介绍了二维超导材料的基本概念、结构特征以及独特的物理性质。二维超导材料由于其原子级别的薄层结构，展现出与块体材料不同的一些超导性质，如更高的临界温度、更强的涨落效应等。这些特殊的性质不仅加深了人类对超导现象的理解，也为未来的实际应用开辟了新的契机。总的来说，二维超导材料凭借其低维度的独特结构，为超导领域带来了新的研究热点和应用前景。未来，随着制备技术的发展和理论研究的深入，二维超导材料必将在能源、电子、量子信息等领域发挥重要作用。

8.5.1 铁基二维超导材料

铁基高温超导体（HTS）的准二维薄膜具有超导性，其 T_c 刚好超过米伦极限（40K），具有代表性的单层 FeSe 随着先进的薄膜沉积技术成为一个研究热点，该技术具有简单的四方氧化铅结构，包括 Fe 和 Se 原子沿 c 轴的层叠（如图 8-12 所示）。研究指出，单层 FeSe/STO 的 T_c 为 53～65K，甚至高达 109K，这是由原位四探针输运支持的。为了进一步研究 FeSe/STO 系统中超导电性增强的基本物理原理，主要采用了三种调制方法：厚度变化、电荷掺杂和衬底调制。

① 厚度变化　在 Fe 基二维超导体薄膜中，其临界温度（T_c）、上临界磁场（H_{c2}）等关键超导参数会表现出显著的厚度依赖行为。这一现象与薄膜的低维度效应和增强的无序态效应密切相关，对于理解其微观机制至关重要。一般来说，当 Fe 基超导薄膜厚度减小到几个单位晶胞时，T_c 会逐渐降低。这是因为在极薄的限制条件下，电子运动受到严重约束，库仑斥力增强，从而抑制了电子的库珀配对。同时与块体相比，薄膜材料中无序程度加剧，也会降低 T_c。与此相反，H_{c2} 在厚度减小时会出现增强，这与参与超导的有效载流子数量减少有关。根据 H_{c2} 与簇密度的反比关系，载流子减少会引起 H_{c2} 增大。在极薄极限时，H_{c2} 甚至可能出现反常上升，超过常规 BCS 理论的预期值。此外，一些 Fe 基超导薄膜还会在特定厚度范围内出现无损耗的宏观量子现象，如量子临界行为、量子尺寸效应等，为探索新奇量子态物理提供了绝佳平台。一般认为，高温超导的反常现象只发生在单层 FeSe，随着厚度的增加，超导性以指数行为迅速衰减。

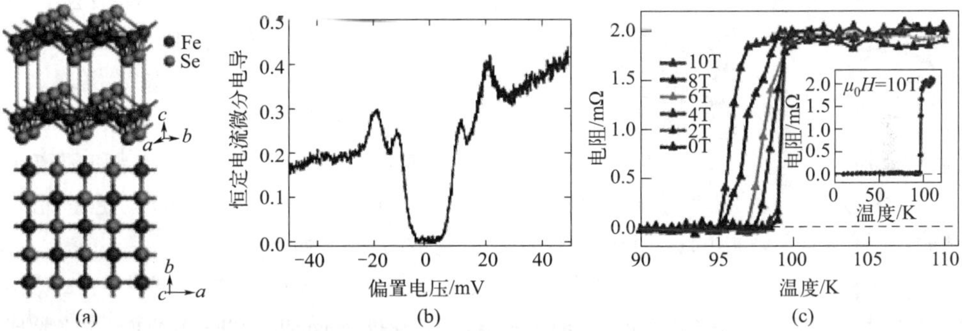

图 8-12　β-FeSe 晶格结构示意图（a）与 FeSe/STO 的扫描隧道谱在 ±20.1mV 和 ±9 mV 处分别出现了具有 4 个明显相干峰的超导间隙（b）及电阻与温度的依赖性关系曲线（显示 T_c 超过 100K）（c）

② 电荷掺杂　与 BCS 超导体相似，铁基超导体的超导性与电荷掺杂水平的变化有密切的关系。在 FeSe/STO 结构中，界面电荷转移可以通过几种方式完成：界面元素扩散、外部电场注入、界面间的工作函数不匹配、氧空位缺陷。通过适当的电荷掺杂，可以取代或插层的方式引入额外的电子或空穴，改变材料的载流子浓度。在 Fe 基超导薄膜中，适度的电子掺杂可以显著提高 T_c。例如，在 FeSe 薄膜中，通过掺杂 Co、Ni 等过渡元素部分取代 Fe 位置，可将 T_c 从 8K 提升到接近 50K 的较高水平。空穴掺杂通常通过氧化或者碱金属离子

插层的方式实现，也可以有效提高 T_c。

③ 衬底调制　由于衬底无疑有助于提高 FeSe/STO 体系中的超导性，因此对衬底的调制成为研究衬底影响的另一种方法。Fe 基二维超导薄膜材料的性能往往会受到生长衬底的显著影响。衬底效应主要来自衬底与薄膜之间的晶格匹配、张应力效应、电子耦合以及化学相互作用等多方面因素，对薄膜的结构、电子态密度和超导性质产生明显的调控作用。晶格匹配性是衬底影响最直接的一个因素。当薄膜与衬底之间存在较小的晶格失配时，薄膜会产生应力进而改变其电子结构；而过大的失配则会引入缺陷和位错，破坏长程有序。因此，合理选择晶格匹配较好的衬底对获得高质量的 Fe 基超导薄膜至关重要。除了晶格匹配外，衬底本身可能存在一定的极化效应、电子或空穴掺杂效应，这些效应会通过电荷转移作用影响到生长在其上的超导薄膜。例如，$SrTiO_3$ 这种极化衬底就能有效调节 FeSe 薄膜的电子结构和超导性质。化学相互作用如 Fe-O 杂化等，也可能在界面处修饰薄膜的电子态。另一个重要影响因素是衬底所施加的应力效应。由于热膨胀系数的差异，衬底会对薄膜施加一定张应力或压应力，进而影响材料的 T_c、各向异性等超导参数，这为人工调控超导性能提供了有效路径。

8.5.2　铜基二维超导材料

超导层状铜酸盐主要由薄薄的超导薄片（CuO_2）与绝缘层交替组成。电荷自绝缘层（如 Bi-2212 中的氧化铋）转移到 CuO_2 平面，因此，超导性由母体 Mott 绝缘体演化而来，而反铁磁态被掺杂电荷所抑制。随着掺杂水平的增加，该材料经历了从反铁磁绝缘体到超导体，最终到非超导的普通金属的转变，形成了一个圆顶形的相图趋势。铜酸盐单元保留了实现高温超导的基本元素，所以随着铜酸盐变薄到单个单位甚至半个单位，超导性是如何演变的是很具有科学探索意义的。通常在实验室采用“自上而下”和“自下而上”的方法制作超薄铜酸盐。大多数研究是在 Bi-2212（图 8-13）上进行的，这是一种层状铜酸盐，其中薄超导片（CuO_2）与绝缘层（氧化铋，BiO）交替。每一层的性质都是值得研究的，以了解超导机理。

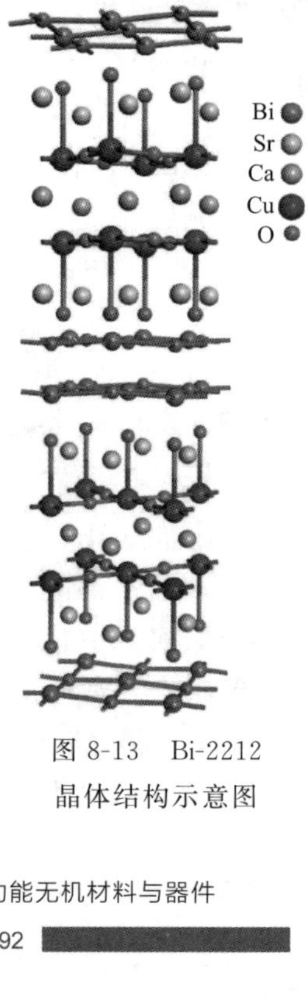

图 8-13　Bi-2212 晶体结构示意图

Cu 基超导体主要包括 La 系、Y 系、Bi 系、Tl 系和 Hg 系五大家族。它们均是 Cu-O 层和阳离子层交替排列的准二维晶体结构，Cu-O 层是形成超导的关键单元。不同家族的区别在于阳离子层的成分和排列方式。

① 结构特征　Cu 基二维超导体往往具有层状钙钛矿结构，由 Cu-O 平面层和阳离子层交替排列而成。Cu-O 平面层是形成超导的关键单元，Cu 原子由 O 原子通过 180° Cu-O-Cu 键角桥联形成正方形或扭曲的正方形平面。阳离子层的作用是向 Cu-O 层注入空穴型载流子。不同于各向同性的块体材料，这种准二维结构使超导性质表现出明显的各向异性。

② 超导性质　Cu 基二维超导体通常具有较高的临界温度（T_c），最高可达 138K（Hg 系）。不同于传统 BCS 理论，这些材料表现出非常规的 d 波配对对称性。其超导能隙为各向异性分布，在某些方向存在节点，这与其准二维结构和强关联电子行为密切相关。

③ 关联现象　Cu 基二维超导体的电子系统表现出明显的强关联行为，不同自由度（自旋、电荷、轨道和晶格）之间存在着强烈耦合。因此往往伴随着复杂的有序态和量子临界行为，如斜纹、电荷密度波、自旋密度波等竞争有序态，以及非费米液体行为等。这些关联效应对理解非常规配对机制至关重要。

④ 潜在应用　由于超导性质易受到化学掺杂和外场调控，Cu 基二维超导体为发展新型超导器件提供了广阔前景。通过精细调控可实现高温、高临界磁场、各向异性等优异性能。基于量子干涉和宏观量子现象，其有望制备高灵敏度 SQUID 和量子计算电路等先进器件。

目前发现的二维铜酸盐（$Bi_2Sr_2CaCu_2O_{8+x}$、$La_{2-x}Sr_xCuO_4$、$YBa_2Cu_3O_{7-x}$）有限，极端的灵敏度限制了相关研究，当铜酸盐减薄到二维极限时，可以像其他二维材料一样调制，确实存在二维超导性。此外，通过改变二维纳米片化 YBCO 薄膜的蚀刻时间来调整相位相干性，发现了超出安德森定位范围的玻色子异常金属基态。在二维纳米图案化的 YBCO 薄膜中存在中间金属态的证据表明，二维超导体仍然存在着富有成效的物理性质。

8.5.3　石墨烯

石墨烯是一种由碳原子组成的六角形呈蜂巢晶格的平面薄膜，是一种厚度只有一个碳原子大的二维材料。自石墨烯被发现以来，其诸多优异属性一直令人印象深刻：它比铁还要坚固、比铜的导电性还要好等，还具有透光率、机械强度、稳定性等性质，在各种不同的领域发挥着效用，如移动设备、航空航天、新能源电池领域等。

科学家通过结构设计，发现了石墨烯的超导现象，于 2016 年得到了一个出人意料的结论。他们用两片石墨烯构建了一个类似夹心饼干的结构，在石墨烯片中插入了一些钙原子后惊奇地发现，这个结构实现了超导性。也就是说，如此构建的材料可以实现电阻为零。但是，研究最大的意义在于：双层石墨烯仅仅只是做了简单的旋转，就从绝缘体变成了超导体，这样的发现可以说是非常不可思议的。该团队在研究中发现，堆叠的双层石墨烯中，电学行为对原子排列非常敏感，影响层间电子移动。对于物理学家而言，电学行为通常由能量主导。而在这项研究中，单层石墨烯内原子间电子移动有关的能量在 eV 量级，而在层间的电子移动涉及的能量量级最多在几百兆电子伏。要想解开这个谜题，对称性是关键，所以突破性地尝试将两层石墨烯片叠加起来，两层的取向互相旋转一个角度。所以，关于石墨烯超导材料的基本性质，可以概括为以下几点：

① 结构及制备　石墨烯是由单层碳原子通过 sp^2 杂化方式构成的蜂窝状二维晶体，具有优异的力学、电学和热学性能。石墨烯本身并不是超导体，但通过外延生长、掺杂、电介质堆垒等方式在其表面或界面处，可以诱导形成二维超导相。

② 超导性质　诱导在石墨烯体系中的二维超导相具有一些独特的性质，临界温度普遍较低，常在 nK 至 10nK 的范围；上临界磁场很高，可达几十特斯拉；具有较大的各向异性；在较宽的范围内临界温度可随载流子浓度调控等。

③ 拓扑性质　在铋掺杂的硅酸钙/石墨烯和在六方氮化硼/铂等界面观察到的潜在拓扑超导行为。这为探索新型拓扑量子态和马约拉纳费米子提供了有利条件。

优异的二维结构使石墨烯在超导方面展现出一些有别于块体超导体的独特性质，如更高的上临界磁场和各向异性。若能在更高温度范围内实现可控的超导，将为发展高性能超导纳电子器件和线路带来新的机遇。

8.5.4 磷烯

磷烯采用的是黑磷的基本结构，黑磷是磷的三种同素异形体之一（其他分别为白磷和红磷），是直接带隙半导体，具有典型的层状结构。磷烯是由单层黑磷通过范德瓦耳斯力堆垒而成的二维层状结构材料，单层黑磷晶体具有典型的矮棱柱结构，磷原子通过 sp^3 杂化形成了蜂窝状的平面网格，这种独特的矮棱柱结构赋予磷烯一些优异的各向异性性质。

① 临界温度（T_c） 目前报道的磷烯基超导体系的临界温度普遍较低，多数在 10K 以下。例如，在磷烯上沉积钾、铋等金属层可诱导出 T_c 为 6～8K 的超导相；与铋化物复合的磷烯体系 T_c 约为 3.8K。提高 T_c 是该领域的一个重要目标。

② 上临界磁场 磷烯超导体普遍表现出较高的上临界磁场，最高可达 37T。这一性质很可能源于其本征的二维结构和强各向异性效应。高 H_{c2} 为发展高磁场下工作的超导器件提供了可能。

③ 各向异性 由于磷烯独特的矮棱柱晶体结构，其超导性质表现出明显的各向异性。能隙参数、临界磁场、相干长度等沿不同晶向的值存在较大差异。这种各向异性效应为研究非常规超导理论提供了绝佳模型体系。

④ 超导能隙对称性 一些理论工作预测，在磷烯超导体系中可能存在奇异的 $d+\mathrm{i}d$ 混合配对对称性。这种拓扑非平庸相与费米子满足非阿贝尔任意子统计行为等非常规拓扑量子态密切相关，为探索马约拉纳费米子等奇异量子物态提供了有利平台。

⑤ 超导隧穿比 磷烯超导体的超导能隙与费米面的比值较大，隧穿比可高达 10 以上。这使其有望应用于制备高质量约瑟夫森结，在超导量子比特和量子计算等领域发挥作用。

磷烯二维超导体作为一种新兴的超导功能材料，凝聚了二维纳米材料和非常规超导理论两大前沿领域的研究热点，展现出独特的物理性质和广阔的应用前景。虽然目前磷烯超导的临界温度仍较低，但其优异的各向异性、高临界磁场、可能存在的拓扑超导态等特性，为深入理解超导配对机制、发展高性能超导器件和探索拓扑量子态调控等提供了极富吸引力的研究平台。

未来，通过深入研究不同掺杂方式、界面效应等，或有望进一步提高磷烯超导的临界温度；结合磷烯本身优异的光电性能，也可期望在光电集成和量子信息等前沿领域取得新的突破。相信在科研人员的不懈努力下，磷烯二维超导体必将在凝聚态物理基础研究和相关应用拓展方面做出卓越贡献。

8.5.5 硼烯

合成单层的单质元素材料一直是二维材料研究领域的一个热点。利用分子束外延的方法，碳同族元素硅、锗和锡的单层材料（即硅烯、锗烯和锡烯）都被相继合成出来。但是这些烯具有半导体或半金属特性，对超导的出现是不利的。那么是否存在金属性的单质二维材料呢？经过多年的理论和实验探索，研究者们先后合成了硼的单层材料，即硼烯。因制备条件不同，合成的硼烯具有至少 3 种不同结构，但它们都具有金属特性。这些硼烯都被预测具有 10～20K 的超导电性，因此硼烯可能是目前纯单质二维材料中具有最高超导转变温度的材料，其中三角形结构硼烯的超导转变温度理论上是最高的。

8.5.6 过渡金属二硫族化合物

过渡金属二硫族化合物也是目前备受关注的二维材料家族之一，典型的材料包括

MoS_2、TaS_2、WTe_2 等。这类材料由元素周期表中ⅣB～ⅦB族的过渡金属 M 与硫族元素 S/Se/Te 组成，其化学通式为 MX_2。MX_2 材料一般具有层状结构，层内是由 X-M-X 构成的三明治夹心结构，层与层之间靠较弱的范德瓦耳斯力结合，层内和层间的不同堆垛方式形成了丰富的晶体结构（如 1T、2H、3R 等）。因 MX_2 这种结构特点，非常容易被剥离成单层。MX_2 中有很多本征的超导体，比如 1T-$PdTe_2$、2H-NbS_2、2H-$NbSe_2$、3R-NbS_2、4H-$NbSe_2$、2H-TaS_2、2H-$TaSe_2$ 和 4H-TaS_2 等。

8.6 超导材料器件的应用及发展

在超导的应用上，目前处于领先地位的是制造高磁场的超导磁体。在大学和研究机构的许多研究室中，已使用供物性研究用的小型、中型超导磁体。另外，在高能物理、受控核反应、磁流体发电机、输电、磁悬浮列车、舰船推进、贮能、医疗各领域，超导的应用范围也在稳步扩大。客观的模拟结果显示，采用超导磁体后，可以使现有设备的能量消耗降低到原来的百分之一到十分之一。但已应用于实际的超导器材数量非常有限。应用技术的发展，有待更高级的基础技术的建立和进步，如线材和薄膜的制造技术、制冷及冷却技术、超低温用结构材料和检测技术等。另外，高临界温度的超导材料的发现及加工也是一个必不可少的条件。超导材料的设计思路不断拓宽，日新月异，然而新材料的迸发仅存在于苛刻的实验室条件下，并且某些体系的性能稳定性、可重复性以及制备难易程度都需要仔细地考证。超导材料的应用大多集中在电力、交通、医疗、能源甚至军事上，且价格不菲，超导材料的实用化还有待进一步开发。超导材料是一个高技术、高风险、高投入、前景好但回收周期长的高新技术产业。所以，将新超导材料引入应用场景是目前人类一项富有探索精神的挑战，也是始终不能忽视的一个技术方向。

超导材料的应用不仅能提高工作效率，在现在这个能源越来越紧缺的时代，超导材料也必然能使资源得到大大节约，减少大量的污染。我国在超导材料及其应用领域总体上处于国际先进行列，基本掌握了目前实用化超导材料的制备技术，在多个应用方面也取得了良好的发展。本节将着重介绍超导材料的主要发展脉络和应用出口，从超导体的性质出发，理解其耦合特性所带来的材料器件设计思路。

8.6.1 新能源超导器件

（1）受控核反应堆超导器件

人类面临着能源危机，受控热核反应的实现，将从根本上解决人类的能源危机。如果想建立热核聚变反应堆，利用核聚变能量来发电，则首先必须建成大体积、高强度的大型磁场（磁感应强度约为 10^5 T，这种磁体贮能应达 4×10^{10} J，只有超导磁体才能满足要求，若用常规磁体，产生的全部电能只能维持该磁体系统的电力消耗）。用于制造核聚变装置中超导磁体的超导材料主要是 Nb_3Sn、Nb-Ti 合金、NbN、Nb_3Al、Nb_3AlGe 等。

（2）磁流体发电机超导器件

磁流体发电是一种靠燃料产生高温等离子气体，使这种气体通过磁场而产生电流的发电方式。磁流体发电机的主体主要由三部分组成：燃烧室、发电通道和电极。其输出功率与发电通道体积及磁场强度的平方成正比。如使用常规磁体，不仅磁场的大小受到限制，而且励磁损耗大，发电机产生的电能将有很大一部分被自身消耗掉，尤其是磁场较强时。而超导磁体可以产生较大磁场，且励磁损耗小，体积和质量也可以大大减小。

（3）燃料电池超导器件

超导燃料电池可以利用离子的超导性高效输送电子和进行氧化还原反应，实现更高的能量转换效率。在燃料电池中，超导器件的应用主要体现在以下方面：a. 超导离子传导体。一些固态氧化物可表现出高温超导离子传导性能，这些材料在一定温度下，氧离子获得足够能量可以在晶格中超导流动，使得氧离子在阳极和阴极之间高效传递，从而提高了燃料电池的性能。b. 超导电解质膜。利用超导离子传导材料制成的致密膜，可作为燃料电池的电解质膜。由于超导态下离子能自由通过，不需要通过缺陷扩散，可大幅提高离子传导率，减小电池内阻。

8.6.2 节能与动力超导器件

（1）高压输电超导器件

超导体的零电阻特性使超导输电受到人们广泛的关注。但目前实用的超导材料临界温度较低，因此，超导输电必须考虑冷却电缆所需成本。近年，随着高温超导体的发现，目前能适配 66kV 电压、50m 长的具有柔性绝热液氮管的电缆模型和 50m 长的导体绕在柔性芯子上的电缆，其交流电载流能力为 2000A，有望用于未来市内地下管廊电力传输系统。

（2）超导变压器

超导材料用于制造变压器，可大大降低磁损耗，缩小体积，减轻重量。与常规变压器相比，高温超导变压器采用高温超导材料取代铜线，液氮取代油作为冷却，由此带来了许多优点。高温超导变压器具有体积小、能耗低、效率高、无油、无火灾隐患等优点。正因为满足以上诸多要求，它将彻底克服常规变压器的固有缺陷，并将成为 21 世纪电力变压器的换代产品。它极具潜在的开发前景，已成为高温超导强电应用的开发热点。

（3）超导磁悬浮列车

磁悬浮是利用地面线圈的排斥力相对于强磁铁产生的磁力向上悬浮的。为了使它在轨道的左右壁之间运行，使用了放置在轨道左右壁上的线圈（引导线圈）的排斥力。这些悬浮和引导线圈遵循的原理是当列车太接近线圈时，排斥力会增加。在导体截面相同时，超导体制作的导线可以比铜导线（传统电磁铁绝大多数由铜导线绕制）承载高出几十倍的电流。也就是说，由超导线圈制作的磁悬浮机构可以产生比传统磁悬浮机构大得多的悬浮力。另外，铜线圈通电时会不断地产生焦耳损耗，而超导线圈因为无电阻不会产生焦耳损耗。因此在磁悬浮轨道交通系统中使用超导电磁线圈不但可以产生更大的悬浮力和驱动力，而且更加节能、环保。

此外，在动力上超导磁悬浮列车具有同比极快的运行速度，由于没有机械阻力，超导列车可以获得极高的运行速度，理论上可达 500～700 km/h，是普通高铁速度的 1.5～3 倍。更好的乘坐体验也是一大优势，磁悬浮使得列车运行平稳无振动，噪声极小，乘坐舒适性很高。同时磁悬浮系统可根据速度自动调节悬浮高度，确保最佳运行状态。悬浮原理使得列车安全性强、轨道简单、建造成本低，而且对地震等灾害有较好的抵抗能力。

8.6.3 高端仪器超导器件

（1）核磁共振器件

核磁共振技术是在人工制造的强磁场内，利用核磁共振原理来探测生物体内部组织，采集数据并由计算机处理后成像的技术。然而，随着肥胖人群的增加以及各种疑难杂症的出现，采用先进的医疗设备获得更精准的诊断，是医疗领域的热切希望，超导材料的出现及应用给医疗领域注入了新的血液，如用超导体产生的磁场来研究生物体内的结构及对各种复杂疾病进行治疗，超导核磁共振层析成像仪在医疗领域的应用越来越普及。与其他辅助检查手段相比，优点明显：成像参数多、扫描速度快、组织分辨率高和图像清晰，对一些早期不易察觉的病变帮助明显，目前已成为肿瘤、心脏病及脑血管疾病早期筛查的有效手段，可以更好地满足临床应用和科研工作的需求。

（2）传感超导器件

超导量子干涉器件（SQUID）就是利用约瑟夫森结制作的目前世界上灵敏度最高的磁传感器，这种仪器已经在微弱磁场测量、生物磁场测量、大地测量、无损探伤等方面得到了广泛的应用。约瑟夫森器件的原理是基于“约瑟夫森效应”，一旦两块超导体之间点接触，或通过正常导电膜或绝缘膜接触，形成弱连接，则超导体中的“库珀对”可以隧道效应穿过。

（3）集成电路超导器件

电流流经导体时，因电阻存在而导致电线发热，电能发生损耗，高速运转的计算机上使用的集成电路芯片因为元件和连接线密集排列，工作时产生大量热，热量难以散发，导致温度升高，影响计算机工作。将集成电路芯片元件间的连接线改用超导器件来制作，发热现象得以缓解，散热问题也就迎刃而解，同时大大提高了计算机的运算速度。

（4）超导太赫兹技术

太赫兹（terahertz，THz）波是指频率范围在 0.1～10THz 之间的电磁波，其具有宽频带、透射性强、瞬态和“指纹”等特性。太赫兹波的独特电磁特性使其在通信、生物医学、环境监测和材料科学等领域有非常可观的应用前景。由于缺乏有效的信号源和检测手段，太赫兹技术一度发展缓慢。在超导太赫兹调制方面，低损耗、易调控的超导材料与人工电磁超材料的有效结合，可以应用于太赫兹主动功能器件（有源功能材料）的研究。工作于太赫兹频段的超导超材料是一种有效的超导太赫兹调控器件。目前超导超材料的工作温度已经由液氦温区提高到液氮温区，并实现了超过 80% 的调制深度和接近 1MHz 的调制速度，表现出良好的调制性能。

（5）电子学应用

电子学方面的应用包括超导计算机、超导天线、超导微波器件等。超导元件所制的电子元件比传统电子元件更为灵敏快捷。超导计算机中的超大规模集成电路，其元件间的互连线用接近零电阻和超微发热的超导器件来制作，不存在散热问题，同时计算机的运算速度大大提高。此外，超导量子干涉器件可以测量小到一百亿分之一伏特的电压差和一百亿分之一安培的电流（每秒仅通过几个电子），也可以测量小于一百万亿分之一特斯拉的磁场（仅相当于地磁场的一百亿分之一）。随着薄膜技术的广泛采用，陶瓷超导体可能应用于电子设备，特别是用作微电路之间、超导体和半导体之间以及记忆元件之间的连接。超导材料基于所具有的约瑟夫森效应，其将在超导计算机、超导量子干涉器、超导磁强计、超导表面波器件、超导陶瓷天线和超导红外微波探测器等应用上实现突破。

思考题与习题

1. 简述超导材料的定义和基本原理。

2. 简述超导体在物理层面的原理及库珀电子对的基本概念。

3. 超导体的特征是什么？几种临界参数分别代表了何种物理意义？

4. 简述超导材料的分类，并且每类举例说明，并给出不同材料体系之间的差异（优缺点）。

5. 何种超导体可以被划分为高温超导材料？举例说明至少 2 种高温超导材料。

6. 何为二维超导材料？为什么要将超导体制成薄膜状？

7. 列举几种调控二维超导体物理特性的调制手段，并简要说明原理。

8. 列举几种超导材料器件，谈谈超导现象针对这些场景所应用的原理。

9. 超导是导体电阻为零的现象，目前我们只研制出低温下的超导材料，若我们研制出常温下的超导材料并作为输电导线，那么，还需要采用高压输电吗？为什么？

10. 从生活中举例，超导材料能应用于哪些领域？

参考文献

[1] 唐跃进，石晶，任丽．超导磁储能系统(SMES)及其在电力系统中的应用[M]．北京：中国电力出版社，2009.

[2] 郭卫红，汪济奎．现代功能材料及其应用[M]．北京：化学工业出版社，2002.

[3] 张裕恒．超导物理[M]．3 版．合肥：中国科学技术大学出版社，2009.

[4] 周廉，等．中国高温超导材料及应用发展战略研究[M]．北京：化学工业出版社，2008.

[5] 仲扣庄．物理学史教程[M]．南京：南京师范大学出版社，2009.

[6] 章立源．超导物理[M]．北京：电子工业出版社，2010.

[7] 韩汝珊，周午纵．高温超导材料与应用[M]．北京：清华大学出版社，2013.

[8] 吴培亨．超导电子技术及其应用[M]．北京：国防工业出版社，2014.

[9] 金建勋．高温超导技术与应用原理[M]．成都：电子科技大学出版社，2019.

[10] 张平祥，闫果，冯建情，等．强电用超导材料的发展现状与展望[J]．中国工程科学，2023，25(1)：60-67.

[11] Pickett W E. Colloquium：Room temperature superconductivity：The roles of theory and materials design[J]. Reviews of Modern Physics，2023，95(2)：021001.

第 9 章

功能玻璃材料与器件

玻璃是一种无定形材料，由于其分子结构的无序性而不具有晶体的周期性排列结构。玻璃的主要成分是硅酸盐，如硅酸钠、硅酸钙等。它在常温下呈固态，但没有固定的熔点，通常具有透明或半透明的特性，同时具有优异的电学、光学和化学性能。功能玻璃是通过改变玻璃的成分或采用不同的工艺和加工方法，赋予其特定的物理、化学、生物等性质的一种材料。光学、电学、磁学、力学、生物、化学和热学等功能玻璃随着科技进步和社会发展，越来越广泛地应用于工业、农业、国防等领域。本章将简要探讨功能玻璃的概念与特性、功能玻璃形成过程、结构理论，以及功能玻璃与器件的发展趋势。

9.1 玻璃材料概述

玻璃是无机非金属材料科学与工程领域的重要组成部分，也是非晶态固体中最为重要的类型之一。作为非晶态材料，玻璃在科学研究和实际应用中与单晶体或多晶体（如陶瓷）相比具有独特之处。正因为如此，玻璃科学已经崛起成一门新兴的应用科学，玻璃制品的生产已构建起庞大的工业体系。

9.1.1 玻璃的概念和性质

（1）玻璃的概念

玻璃在狭义上被定义为一种熔融物质，其通常是指在冷却过程中形成的非晶态物质。根据这一定义，除了熔融法外，采用真空蒸发、放射线照射、凝胶加热等其他方法制备的非晶态物质如非晶态金属和高分子材料，均不能制备玻璃。然而，从材料状态和性质的角度出发对玻璃进行科学分类时，不再受限于狭义定义。只要某种材料表现出经典玻璃的特征性质，即玻璃化转变温度（T_g），无论其组成如何，都可被称为玻璃。因此，除了传统的氧化物玻璃外，非晶态硫系化合物、非晶态金属合金以及大部分非晶态高分子材料也可被归类为玻璃。

对于实用角度而言，玻璃可被定义为一种透明的无定形固体材料。透明性指的是玻璃对可见光有一定的透射性；无定形指的是玻璃结构中质点的排列是无规则的，在 X 射线谱上呈现宽幅的散射峰。因此，可以通过这两个特征来判断某种物质是否属于玻璃。氢键在高分子材料中特别重要，严格地讲，氢键也属于次价键。因它也是靠原子（分子或原子团）的偶极吸引力结合在一起的，它的键能介于化学键与范德瓦耳斯力之间。氢键可以存在于分子内或分子间。纤维素、尼龙和蛋白质等分子有很强的氢键，并显示出非常特殊的结晶结构和性能。

（2）玻璃的性质

各向同性：均质玻璃在各个方向上具有相同的性能，如折射率、硬度、弹性模量、热膨胀系数和热导率等。在没有外部机械应力作用的情况下，均质玻璃不会表现出双折射现象或解理性，与晶体不同，其性质在各个方向上都保持一致。玻璃内部质点的无规则排列，形成统计上均匀分布的结构，使得其物理化学性质在所有方向上都是相同的。

介稳性：玻璃态物质通常是由熔融状态通过冷却形成的，其在冷却过程中，由于黏度迅速增加，无法使质点有序排列形成结晶，因此无法释放出结晶潜热。因此，相较于相应的结晶态物质，玻璃态物质含有较高的内能，处于熔融态和晶态之间的介稳态。从热力学角度来看，玻璃是一种不稳定的高能量状态，其具有向更低能态转化的倾向，即有析晶的趋势。然而，从动力学角度来看，玻璃析晶所需的动力学条件并不容易实现，使得非晶态玻璃不会自发地向晶体转化，因此通常所见的玻璃在长时间内不会发生结晶现象。

无固定熔点：玻璃态物质与结晶态物质的一个显著区别在于其固液相变发生在一定温度范围内，而不像结晶态物质那样具有确定的熔点。这是因为构成玻璃态物质结构的质点（原子、离子、阴离子团或分子）所处的局部环境各不相同，从化学键的角度来看，这些质点之间的结合力各不相同，因此断裂这些化学键所需的能量也不同。

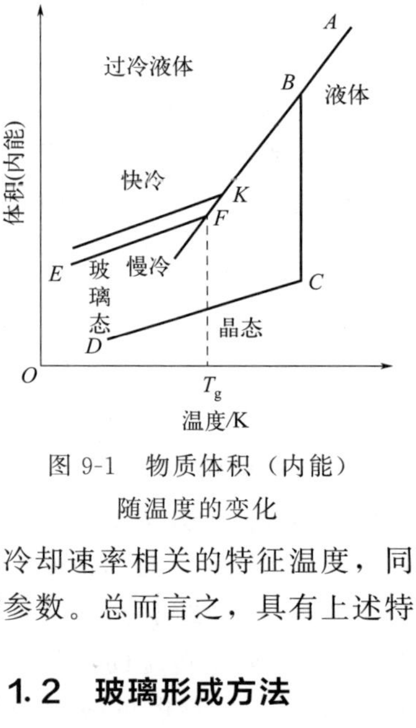

图 9-1　物质体积（内能）随温度的变化

理化性质的渐变性：在玻璃态物质从熔融状态冷却（或加热）的过程中，其物理化学性质会逐渐且连续地变化，并且这些变化是可逆的。图 9-1 描述了物质在熔融状态冷却过程中内能和体积的变化情况。

从图 9-1 可以观察到，在结晶情况下，从熔融态（液态）到固态过程中，内能 E 与体积 V（或其他物理化学性质）在其熔点处发生突变（沿 $ABCD$ 变化）。而在冷却成玻璃的过程中，内能与体积（或其他物理化学性质）则是连续变化的（沿 $ABKFE$ 变化）。当熔体冷却到 F 点时，开始固化成玻璃，这时的温度称为玻璃化转变温度 T_g（也称为脆性温度）。对于一定组成的玻璃，其 T_g 取决于冷却速率，冷却速度越快，T_g 越高。因此，T_g 被认为是一个与冷却速率相关的特征温度，同时也是区分玻璃与其他非晶态固体（如硅胶、树脂等）的关键参数。总而言之，具有上述特性的物质均可归为玻璃。

9.1.2 玻璃形成方法

（1）熔融法

熔融法是最常见的玻璃制备方法之一。其工作原理是将玻璃成分的原料在高温下熔化，并在适当的条件下快速冷却以形成玻璃。这种方法简单易行，适合大规模生产，并且能够制备出优质的玻璃。

在工业生产中，配合料由投料口进入熔窑后，由上部火焰对上层玻璃液加热，配合料依次完成升温、脱水、硅酸盐反应，过程中伴随吸热或放热效应（图 9-2）。随着温度的进一步升高，配合料逐渐熔融为含有大量气泡的玻璃熔体。配合料熔化后密度增大，进入下层熔融玻璃液。

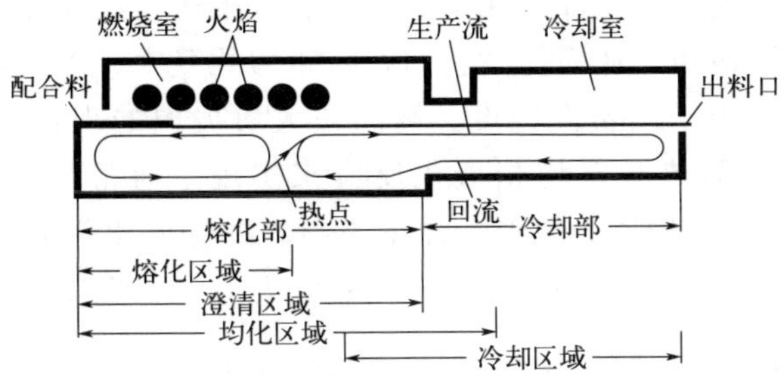

图 9-2 玻璃熔窑熔制过程及液流运动区域

玻璃熔窑中的液态玻璃由于受热不均和出料操作的综合作用，呈现特定的流动形态。从投料池到热点区域，上层的玻璃液朝着投料口方向流动，而下层的玻璃液则流向热点。一旦液态玻璃到达热点，部分液体经过出料口离开，而剩余的玻璃液则循环回流，回到熔化部。流向出料口的玻璃液会逐渐冷却凝固，形成玻璃制品，而未出口的玻璃液则重新进入循环系统。

在玻璃熔窑中，投料口到热点区域需要有足够强的自然对流，以确保原料能够在这一段距离内充分熔化，从而避免出现未熔化的原料直接流向出料口的情况。而从热点到熔化部的末端，如果上层的玻璃液流动速度较慢，则可以保证成型玻璃在高温区域停留的时间更长。在冷却部分，则是确保成型玻璃能够均匀地冷却，以满足成型的要求。总之，在这一整个过程中，通过减少回流量，尽量降低对回流玻璃液进行二次加热所需的能耗。

（2）气相冷却技术

在气相中，一些组分可以在基体表面沉积形成非晶态固体，这种合成过程称为气相沉积，有时候需要通过加热某些化合物来实现。如果沉积过程中没有发生化学反应，则称为非反应沉积；反之，则称为反应沉积。气相沉积技术通常用于制备电子学和光学应用的薄膜，其中反应沉积法还可用来制备块状玻璃或超纯材料，这些是传统熔体冷却方法难以实现的。气相沉积技术包括蒸发冷却、溅射和反应沉积等几种方法，可用于制备不同类型的材料。

蒸发冷却是一种在真空环境下将物质加热至汽化并随后冷凝在基底上的方法。实现物质汽化的方式包括电阻加热、电子束加热以及高频加热等方法。在这个过程中，真空压力通常维持在 $1.33\times10^{-5}\sim1.33\times10^{-2}$ Pa 之间，而沉积物质的气相压力则保持在 1.33Pa 以下。单一金属更容易通过这种方法进行蒸发。对于多组分系统来说，通常需要使用多个独立的蒸发源或者采用“闪蒸发”技术，以便快速沉积金属合金作为蒸发源。

溅射法（图 9-3）是一种常用于制备功能玻璃的技术，它将待涂层的基底与固体溅射源置于低压气氛（通常是氩气）的密闭溅射室内。在这个过程中，通过施加几千伏特的直流高压，形成辉光放电，使基底成为阳极。辉光放电产生的氩离子在电场的作用下向阴极飞去，并从阴极表面溅射出原子。这些溅射出的原子一部分会在试样表面凝聚，形成一层均匀的非晶态薄膜，其成分与溅射源相同。这种方法可用于沉积单质金属或合金薄膜，在电子学和光

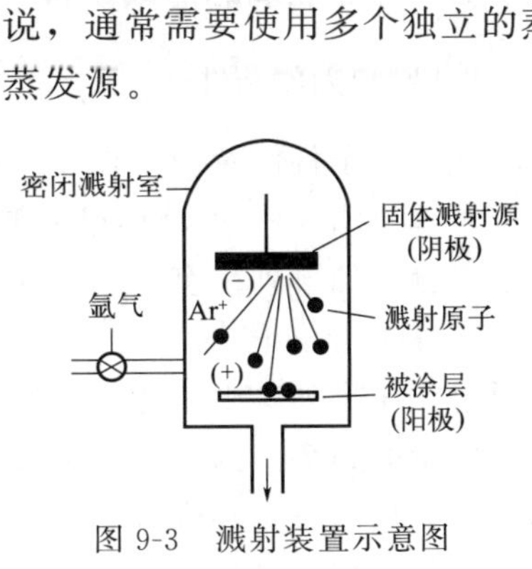

图 9-3 溅射装置示意图

学领域得到广泛应用。在工业生产中，常采用连续溅射装置在玻璃板上制备金属或氧化物膜层，以用于建筑物的采光控制。此外，在工业生产装置中还使用交流电场和磁场（称为磁控溅射）来增加离子运动的路径，从而提高它们相互碰撞的概率，以提高溅射效率。

气相沉积技术是一种用于制备高纯度、高品质大块玻璃的现代工艺。它通过金属卤化物、气体混合物在高温下的热激发均相氧化反应来实现。通常，选用金属卤化物 $GeCl_4$、$TiCl_4$ 等，以及金属有机化合物作为原料。在反应中，没有催化剂的参与，会形成微细分散的玻璃颗粒，通常称为“烟灰”。比如，$SiCl_4$ 在氧气火焰中发生反应［式（9-1）］：

$$SiCl_4 + O_2 \longrightarrow SiO_2 + 2Cl_2 \tag{9-1}$$

形成具有高比表面积（约为 $20m^2/g$）的 SiO_2 “烟灰”颗粒。将这些 SiO_2 “烟灰”颗粒沉积在经过足够高温度（约 1800℃）加热的靶上，就能形成无气泡的玻璃块。通过气相沉积技术，可以制备出 500kg 以上的大块 SiO_2 玻璃，其成分可以是纯 SiO_2，也可以含有一些添加物，比如 TiO_2、Al_2O_3、B_2O_3 等。

（3）溶胶-凝胶法

溶胶-凝胶法是一种常用的制备玻璃材料的方法。它涉及将适当比例的溶液混合物，通常是金属盐和有机物，形成溶胶。接着，通过控制溶胶的化学反应或者热处理，使其逐渐凝胶化形成凝胶。凝胶可以是液态、凝胶态或者固态，具体取决于处理条件和材料组成。最后，对凝胶进行适当的热处理，将其转化为玻璃。目前，从前驱体出发合成玻璃、陶瓷以及复合材料的方法是材料科学技术中发展最迅速的领域之一。在全球一些重要的玻璃科学技术实验室中，利用溶胶-凝胶法制备玻璃的研究非常活跃。所涉及的反应式包括式（9-2）～式（9-5）：

溶剂化：$M(H_2O)_{nZ}^{+} \longrightarrow M(H_2O)_{n-1}(OH)_{Z-1} + H^+$ （9-2）

水解反应：$M(OR)_n + xH_2O \longrightarrow M(OH)_x(OR)_{n-x} + xROH$ （9-3）

失水缩聚：$—M—OH + HO—M— \longrightarrow —M—O—M— + H_2O$ （9-4）

失醇缩聚：$—M—OR + HO—M— \longrightarrow —M—O—M— + ROH$ （9-5）

除了以上提到的三种方法，玻璃还可以通过高能粒子辐照、阳极氧化和热分解等方法制备。

9.1.3 功能玻璃的形成条件

（1）热力学条件

热力学条件涉及两个重要方面：熵和自由能。

① 熵的增加　玻璃形成需要原子或分子在液态中具有高度无序的排列。在固态晶体中，原子或分子的排列是有序的，而在玻璃中，它们则没有长程有序结构，因此系统的熵增加。

② 自由能的降低　玻璃形成的过程必须使体系的自由能降低。玻璃形成的过程中，系统通过无序排列减少了能量，使得自由能降低。而玻璃又是一种介稳态的材料，具有向稳定晶态转变的趋势。因此，为了形成玻璃态，材料通常需要在适当的温度和压力条件下快速冷却，使其从液态直接进入无序的非晶态结构，而不形成晶体。在这种状态下，尽管原子排列无序，但系统能量相对液态有所降低，处于一种热力学亚稳态。

（2）玻璃形成的动力学条件

玻璃形成的动力学条件涉及凝固过程中原子或分子的运动和排列，主要包括以下几个方面：

① 快速冷却　动力学条件要求在熔融状态下，玻璃形成的过程中需要快速冷却，这样可以使得原子或分子在冷却过程中快速凝固无法形成有序的晶体结构，而保持无序排列的状态，从而形成非晶态固体。

② 越过析晶温度范围　在快速冷却的过程中，要求温度迅速降低到凝固点以下，越过可能发生晶化的析晶温度范围。这样可以防止原子或分子有足够的时间排列成有序晶体结构，而保持其无序状态。

③ 高黏度状态下的原子运动　在玻璃形成的过程中，由于快速冷却，原子或分子被“冻结”在一个高黏度状态下，无法自由移动。这种高黏度状态下的原子运动限制了晶体结构的形成，促进了玻璃的形成。

④ 核形成和生长抑制　动力学条件也影响核形成和生长的过程。快速冷却会限制晶核的形成和生长，从而抑制晶体的形成，有利于玻璃的形成。

9.2 光功能玻璃与器件

光功能玻璃指的是在力、声、热、电、磁、光等外场作用下，其光学性能会发生变化的玻璃。它是现代技术（如能源、计算机技术、通信、电子、激光和空间科学等领域）的基础，也是材料科学与工程领域中研究热点。我们首先简要介绍玻璃基本光学现象，然后探讨各种光功能玻璃材料的特性及对应器件的应用。

9.2.1 玻璃的基本光学现象

光是一种电磁波，它在与物质相互作用时，会导致物质内部电子的激发。这些激发可能会导致电子跃迁到更高能级，或者导致分子或原子振动增加。这些过程吸收了光能，使光被材料吸收。

（1）光吸收

玻璃的光吸收原理涉及光与玻璃相互作用的过程。当光线通过玻璃时，其中的一部分光能会被材料吸收，而另一部分则会被透射或反射。其吸收现象遵循朗伯-比尔定律［Lambert-Beer law，式（9-6）］：

$$I=I_0\exp(-\alpha L) \tag{9-6}$$

式中，I_0 是开始进入玻璃时光的强度（不包含反射损失）；L 为光程长度；α 是玻璃的吸收系数。

在弱光作用下，$\alpha=\alpha_0$ 为一常数，可看作是线性吸收。在强光作用下，α 则随光的强度变化而变化，表现为非线性吸收。

光被吸收的程度取决于光的能量是否与材料的能级结构匹配。如果光的能量与材料的电子能级差距相近，那么光更容易被吸收。玻璃的光吸收机理与一般晶体的吸收类似，材料的化学成分和结构也会影响其对光的吸收。一些材料可能具有特定的吸收谱线，这取决于其中的原子种类和结合方式。在透光区与吸收区之间有一条坡度很大的分界线，即存在紫外吸收极限，小于该吸收极限波长的光全部被吸收，反之则全部透过。

（2）光折射

折射率是表征玻璃对光折射性能的重要参数。玻璃的折射率是指光线从空气或其他介质射入玻璃时，由介质密度不同而导致光线偏折的程度。其定义为光在真空中的传播速度与光在玻璃中的传播速度之比，即式（9-7）。

$$n=\frac{c}{v} \tag{9-7}$$

式中，n 是玻璃的折射率；c 是真空中光的传播速度（光速，约为 3×10^{8} m/s）；v 是光在玻璃中的传播速度。

根据光在介质中传播的规律，折射率也可以表示为入射角 θ_1 和折射角 θ_2 正弦值的比值，即式（9-8）。

$$n=\frac{\sin\theta_1}{\sin\theta_2} \tag{9-8}$$

式（9-8）是斯涅耳定律的数学表达式，描述了光线从一种介质射入另一种介质时的折射现象。

根据式（9-7），折射率反映了光在玻璃中传播速度相对于在真空中的速度的相对降低程度。当光在玻璃中的传播速度接近光在真空中的传播速度时，折射率趋近 1。然而，玻璃介质相对于真空更加致密，因此光在玻璃中传播时会更容易与玻璃结构中的质点发生碰撞，导致传输速度降低。此外，光波在玻璃中传输时会引起玻璃结构中的带电质点（如离子、阴离子团和电子等）的变化，表现为电子云的变形。不同入射光的光强或波长以及玻璃的致密度差异都会导致玻璃吸收不同量的能量，这使得玻璃中的电子云变形程度也不同。根据能量守恒定律，玻璃吸收的能量会导致传输光的能量降低，从而降低光在玻璃中的传播速率。因此，玻璃的折射率总是大于 1。另外，对于非线性光学效应，折射率可能会随着光强的变化而变化，这时的折射率是非线性的。

（3）光反射

玻璃的光反射是指当光线从一种介质（如空气）射入玻璃表面时，部分光线被玻璃表面反射回空气中的现象。其定义是反射光线的强度与入射光线强度之比。光反射的原理涉及光在介质交界面上的能量和动量守恒。当光线从一种介质射入另一种介质时，会发生反射和折射两种现象。

当光线从空气等介质射入玻璃表面时，一部分光线会发生反射，即以与入射角相等的角度反射回空气中。这是由于介质间的折射率不同，光在介质交界面上会发生反射现象。光反射的强度取决于入射光线的角度、波长、介质的折射率以及表面的光学特性等因素。

（4）光散射

玻璃的光散射是指当光线通过玻璃或与玻璃表面接触时，光线在各个方向上发生的非定向性散射现象。玻璃内部存在着微观的不均匀性，如晶格缺陷、晶界、微粒或气泡等。当光线穿过玻璃时，这些微观结构会引起光的散射。这些微观结构使得光线的传播路径发生了不规则的偏离，导致光从各个方向上散射出去。玻璃表面的粗糙度也会导致光的散射。即使玻璃表面看起来很平整，但在微观尺度上，仍然存在着表面粗糙度。当光线从玻璃表面射出时，由于表面不规则性，光线会以不同的角度散射出去。

光散射的强度可以用光散射的功率来描述，通常用散射功率密度来表示。散射功率密度 S 是单位立体角内的散射功率，见式（9-9）。

$$S=\frac{I}{r^{2}} \tag{9-9}$$

式中，I 是散射光线的强度；r 是距离光源的距离。对于非定向性的光散射，其功率密度在各个方向上基本上是均匀的。

（5）光弹性

玻璃的光弹性是指光线在通过玻璃时受到的弹性影响，即光线传播路径的改变与介质中的应力和应变之间的关系。这种现象主要涉及光的波动性和玻璃材料的弹性性质。当光线通过玻璃介质时，介质中存在的应力和应变会影响介质的折射率，进而改变光线的传播路径。这是由于光波在介质中传播时，介质的折射率与介质的物理性质（如密度、压力、应力等）有关。不同的介质具有不同的光弹性响应。

在较小应力或应变范围内，光弹性通常可以通过线性光学效应来描述。这种情况下，折射率的变化与应力或应变呈线性关系。典型的描述可以用胡克定律或线性弹性系数来表示，即式（9-10）。

$$\Delta n=C\Delta\sigma \tag{9-10}$$

式中，Δn 是折射率的变化；$\Delta\sigma$ 是应力或应变的变化；C 是光弹性系数。

在较大的应力或应变范围内，光弹性可能不再服从线性关系，而是表现出非线性光学效应。这时，折射率的变化可能与应力或应变的平方或更高次幂相关。非线性光学效应的描述通常需要更复杂的数学模型，如克尔效应模型、光学吸收模型等。

（6）热光性质

玻璃的热光性质描述了光在玻璃中的传播受到温度变化影响的特性，通常通过折射率随温度的变化来表示。玻璃的折射率与介质的温度密切相关，因为温度变化会导致玻璃内部的原子振动和分子间距变化，进而影响光的传播速度和光波在介质中的行为。一般来说，随着温度的升高，玻璃的折射率通常会增加，而温度降低则导致折射率减小。

不同的玻璃化学成分会影响玻璃的热光性质。温度的变化是直接影响玻璃折射率的因素，温度升高会导致折射率增加，反之亦然。不同波长的光在玻璃中的传播特性可能会对热光性质产生不同的影响。

玻璃的折射率可以通过以下数学模型［式（9-11）］来描述：

$$n(T)=n_{0}+\frac{\mathrm{d}n}{\mathrm{d}T}\times(T-T_{0}) \tag{9-11}$$

式中，$n(T)$ 是温度 T 下的折射率；n_0 是在参考温度 T_0 下的折射率；$\mathrm{d}n/\mathrm{d}T$ 是折射率随温度变化的温度系数。

通过测量不同温度下的折射率，进而确定温度对玻璃的影响，从而了解玻璃的热光性质。在图 9-4 中，曲线中的 H 点对应于室温（20℃）下硅酸盐玻璃的折射率。当温度从室温升高到 t_2 时，尽管玻璃的密度减小，但折射率不断增加。表明折射率的变化受到吸收限的影响，而这种影响主要是由玻璃的热膨胀所致。温度低于 20℃时，随温度降低折射率下降，在 t_1 时达到极小值，然后随温度的下降又开始增加。在退火温度区域，从 t_2 到 t_3，随着玻璃向液态的转变，玻璃的折射率突然下降。绝大多数磷酸盐玻璃和硼酸盐玻璃的折射率随温度升高而连续下降，这是因为它们的热膨胀系数小于折射率的温度系数。而石英玻璃的热膨胀系数很小，因此在小于 600℃时，其折射率表现为随温度的升高而单调增加。

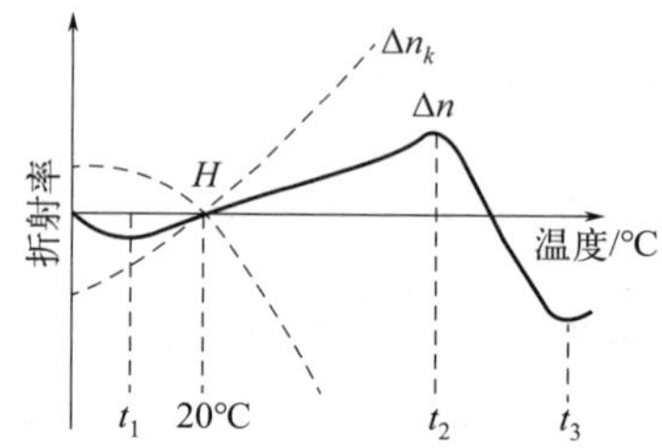

图 9-4　硅酸盐玻璃折射率增量与温度的关系

实线（Δn）：表示硅酸盐玻璃在不同温度下的折射率变化。该曲线先上升、后下降，说明在某一温度区间内，折射率随着温度升高而增加，超过该区间后开始下降。

虚线（Δn_k）：表示的是某一理论模型或参考条件下的折射率增量趋势，可能不考虑某些实际效应（如结构弛豫或热应力等）。它以直线形式持续上升，暗示理论上折射率应随温度单调增加

（7）非线性光学性质

玻璃的非线性光学性质是指当光线通过玻璃时，光的响应不再遵循线性光学的规律，而出现非线性的光学效应。例如，在线性光学中，介质的折射率是与电场强度线性相关的。但在非线性光学中，当电场强度达到一定程度时，分子会发生非线性极化，导致折射率的变化不再与电场强度成正比，而是出现高次的极化现象，如二次、三次甚至更高次的极化。这些非线性效应包括二次谐波产生、三次和四次混频、自聚焦等。

非线性光学效应通常可以用折射率的非线性极化描述。其中，非线性极化通常表示为张量形式。一般情况下，对于弱光场情况下的非线性光学效应，可以用克尔效应描述，其公式为式（9-12）：

$$\boldsymbol{P}_i=\varepsilon_0\chi_{ijk}E_jE_k \tag{9-12}$$

式中，$\boldsymbol{P}_i$ 是二次极化率产生的极化矢量；ε_0 是真空介电常数；χ_{ijk} 是二次非线性极化率张量；E_j 和 E_k 分别是电场强度的分量。

非线性光学效应的强度与光的强度相关，通常需要较高的光强度才能观察到。不同材料的非线性光学性质不同，如光学透明度、极化率等。

（8）光损伤

玻璃光损伤的现象是指玻璃材料在受到高能量光照射时出现的损伤或退化现象。这种现象通常出现在高功率激光照射、太阳光聚焦等情况下。在玻璃材料中，光损伤通常表现为玻璃的表面或体积出现熔融、开裂、气泡、颜色变化等情况。

引发玻璃光损伤的原因有很多。高功率光束照射在玻璃表面或体积时，会产生大量热量，导致局部温度升高，当温度升高到一定程度时，玻璃可能发生熔化或热应力引起的开裂。一些特定波长的光可以在玻璃表面引发光化学反应，导致化学键断裂、分子结构改变等现象，从而导致光损伤。在高强度激光照射下，玻璃还可能发生非线性光学效应，如自聚焦、自相位调制等，这些效应会增强光场在玻璃中的局部强度，进而导致光损伤。玻璃中存在的杂质、缺陷或不均匀性可能会使局部区域的光吸收增强，这也会导致光损伤。例如，激光器系统中，使用玻璃透镜作为聚焦或传输光束的元件，其制备过程中不可避免地引入金属铂杂质。铂杂质会吸收激光束中特定波长的光，导致局部区域的温度升高，引发光热效应，造成激光玻璃表面或内部的热损伤。

上述光学现象是光功能玻璃开发和制备的基础。目前，光功能玻璃在所有功能玻璃材料中占比最高，现在应用较为广泛的光学玻璃包括光学纤维、激光玻璃、闪烁玻璃等。

9.2.2 光学纤维

光学纤维（光纤）作为一种革命性的信息传输工具，近几十年来迅速崛起，并在通信、医疗、传感和激光技术等领域发挥着关键作用。其优异的性能和巨大的潜力，使其成为现代信息社会的重要支撑。光学纤维通过将光信号转换为光波导模式，并通过内部的全反射来实现光信号的传输，具有高带宽、低损耗和抗干扰等优势，因此成为当前信息传输领域的主流技术之一。

信息技术的广泛应用包括信息的获取、传输、存储、显示和处理等多个方面，不同的应用领域对材料的要求也各不相同。光学纤维作为信息技术领域的关键技术之一，在信息的获取、传输和放大等方面发挥着重要作用。下面对石英光学纤维和特种光学纤维作简要介绍。

（1）石英光学纤维

石英光学纤维是一种用于光通信和光传感应用的重要材料。它是由高纯度的二氧化硅（SiO_2）制成的细长光导纤维。石英光学纤维具有低损耗、高抗拉强度、优异的光传输性能和化学稳定性等特点，被广泛用于长距离通信、数据传输、医疗设备、传感器等领域。

光在石英光学纤维中通过全反射的方式沿着纤维内壁反射，在纤维中传播。当光线射入石英光学纤维的端口时，它遇到了光纤的外表面。这个过程中光会发生折射，根据折射定律，光线从光纤外的介质（通常是空气）进入光纤内的介质（石英）时，会向光纤法线倾斜并改变传播方向。一旦光线进入光学纤维的芯部，当入射角度超过了临界角，就会发生全反射。在石英光学纤维中，由于芯部折射率高于包层的折射率，光线会在芯-包层界面上发生全反射，并沿着光学纤维的长度方向传播。在传输过程中，光线不断在芯-包层界面上发生全反射，光在光纤内部传输减少了光信号的损耗。光纤传输过程中的损耗来源主要包括吸收损耗（如光被材料吸收导致能量损失）、散射损耗（由纤维内部杂质或结构不完美引起的光散射）、弯曲损耗（由光纤弯曲引起的光传播方向改变而产生的损耗）等。

石英光学纤维的制备方法主要包括气相沉积法和拉制法。气相沉积法是通过在气相沉积设备中，将 $SiCl_4$、BCl_3、O_2 等气体混合物沉积到内径 12mm、长约 80mm 的石英玻璃管的内壁上，使沉积物在管子内壁上形成所需的化合物，然后再加热以形成熔融态 SiO_2 或 $B_2O_3 \cdot SiO_2$ 玻璃。这个过程需要精确控制温度和气体流量，以确保所形成的玻璃层具有所需的性质。最后，升温至 1900°C 熔缩空腔，获得预制纤维棒。拉制法是将纤芯材料制成棒状，将包层材料制成管状，然后将纤芯棒插入包层管中，一起加热到足够的温度，使两种玻璃材料软化并拉制成一根玻璃纤维。在拉制过程中，控制玻璃的黏度和温度是至关重要的，通常需要在石英玻璃熔体的特定温度范围内操作。石英玻璃熔体中硅氧四面体的连接程度很高，导致其熔体黏度显著较大，因此成形温度也就很高，通常选黏度为$10^4 \sim 4.5 \times 10^7$P（1P=$10^{-1}$Pa·s）对应的软化温度范围为操作温度，以确保拉制出的纤维具有所需的直径和性能。

石英光纤具有一系列特殊理化特性，使其成为光通信和传感领域的理想选择。石英光纤具有很高的抗拉强度，使其能够承受较大的拉伸力而不易断裂。这种特性对于在光纤通信系统中需要长距离传输的应用尤为重要。石英光纤的材料非常纯净，且表面非常光滑，因此在光信号传输过程中几乎没有光能损失。这使得光纤可以实现长距离传输而不需要过多的信号补偿或中继。石英光纤具有较高的折射率，使得光信号可以在光纤内部发生全反射并沿纤维长度传输，从而实现高效的光传输。石英在常见的化学物质中具有良好的稳定性，不易受到腐蚀或化学损害，这使得光纤可以在各种环境条件下稳定运行，包括在恶劣的工业环境或户外应用中。石英还具有良好的耐高温性能，可以在较高的温度下工作而不损坏，例如，在工业生产过程中或火灾监测系统中石英光纤材料对光线有很高的透明度，可以传输各种波长范围内的光信号，包括可见光、红外光和紫外光等。因此，石英光纤有多种光学应用，如光通信、激光器和光传感器等。

（2）特种光学纤维

红外光纤材料是一类专门用于在红外光波段进行光传输和传感的特种光学纤维材料。其中，氟化物玻璃是一种常见的红外光纤材料，具有良好的红外透过性和低损耗特性，适合红外激光器、红外光通信和红外光传感等应用。硫化物玻璃是另一种常见的红外光纤材料，含有硫元素，具有宽阔的红外透明窗口；氮化硅光纤也是一种重要的红外光纤材料，具有优异的红外透过性和化学稳定性，可用于红外光传感和光学成像等。这些红外光纤材料在红外光学领域中发挥着关键作用，推动了红外技术的发展和应用。光纤放大器是一种重要的光学器件，利用光纤作为放大介质，通过激发光子在光纤中的受激发射过程来放大光信号。根据激发机制和工作波长范围的不同，光纤放大器可以分为不同类型：掺铒光纤放大器主要工作于波长在1550nm附近的C波段，具有高增益、低噪声和宽带宽等优点，在光通信网络中被广泛应用于光信号的放大和传输，是最常见的光纤放大器之一；掺镱光纤放大器工作波长通常在1900～2050nm范围内，用于长距离通信和波分复用系统中的放大环节。拉曼光纤放大器不需要掺杂离子，而是利用光子和声子之间的相互作用来实现光信号的放大，可实现波长范围广、增益可调的放大，但通常需要较高功率的泵浦光源。这些不同类型的光纤放大器各具特点，适用于光通信、光放大和激光器驱动等领域。随着光通信技术的发展，光纤放大器在网络中也起着越来越重要的作用。

9.2.3 激光玻璃

激光玻璃是一种特殊的玻璃材料，通过向玻璃中掺入特定的稀土元素或其他激活剂，使其具有放大光信号、产生激光输出等特殊光学性质，从而用于制造激光器和其他光学器件。激光玻璃由基质玻璃成分与激光离子构成。激光离子主要包括Pr^{3+}、Nd^{3+}、Pm^{3+}、Sm^{3+}、Tb^{3+}、Ho^{3+}、Er^{3+}及Yb^{3+}等稀土离子。不同离子具有不同的光谱特征，相应的激光玻璃也就具有不同的用途。激光玻璃的制备主要采用熔体冷却成型方法，包括以铂金坩埚、陶瓷坩埚为容器的间隙式熔体冷却成型方法及以铂金炉为容器的连续熔融法。用不同容器及方法熔制玻璃的种类、发展历史、研究进展及优缺点列于表9-1、表9-2、表9-3。

表9-1　激光玻璃的研究进展

年代	研究进展
1960年代	开始研究掺铒硅酸盐玻璃，用于固体激光器的放大介质
1970年代	掺镱氟化物玻璃的研究取得进展，用于长波长激光器
1980年代	研究掺钕氟化物玻璃，用于中红外激光器
1990年代	开始研究掺铥硅酸盐玻璃，用于长波长激光器
2000年代	掺铋硅酸盐玻璃的研究引起关注，用于超宽带激光器
2010年代	掺铁硅酸盐玻璃的研究逐渐兴起，用于红外激光器
2020年代	开始探索掺硒氟化物玻璃，用于远红外激光器

表9-2　不同种类激光玻璃的优缺点对比

类型	优点	缺点
掺铒硅酸盐玻璃	适合1550nm附近波长的激光输出。具有高光学品质和稳定性。制备成本相对较低	非线性效应可能影响器件性能。在高功率激光器中的应用受限。适用波长范围有限
掺镱氟化物玻璃	适用于长波长激光器的制备。具有较高的放大系数。波长范围广，适用于不同应用场景。光学品质好	对外界环境敏感，稳定性较差。制备工艺复杂。激光损伤阈值相对较低
掺钕氟化物玻璃	适用于中红外激光器的制备。具有较高的激光输出效率。波长范围广，适用于多种应用场景。光学品质好	制备工艺复杂，成本较高。激光损伤阈值相对较低。需要严格的温度控制
掺铥硅酸盐玻璃	适用于长波长激光器的制备。具有良好的光学品质和稳定性。波长范围广，适用于多种应用场景	制备工艺复杂。激光损伤阈值较低，受限于高功率应用。对外界环境敏感
掺铋硅酸盐玻璃	适用于超宽带激光器的制备。具有高非线性系数。波长范围广，适用于多种应用场景。光学品质好	制备工艺复杂，成本较高。对外界环境敏感，稳定性较差。需要严格的温度控制。激光损伤阈值较低

表9-3　激光玻璃不同成型方法对比

项目	铂金坩埚（间隙式）	铂金炉（连续式）	陶瓷坩埚（间隙式）
优点	侵蚀引起的杂质少，玻璃的光学均匀性好	较经济、可大规模生产固定品种的激光玻璃	玻璃的光学均匀性好
缺点	玻璃中有铂金颗粒	质量不易保证	引入的污染物较多

早期掺钕激光玻璃是根据Snitzer所报道的以钡冕光学玻璃为基础的玻璃系统，但这种玻璃的抗失透性能和化学稳定性差。我国在此基础上通过改进其物理化学性能试制出激光玻璃，它满足了1966年以前我国钕玻璃激光器的发展需求，但存在熔炼温度高、热膨胀系数大等缺点。为此，又展开了光学玻璃中比较成熟的一系列冕牌和硼冕玻璃进行掺钕后的发光和激光试验，确定了一种以硬冕玻璃为基质（Na_2O-CaO-SiO_2系列）的钕玻璃品种，即亚型（N）钕玻璃。实验证明，它相比玻璃具有较佳的工艺性能、较高的化学稳定性和机械强度，激光输出效率也高，现已成为我国掺钕硅酸盐玻璃品种中最为成熟的玻璃品种，这种玻

璃可用铂金坩埚和陶瓷坩埚熔融，并可制成大尺寸制品。

为了提高钕玻璃的抗激光破坏强度（多脉冲和高能量激光）及荧光寿命，提高多级行波放大器中能量积贮（长脉冲氙灯泵），在调整玻璃成分和改进玻璃性质（如降低热膨胀系数、提高弹性模量和机械强度以及热稳定性）等方面进行了一系列研究。比如，在高二氧化硅区域硅酸盐玻璃中改变成分，研究Ⅳ型钕玻璃（$SiO_2>80\%$）和掺钕高硅氧玻璃（$SiO_2>90\%$）的各种性质，或在硼酸盐玻璃中选取钕玻成分，获得Ⅵ型钕玻璃。这些玻璃的抗热震性能好，具有抵抗激光引起的热破坏的能力。但工艺上存在困难，如对高熔炼设备和坩埚材料的要求高，且不易获得光学质量好的制品，因此未扩大试制。

光泵不均匀，往往导致钕玻璃棒产生热畸变，畸变使激光输出方向发生改变。实验指出，降低玻璃折射率温度系数和热光系数将减轻这种畸变。在研究玻璃的热光系数与成分的基础上，改进了Ⅰ型与亚型钕玻璃成分，试制了Ⅶ型与Ⅸ型钕玻璃，显著地降低了热光系数。钕玻璃用于高重复频率器件的一个突出问题就是容易发生热炸裂。为提高其抗热强度，我国材料科学工作者研制了Ⅹ型钕玻璃。对这种玻璃用离子交换法进行表面化学处理，在表面形成压应力，可显著提高玻璃的机械强度，能初步适应每秒1～5次的重复频率器件的需求。

此后，激光玻璃品种的发展主要是为了满足高功率固体激光器的要求。造成短脉冲高功率激光导致材料破坏的主要原因是非线性光学效应引起的自聚焦，可通过降低玻璃的非线性折射率，来提高激光玻璃的抗破坏强度。并且，随着光泵脉冲时间的缩短，需要提高激光玻璃的受激发射截面以改善其激光增益效率。研究发现，磷酸盐和氟磷酸盐玻璃能满足上述要求，还可以改进光泵引起的热畸变。

以往对磷酸盐和氟磷酸盐光学玻璃的基础研究，着重研究了这两种钕玻璃的光谱和发射特性、形成玻璃的稳定性和化学稳定性，以及羟基对钕玻璃的发光和激光性能的影响等。氟磷酸盐玻璃具有比磷酸盐更低的非线性折射率和热光系数，更高的发光量子效率，但该类玻璃容易析晶、存在铂金污染以及熔制中玻璃成分容易挥发等问题，致使掺钕氟磷酸盐玻璃的应用受到限制。

9.2.4 闪烁玻璃

闪烁玻璃，也称变色玻璃或智能玻璃，是一种能够改变透明度的特殊玻璃。它通过在玻璃中嵌入特定的材料或应用特殊的涂层，使得玻璃的透明度可以随着电流、光线或温度的变化而改变。这种玻璃的应用范围非常广泛，包括建筑、汽车、航空航天、电子设备等领域。

最早的变色玻璃技术是利用特殊的化学处理方法来实现的，在玻璃表面涂覆化学物质，使得玻璃的透明度发生改变。然而，这种方法存在着稳定性和持久性不足的问题。

迄今为止，对无机闪烁玻璃材料已进行了较为深入的研究，其中有希望应用于下一代闪烁玻璃器件有以下几类。

① 钇铝石榴石（YAG）闪烁玻璃　YAG闪烁玻璃是一种常见的无机闪烁玻璃材料，由钇铝石榴石晶体（YAG）和玻璃基体组成。这种晶体在可见光谱区具有强烈的荧光，其激发波长为370nm，这与硅二极管的特性相匹配，可以实现良好的光电转换效果。荧光的衰减时间为30ns，但有些测量结果显示为17ns，这种差异可能是由铈含量不同所致。其密度相对较小（约为$5.36g/cm^3$），因此具有较长的辐射长度（约为2.8cm）。尽管如此，这种材料仍然具有很大吸引力。

在科学与工艺领域，使用铒（Er）来代替铈（Ce），提高材料密度，以增加材料对射线的截止能力，并减小辐射长度 L。这种改进可以提高性能，使材料具有高闪烁效率、快速响应速度和良好的化学稳定性，使其在各种应用中发挥更大作用，其适用于核物理实验、医学影像和辐射测量等领域。

② 硅掺杂闪烁玻璃　硅掺杂闪烁玻璃是一种新型的无机闪烁玻璃材料，通过掺杂适量的硅元素，可以显著提高玻璃的闪烁性能，具有优异的光学和电学性能。其在医学影像、辐射测量和核物理实验中具有重要应用价值。

③ 硫化镉玻璃　硫化镉玻璃是一种基于硫化镉晶体的无机闪烁玻璃材料，具有优异的光学性能和较高的闪烁效率。由于其发光波长可调和发光效率高的特点，硫化镉玻璃在生物医学成像、激光技术和传感器等领域有着广泛的应用前景。

④ 铋硼硅氧闪烁玻璃　铋硼硅氧闪烁玻璃是一种新型的无机闪烁玻璃材料，由铋、硼、硅和氧等元素组成，具有优异的光学和力学性能，适用于高剂量辐射环境下的辐射测量和核物理实验等场景。

9.2.5 非线性光学玻璃

当光波通过固体介质时，在介质中感生出电偶极子。单位体积内电偶极子的偶极矩总和被称作介质的极化强度，通常用 P 来表示，它表征了介质对入射辐射场作用的物理响应。在通常情况下，P 仅与辐射场强度 E 的一次幂项有关，由此产生的各类现象均被称为线性光学现象。

激光出现后，其相干电磁场功率密度可达 1012W/cm^2，相应的电场强度可与原子的库仑场强（约 $3\times10^8\text{V/m}$）相当。其极化率 P 与电场的二次、三次甚至更高次幂相关，从而开辟了非线性光学及其材料发展的领域。

玻璃是各向同性的，所以它只具有三次非线性光学效应，而不产生二次非线性光学效应。三次非线性光学系数（或称非线性折射率）可以根据玻璃的折射率和色散，或者玻璃的紫外吸收极限来计算。高折射率和高平均色散的玻璃，如高铅、高铋等氧化物玻璃，碲酸盐玻璃和硫系玻璃，均具有高的三次非线性光学系数。

一般来说，阴离子和阳离子都对键的极化有影响。低折射率玻璃的非线性光学效应主要受阴离子极化的作用，与阴离子的极化程度成正比，而阳离子作用可忽略。然而，当易极化的阳离子浓度增加时，阳离子结构单元的屏蔽效应，使得阳离子的极化对非线性光学效应起主导作用，而与阴离子的状态无关。

与组分分别是氟和氧的氟化物玻璃和氧化物玻璃相比，因为氟相较于氧难极化，所以氟化物玻璃表现出普遍较低的线性和非线性折射率。因为熔石英有较多的桥氧而难极化，熔石英比硅酸盐玻璃有更低的非线性折射率 n_2 值。因此，当纯 SiO_2 玻璃向氟硅酸盐、磷硅酸盐、硼硅酸盐及铝硅酸盐类型转变时，非桥氧离子的形成和增多，使非线性折射率系数明显增加。但当玻璃中引入阳离子时，极化阳离子对非线性光学性质的贡献远大于非桥氧，例如，$20TiO_2$-$20B_2O_3$-$20Na_2O$-$20SiO_2$ 玻璃的 n_2 为 $49\times10^{-20}\text{m/W}$，远大于不含易极化阳离子的氟化物和氧化物玻璃（一般为 $n_2<10\times10^{-20}\text{m/W}$）。因此折射率随重金属极化阳离子含量的增加而增加。

非线性光学玻璃具有高的透明性、较高的化学稳定性和热稳定性、较大的三阶非线性光学系数及较短的响应时间等许多优良特性，可应用于图像处理、图像识别、图像关联、摄像靶、全光开关、光学限制、光学存储和记忆系统等领域。具体如下：

① 全光学开关器件。光计算机中的全光学开关是关键器件，从材料角度要求材料有大的三阶非线性系数、快的响应时间、透明性好、较小的吸收及高的光损伤阈值。从实用角度考虑则要求光学双稳开关时间和开关功率越小越好，研究发现 CdS_xSe_{x-1} 玻璃可作为全光学开关材料。

② 相位共轭波发生材料。光学相位共轭技术在光通信和光图像信息处理中有重要意义，可用于实时全息技术、光图像信息传输、光图像相关运算、光联想记忆、光逻辑运算、光矩阵-矩阵乘运算、光纤的直接图像传输和光纤的脉冲延迟补偿等。非线性光学玻璃材料符合相位共轭技术要求，即三阶非线性系数大、响应速度快、光损伤阈值高及物理化学性质稳定。

③ 非线性光学玻璃材料还可用于制造自动调制器件、自聚焦（$n_2>0$）和自聚散（$n_2<0$）等光学功能材料，并可利用其产生的受激拉曼散射等非线性效应，开发激光功率限制器等器件。

9.2.6 其他光功能玻璃

（1）光致变色玻璃

普通建筑用玻璃和日用玻璃在紫外光或者可见光的照射下，通常不会产生明显的透光率和颜色变化。然而，当在普通玻璃中引入光敏剂时，就可以在可见光区域产生强烈的光吸收效应，这导致玻璃的透光率降低或者出现颜色变化。而且，这种效应在光照停止后玻璃能够自动恢复到原来的透明状态。这种特殊的玻璃被称为光致变色玻璃。这种玻璃通常由基础玻璃和光敏剂组成。常见的基础玻璃包括铝硅酸盐玻璃、硅酸盐玻璃、硼酸盐玻璃和磷酸盐玻璃等，而常用的光敏剂则包括卤化银、卤化铜等。这种玻璃可以实现自动调节透明度的功能，从而在室内创造出更加舒适的光线环境。光致变色玻璃的应用范围广泛，包括建筑外墙、天窗、隔断、遮阳板等，其可以提高建筑的能源效率和舒适性。自 1964 年美国康宁玻璃公司首次研发出卤化银光致变色玻璃以来，人们对这一领域进行了相当广泛的研究。光致变色玻璃的制备方法主要包括传统的熔体冷却法和离子交换法。

在光致变色玻璃的制备中，基础玻璃的成分对于玻璃的性能和稳定性起着重要作用。光敏剂的选择和添加量决定了玻璃的光致变色效果和响应特性。基础玻璃的组成主要包括 SiO_2、Na_2O、Al_2O_3、B_2O_3 四种成分，属于硼硅酸盐玻璃体系。光敏剂通常包括 AgCl、AgBr 等，而 CuO 作为光敏增感剂可以提高玻璃的光致变色灵敏度。此外，铜离子的加入可以增强银离子的褪色效果。

相比银离子，无银光致变色玻璃是一种不含银元素的光致变色材料，这些材料可能具有更加独特的变色效果和特性，其实现光致变色的机理通常与其他元素或化合物的相互作用有关，如在玻璃中加入钒氧化物可以导致玻璃的光致变色。当玻璃暴露在紫外光或可见光下时，钒氧化物的存在会使玻璃产生特定的颜色变化，如蓝色、紫色等。钴氧化物是另一种常用的无银光致变色玻璃的光敏剂。当玻璃中含有适量的钴氧化物时，在外部光源的照射下，玻璃会呈现蓝色或紫色。在辐照前，玻璃不存在吸收峰或吸收带，玻璃无色，说明此时玻璃中的铜以 Cu^* 形式存在，辐照后，玻璃变暗呈墨绿色，在 650nm 附近出现一明显吸收带。研究人员认为，这是多种复杂因素共同作用的结果，包括光化学反应导致的 Cu^* 向 Cu^+ 转化、B^* 对［CuO］配位体中的 O^{2-} 产生影响、卤化物的加入导致的不匀称结构配合物的生成等，这些因素导致了光吸收位置和强度的变化，从而使玻璃呈现墨绿色。随着辐照后 Cu^* 向 Cu^+ 转化的光化学反应的发生，产生了小胶粒 Cu。一部分电子可被附近的 Cd^{2+} 捕获，而产生了亚稳态的 Cd^+，这些因素共同导致了玻璃的变色。

在采用传统熔体冷却法制备光致变色玻璃时，首先制备含有卤化物的基础玻璃，这时卤化物以离子形式分散在玻璃中。接着，对这种玻璃进行加热处理，卤化物以微晶体的形式从玻璃中析出，并均匀地分布在玻璃的非晶态介质中。在日光的照射下，玻璃中的卤化物微晶体发生分解，形成金属离子和卤素原子，从而导致玻璃产生着色，降低透明度。当玻璃处于暗处时，形成的金属离子和卤素原子再度结合成卤化物微晶体，使颜色消失，透明度恢复。因此，玻璃的着色和褪色是可逆的。

（2）滤光玻璃

滤光玻璃透过特定波长的光线，并通过吸收紫外、可见或红外光的方式，有选择性地调节光的透过率。它被广泛应用于各种场景，如摄像与投影系统、医药分析设备、环境保护和军事器械等领域。这些玻璃通常是着色玻璃，含有过渡元素（如 Ti、V、Cr、Mn、Fe、Co、Ni、Cu 等）或稀土金属元素（如 Ce、Pr、Nd、Sm、Eu、Ho 等），在基础玻璃中引入不同的着色剂，可实现不同颜色和着色程度的调节。其光学特性可用光谱透过率来描述，分为带通滤光玻璃、长通滤光玻璃等多种类型。

① 带通滤光玻璃　带通滤光玻璃，简称带通玻璃，是一种带宽较窄、在短波和长波段有明显截止限制的玻璃类型。它们的光学特性通常由其最大透过率（T）及其对应的波长（λ）、光谱半宽度（$\Delta\lambda$）短波截止波长（λ_1）、长波截止波长（λ_2）所描述（如图 9-5 所示）。半宽度指的是最大透过率的一半处波长和对应最大透过率波长之间的差值（$\Delta\lambda=\lambda_2-\lambda_1$）。短波截止波长是指在最大透过率处，波长较短的一侧透过率等于零的波长，而长波截止波长是指在最大透过率处，波长较长一侧透过率等于零的波长。对于一些特殊情况，在长波侧玻璃透过率未达到零时，可能会以某一特定波长的透过率来表示。

② 长通滤光玻璃　长通滤光玻璃是一种能够透过较长波长的光线，而阻挡较短波长的光线的光学玻璃，其光谱特征曲线如图 9-6 所示。

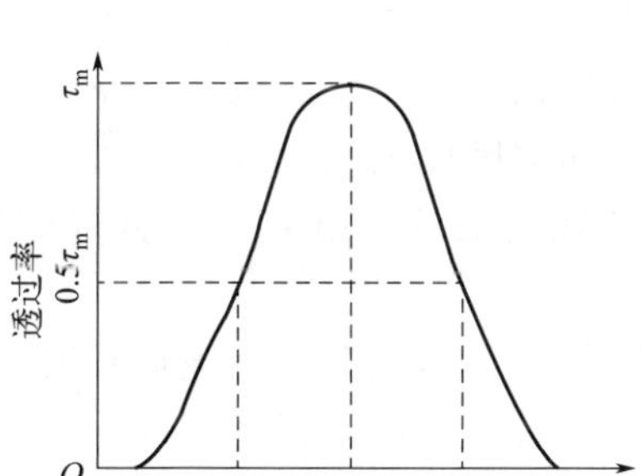

图 9-5　带通滤光玻璃波长与透过率的关系

（τ_m 为带通玻璃的最大透过率；λ_1 为短波截止波长；

λ_2 为长波截止波长；

λ_0、λ_T 透过率恰为 0 时对应的波长，其中 $\lambda_0<\lambda_T$）

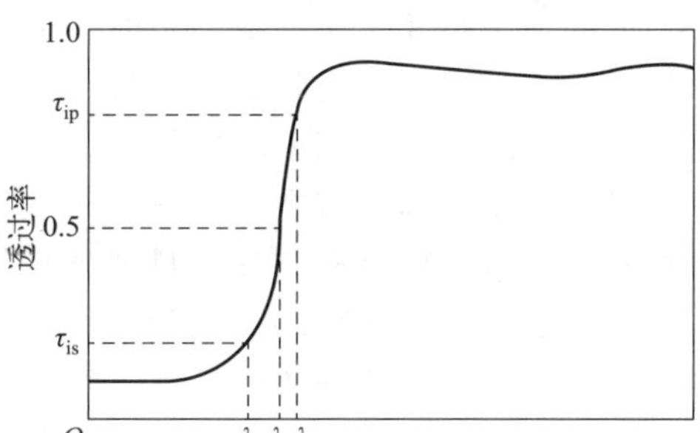

图 9-6　长通滤光玻璃波长与透过率的关系

［τ_{ip} 为通过区的透过率；τ_{is} 为截止区的透过率；

λ_s 为起始截止波长；λ_c 为截止波长

（一般为透过率从 10%上升到 90%的中点）；

λ_p 为指示进入高透过区的波长］

长通滤光玻璃在光学和光电领域有广泛的应用，常用于光学滤波器、红外线探测器、红外线发射灯以及其他需要选择性地透过较长波长光线的设备和系统中。在红外探测器中，长通滤光玻璃可用于过滤掉可见光和紫外光，只透过红外光线，从而提高探测器的灵敏度和性能。

9.3 电磁功能玻璃与器件

电磁功能玻璃是电子科技领域中重要的一类功能性材料，其在现代电子设备制造和应用中发挥着不可替代的作用。这些材料不仅在传统的绝缘体和衬底材料方面发挥着重要作用，而且在集成电路元件、铁电和压电陶瓷器件等领域也有广泛的应用。其包括等离子体显示屏基板玻璃、静电键合玻璃、电子封装玻璃、快离子导体玻璃、电子导体玻璃以及离子与电子混合导体玻璃等。它们具有各种电磁功能，能够满足不同电子设备的需求。

从产业化角度看，电磁功能玻璃已成为电子材料市场中不可或缺的一部分，其销售额逐年增加。随着新型电子设备的不断涌现，对高性能、高可靠性的电磁功能玻璃的需求也在不断增加，这为该领域的研究和发展提供了广阔的空间和机遇。因此，电磁功能玻璃的研究和应用具有重要的科学意义和经济价值，将为电子科技的进步和发展作出重要贡献。

9.3.1 玻璃的导电性与磁性

(1) 玻璃的导电性

材料的导电能力主要由载流子的浓度和它们的迁移速率所决定。这些载流子可以是电子、空穴或离子，因此总的电导率是各种载流子电导率的总和。无机非金属材料在导电性能上存在很大的差异。由于大多数无机非金属材料缺乏电子导电机制，固态状态下的离子迁移速率很慢，表现出很低的电导率，是较好的绝缘体。

当固体中存在离子扩散运动时，就有可能产生离子导电。离子半径小而扩散速率较快的阳离子发挥主要的导电作用，因为它们的迁移能量势垒较小，在低温下容易产生较大的电导率。一般制造无机非金属绝缘材料时，应尽量避免低电价的离子掺入，低电价的离子掺入会增加材料的电导率。在材料的结构比较松散或存在大量结构缺陷时，结构中的空隙也可能成为离子迁移的通道，进而增大电导率。对于电子导电，根据固体的能带理论，处于最外层的价电子形成的价带和导带之间存在电子能级的交叠，表现出很低的电阻率或良好的导电性。金属材料及一些过渡金属氧化物材料是良好的导体。

玻璃的导电性主要取决于其化学组成和温度。不同的化学组成会导致玻璃具有不同的结构和载流子浓度。载流子浓度越高，结构越松散，则玻璃的导电性能越好。同时玻璃的导电性也会随着温度的升高而增大。二者的关系如式(9-13)至式(9-15)所示。

$$\sigma=\sigma_0\exp\left(-\frac{E_\alpha}{RT}\right) \tag{9-13}$$

$$\rho=\rho_0\exp\left(\frac{E}{RT}\right) \tag{9-14}$$

$$\sigma=\frac{1}{\rho} \tag{9-15}$$

式中，σ 和 ρ 分别表示玻璃的电导率和电阻率，单位分别为 S/m（或 $\Omega^{-1}\cdot m^{-1}$）和 $\Omega\cdot m$（或 $\Omega\cdot cm$）；σ_0 是材料常数；E_α 表示导电激活能，eV；R 为摩尔气体常数，T 为热力学温度；α 是玻璃的固有常数，与迁移离子的浓度相关。玻璃中的迁移离子浓度越大，电导率越高，电阻率越小。随着温度的升高，玻璃的导电能力会迅速增加。当温度超过转变温度 T 时，电导率会急剧上升，直到玻璃达到熔融状态，成为良导体。一般而言，钠钙硅玻璃的电阻率在 $100\Omega\cdot cm$ 到 $10^6\Omega\cdot cm$ 之间，在熔融状态下，电阻率急剧降低至 $3\times10^{-3}\Omega\cdot cm$ 到 $10^{-2}\Omega\cdot cm$。总之，电阻率 ρ 或电导率 σ 是评估玻璃材料导电性能的重要参考指标。

（2）玻璃的磁性

从电学中知道，运动的电荷产生磁场，电流通过每米 N 圈的线圈能产生磁场，磁场强度 $H=NI$。如将材料放入线圈内，材料内有感应，产生磁偶极矩，磁感应强度可表示为 $B=\mu_0(H+M)$（μ_0 是真空时的导磁率；M 是单位体积的感应磁矩，也称磁化强度）。材料在外场作用下的磁导率 μ 定义为 $\mu=B/H$，于是有 $M=(\mu/\mu_0)-1$。用相对磁导率 μ_r，代替（μ/μ_0），得出磁化强度与磁场强度的关系［式（9-16）］：

$$M=(\mu_r-1)H=\chi H \tag{9-16}$$

式中，χ 是磁化率，$\chi=\mu_r-1$。由于 M 与 H 的单位都是 A/m，因此 χ 是无量纲常数。磁化率可以是正值或负值，具有负磁化率的材料为抗磁质，正磁化率的材料称为顺磁质，磁化率超过一般材料许多倍的为铁磁质。

在玻璃中，填满了电子壳层的原子和离子，如 Si^{4+}、Al^{3+}、Ca^{2+}、K^+、O^{2-} 等，以及具有异向平行自旋的 s 电子的原子或离子，如 Zn、Be、Ca 原子和 Pb^{2+} 等，它们的所有磁矩相互抵消，总磁矩等于零。当外加磁场作用于玻璃时，其中的电子运动会形成微弱的环形电流，导致原子或分子轨道发生变化。这种变化导致产生的磁场方向与外加磁场方向相反，因此玻璃在外磁场下表现出负的磁化率，这种磁效应非常微弱，磁化率通常约为 10^{-4}，相对磁导率稍小于 1。总的来说，玻璃的抗磁性源于其特殊的原子和分子结构，其中的电子运动导致微弱的磁化效应，但总体上磁矩相互抵消，使得玻璃表现出负的磁化率，具有抗磁性。

一般的玻璃材料是弱磁性的，但是含有铁磁性晶体微晶的玻璃却可以具有强磁性。例如，在适当的热处理条件下，钡铁玻璃中析出的铁氧化物微晶就具有铁磁性。通过控制热处理过程中微晶相的析出种类和大小，可以改变玻璃的磁性。

9.3.2 电功能玻璃

（1）等离子体显示屏

等离子体显示屏（PDP）是利用气体放电发光进行显示的平板显示器（图 9-7）。它的发展历史可以追溯到 20 世纪初，经过多年的发展和创新，已经成为军民两用平板显示领域的主导技术之一。

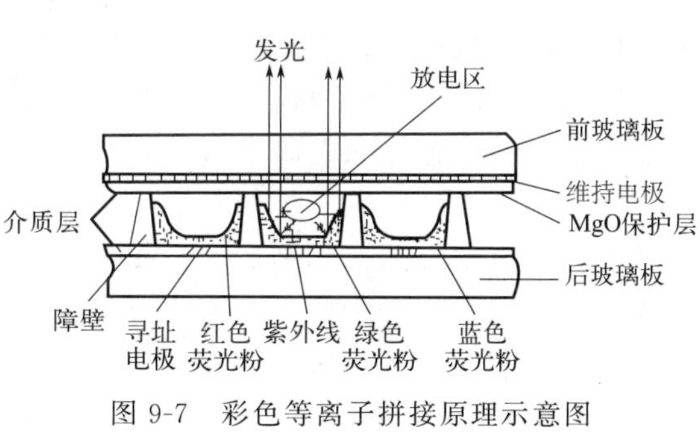

图 9-7　彩色等离子拼接原理示意图

彩色 PDP 由数十万至数百万个发光单

元组成，具有高亮度和高光效的特点。它在军用领域也得到广泛应用，被用于各种平台，如预警-侦察机、潜艇、战车等，取代了传统的大型阴极射线管。此外，彩色 PDP 还可以应用于航空夜视眼镜、激光测距器、探雷器等设备，为军事应用提供了重要支持。

在等离子体显示技术发展过程中，SM-PDP（shield mesh plasma display panel）结构，是由中国东南大学创新提出的一种新型等离子体显示面板结构。其核心技术是通过金属网罩（shield mesh）对 PDP 内部的放电单元进行物理隔离，从而从结构层面解决传统 PDP 中存在的串扰问题。

CSP（clear super position）结构是等离子体显示技术（PDP）中一种创新性的电极设计方案。它通过在电极层中引入透明导电材料（如 ITO，氧化铟锡）进行叠加排列，优化电极布局，从而提升了面板的综合性能。

PDP 对基板玻璃的性能要求：彩色 PDP 的前后玻璃基板都需要经过一系列的厚膜印刷和高温烘烤、烧结。通常这些烧结过程温度控制在 450～600℃之间，封接温度为 380～400℃。因此，彩色 PDP 基板玻璃的热稳定性对 PDP 的质量起着非常重要的作用。对目前所用 PDP 的基板玻璃来说，很多烧结过程的温度高于玻璃的转变点。在玻璃的应变点附近，玻璃的黏度-弹性性能变化很快，从而导致玻璃基板产生弯曲、不规则形变和热收缩。

常见的 PDP 用基板玻璃包括钠钙硅玻璃、铅玻璃、新型玻璃等。目前，大部分 PDP 研究开发单位所采用的玻璃基板仍然是钠钙硅系统玻璃，其中包括一些改进性能的钠钙硅玻璃，如 Asahi 玻璃。这种选择的显著优势在于价格相对较低，且与彩色 PDP 中其他材料的热膨胀系数相匹配，使得可以进行大规模生产。然而，这些玻璃也存在一些缺点，如其应变点较低、热稳定性较差，这可能会在一定程度上影响到 PDP 的性能和稳定性。

因其良好的电气特性和高温烧结能力，铅玻璃曾经是 PDP 基板的常见选择。然而，铅的氧化还原性导致了一系列问题，例如与电极材料发生反应形成金属铅，反应产生的气泡降低了粘接强度，并且铅的毒性对人体健康和环境造成了潜在危害。鉴于传统铅玻璃存在的这些问题，全球材料科学家和生产企业正在积极探索新型 PDP 基板玻璃材料，例如美国康宁公司的 Cs25 玻璃就是这一努力的结果。这些新型玻璃相比传统钠钙硅玻璃，碱金属氧化物含量减少，氧化铝含量增加。这种组成的改变使得玻璃结构更加紧密，同时增强了玻璃网络的连接性。因此，这些新型玻璃具有优越的性能，为 PDP 的发展提供了更可靠和高效的基板选择。

（2）静电键合玻璃

用微电子技术制造具有微电子器件那样尺寸的微机械，再与集成电路集成在一起便形成了微电子机械系统（micro-electromechanical system，MEMS）。MEMS 是一种集成了微型机械、传感器、执行器、信息处理和智能控制的多功能高精度微电子机械系统，通过微电子技术制造出微米级尺寸的微机械，并与集成电路相结合，实现信息的获取、处理、判断和执行。近年来，中国也在积极研发 MEMS 技术，通过常规集成电路技术和微机械加工工艺的结合，制作了一系列微电子机械系统。

其中，静电键合技术是制作 MEMS 的关键之一。它采用玻璃作为硅器件的衬底和封盖，利用静电力将金属、合金或半导体与玻璃直接封接在一起，无须黏结剂，具有较强的键合力。在这个过程中，玻璃作为硅器件的衬底具有良好的绝缘性和绝热性能，而作为封盖则具有透明和气密性。相比硅-硅键合，静电键合的操作温度更低，因此在微电子机械系统中具有广泛应用。

静电键合技术最初由 Pomerantz 于 1969 年提出，他发现金属与玻璃可以在较低的温度下通过静电力牢固键合，这为硅与玻璃之间的键合提供了新思路。然而，由于硅与石英的热膨胀系数差异较大，并且石英的导电性不佳，最初并未成功实现这种键合。随后，人们对如何获得优异的键合性能进行了广泛的研究，以玻璃材料作为选择，研究的重点在于寻找与硅的热学性能和力学性能相匹配，并且能够满足封装工艺要求的玻璃。

在众多的玻璃体系中，含少量碱金属离子的硼硅酸盐玻璃被认为是最具潜力的材料之一，因为它与硅的热学性能和力学性能相匹配，并且能够满足封装工艺的要求。国外已经成功地将这种玻璃用于与硅片的封装，并取得了令人满意的结果。然而，国内同类型的玻璃由于与硅的热学性能不匹配，无法完全满足电子行业的需求。然而，这种玻璃存在室温电阻率较高的问题，这意味着必须采用较高的封装温度和电压才能牢固化学键合。此外，高温封装过程中产生的热应力也会对器件的精度和性能造成影响。

微晶玻璃具有低室温电阻率、低封装温度、较低的封装电压等优势，有望成为静电键合玻璃的新型材料。其研究开发对提升 MEMS 封装水平和整体质量具有重要意义。

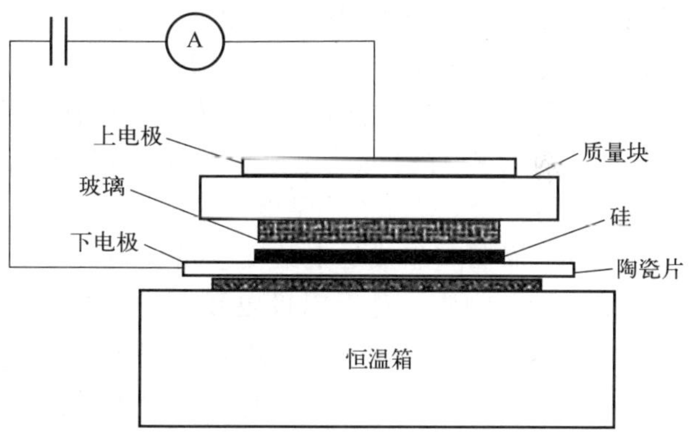

图 9-8　静电键合装置示意图

图 9-8 表示硅片表面与玻璃表面相接触，放在一块加热板上，两端接有高电压，负极接玻璃，正极接硅片。负极采用点电极以便透过玻璃表面观察键合过程。玻璃中 Na^+ 的活性足以使玻璃具有一定的导电性能，因此在开始时，电压主要集中在硅-玻璃界面的几微米宽的小缝隙内。这个区域的电场产生了强大的静电力，作用在界面上，将玻璃与硅片紧紧地拉在一起，形成紧密接触。同时，Na^+ 向阴极漂移与阴极中和，在紧邻硅片的玻璃表面形成 Na^+ 耗尽层，在开始的时候，耗尽层厚度小于 1μm，可以比作一个充电电容器。充电的过程中，电场足以使 O^{2-} 向硅片所连的阳极漂移，产生化学键合。

（3）电致变色玻璃

电致变色玻璃，又称为智能玻璃，以其独特的电致变色特性而备受瞩目。通过电致变色系统的作用，这种玻璃能够实现颜色连续可调，从而调节透过率、吸收率和反射率的比例关系。电致变色玻璃的应用范围广泛，特别是在建筑和交通领域。在建筑物中，它被广泛用作窗户和门的装饰，通过调节光线的透射来满足人们不同的照明需求，同时可以有效控制室内温度，节约能源。而在交通工具中，比如汽车，智能玻璃可以作为挡风玻璃，实现对光线和热量的调节，提升乘坐舒适度。

典型的电致变色系统（图 9-9）包括电源、两个透明的导电层、一个电致变色层、一个离子导体（电解质）层和一个离子贮存层（可逆电极）。这个系统的工作原理是电场作用于电致变色层，通过调节电场强度和方向，控制电致变色层中离子的运动，使玻璃的颜色和光透过率随之调整，从而改变其光学特性，进而调节玻璃的透光性。

电致变色材料是关键的组成部分，其特性直接影响智能玻璃的性能。这些材料主要分为三类：过渡金属氧化物、有机物和插入式化合物。插入式电致变色材料是其中的一种重要类型，通过石墨和碱金属的气相反应而制备。在这个过程中，碱金属插入石墨晶格的层间，形成插入式化合物，比如 C_6Li、$C_{12}Li$、C_8M、$C_{24}M$ 和 $C_{36}M$（其中 M 代表钾、铷和铯）。这些化合物具有类似金属的外观特征，但却具有优良的电致变色性能，可被应用于智能玻璃系统中，实现光学特性的可调节。

固态电解质在电致变色玻璃系统中发挥着重要作用，它可以是液体、固体或介于二者之间的黏性有机聚合物质。相较于液态电解质，固态电解质具有一系列优点，如更低的漏液风险、更少的界面腐蚀问题以及更简单的结构等。固态电解质可以分为两大类：快离子导体和具有隔热性能的离子传导型氧化物。快离子导体具有良好的离子迁移性能，可以有效地促进电解质中离子的传输，从而实现快速的开关响应。具有隔热性能的离子传导型氧化物（如 SiO_2、MgF_2、CaF_2、Ta_2O_3 和 ZrO_2 等）不仅能够作为电解质，还能提供隔热效果，帮助减少能量的损失，提高智能玻璃系统的效率。此外，还有一些有机聚合物，如聚乙烯氧化物和聚丙烯氧化物、与碱盐［如 $LiClO_4$、$LiCF_3SO_4$ 或 $LiN(SO_2 \cdot CF_3)_2$］的复合物，也被用作固态电解质，它们能够提供良好的离子导电性能，同时具有较高的化学稳定性。

常见导电层材料有半透明金属材料［如 50～100Å（1Å＝0.1nm）的金膜］及透明材料（如 ITO 膜及含镉的锡酸盐）。这类材料应具有高透过率和电导率，其中，ITO 被认为是目前最好的一种导电材料，其电阻值约为 $10\Omega/m^2$，比智能窗要求的导电材料电阻值（$1\Omega/m^2$）高 10 倍。

在上述各种材料组成的电致变色系统中，对于阴极电致变色材料，随着阳离子和电子的注入，形成着色物质。对于阳极电致变色材料，随着阴离子和空穴的同时注入或阳离子放出，空穴注入（即电子放出）形成着色物质。

图 9-10（a）为着色状态，图 9-10（b）为消色状态（即在原始状态）。整个系统透明，没有颜色产生。若在图 9-10（a）中施加电场，电子（e^-）与阳离子（M^+）同时注入 WO_3 膜原子晶格节点间的缺陷位置，则形成钨青铜相 M_xWO_3，呈现蓝色。而在图 9-10（b）中施加电场，电致变色层中阳离子（M^+）和电子同时脱离 M_xWO_3，蓝色消失，恢复到原始状态，其恢复程度取决于可逆反应的完成程度。

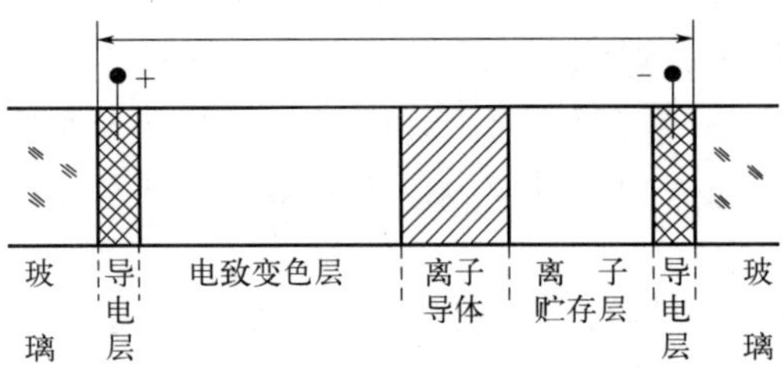

图 9-9　电致变色系统示意图

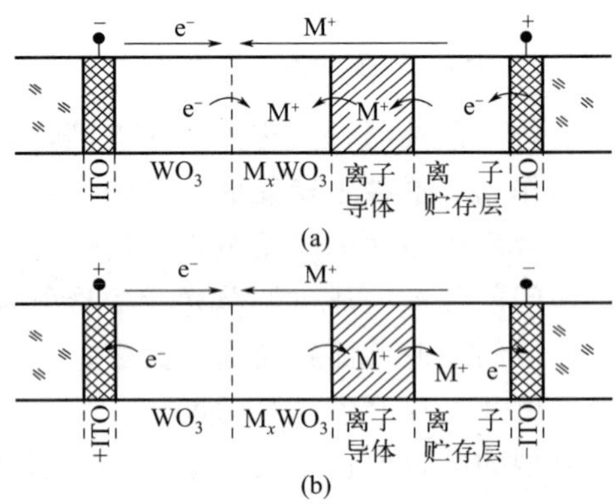

图 9-10　WO_3 膜电致变色原理示意图

（a）显示为着色状态；（b）消色状态（即原始状态）

（4）快离子导体玻璃

快离子导体玻璃是一类具有特殊电导性能的玻璃材料，其离子电导率接近或甚至超过了熔盐和电解质溶液的水平，通常在 10^{-3}S/cm 左右。与普通玻璃相比，快离子导体玻璃在电性能方面具有以下几个显著特点：a. 快离子导体玻璃的离子电导率非常高，在室温下可以达到或超过 0.01S/cm，表现出优异的导电性能；b. 这类玻璃的离子激活能较低，一般小于 0.5eV，这意味着离子可以相对轻松地通过材料，从而增强了导电性能；c. 快离子导体玻璃中的载流子主要是离子，占总载流子数的 99%以上，这意味着该材料对离子具有良好的导电性，但对电子或其他载流子却是绝缘体。表 9-4 展示了各种快离子导体玻璃体系。

表 9-4 快离子导体玻璃体系

体系	组分	25℃时的电导率 σ/（$\Omega^{-1}\cdot cm^{-1}$）
$AgI-Ag_2O-B_2O_3$	10%～80% AgI	$5.4\times10^{-6}\sim3.5\times10^{-2}$
$AgI-Ag_2O-P_2O_5$	32%～40% AgI	$2.5\times10^{-3}\sim2.2\times10^{-2}$
$AgI-Ag_2O-MoO_3$	35%～75% AgI	约 1×10^{-2}
$AgPO_3-CdI$	<19% CdI_2	10^{-2}
$LiI-Li_2S-B_2S_3$	44% LiI，30% Li_2S，26% B_2S_3	1.7×10^{-3}
$LiI-Li_2S-SiS_2$	20% LiI，40% Li_2S，40% SiS_2	1.8×10^{-3}
$Li_3PO_4-Li_2S-SiS_2$	1% Li_3PO_4，63% Li_2S，36% SiS_2	1.4×10^{-3}
$Li_2O-LiF-Al(PO_3)_3$	30% Li_2O，50% LiF，20% $Al(PO_3)_3$	5×10^{-7}
Na_2S-SiS_2	50% Na_2S，50% SiS_2	10^{-7}

快离子导体玻璃在原电池及电致变色材料器件的应用是目前研究的热点。在固体电池方面，快离子导体玻璃被用作固体电解质，推动了固体电解质电池的研究和发展。固体电解质电池包括各种用途的电池，从小型心脏起搏器、手表、计算器等到大型电站储能用的蓄电池组。相比于液体电解质电池，固体电解质电池避免了液体电解质对容器的腐蚀，在电致变色器件方面，具有无泄漏、贮存寿命长、易于小型化等优点。现在研究已经转向快离子导体玻璃作为更先进的替代材料。这种材料的应用能够提高电致变色器件的性能和稳定性，推动了电致变色技术的发展。

9.3.3 磁功能玻璃

（1）电磁屏蔽玻璃

在平板玻璃表面镀覆电磁屏蔽膜或在两块玻璃的夹层中敷设金属丝网而构成电磁屏蔽玻璃。当电磁波经过这样的玻璃时能被有效衰减，从而起到对内防止信息泄露，对外防止信息干扰的作用。

在电子信息社会，大量的电磁信号充斥空间，信息泄露和信息干扰事件经常发生。例如，常常见到电子设备由于外界信号干扰造成频发的故障和失误动作，甚至会干扰民航的导航系统导致重大事故。此外，出于获取政治、军事、经济及人类活动情报的需要，窃密与反窃密技术也得到迅速的发展，保护自己的信息不被窃取已成为一项专门技术。

实现电磁屏蔽保护常见的方法之一是通过在玻璃表面镀覆金属或金属氧化物薄膜。这些薄膜可以是导体或半导体，通过选择适当的材料控制膜层的厚度，可以调整电磁波屏蔽的波长范围和衰减效果。另一种方法是在两片玻璃的中间层使用高分子材料，并在其中敷设金属丝网。这种方式也能够实现良好的电磁屏蔽效果，通常采用银或镀银丝网以及不锈钢丝网来制作电磁屏蔽玻璃。但制作工艺相对复杂且成本较高。丝网的粗细和网眼大小对屏蔽波段和衰减效果都有显著影响。

电磁屏蔽玻璃可实现在 1GHz 频率下衰减电磁波 30～50 dB，而高端产品更可达到 80 dB 以上的电磁波衰减效果。这种技术广泛应用于建筑窗玻璃或幕墙玻璃，特别适用于计算机房、演播室、工业控制系统、军事单位、外交部门等对保密或防干扰要求较高的场所。例如，在计算机房中，电磁屏蔽玻璃主要解决计算机系统与设备之间的电磁干扰问题，有效防止军事、政治和经济情报信息的泄露。还广泛应用于各种设备，如 CRT 显示器、打印机、绘图仪、指挥仪、方舱通信车、雷达显示器、精密仪器仪表窗口以及屏蔽室窗口等。

（2）法拉第旋转玻璃

法拉第旋转玻璃是一种特殊的玻璃，具有法拉第效应。这种效应是指当线偏振光穿过某些材料时，光的振动方向会发生旋转。法拉第旋转玻璃通常由某些特殊的材料制成，这些材料在受到外界电场或磁场的影响时会引起光的旋转。法拉第旋转玻璃在光学和电子领域具有一些应用。例如，在光学仪器中，它可以用作偏振器件或光学调制器件，用于调节和控制光的传播和性质。在光通信系统中，法拉第旋转玻璃可以用于光纤通信中的信号调制和解调。此外，它还在某些光学传感器和光学测量设备中发挥作用。

法拉第效应是光学中的一种现象，描述了当线偏振光穿过具有非均匀电场的介质时，光的偏振方向会发生旋转的现象。这一效应是由介质中存在自由载流子（如电子）受外加电场作用而引起的。

法拉第效应的数学描述可以用法拉第公式［式（9-17）］表示：

$$\theta = V \times L \times B \tag{9-17}$$

式中，θ 是光的偏振方向旋转的角度，rad；V 是韦尔代常数，表征材料磁光旋光能力，rad/(T·m)；L 是光线在介质中传播的距离，m；B 是介质中的磁感应强度，T。

法拉第旋转玻璃的发展历程可以追溯到早期的重铅玻璃，V 较低，同时具有较高的光吸收率，主要用于磁光隔离器。20 世纪 70 年代中期，人们开始研究中等韦尔代常数的掺 Ce 磷酸盐法拉第旋转玻璃，这种玻璃在高功率激光器的光学隔离器中发挥作用。20 世纪 80 年代初期，掺 Tb 的玻璃也被用作法拉第旋转玻璃，主要适用于小型激光设备。如今，磁光玻璃主要采用高性能的掺 Tb 硅酸盐玻璃，还有一些新发明的磁光玻璃如 TG20 和 TG28 等，它们在磁光器件中具有更优异的性能和应用前景。

① 逆磁性玻璃　在磁光玻璃中，韦尔代常数的大小受到玻璃组成的显著影响。具有易极化外层电子结构、质量较大或存在允许跃迁的离子，例如 Ba^{2+}、Pb^{2+} 等，会增强材料的磁光响应能力，从而提高韦尔代常数。例如，重火石系列光学玻璃中因 Pb^{2+} 的存在而表现出较高的韦尔代常数。Nicholas 的研究表明，对于铅硅酸盐玻璃，随着 PbO 含量的增加，韦尔代常数逐渐增大；而随着入射光波长的增大，韦尔代常数则逐渐减小。此外，硫化物玻璃由于其高色散特性，也表现出较高的韦尔代常数。此外，如果玻璃中的阳离子具有较大的

离子半径、可极化的外层电子结构，以及如 s→sp 的电子跃迁模式，也有利于韦尔代常数的增大。

② 顺磁性玻璃　最早出现的顺磁性玻璃是氟化物玻璃，之后才发展到氧化物玻璃系统。氟化物玻璃在光通信领域具有广阔的应用前景，并且在可见光和近红外光区域具有低的光子吸收率，因此它成了众多稀土离子注入的基质玻璃。在稀土离子中，4f 壳层的电子往往是未配对的自由电子，受到 5s 和 5p 电子壳层的屏蔽作用，因此化合物配位场对内层 4f 电子的影响相对较小。在外加磁场的作用下，这些电子易发生 4f 到 5d 的跃迁，从而表现出强烈的顺磁性。已有研究表明，玻璃的顺磁性除了与稀土离子的种类、浓度以及玻璃基体有关外，还受到外界温度的影响。

法拉第旋转玻璃因其独特的磁光性质而被广泛应用于各种光学系统中，尤其是高韦尔代常数的磁光玻璃被用于光学隔离器、激光调制器、快速光学开关和磁光传感器等设备中。在光通信系统中，法拉第旋转玻璃常被用于调制激光或作为光隔离器。例如，半导体激光器发出的光在光纤连接处被反射，如果反射光返回激光器，会导致激光振荡不稳定，产生信号误差。为了解决这个问题，可以使用光隔离器拦截反射光。当激光器发出的光通过起偏器时，沿着传输方向前进的线偏振光在法拉第旋转玻璃中旋转 45°，然后经过检偏器发射出去。当反射光通过检偏器返回时，在法拉第旋转玻璃中再次旋转 45°，与传输的线偏振光成 90°夹角，因此反射光被起偏器挡住而不能再次通过激光器，达到了光隔离的目的。

9.4 其他功能玻璃材料

9.4.1 电解质玻璃

玻璃从传统的电绝缘材料发展到半导体和导体，成为具有电解质功能的新型玻璃材料。普通硅酸盐和硼酸盐玻璃都是电学绝缘介质，它们的室温电导率低至 $10^{-15}\sim10^{-13}$ S/cm。第二次世界大战中，玻璃作为电容器中的电解质代替短缺的天然云母材料。

随着锂离子电池的商品化，与之相关的固体电解质材料迅速成为研究热点。率先开展 Li_2S-SiS_2 基和 Li_2S-P_2S_5 基硫系玻璃的制备与离子导电性能研究工作。随着锂离子电池市场的急剧扩大，特别是面向未来储能和动力电池的巨大发展，稀有金属锂资源最终将会成为制约未来电池产业发展的关键因素。因此，科研界和工业界都开始逐步关注钠离子电池。钠离子硫系玻璃或者玻璃陶瓷固体电解质材料主要包括 Na_2S-P_2S_5、Na_2S-GeS_2-SiS_2、Na_2S-GeS_2-Ga_2S_3 等体系。由于离子半径、电荷密度等影响，钠离子硫系玻璃固体电解质整体电导率水平要低于锂离子硫系玻璃固体电解质 1 个数量级。2012 年报道了首个钠离子全固态电池的研究成果，类似于 Li_2S-P_2S_5 硫系玻璃陶瓷研究，在 Na_2S-P_2S_5 硫系玻璃中得到 Na_3PS_4 超离子晶体，其离子电导率达到 2.0×10^{-4} S/cm。

（1）半导体玻璃

PbS、CdS 和 Cu_2O 这些金属氧化物和硫化物的多晶及其单晶具有半导体性能，20 世纪 50 年代发现这类化合物的玻璃态也具有半导体特性，成为最早被发现的非晶半导体材料。玻璃中的原子在近程是有序的，它们仍保持与晶态极为类似的组成和键型，因此其有半导体性能；然而，结构上长程无序的特征，使其半导体性能与晶态有较大的差异。

已被发现的半导体玻璃主要是以共价键结构为特征的非晶态单质或化合物半导体，以离子键结构为特征的某些氧化物玻璃和硫系玻璃。

（2）超离子导体玻璃

某些液体电解质具有高的离子电导率（>0.01S/cm）、低的离子电导激活值（<0.4eV），是好的离子导体。玻璃具有与液体类似的结构，理应具有离子导电特性。20世纪30年代，发现一些固体（包括晶体、玻璃和陶瓷）具有与熔盐同量级的离子电导率，可以用作固体电池的电解质、离子选择电极和其他电化学器件。这些固体离子导体被称为超离子导体或快离子导体。

超离子导体玻璃的离子电导性能是由其结构特征和组分决定的。常见的氧化物玻璃由硅、硼、磷、钒等氧化物形成的结构网络，此外，还有一些碱金属离子和碱土金属离子分布在这些网络的空洞中。网络空洞无确定尺寸，从原则上来说，很多阳离子（或阴离子）可以在其中找到传导途径而形成超离子导体。在已经发现的性能较好的超离子导体玻璃中，其传导离子主要是Li^+、Ag^+或F^-，超离子导体玻璃也常按传导离子类型进行分类。

在碱金属离子导体中的Li^+导体玻璃，包括电导率较高的含氧化锂或卤化锂的硼硅酸盐玻璃和磷酸盐系列锂玻璃等，其室温电导率达10^{-7}S/cm。当组成中含有两种碱离子时，电导率会下降，并在一定配比时出现极小值，这种现象被称为混合碱效应。Ag^+导体玻璃主要有碘化银与银的含氧酸二元系和$AgI\text{-}AgO\text{-}M_xO_y$三元系玻璃，$M_xO_y$主要是$B_2O_3$、$SiO_2$和$P_2O_5$等。银离子导体玻璃的室温电导率较高，最佳可达$10^{-2}$S/cm，这个值已达到液体电解质的水平。上述锂离子和银离子导体玻璃统称为阳离子导体玻璃，氟离子是已知离子导体玻璃系列中唯一的电导率较高的阴离子载流子，其离子半径较大，因此其离子电导率远比阳离子导体玻璃低。以硫化物替代氧化物玻璃中的氧也可以形成多种阳离子导体玻璃，这些硫化物离子导体玻璃的电导率较氧化物玻璃高。

超离子导体玻璃的电导率都比晶态超离子导体差。但是，它们的电导率是各向同性的、成分和组元可在较大范围内变动、容易加工成形和制成薄膜，因电阻率降低，而具有广泛的应用。

9.4.2 热功能玻璃

热功能玻璃主要是指热膨胀系数小，经骤冷骤热而不被破坏的低膨胀耐热玻璃。低热膨胀系数微晶玻璃具有很高的热稳定性，是制造炊具、餐具的理想材料。微晶玻璃的热膨胀系数可以在一定范围内调节，因此其可与多种金属封接，也可作为金属和陶瓷、金属和玻璃的焊料。此外，电子工业中常使用某些含铅低熔点玻璃作为熔封材料，这类玻璃在较低温度下即可软化，适用于玻璃、金属及电子器件之间的密封与粘接。

（1）吸热与热反射玻璃

① 吸热与热反射原理　太阳表面的有效温度约为5700K，其辐射光谱可近似为黑体辐射，峰值波长约为0.51μm（510nm），位于可见光区域。太阳辐射中约35%的能量集中在可见光波段（380～760nm），而约94%的总辐射能量分布在0.2μm至2μm的波长范围内，涵盖紫外、可见和近红外波段。当太阳光照射到玻璃表面时，与玻璃表面发生三种不同

类型的作用：a. 入射光被玻璃吸收，其中的一部分转变成热能，使玻璃温度升高，另一部分则通过玻璃表面以辐射和对流的方式向室内外传递，产生二次传递；b. 辐射光直接透过玻璃进入室内；c. 入射光被玻璃反射。

引起紫外和红外吸收的原因如下。当入射光作用于介质（如玻璃）时，介质中的偶极子、分子及由原子核与壳层电子组成的原子产生极化，并随入射光波而产生振荡。当入射光波的频率增加到红外波段而与介质中振子（主要是分子）的本征频率相同或相近时，就会引起共振而产生红外吸收，介质对这个范围的光不再透过。当入射光波的频率继续增加到紫外波段，则与介质结构中的价电子或束缚电子的本征频率重叠，因此产生紫外吸收。红外吸收属于分子光谱范畴，紫外吸收属于电子光谱范畴。

② 吸热玻璃　在玻璃组成中引入钛、钒、铬、锰、铁、钴、镍、铜、铈、镨、钕等过渡金属和稀土金属的化合物时，金属元素以离子状态存在于玻璃结构中，其价电子在不同能级间跃迁，从而引起对可见光的选择性吸收，导致玻璃着色。颜色玻璃就是典型吸热玻璃，着色成分可以是过渡金属离子、稀土金属离子，也可以是金属胶体或非金属胶体。颜色玻璃可用于容器、医药包装、工艺美术、信号灯、太阳眼镜等方面。

颜色玻璃用作建筑平板玻璃时，存在两种功能：一是美学功能，可使建筑物美观；二是节能作用，减少进入室内的红外光和紫外光。例如，普通平板玻璃组成中含有铁，铁以 Fe^{3+}、Fe^{2+} 形式存在。Fe^{3+} 的 3d 轨道呈半充满状态，着色很弱，而 Fe^{2+} 使玻璃产生淡蓝色。两种离子均强烈吸收紫外光，前者的吸收带 $0.225\mu m$，后者在 $0.2\mu m$ 产生强吸收。此外，Fe^{2+} 在 $1.05\mu m$ 处也有一吸收带，故吸收红外线。因其在使用中具有吸收紫外和红外光的性能，用于建筑玻璃时能阻挡部分紫外和红外光进入室内，从而起到降低空调负荷的作用，属于建筑节能玻璃的品种之一。

③ 热反射玻璃　热反射玻璃通过物理或化学沉积方法在普通玻璃表面镀上一层或多层金属、非金属及其氧化物薄膜，这些镀膜能反射太阳辐射能，可将超过 15% 的阳光辐射热反射掉，这些镀膜玻璃被称为热反射玻璃。热反射玻璃因有较好的光热性能，用在炎热地区建筑物幕墙和门窗上能将太阳辐射能反射回大气中，阻挡太阳能进入室内，保持室内温度的稳定，起到节能的作用。

热反射玻璃作为普通玻璃的深加工产品，性能与普通玻璃相比已发生了很大的变化（图 9-11）。其在热学、光学与装饰等方面具有的良好性能，使其兼备了隔热、节能、控光与装饰的多重功效。

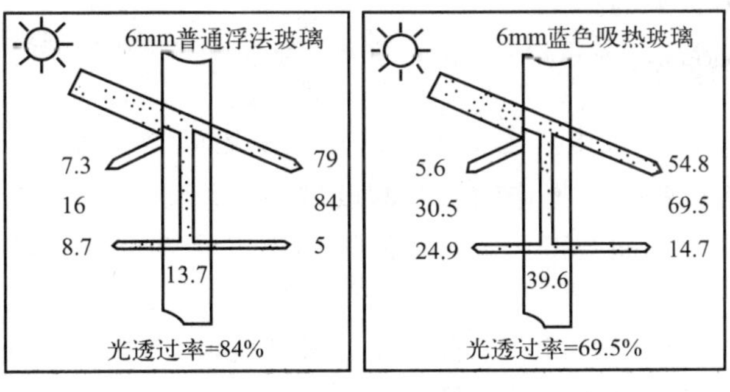

图 9-11　吸热玻璃与普通玻璃的太阳能光学参数对比

控光性能主要指对人眼所感知的可见光及紫外光的控制，体现在三个方面：

a. 根据人的喜好和室内性质所要求的采光量，选择具有适当透光率和反射率的玻璃以控制外部光线的进入，调节室内的照度，同时减少对室外的光污染。

b. 选择适当的透光率，可以使镀膜玻璃具有单向透视功能，从外部看不到里面的景物，而由内向外眺望则无任何影响，即具有“防窥性”，起到类似帷幕的作用。

c. 热反射玻璃可反射或吸收阳光中的紫外光，如可以选择具有适当紫外光吸收率的玻璃，减弱进入房间的紫外光光强，使室内衣物及家具等持久保色，同时允许少量紫外光进入室内起到杀菌消毒作用。

装饰性能是热反射玻璃最具优势的外观特征。当太阳光投射到玻璃表面上时，玻璃将吸收某些波长的光，而透过另一部分波长的光，呈现与部分透过光相应的颜色。通过调节玻璃对可见光的反射波段，使玻璃呈现各种色彩。

热反射玻璃热学性能参数主要有三个：

a. 太阳光透过率　它是指太阳光直接透过玻璃进入室内的能量与太阳光被玻璃吸收转化为热能后二次进入室内的能量之和占入射到玻璃表面总的太阳光能的百分数。太阳光透过率越低，表明进入室内的太阳辐射能量越少，玻璃的隔热与节能效果越明显。

b. 遮蔽系数　遮蔽系数是指通过测试用玻璃窗射入室内的太阳辐射光总量与通过普通3mm 厚透明玻璃射入室内的太阳辐射光总量的比值。遮蔽系数是相对量值，其值越小，表明对太阳辐射光的遮蔽能力越强。

c. 热导率　热导率大小直接关系到单位时间内通过玻璃单位横截面的热流量。

（2）低热膨胀系数微晶玻璃

低热膨胀系数微晶玻璃最早用于航天器火箭发动机燃料仓的防护，使火箭在冲出和返回大气层时，免遭高温对燃料仓的破坏，一旦火箭冲出大气层，它便自行剥落。将该技术引入民用产品的是康宁公司，他们率先制造出微波炉器皿和电磁灶面板。

低热膨胀系数微晶玻璃也可用做防火材料，由于其对人体无辐射、无危害、硬度高、耐腐蚀，无论是作装饰材料还是作为特殊环境的保护材料，其他材料都不能与之相比。通过引入不同的着色剂和设计不同的热处理工艺，还可以得到各类不同颜色的微晶玻璃。由于其重量轻、可做成超薄片、施工方便，容易被市场接受，特别是酒店、宾馆及公共娱乐场所的安全通道，采用低热膨胀系数防火微晶玻璃做防火墙，不但美观还能挽救很多身处火险中人的生命，并减少由大火所带来的损失。

（3）零膨胀系数微晶玻璃

在 Li_2O-Al_2O_3-SiO_2 系统中，选用适当的基础玻璃成分并引入 TiO_2、ZrO_2、P_2O_5 等成核剂，使玻璃液具有较高的可操作性和容易成型的工艺特性，然后通过适当的热处理制度对基础玻璃进行热处理，就能获得含β-石英固溶体为主晶相和残余玻璃相的微晶玻璃材料。β-石英固溶体具有负的热膨胀系数，而残余玻璃相则具有正的热膨胀系数，因此，通过调节晶相和玻璃相的含量，就可以获得零膨胀系数的微晶玻璃；同时，通过控制热处理温度和时间，基础玻璃中可析出晶体尺寸小于可见光（$\lambda<100$nm）的极微小晶粒，从而获得透明的微晶玻璃。这种零膨胀系数的微晶玻璃材料已成功地用来制作激光陀螺、大型天文望远镜镜片、高温电光源玻璃壳、雷达天线罩和高级器皿等。特别是在惯性导航技术中激光导航陀螺

仪上的应用更引人注目。

（4）高热膨胀系数微晶玻璃

随着电子器件的小型化和结构元件的精密化，对封接制品的气密性和可靠性要求越来越高，这就要求不断发展封接技术、改进封接材料性能。

传统的金属封接材料有铂、钨、钼、可伐合金、无氧铜、杜美丝、铁铬合金、铁镍铬合金等，前人对与上述金属材料匹配封接的玻璃研究得较多。但是，铂、钨、钼、无氧铜、杜美丝、铁铬合金、铁镍铬合金等金属封接材料存在耐蚀性差和价格较高的不足，所以电子工业期望用相对廉价的不锈钢和低碳钢部分或全部代替这些封接金属。这就要求开发热学性能与之相匹配的高热膨胀系数封接材料。

9.4.3 生物化学功能玻璃

生物化学功能玻璃是指能抵制酸、碱、大气等对玻璃的侵蚀而保持化学性质相对稳定且能够满足或达到特定功能的特种玻璃。在玻璃表面涂上一层含氟硅烷偶联剂，使玻璃表面能降低，从而达到憎水、憎油防污染的目的。这种玻璃适合做汽车等交通工具的挡风玻璃，也可做建筑物的窗用玻璃。将二氧化钛光催化剂涂于玻璃表面，受阳光紫外线照射，发生光化学反应，反应产生的活性物质具有极强的氧化能力，玻璃表面的有机物降解而脱离玻璃表面。生物化学功能玻璃可用于高温、高压下化学反应产物的分离，以提高反应产率；可望在环保方面用于烟囱气中二氧化碳、二氧化硫的分离去除，放射性废弃物的固化处理；用于污水处理、海水淡化；用作色谱柱的填充剂；用作催化剂载体，在食品、饮料、医学领域用作酶载体等。无机玻璃作为分离膜尽管价格比有机分离膜高，但无机玻璃具有耐水、耐油、耐微生物污染等特性，并具有耐高温等无机材料的特性，这将弥补有机材料的缺点，与有机材料互补，为人类提供更多的实用性。因此，这种玻璃不需要专门清洗就可保持自身的清洁，所以有人称这种玻璃为自洁玻璃。这种玻璃可制作饮具、医院手术室器材、汽车后视镜等。

生物化学功能玻璃的分类如下：

① 耐碱玻璃　耐碱玻璃是采用拉丝法以锆英石、石英砂、石灰石、纯碱等为原料，在电熔窑中制备的一种纤维材料。耐碱玻璃纤维被用来制作玻璃纤维增强混凝土，制品甚至被称为“理想的建筑材料”，因为它具有优良的抗冲击性、高的抗弯强度，已开始使用在墙壁、天花板、地板、街道、输水管道、水池、酸雨地区建筑物、近海地区码头、采油平台、化工厂等方面。因为混凝土是碱性的，所以要求玻璃纤维具有耐碱侵蚀性能。

② 抗菌玻璃　抗菌玻璃是以化学稳定性差的玻璃为载体，玻璃组成中加入抗菌金属离子，在有水汽的环境下这些抗菌离子缓慢溶出而达到抗菌作用。抗菌玻璃主要分为两种：抗菌型（抑制细菌增长发育的性能）和杀菌型（杀死细菌或接近无菌状态的性能）。抗菌剂分有机和无机两种，有机抗菌剂具有污染环境、耐热性差等缺点。

9.4.4 机械功能玻璃

具有比普通玻璃更高弹性模量的玻璃可以称为新型机械功能玻璃。一般说来，普通玻璃、无定形物质以及微晶玻璃受压时不易变形（即弹性模量高），当强制性施加一个很大的压力时会不经弯曲而断裂（表明它们是脆性材料）。普通玻璃、陶瓷不能用锯子锯，也不能用砂轮打磨。但是，析出云母晶体的所谓云母微晶玻璃可以像金属那样加工。

（1）氧氮玻璃

在普通的氧化物玻璃中，只有氧原子是阴性原子。氧氮玻璃就是将氧化物玻璃中的一部分阴性氧原子用氮原子置换所得到的玻璃。与原来的氧化物玻璃相比，氧氮玻璃的弹性模量、硬度、软化温度等性能得到改善，此外，耐水性、耐酸性以及耐碱性等化学稳定性也提高。特别值得注意的是，在氧化物玻璃中，无论选择什么成分，迄今为止还无法得到杨氏模量比 110～115 GPa 高的玻璃，而在氧化物玻璃中加入氮后，很容易得到比这一数值高得多的玻璃。

氧化物玻璃的诸多性质通过引入氮而得到改善。在得到改善的诸多性质中最为重要的是杨氏模量和化学稳定性。SiO_2 和 Si_3N_4 的结构单元具有类似性，二者均由 SiX_4（X 是氧或氮）四面体所组成。它们的主要区别在于：在 SiO_2 晶体中，氧连接两个硅；在 Si_3N_4 晶体中，氮连接三个硅。具有混合阴离子的晶体化合物 Si_2N_2O 也是由一个个四面体单元的 $Si(ON)_4$ 组成，其中四面体的四个阴离子中，有三个是氮，一个是氧。氧氮玻璃结构中，氮置换了部分氧。正因为结构中的一个氮原子连接了三个硅，使玻璃结构更加致密，增强了网络，因此玻璃的膨胀系数、析晶倾向降低，而硬度、玻璃化转变温度、黏度、弹性模量、化学稳定性、密度等增加。

（2）可切削微晶玻璃

① 微晶玻璃　微晶玻璃又称玻璃陶瓷（glass-ceramics），是由玻璃原料熔制后，经过热处理控制结晶而形成的由微小晶体和玻璃相所组成的一种容易进行机械加工的无孔隙的多晶陶瓷材料。其显微结构、性能和生产方法等方面既有玻璃的基本性能，也有陶瓷多晶体的特征。

微晶玻璃依据分类标准的不同而有不同的分类。若按微晶化原理则分为光敏微晶玻璃和热敏微晶玻璃；按微晶玻璃的外观，分为透明微晶玻璃及不透明微晶玻璃；按性能则分为耐高温、耐热冲击、高强度、高硬耐磨、易机械加工、易化学蚀刻、耐腐蚀、低膨胀系数、零膨胀系数、低介电损失、强介电性等各种微晶玻璃；按所含氧化物特点，分为含 Li_2O、Na_2O、MgO、B_2O_3、BaO 或 PbO 等的微晶玻璃；按基础玻璃组成，可分为硅酸盐、铝硅酸盐、硼硅酸盐、硼酸盐及磷酸盐微晶玻璃五大类。

② 可切削微晶玻璃　原则上讲，任何玻璃和陶瓷都可以进行研磨、抛光或用金刚砂锯片锯开等机械加工。这里所说的微晶玻璃具有“可切削加工性能”，指的是该材料与金属相似，能不同程度地借用加工普通金属的机械进行切削加工，制成具有精确的公差、要求的形状和表面光洁度的零件。而一般的玻璃或微晶玻璃，若用同样的方法加工，工件就会炸裂。

可切削加工微晶玻璃是指以云母为主晶相的微晶玻璃，它的可切削性能是由于它的显微结构中容易解理的云母相弥散分布在玻璃基体中。众所周知，云母属于层状硅酸盐，一般具有板状习性，在（001）面呈突出的解理性。一般金云母结构（图 9-12）的特征表现在双层群与双层群之间，一般是通过钾离子或钠离子相互松懈地联结。而金云母双层群又由两个相互牢固连接的单层群 $[Si_2O_5]^{2-}$ 组成的，第六节环构成的四面体层中，每四个四面体中垂直于（001）面的层有一个是 $[AlO_4]$ 四面体。双层群内部靠镁离子和氟离子紧密结合在一起。

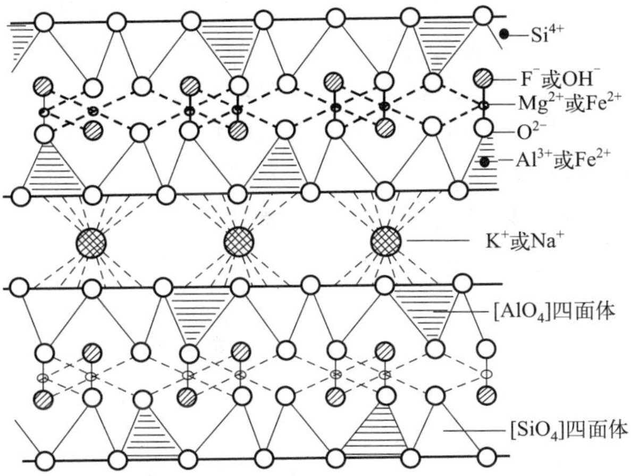

图 9-12　金云母结构示意图

云母的成分可用通式 $X_{0.5\sim1}Y_{2\sim3}(Z_4O_{10})F_2$ 表示，其中 X 代表直径大的阳离子（0.11～0.16nm），如 K^+、Na^+，Y 代表略直径小的阳离子（0.06～0.09nm），如 Mg^{2+}、Al^{3+}、Li^+，Z 是玻璃网络形成体，通常是 Al、B、Si。当 Z 全为 Si 时，称为四硅云母；当四个离子中有三个为硅时，称为三硅云母；若只有两个硅离子则称为二硅云母。当有 1 个离子被 Al 或 B 取代时，就是通常的氟金云母。

9.4.5　金属玻璃材料

（1）块状金属玻璃

金属玻璃，也称非晶合金，是 20 世纪 60 年代初出现的材料。从某种意义上说，块体金属玻璃兼有金属和塑料两种材料的特点，甚至有人直接将块体金属玻璃称为液体合金。由于金属的特殊性，在快速冷却条件下，合金熔体在冷却过程中总是很快凝固而形成非晶体结构的固体。块体金属玻璃除了优良的力学、化学与物理等性能外，还具有在过冷液体区间的独特加工性能。对于玻璃态物质（非晶态物质）而言，随着温度的升高，在玻璃化转变温度就进入了黏流态的过冷液体区间。

该区间位于 T_g 和晶化温度 T_x 之间，该区间宽度为二者之间的差值 $\Delta T=T_x-T_g$。与聚合物玻璃和氧化物玻璃类似，块体金属玻璃一般具有较宽的 ΔT，通常达到 50K 以上。利用过冷液相区的黏流态特性，可以通过模锻和挤压等塑性成型技术将块体金属玻璃加工成精密零件。用块体金属玻璃制作的手机外壳和微型齿轮等产品和零件已经问世。

（2）金属玻璃的性能

金属材料的性质是其使用价值的依据，而材料宏观性能的差异取决于合金成分及其微观结构。金属玻璃的特殊结构不同于常规的晶态材料，导致金属玻璃的力学、物理和化学性能有许多特点，如具有高强度、硬度、耐磨性、耐蚀性等。块状金属玻璃作为结构材料，其主要性质如下。

① 高的硬度和强度　Fe 基和 Zr 基块体金属玻璃具有比较高的硬度和强度，特别是金属玻璃复合后，强度又有新的提高。例如，Zr 基金属玻璃具有高的屈服强度，大的弹性应

变，屈服之前是完全弹性，无加工硬化现象等。Zr 基金属玻璃用钨丝束复合之后，压缩断裂强度高达 3500～4000MPa，而未复合的 Zr 基金属玻璃为 1800～2000MPa。金属玻璃不仅强度提高，并且在动态条件下，随着载荷速率增加，动态断裂韧性大幅度提高，而所有常规的晶态材料几乎随应变速率增加而断裂韧性降低。块状非晶合金这种特殊的力学性能使其更适于用作弹道飞行和爆炸材料。

② 拉伸、压缩和加载循环断裂行为　非晶材料的拉伸与压缩试验结果均表明，该材料为工程脆性材料，延伸率远小于 1%，但其断口的微观结构呈韧窝或脉纹形貌，是典型的塑性断口。加载循环断裂行为实验结果表明，非晶合金在等应力幅作用下循环形变，既没有出现循环硬化也没有出现循环软化，在循环形变后靠近断口附近的表面出现了与断口平行的滑移带。非晶合金的断口由裂纹源、稳定裂纹扩展区及瞬断区组成。稳定裂纹扩展区呈现典型的非晶疲劳条纹，瞬断区为脉纹状结构。

③ 块状金属玻璃的可焊性　块状金属玻璃是否具有可焊性，这是材料科学与工程应用中令人十分关切的重要问题，有人采用特殊焊接技术对 Zr 基块状金属玻璃成功地进行了焊接。样品直径为 4mm 的金属玻璃棒，焊后没有观察到焊缝的痕迹。由于焊接过程是焊缝瞬间局域快速加热和快速冷却，热影响区很窄，焊缝熔化区所产生的热量快速传递散失，来不及晶化。但在电镜下观测焊缝区可观察到少量 Zr_2Cu 纳米颗粒析出相。

④ 金属玻璃变形行为　一般块状金属玻璃具有较宽的过冷液相区，例如，La-Al-Ni、Zr-Al-Ni-Cu、Pd-Cu-Ni-P 的块状玻璃的过冷液态区 ΔT_x 分别为 70K、85K 和 95K，有的 Zr 基合金的 ΔT_x 最大值可达 127K。过冷液相区的存在是金属玻璃的内禀特性，而任何晶体合金都没有这种特性。过冷度很高的情况下，该材料具有较高的应变速率敏感指数（约为 1.0）和理想的牛顿流变行为，这使其可以通过理想的超塑性流变来进行加工变形。例如，$La_{55}Al_{25}Ni_{20}$ 块体金属玻璃过冷液相的总延伸率高达 15000%，这是任何晶态合金都没有达到过的。该合金可以拉成丝，也可以通过一个循环的模锻处理，获得外表光滑的直径 1mm 的非晶合金齿轮。$Pd_{40}Cu_{30}Ni_{10}P_{20}$ 块体金属玻璃在 610K 下热压可以获得三阶精密齿轮。Zr-Al-Ni-Cu 块体金属玻璃通过在过冷液相区模挤压和模锻方法，可以分别制备出 Zr 基金属玻璃齿轮和机器零件，其外形光滑、尺寸准确，可以用于精密光学仪器。

⑤ 金属玻璃的磁性、耐蚀性等常规物理和化学性能　对金属玻璃的磁性、耐蚀性等常规物理和化学性能均已开展了较深入的研究工作。例如，Nd-Fe-Al 块状非晶合金具有很高的硬磁性质，居里温度为 600K，远高于 Nd-Fe 二元非晶条带，矫顽力为 277 kA/m。

如上所述，块状非晶合金具有多种优异性能，其中一些是非晶态材料独有而晶态材料所不具备的，例如，宽广的过冷液态区所带来的良好成形性、高速侵彻过程中的自锐性（即在高速撞击下材料前端保持尖锐形态，进而增强穿透能力），以及在高加载速率下表现出的显著提升的动态断裂韧性等。此外，其在耐蚀性、高强度等方面的性能也远超多数晶态材料。

曾有研究开发将 Zr 基块体非晶合金应用于高尔夫球拍材料，并实现商品化尝试；同时，它们在精密光学器件与生物医用器械制造方面也展现出巨大应用潜力。美国国家航空航天局（NASA）曾探索其在空间探索中的应用，如用于卫星展开机构等。众所周知，在军工领域，大块金属玻璃因其与贫铀合金相似的绝热剪切敏感性和更高的强度、优异的弹性，曾被列为新一代穿甲弹材料的潜在候选，纳入美国国防部的相关研究计划。

（3）金属玻璃发展方向

金属玻璃作为一种新型的金属材料，具有许多优异的性能，得到了科学界和材料工程界的密切关注。尽管在金属玻璃形成能力、制备技术及物理和化学性能等方面进行了大量的研究工作，取得了重大进展，得到了一些经验的规律，但是对大尺寸金属玻璃形成能力的本质认识还很不足，在结构、性能和应用方面也有待进一步深入研究，有三个方向需要特别重视：

a. 如何将块体金属玻璃的尺寸做得更大，就目前的研究结果看来，虽然 Zr 基、Pd 基等少数体系的金属玻璃截面尺寸能做到几十毫米量级，但 Fe、Mg、Al、Cu、Ti 等多种合金体系的玻璃只能到几毫米量级。尽管性能优良，但尺寸因素限制了新材料的实际应用。解决这一关键问题，可以从两个方面入手：其一，在现有经验规律的基础上，以计算材料学为辅助的设计手段，从根本上建立大块金属玻璃形成的理论，以指导合金成分设计制备出更大尺寸的块体非晶合金材料；其二，从制备工艺技术方面考虑，改变现有的冷却条件和控制非均质形核环境，建立新的实验方案。

b. 重视金属玻璃稳定性。金属玻璃是一种亚稳态材料，在适当的处理或使用条件下发生结构弛豫，向稳定结构转变，这就是玻璃相结构的蜕化或失稳。所以必须建立大块非晶反晶化动力学理论，实现推迟非晶态向晶态的转变过程，使金属玻璃向更高温度和更长孕育期推迟；研究在热、机械和热机械作用下的结构弛豫规律和控制理论及其与非晶结构稳定性的关系；确定提高大块非晶合金结构稳定性的成分设计原理；阐明过冷液态区和稳定性之间的关系，探索提高块状非晶合金稳定性的途径。

c. 加强金属玻璃复合材料研究，推动高性能材料实际应用进程。以金属玻璃为基的复合材料，包括金属玻璃加热处理后析出相为纳米尺度的粒子，对非晶基体起强化作用，即所谓内生强化相；金属熔体在冷却凝固过程中控制工艺条件，在非晶基底上也有部分析出相粒子，只要析出相粒子尺寸适当，对材料的性能只有好的作用。另外，在合金熔体冷却过程中，外加一些强化相粒子或纤维，如 SiC、WC、W 丝、钢丝等，可以改善材料的力学性能和其他性能。更大尺寸的、性能更加优异的金属玻璃的出现和应用已经为期不远了。

思考题与习题

1. 名词解释：（1）光致变色玻璃；（2）电磁屏蔽玻璃；（3）声光效应；（4）法拉第效应；（5）克尔效应。
2. 功能玻璃除了具有普通玻璃的性质之外，它与普通玻璃的不同主要表现在哪些方面？
3. 等离子体显示屏（PDP）对基板玻璃的性能要求有哪些？
4. 声光玻璃有哪几种？
5. 热反射玻璃有哪些热学性能参数？
6. 通过对金属玻璃的了解，你认为金属玻璃有哪些发展方向？
7. 光致变色玻璃有哪些实际应用？
8. 纳米晶复合玻璃有哪些实际应用？

参考文献

[1] 萨法·卡萨普. 电子材料与器件原理[M]. 汪宏，等，译. 西安：西安交通大学出版社，2009.

[2] 迟泽英，等. 光纤光学与光纤应用技术[M]. 北京：电子工业出版社，2010.

[3] 陈国华. 功能材料制备与性能实验教程[M]. 北京：化学工业出版社，2012.

[4] 张锐，陈德良，杨道媛，等. 玻璃制造技术基础[M]. 北京：化学工业出版社，2009.

[5] 张战营，姜宏，黄迪宇，等. 浮法玻璃生产技术与设备[M]. 北京：化学工业出版社，2005.

[6] 史铁钧，吴德峰. 高分子流变学基础[M]. 北京：化学工业出版社，2009.

[7] 贾子强，方广，等. 玻璃材料对我国碳中和目标实现的贡献浅析[J]. 硅酸盐通报，2022，41(2)：367-375.

[8] 崔忠宜，梁李斯，等. 冶金固体废弃物制备新型玻璃材料的研究进展[J]. 材料热处理学报，2023，44(8)：16-33.

[9] 杨辰倩，刘超，等. 3D 打印玻璃材料的研究现状及展望[J]. 硅酸盐通报，2024，43(5)：1569-1587.

[10] 黄招娣，唐小燕，等. 光功能杂化凝胶玻璃器件研究进展[J]. 硅酸盐学报，2024，52(8)：2722-2737.

[11] 董国平，万天择，等. 玻璃基因工程在激光玻璃等光功能玻璃领域的研究进展[J]. 激光与光电子学进展，2022，59(15)：19-33.

[12] 付丽丽，张志强，等. 基于机器学习的光学功能玻璃研究进展[J]. 激光与光电子学进展，2024，61(9)：54-65.

第 10 章

其他新型无机材料及其功能化应用

10.1 石墨烯类材料

石墨烯是碳的一种同素异形体，是由碳原子以 sp^2 杂化轨道组成六角形蜂巢晶格的一类二维碳材料，具有出色的导电性、导热性和力学性能。石墨烯的概念最早由英国科学家安德烈·盖姆和康斯坦丁·诺沃肖洛夫提出，他们在 2004 年通过机械剥离法成功从石墨中分离出石墨烯，并因此获得了 2010 年的诺贝尔物理学奖。这一发现颠覆了长久以来认为二维晶体无法在有限温度下稳定存在的观点，开启了石墨烯研究和应用的新篇章。近年来，石墨烯在二维碳材料领域炙手可热，应用领域十分广泛。

10.1.1 石墨烯材料的结构

石墨烯内部碳原子的排列方式与石墨单原子层一样以 sp^2 杂化轨道成键，并有如下的特点：碳原子有 4 个价电子，其中 3 个电子生成 sp^2 键，即每个碳原子都贡献一个位于 p_z 轨道上的未成键电子，近邻原子的 p_z 轨道与平面成垂直方向可形成 π 键，新形成的 π 键呈半填满状态。研究证实，石墨烯中碳原子的配位数为 3，每两个相邻碳原子间的键长为 1.42×10^{-10}m，键与键之间的夹角为 120°。除了 σ 键与其他碳原子链接成六角形的蜂窝式层状结构外，每个碳原子垂直于层平面的 p_z 轨道可以形成贯穿全层的多原子的大 π 键（与苯环类似，如图 10-1 所示）。当石墨烯的堆叠层数大于 10 层时即形成石墨，层间通过范德瓦耳斯力链接，晶面间距 0.335nm。

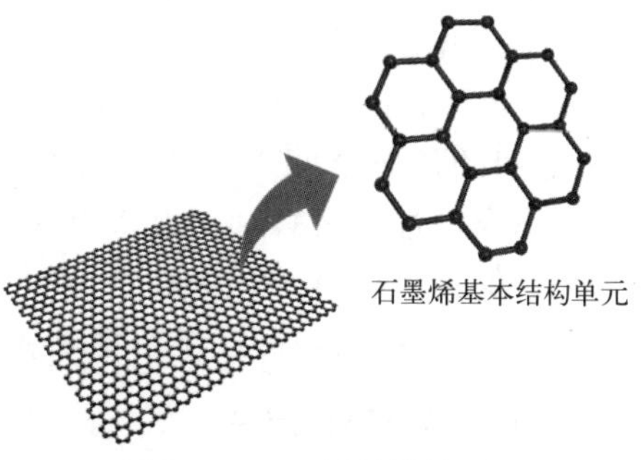

图 10-1　石墨烯结构图

10.1.2 石墨烯材料的性质

得益于 sp^2 杂化形成的独特的六角形蜂窝状共价结构，石墨烯材料在力学性能、导电性、导热性及稳定性方面表现出许多独特的性质。

（1）力学性能

石墨烯具有优良的力学性能，具有高强度和高韧性。实验测得石墨烯的弹性模量高达 (1.0±0.1)TPa，断裂强度为 (42±4)N/m（约合 130GPa，强度为钢的 100 倍以上）。石墨烯的力学性质有着显著的各向异性，在层内的弹性模量与层间的值相差甚大。这是因为石墨烯层间是弱相互作用（范德瓦耳斯力相互作用或者 π 电子之间的耦合作用），与面内碳原子

之间的 σ 结合键相比要弱得多。

（2）热学性质

石墨烯具有非常好的热传导性能。纯的无缺陷的单层石墨烯的热导率高达 5300W/(m·K)，是迄今为止热导率最高的碳材料，高于单壁碳纳米管［3500W/(m·K)］和多壁碳纳米管［3000W/(m·K)］。当它作为载体时，热导率可达 600W/(m·K)。此外，石墨烯还具有较高的热稳定性，空气中石墨烯的正常耐热温度为 600℃左右，惰性气氛下稳定存在温度可达 1500℃以上。

（3）光学性质

石墨烯具有良好的光学特性，在较宽波长范围内吸收率约为 2.3%，看上去几乎是透明的。在几层石墨烯厚度范围内，厚度每增加一层，吸收率增加 2.3%。大面积的石墨烯薄膜同样具有优异的光学特性，且其光学特性随石墨烯厚度的改变而不同，这主要是由于单层石墨烯具有不寻常的低能电子结构。室温下对双栅极石墨烯晶体管施加电压，石墨烯的带隙可在 0～0.25eV 间调整。施加磁场，石墨烯纳米带的光学响应可调谐至太赫兹范围。当入射光的强度超过某一临界值时，石墨烯对其的吸收会达到饱和，这种现象称为饱和影响。石墨烯的狄拉克电子在狄拉克点附近展现线性能量-动量色散关系，这使得石墨烯在紫外-可见-红外区域的超宽带光谱范围内对任何频率的光子都具有共振的光学响应。在更密集的激光照明下，石墨烯具有非线性相移的光学非线性克尔效应。

（4）电学性质

石墨烯具有优异的导电性，在室温下的载流子迁移率约为 $15000cm^2/(V \cdot s)$，这一数值超过了晶硅材料的 10 倍。在某些特定条件下（如低温下），石墨烯的载流子迁移率可高达 $250000cm^2/(V \cdot s)$。与很多材料不同，石墨烯的电子迁移率受温度变化的影响较小，50～500K 之间的任何温度下，单层石墨烯的电子迁移率都在 $15000cm^2/(V \cdot s)$ 左右。此外，石墨烯的导电性能可以通过掺杂进行有效调控。例如，氟化可使石墨烯从导体转变为绝缘体，但仍保持其原有的化学稳定性和高力学性能；硼和氮元素对石墨烯面内或边缘进行有效的 P 型或 N 型掺杂，可赋予石墨烯新的电子学性能。

（5）化学及热稳定性

石墨烯具有较好的化学稳定性，主要归因于其特殊的二维结构和碳原子之间的强共价键特性。得益于稳定的共价键结构，石墨烯具有较高的化学惰性，对大部分非极性溶剂、酸、碱等化学物质具有较好的耐腐蚀性。然而，在极端的氧化条件或强酸强碱溶液中，石墨烯可能会发生氧化、结构变化或脱层等反应。因此，在特殊的应用环境中，需要进一步考虑石墨烯的化学稳定性，并采取适当的保护措施。另外，尽管石墨烯本身具有较好的化学稳定性，但其表面可引入不同的官能团来进行化学修饰，以增强石墨烯与其他物质的相互作用和应用性能。

10.1.3 石墨烯材料的制备方法

石墨烯的制备方法需要考虑石墨烯的质量、厚度和尺寸等因素，以满足不同领域的应用需求。随着石墨烯研究的不断深入，制备方法也在不断改进和发展。目前，石墨烯材料常见的制备方法有以下几种。

（1）机械剥离法

机械剥离（mechanical exfoliation）法是最早制备石墨烯的方法之一，也是制备高质量石墨烯的方法。它是通过用胶带等黏性材料将石墨晶体不断剥离，直到获得单层厚度的石墨烯。这种方法制备的石墨烯质量高，但产量低，且只能获得小尺寸的石墨烯单晶。

（2）化学气相沉积法

化学气相沉积（chemical vapor deposition，CVD）法是目前最常用的制备石墨烯的方法之一。具体工艺步骤可以分为基底准备、碳源沉积、加热反应以及冷却收集等工序。在高温环境下，含有碳源气体（如甲烷、乙烯等）和载气（如氢气）的混合气体通过反应室，使其在金属基底上沉积形成石墨烯层。在反应室中，碳源气体在金属基底表面解离，形成碳原子并沉积成石墨烯。具体过程如下。首先，选择一个适合生长石墨烯的基底，通常是铜箔或镍箔。这些金属箔作为生长石墨烯的催化剂，在基底上沉积碳源。将沉积了碳源的基底放入CVD反应器中，并加热至适当的温度（通常在800～1000℃之间）。在高温条件下，碳源分解，释放的碳原子在金属基底催化剂的作用下形成石墨烯。反应完成后，逐渐降低反应器的温度，石墨烯在基底上生长完成。然后，通过一系列的处理步骤，如蚀刻、转移等，将石墨烯从基底上分离出来。CVD法的优点是能够实现大面积、高质量的石墨烯制备，而且生产工艺相对简单。

（3）还原氧化石墨烯法

通过还原氧化石墨烯（graphene oxide，GO）也可获得石墨烯。氧化石墨烯是一种通过氧化石墨得到的具有氧功能基团的石墨烯衍生物。通过还原氧化石墨烯，去除氧功能基团，从而恢复石墨烯的结构和性质。还原氧化石墨烯可以通过化学还原、热还原等方法来实现。氧化还原法制备石墨烯的过程包括三个步骤：氧化、剥离和还原。

① 氧化　Hummers法、Brodietz法和Staudenmaier法是常用的三种石墨氧化的方法，这些方法首先使用无机强质子酸（如浓硫酸、发烟硝酸或它们的混合物）处理原始的石墨粉原料，使强酸小分子进入石墨层间，然后用强氧化剂（如高锰酸钾、$KClO_4$ 等）对其进行氧化。其中，Staudenmaier法采用了浓硫酸和发烟硝酸混合酸处理石墨，得到的氧化石墨的层结构受到严重破坏，而Hummers法具有很高的效率。

② 剥离　经过氧化后，得到氧化石墨，此时需要通过超声分散等方式将其制备成单层氧化石墨。

③ 还原　在这一步中，需要添加还原剂来去除氧化石墨表面的含氧基团，如羧基、环氧基和羟基，从而得到石墨烯。

这种方法的优点在于简单易行，能够制备稳定的石墨烯悬浮液，解决了石墨烯难以分散在溶剂中的问题。然而，它的缺点包括宏量制备容易带来废液污染，以及制备的石墨烯存在一定的缺陷，如五元环、七元环等拓扑缺陷或存在—OH基团的结构缺陷，这些将导致石墨烯部分电学性能的损失，使石墨烯的应用受到限制。

10.1.4　石墨烯器件的功能化应用

石墨烯独特的物理和化学性质使得石墨烯在能源储存与转化、传感器、光电子器件、电子器件以及催化剂等领域具有广泛的应用潜力。

（1）能源储存与转化

能源储存与转化器件是石墨烯最早商用的一大重要领域，具有代表性的有高性能锂离子电池、超级电容器以及燃料电池。首先，石墨烯的高柔性可以缓解非碳活性物质在充放电过程中体积膨胀带来的电极材料的脱落，同时石墨烯的高导电性可以提高材料的导电性，因此石墨烯材料用于锂离子电池负极材料方面的研究得到广泛关注。2016 年，我国东旭光电科技股份有限公司推出了世界首款石墨烯基锂离子电池产品，其可在－30～80℃环境下工作，电池循环寿命高达 3500 次左右，充电效率是普通充电产品的 24 倍，这意味着石墨烯终于从实验室走向了产业化，而其在锂离子电池材料中的应用以及由此所带来的石墨烯基锂离子电池的产业化突破将对新能源产业发展产生革命性影响。同时，石墨烯凭借其独特的二维结构、高比表面积以及优异的导电性能，可以被用于制作高性能的超级电容器，该电容器具有高能量密度、高功率密度和长循环寿命等优点，为能源存储提供了可靠的解决方案。其高导电性和光吸收性能使其能够有效转换光能为电能，提高光伏电池的转换效率。此外，石墨烯的透明性也使其成为透明电极材料的理想选择，可将其用于制备高性能太阳能电池。同时，石墨烯的高比表面积和化学稳定性使其成为一种优秀的催化剂材料，与其他金属材料复合，可以进一步提高太阳能电池的能量转换效率。石墨烯在能源存储和转换领域的应用十分广泛，特别是在电池、超级电容器、燃料电池等设备中，石墨烯的功能化应用被广泛探索。

超级电容器：石墨烯的高比表面积和良好的导电性使其成为超级电容器的理想材料。通过对石墨烯的表面进行化学修饰，如氧化石墨烯或掺杂金属氧化物等，可以提高其电容性能和循环稳定性。例如，氧化石墨烯（GO）与多种金属氧化物（如二氧化钴）复合形成的复合材料，可以大幅提高电容器的能量密度。

锂离子电池：石墨烯的功能化可用于提升锂离子电池的性能。石墨烯与硅、钴等材料复合，能够显著改善电池的循环稳定性和充放电速率。例如，石墨烯与硅复合材料能够有效抑制硅在充放电过程中膨胀的问题，从而提升电池的容量和使用寿命。

锂硫电池：石墨烯与多孔碳材料复合，可以改善锂硫电池的导电性，减缓多硫化物的溶解，提高电池的能量密度和循环寿命。

（2）传感器

石墨烯对各类信号的传感主要通过石墨烯的表面吸附状态变化引起的电信号波动实现。2007 年，英国曼彻斯特大学 K. S. Novoselov 等发现吸附于石墨烯的气体分子脱离后会造成石墨烯电学性能变化，基于此原理，各类石墨烯基气敏传感器、电化学生物传感器以及压力传感器等被相继开发。在环境监测领域，石墨烯化学传感器可以快速捕获空气中有害气体，如 H_2S 等，石墨烯的高比表面积和优异的导电性使其成为理想的传感器材料。通过表面修饰，可以增强石墨烯对特定气体分子、离子或生物分子的敏感性。例如，通过接枝有机功能基团（如氨基、羧基等），石墨烯传感器能够对氨气、二氧化氮或有机溶剂等有害气体具有更强的响应性。在生物医用领域，石墨烯生物传感器可以通过与特定的生物分子相互作用用于癌症早期诊断、病原体检测和基因测序；石墨烯力学传感器在受到外界压力作用时，石墨烯的结构发生微小的变化引起电阻的变化，通过测量电阻变化即可准确反映出外界力学变化的大小和方向。总之，与传统的传感器材料相比，石墨烯传感器具有更高的灵敏度、耐用性以及更大的量程，可以实现痕量气体、元素的识别与检测。

（3）光电子器件

石墨烯在新型光学和光电器件领域具有得天独厚的优势。功能化石墨烯的表面，可以提高其对光的吸收能力，使其在光电转换、光电调制器等领域的应用更加广泛。例如，石墨烯可与有机半导体材料复合，构建高效的光电探测器或光伏器件。目前，人们已经利用石墨烯开发出一系列高性能光电探测器、光电传感器和光电转换器件。2009 年，美国 IBM 公司利用石墨烯晶体管实现了超快光电探测，与基于硅和ⅢA～ⅤA 族半导体材料的传统光探测器相比，其具有宽波段光探测、超快光响应的优势，克服了传统光探测器工作波长范围有限的缺陷。2012 年，研究者们提出了构筑基于石墨烯的宽带光通信系统回路芯片的设想，通过集成和复合，石墨烯可以全方位地提高硅基半导体器件的综合性能，并且可以集光的发射、传输、调制、计算、探测等于一身。随着石墨烯制备工艺和转移技术的优化，尤其是硅衬底上直接制备石墨烯的生长技术的发展及完善，石墨烯与硅的混合光电子器件或回路系统将具有巨大的实际应用价值。

（4）电子器件

石墨烯也是最理想的电极和半导体材料，其最具潜力的应用是成为“硅”的替代品。石墨烯有可能代替硅成为未来的微电子材料，其主要优势在于高的电子迁移速度、更低的功耗和柔性特点。由于石墨烯结构的高度稳定性，石墨烯晶体管在接近单个原子的尺度上依然能稳定地工作，而硅晶体管在 10nm 左右的尺度上就会失去稳定性；石墨烯中电子对外场的反应速度超快这一特点，又使得由它制成的晶体管可以达到极高的工作频率。IBM 公司在 2010 年 2 月就已宣布将石墨烯晶体管的工作频率提高到了 100GHz，超过同等尺度的硅晶体管。石墨烯材料的电子性能出色，因此它在电子器件领域的功能化应用非常广泛。通过表面修饰或结构改性，石墨烯可以实现更多电子学功能。石墨烯基场效应晶体管（FET）通过功能化石墨烯的表面，可以调节其电子迁移率，改善器件性能。引入不同的功能基团（如氨基、羧基等）或掺杂金属元素，能够进一步优化石墨烯基 FET 的开关特性、稳定性和可控性。

（5）催化剂领域

石墨烯在过程催化剂、光催化剂、电催化剂以及催化剂稳定性领域均发挥着重要的作用。在医药化工领域，石墨烯催化剂可以用于胆碱酯酶抑制剂、β 受体拮抗剂、抗肿瘤药物等的合成，不仅提高了药物的合成效率也优化了药物的活性。石墨烯可以与半导体光催化剂复合，作为良好的吸附剂，对有机污染物起到吸附作用。同时，它还可以提高光催化剂中光生载流子的分离效率，从而提升整体的光催化效率。例如，二氧化钛/石墨烯纳米复合材料在光催化领域的应用中显示出良好的性能。因此，在燃料电池、电解水等电化学过程中，石墨烯催化剂能够显著提高反应速率和能量转换效率。

10.2 高熵陶瓷类材料

“高熵”概念最初由中国台湾学者叶均蔚教授为描述“多主元高熵合金”提出，并于

2004 年正式提出高熵合金（HEA）设计理念，随着学科交叉深入研究，高熵设计理论被逐渐拓展到陶瓷材料之中。具体而言，高熵陶瓷（high-entropy ceramics，HECs）是指有一个或多个晶格位点由等原子比或近等原子比的多种主摩尔元素共同占据，具有高构型熵（S_{config}）、高构型无序度的单相固溶体陶瓷材料。若“高熵”的阈值定为 1.5R（R 为摩尔气体常数），则当 $S_{config}>1.5R$，需要五种或五种以上不同组分且近似等比例的元素混合。通过混合不同组元可以提高材料的性能，混合产物不仅可以平均各种组元的性能，有时还会出现增强的或全新的性能。在高度无序的多组分系统中，高熵产生了非常良好的性能，包括对具有简单晶体结构的单相固相的择优、缓慢的动力学、晶格畸变等一系列其他性能，多元高熵系统的性能要明显优于单一组元的性能。

10.2.1 高熵陶瓷材料的结构

材料的构型熵由各晶格位点上的无序度决定，构型熵可由式（10-1）计算获得。

$$S_{config}=-R[(\sum_{i=1}^{N}x_i\ln x_i)_{cation-site}+(\sum_{j=1}^{N}x_j\ln x_j)_{anion-site}] \tag{10-1}$$

式中，S_{config} 为材料的构型熵，反映晶体中离子在不同晶位上的无序程度，即离子在不同原子位置的分布随机性；R 为摩尔气体常数，为 8.314 J/(mol·K)，用于将无序度量化为熵的单位；N 为晶体结构中该类型（阳离子或阴离子）占据位置的不同元素种类数；x_i、x_j 分别代表第 i 个阳离子种类或第 j 个阴离子种类在其对应晶位上的摩尔分数（占比）；$(\sum_{i=1}^{N}x_i\ln x_i)_{cation-site}$ 表示所有阳离子在阳离子晶位上的分布无序度贡献；$(\sum_{j=1}^{N}x_j\ln x_j)_{anion-site}$ 表示所有阴离子在阴离子晶位上的分布无序度贡献。

式（10-1）的物理意义为：构型熵越大，说明离子在晶体中的混合越随机无序，有利于高熵陶瓷的稳定性和性能调控。不同结构（如岩盐、钙钛矿、尖晶石等）中，阳离子和阴离子的占位和混合方式不同，导致构型熵差异，进而影响材料的热力学稳定性和功能性质。

按照结构中金属离子和非金属离子占位的不同，常见的高熵陶瓷结构可以分为岩盐结构、钙钛矿结构、尖晶石结构、萤石结构以及石榴石结构等。随着对高熵陶瓷体系研究的深入，六方晶系 AlB_2 结构、磁铅石结构、双钙钛矿结构、焦绿石结构等其他复杂结构也相继被开发。本节仅对常见的高熵陶瓷结构进行介绍。

（1）岩盐结构

岩盐（rock-salt）结构又称 NaCl 结构，如图 10-2 所示，其结构通式为 AB。岩盐结构由两套面心立方穿插组合形成，阴阳离子均为 6 配位。形成岩盐结构阴阳离子的半径需满足一定的条件：$0.414<r_A/r_B<0.732$ 或 $1.37<r_A/r_B<2.44$。当 $r_A>r_B$ 时，阳离子形成面心密堆积，阴离子位于八面体空隙中。

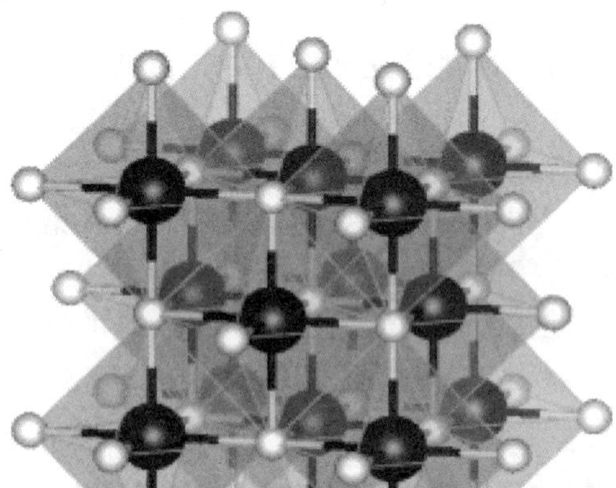
图 10-2 岩盐结构示意图

（2）钙钛矿结构

理想的钙钛矿（perovskite）型为立方晶系，随结构的畸变程度不同，也有六方晶系的钙钛矿结构。如图 10-3 所示，其结构通式为 ABX_3，其中 A、B 为阳离子，X 为阴离子。X 和 A 形成立方最密堆积，A 原子周围有 12 个 X，B 原子占据 X 形成的所有八面体空隙。钙钛矿结构需要满足一定的形成条件：A 离子比较大以便与 X 一起密堆积，B 离子半径适合八面体配位，$r_A+r_X=t\sqrt{2}(r_B+r_X)$（$0.7<t<1$）。

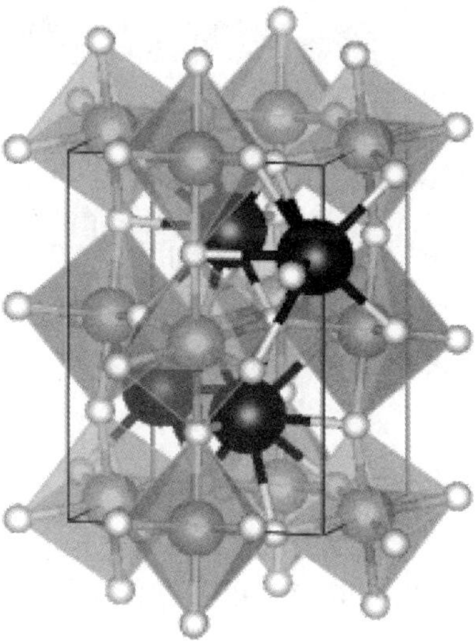

图 10-3　钙钛矿结构示意图

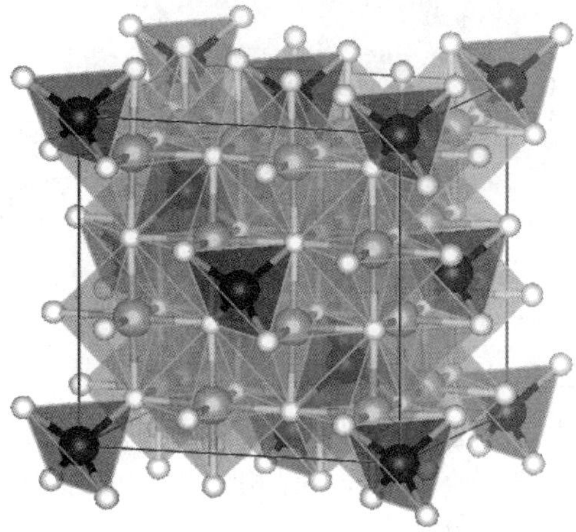

图 10-4　尖晶石结构示意图

（3）尖晶石结构

如图 10-4 所示，在具有尖晶石（spinel）结构的 AB_2X_4 型化合物中，X^{2-} 形成立方最密堆积，A^{2+} 占据 1/8 四面体空隙，B^{3+} 占据 1/2 八面体空隙形成条件：a. 当 X 为 X^{2-}，A、B 电价组合可以为 2∶3、4∶2、6∶1，当 X 为 X^{-}，A、B 电价组合还可以为 2∶1；b. $r_{3+}/r_0<0.414$，B^{3+} 占据四面体空隙，$r_{2+}/r_0>0.414$，A^{2+} 占据八面体空隙。但 $r_{3+}<r_{2+}$，因此 2∶3 尖晶石更趋向取反尖晶石结构，而 4∶2 取正尖晶石结构。

（4）萤石结构

萤石（fluorite）结构属于立方晶系，如图 10-5 所示，其原子分布呈面心立方结构，结构通式为 $AX_{2-\delta}$，A 一般为稀土金属离子或者金属离子，X 为阴离子，δ 的取值取决于阴阳离子价态。在单个晶胞中包含 4 个阳离子、8 个阴离子，且阳离子处在立方体的顶角和各面心位置，形成面心立方结构，阴离子位于立方体内 8 个小立方体中。

（5）石榴石结构

石榴石（garnet）结构属于立方晶系，如图 10-6 所示，其具有体心立方晶格，结构通式为 $A_3B_2M_3O_{12}$。其晶体结构表现为以二价阳离子（A）为中心的十二面体和以三价阳离子（B）为中心的八面体连接岛状分布的［MO_4］四面体。这种结构决定了其内部各向受力的均一性，从而影响了其物理性质。

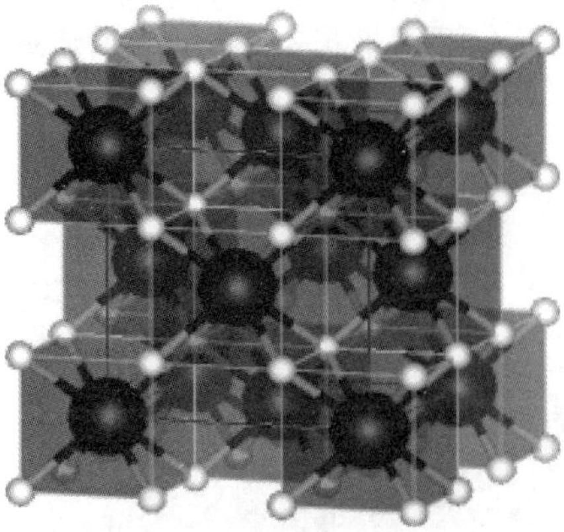

图 10-5　萤石结构示意图

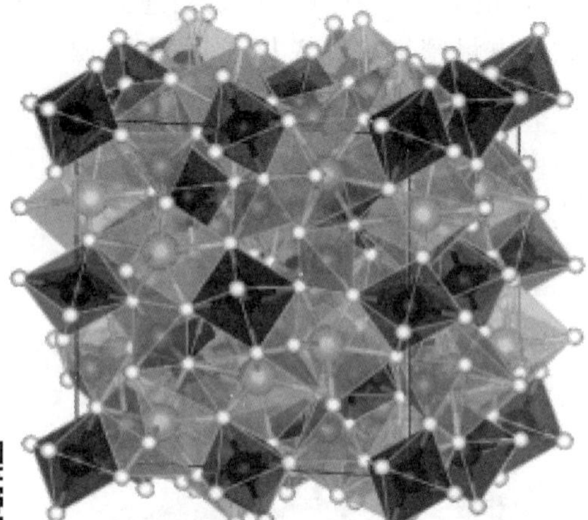

图 10-6　石榴石结构示意图

10.2.2　高熵陶瓷材料的性质

与高熵合金材料类似，高熵陶瓷具有独特的物理化学性质，大致表现为 4 个核心效应，即热力学的高熵效应、结构的晶格畸变效应、动力学的迟滞扩散效应，以及性能上的“鸡尾酒”效应。

（1）热力学的高熵效应

热力学的高熵效应是高熵陶瓷最为显著的特点之一。在传统材料中 N 种元素的材料系统最多可形成 $N+1$ 相，然而，高熵材料往往会形成单相的固溶体而非分相或者形成各种金属间化合物。这是由于随着组元数的增加，在高温条件下，高混合熵能有效降低材料的吉布斯自由能（$G=H-S$），从而稳定简单固溶体相的生成。例如，MgO、CoO、NiO 为岩盐结构，CuO 和 ZnO 为其他结构，而且五种氧化物之间的结构不同，并不能形成完全固溶体，比如 MgO-ZnO 和 CuO-NiO 这样的二元系统也不能形成完全固溶体。此外，高混合熵可能减小电负性差，抑制化合物形成，促进元素间的混合。因此，高熵陶瓷材料在表现出较高构型熵的同时，也表现出较低的吉布斯自由能，因此具有较高的稳定性。然而，组分数的增加，通常伴随着体系生成焓的增加，当构型熵增加所带来的吉布斯自由能减少无法补偿生成焓增加所引起的吉布斯自由能增加时，体系仍然会有较强的分相趋势。

（2）结构的晶格畸变效应

高熵陶瓷的晶格畸变效应是其重要的物理特性之一，这一效应的产生主要源于多组元的特性。高熵材料中的组成原子都是随机分布在晶格上，所以相比传统材料中的晶格畸变，高熵材料的各种畸变、滑移、位错会更多，因此畸变对其性能的影响会更明显，不仅影响高熵陶瓷的物理性能，如硬度、韧性等，还对其热学、电学性能产生重要影响。首先，它抑制了各组分间的扩散效应，有助于抑制某些离子对陶瓷晶粒的侵蚀，从而提高其耐腐蚀能力。其次，晶格畸变还可以影响陶瓷与外部环境的反应过程，通过改变反应动力学和热力学特性，实现对陶瓷性能的调控。高熵陶瓷的晶格畸变效应还为其在特殊环境下的应用提供了可能。例如，在极端高温或高压条件下，晶格畸变可以帮助陶瓷保持结构的稳定性，防止晶粒粗化或再结晶等不利现象的发生。

（3）动力学的迟滞扩散效应

迟滞扩散效应是指当高熵陶瓷处于温度或压力变化的条件下，其内部的原子团簇或晶界位错的扩散速率会表现出明显的延迟或滞后现象。相的平衡分离需要各组元之间的协同扩散，高熵陶瓷中由于多种原子的存在，晶粒之间存在大量的晶界位错，这些复杂的晶界结构对原子扩散的路径和速率产生了显著影响。在扩散过程中，原子需要克服晶界位错的阻力，导致扩散速率降低，从而产生了迟滞扩散效应。而高熵材料内的多组元使其协同扩散变得困难。迟滞扩散效应对高熵陶瓷的性能也会产生重要的影响。首先，它有助于降低材料的热导率，因为热量在陶瓷中的传导速度由于扩散速率的降低而变慢。这使得高熵陶瓷在高温隔热领域具有潜在的应用价值。其次，迟滞扩散效应还可能影响高熵陶瓷的电学性能、耐腐蚀性能等。

（4）“鸡尾酒”效应

高熵陶瓷的“鸡尾酒”效应是指其多种组分的特性以及它们之间的相互作用所产生的复杂且通常优于单一组分性能的效应。材料中多种元素的特性及其相互作用使高熵陶瓷呈现一种复杂效应，即多组元协同增效作用。“鸡尾酒”效应并不是高熵材料中每个组分特征的简单代数叠加，而是每个组元及它们之间的相互作用产生的复合效应，其作用结果通常大于各组成部分的总和。具体来说，“鸡尾酒”效应体现在高熵陶瓷中，是通过合理设计各组分和改变制备工艺来实现的。这种设计使得高熵陶瓷能够展现出高强度、高硬度、耐磨性和耐高温等特殊性能的组合。

10.2.3 高熵陶瓷材料的制备方法

高熵陶瓷成功制备的关键在于获得高熵结构并保留高熵状态，高熵结构形成过程的实质是焓和熵的竞争反应，如图 10-7 所示，当熵变不足以维持低吉布斯自由能变化时，体系会向着焓减少的方向进行，即分相。基于此思想，研究者们开发出多种高熵陶瓷材料的制备方法。

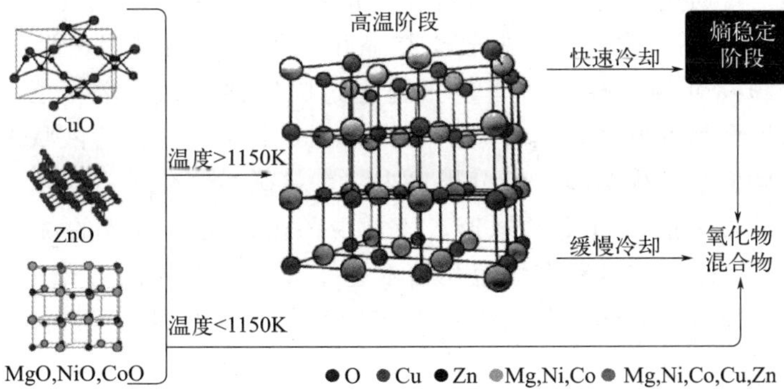

图 10-7　高熵陶瓷制备思路

（1）固相反应烧结法

球磨烧结法主要包含球磨和高温烧结两个过程，主要以对应氧化物粉体为原料，在球磨及高温烧结过程中实现固体粉末反应致密化的过程，较低的成本也使其成为最普遍的一种方法。球磨过程中首先在碰撞中使原始粉体粒径逐渐变小，随后在粉末表面产生一系列键断裂、晶格缺陷，甚至产生一些无序结构，使得原有的化学平衡被破坏，体系为了寻求新的平衡而相互交换离子，这样的过程逐渐延伸至粉体内部，原料间互相侵入形成新的稳定状态，形成新的化合物。且粉体在球磨过程中在碰撞点会产生局部高温（约 1000K），进一步提供反应所需能量。随着球磨时间延长，反应逐步向颗粒内部推进，最终形成新的相或化合物。在后续的烧结阶段，材料经历高温下的扩散与重排过程，获得致密的微观结构和所需晶相。

（2）共沉淀法

共沉淀法是将沉淀剂加入混合后的金属盐溶液中，使溶液中两种或两种以上的阳离子一起沉淀下来，生成沉淀混合物或固溶体前驱体，将其过滤、洗涤、热分解，得到复合氧化物的方法。需要注意的是，沉淀剂的加入可能会使局部浓度过高，产生团聚或组成不够均匀。过量沉淀剂在产物中的残留也是难以解决的问题之一。

（3）溶胶-凝胶法

溶胶-凝胶法是通过有机盐前驱体的水解与缩醇化反应形成溶胶，最后通过缩聚反应形成凝胶制品的一种方法。溶胶-凝胶法中的原料被均匀分散到溶剂中，形成低黏度的溶液，快速实现分子水平的均匀性混合，很容易地实现多种元素原子级别的均匀掺杂。这对于高熵陶瓷材料的成功合成具有重要意义。在凝胶形成的过程中，反应物被限制在稳定的三维网络结构中，确保它们能够充分接触，这使得溶胶-凝胶法中的化学反应更容易进行，并且所需的成相反应温度更低。然而，这种方法也存在一定的局限性，通常制备过程中所使用的原料价格比较昂贵，其中配位剂为有机物，对人体健康有害，而且整个溶胶-凝胶过程所需时间较长，需要几天或几周，溶胶-凝胶法的制备过程中，对于反应条件、原料配比等因素的控制精度要求较高。这增加了制备过程的复杂性和对操作人员技能的要求。

（4）喷雾热解法

喷雾热解法是一种重要的湿法冶金工艺，是一种用于制备高分散性超细金属及金属化合物的高效手段。其主要通过雾化器将前驱体溶液雾化，然后通入运载气体将雾化液滴带入高温热解区完成“蒸发-结晶析出-干燥-热分解-结晶化”等一系列物理化学过程，实现从溶液到材料一步制备。2017 年，Sarkar 等首次报道通过喷雾热解法制备了萤石型高熵氧化物。对比传统的高熵氧化物制备方法，具有突出的优势：a. 金属离子在溶液状态下混合，可保证组分分布均匀，而且工艺过程简单，组分损失少，可精确控制化学计量比，尤其适合制备多组分复合粉末；b. 颗粒一般呈规则的球形，而且少团聚，无须后续的洗涤研磨，保证了产物的高纯度、高活性；c. 整个过程在短短几秒迅速完成，因此液滴在反应过程中来不及发生组分偏析，进一步保证组分分布的均一性；d. 工序简单，一步即获得成品，无过滤、洗涤、干燥、粉碎等后处理工序过程，生产过程连续，生产效率高。

（5）电-热耦合快速烧结工艺

近年来，有研究人员在陶瓷样品的烧结过程中施加电场进行辅助烧结，结果发现不仅可以降低陶瓷烧结温度，还能缩短烧结时间。比较有代表性的电-热耦合烧结工艺有放电等离子烧结法、焦耳热法（Joule-heating）、闪烧法（flash sintering，FS），三种烧结工艺既有区别又有联系。

① 放电等离子烧结法　放电等离子烧结法是将电能和机械能同时赋予烧结粉末的新工艺。放电等离子烧结设备结构图见图 10-8。该方法在烧结过程中，通过电极施加直流脉冲电流，在粉体颗粒间隙产生放电等离子体，使得颗粒表面产生局部高温以实现颗粒的活化，从而有利于降低烧结温度且提高产物的致密度。利用这种烧结方式获得的高熵陶瓷晶粒细小、生产效率高、产物致密度高。但该方法对设备要求高，且烧结过程中需在无氧环境下进行。

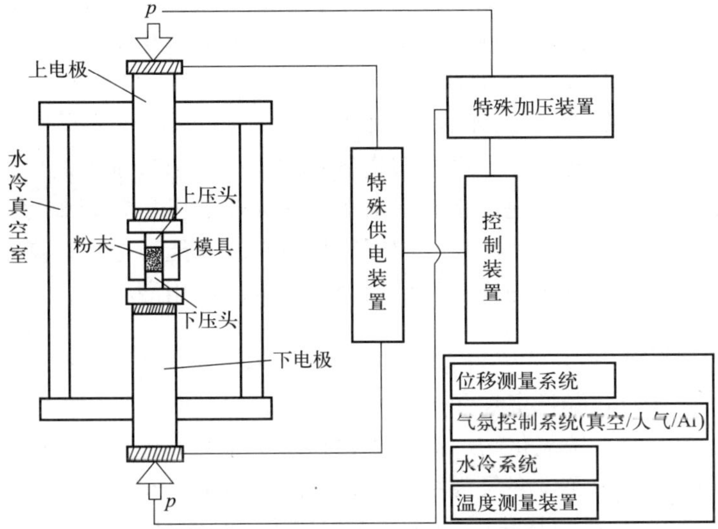

图 10-8　放电等离子烧结设备结构图

② 焦耳热法　焦耳热法是基于"焦耳定律"开发的一类非常高效快速的烧结方式，电流直接流经材料产生热量，从而实现材料的高温合成。在制备高熵陶瓷的过程中，焦耳加热法可以提供快速且均匀的加热方式，使得材料在短时间内达到所需的高温状态，具有瞬时高温（＞3000K）特性和快速升/降温速率（＞10000K/s）。这种方法最初由美国马里兰大学胡良兵教授报道，焦耳热烧结与放电等离子烧结的最大区别在于，对设备要求更低，无须高真空度，对样品的宽容度更高，样品的夹持模具可以选择刚性和柔性，实现复杂外形的样品的制备。

③ 闪烧法　闪烧法是一种新型的电-热耦合快速烧结技术，最早于 2010 年由科罗拉多大学的 Rishi Raj 教授提出。闪烧装置见图 10-9。闪烧技术主要涉及三个工艺参数，即炉温（T_f）、场强（E）与电流（I）。对材料施加稳定的电场，炉温则以恒定速率升高。当炉温较低时，材料电阻率较高，流经材料的电流很小。随着炉温的升高，样品电阻率降低，电流逐渐增大。这一阶段称为孕育阶段，系统为电压控制。当炉温升高至临界温度时，材料电阻率突

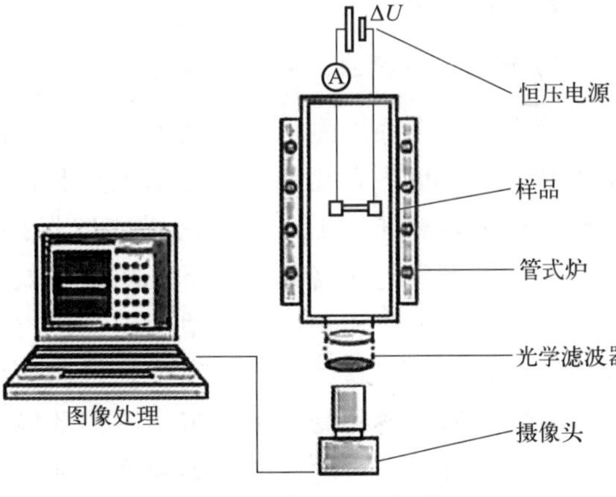

图 10-9　典型的闪烧装置

降，电流骤升，闪烧过程发生。与放电等离子烧结技术不同的是，闪烧过程中陶瓷样品两端加载的电场强度较大，产生的电流全部通过样品，样品短时间内升温速率超过了 1000K/min，达到陶瓷烧结所需的温度。相比于放电等离子烧结，闪烧法的升温速率更快、烧结效率更高、所需的能耗更低。

10.2.4 高熵陶瓷器件的功能化应用

高熵陶瓷作为一种新型的多组分材料，其独特的成分设计使其在许多应用领域展现出优异的性能。高熵陶瓷通常由五种或更多的金属元素构成，这些元素在相等或接近的摩尔比下共同形成固溶体。其优异的热稳定性、力学性能、电学性能和化学稳定性，使其在高温、高压以及严苛的环境条件下具备广泛的应用潜力。高熵陶瓷器件应用研究可追溯到 2015 年，美国北卡罗来纳州立大学的 Rost、Maria 和杜克大学的 Curtarolo 等合作报道了一种岩盐结构的熵稳定氧化物陶瓷，从此揭开了高熵陶瓷研究的序幕。越来越多高熵陶瓷结构和功能化应用的相关研究如雨后春笋般涌现出来，逐渐成为研究热点。尽管高熵陶瓷材料的应用研究仍处于实验室研究阶段，但在热障涂层、超硬结构材料、新能源电池、燃料电池、核能、催化剂、生物医学材料、吸波材料等诸多领域展现出巨大的应用潜力。

（1）超高温结构材料

高熵陶瓷具有良好的高温稳定性和抗蠕变性能，它们可能会被用作高温环境下的结构材料，常见的体系有萤石型高熵氧化物、高熵碳化物以及高熵硼化物。华南理工大学材料科学与工程学院褚衍辉研究团队通过多尺度结构设计，成功制备了兼具超强力学强度和高隔热性的高熵多孔硼化物陶瓷材料（$HfZrTaNbTiCrMoVWB_2$），该材料在 2000℃ 高温下仍可保持稳定的结构。高熵陶瓷由于其优异的热稳定性和耐高温性能，常用于高温环境中的结构材料，特别是在航空航天、燃气轮机等领域。高熵陶瓷的高熔点和优异的热导性使其成为热防护材料的理想选择。对高熵陶瓷的表面进行功能化处理，如加入导热增强相或形成复合结构，可以有效提高其在极端高温下的热稳定性。在航天器外壁或超高温环境下，功能化的高熵陶瓷涂层能有效保护基材不受高温和氧化侵蚀。此外，高熵陶瓷在高温条件下的稳定性和耐腐蚀性，使其成为热障涂层的有力候选材料，特别是在高温气体轮机和喷气发动机中。功能化的高熵陶瓷涂层可以提升耐高温氧化、热冲击性能以及热导性，从而延长器件使用寿命并提高其工作效率。

（2）耐磨、耐腐蚀、抗氧化涂层

高熵陶瓷由于固溶强化，以及由于其缓慢的扩散而具有的良好的抗氧化和耐腐蚀性，常应用于腐蚀性环境下高温工作的切削工具和钻头等机械零件的耐磨损、抗氧化或抗腐蚀的防护涂层中。在高温环境下，高熵陶瓷能够保持其结构和性能的稳定，不易发生热分解或氧化。这使得高熵陶瓷在高温工况下，如航空航天、核能等领域，具有广泛的应用前景。高熵陶瓷还可以作为增强相添加到其他超硬结构材料中，如立方氮化硼、金刚石等，以提高其整体性能。通过与这些超硬材料的复合，可以制备出具有更高硬度、更好耐磨性和更优稳定性的复合材料，满足各种复杂和恶劣的工作环境需求。高熵陶瓷在结构陶瓷领域的功能化应用主要体现在其优异的力学性能（如硬度、强度、韧性和耐磨性）方面。高熵陶瓷通过在不同的金属元素中形成复杂的固溶体结构，提高其材料的硬度和耐磨性。例如，加入铝、锆、钛、铬等金属元素可以显著增强陶瓷的硬度，使其在机械零部件、刀具、轴承等高耐磨应用中表现出色。进一步调控高熵陶瓷的成分比例，还能进一步优化其综合性能。高熵陶瓷的高强度和良好的热稳定性使其在结构陶瓷基复合材料中具有重要应用。功能化处理，如掺杂增强相（如碳纳米管、金属粒子等），可以使高熵陶瓷具有更好的力学强度和抗热震性能，使其适用于极端工作环境中的结构部件。

（3）能量储存与转化

近年来，高熵材料在能量储存与转换领域引起了广泛关注，尤其是锂离子电池和钠离子电池。具有层状结构的岩盐型高熵氧化物，由于氧空位的存在，其表现出超快的锂离子和钠离子传输速率。迟滞扩散效应减缓了二次粒子的团聚，有利于维持活性材料的结构稳定性和电极的完整性。2018 年，Sarker 等报道了岩盐结构高熵氧化物（$Co_{0.2}Cu_{0.2}Mg_{0.2}Ni_{0.2}Zn_{0.2}$）O 具备优异的锂离子储存特性。除岩盐结构高熵氧化物之外，尖晶石和钙钛矿结构的高熵氧化物在储能领域也表现出出色的应用潜力。

（4）催化剂

高熵陶瓷的混合金属氧化物结构能够形成复杂的价态和配位环境，有利于催化剂表面的活性位点的增加和分布。因此，高熵陶瓷的复杂组分和化学环境的多样性也为其催化剂性能的提升提供了可能，在环境催化、燃料电池电催化等诸多催化剂领域均有极大的应用潜力。K. P. Shinde 报道了一种 TiVCrMnCo 五元高熵氧化物，其在紫外光照条件下，可以实现水分解生成氢气和氧气的反应。以具有高度无序结构的岩盐型（MgCoNiCuZn）O 为催化剂载体，在高温处理过程中防止贵金属的烧结团聚，纳米尺度效应促进了催化反应的进行，从而增强对 CO 氧化和 CO_2 氢化反应的催化活性，Pt/Ru 的负载量为 5%（质量分数）时，500℃的反应温度下催化 CO 产率和 CO_2 转化率均超过 45%。含氮、碳、氧和硼的高熵体系在氧还原电催化反应中也表现出良好的催化活性。此外，在高温、高压等苛刻条件下，高熵陶瓷催化剂仍能保持良好的催化活性和结构稳定性，使得其在长时间运行过程中性能不易衰退。

（5）吸波材料

高熵陶瓷在电磁防护领域具有潜在的应用价值。常见的高熵陶瓷吸波材料主要有高熵过渡金属碳化物、高熵过渡金属硼化物以及高熵过渡金属氧化物。按结构划分可以分为 MAX 型、AlB_2 型、钙钛矿型以及尖晶石型等。通过设计和制备含有磁性组元的高熵陶瓷，可以实现宽频吸收和强吸收的高效吸波性能。这种性能的提升主要得益于高熵设计方法能够通过结构的晶格畸变效应以及组元的高熵效应同时调节导电性和增强磁损耗能力，为导电性良好的介电型吸波材料提供调控阻抗匹配的新思路。高熵陶瓷吸波材料，既可以实现阻抗匹配特性与吸波性能调控，又可以提高其高温热稳定性和抗氧化能力。

（6）环境保护

高熵陶瓷器件的多组分性质和良好的化学稳定性，使其在环境保护领域具有一定的应用潜力，特别是在水处理、空气净化和污染物降解方面。高熵陶瓷可以通过表面改性增强其对重金属离子（如铅离子、镉离子、汞离子等）的吸附能力，从而在废水处理和水资源净化中发挥作用。将高熵陶瓷与吸附剂、催化剂或电化学活性物质复合，可以提高其去除效率。高熵陶瓷在气体净化方面的应用也得到了关注。例如，在氮氧化物（NO_x）和二氧化硫（SO_2）等有害气体的去除过程中，功能化的高熵陶瓷材料能够通过催化反应分解有害气体，达到环保的目的。

10.3 气凝胶类材料

气凝胶是一种密度极低的固体物质，密度甚至可以低于空气，因此其也被形象地称为“冻结的烟”或“蓝烟”。气凝胶问世于1931年，由斯坦福大学S. S. Kistler通过水解水玻璃制得。国际纯粹与应用化学联合会（IUPAC）将气凝胶定义为由微孔固体组成的凝胶，其分散相为气体。气凝胶是具有纳米多孔结构的轻质材料，因其低密度、高孔隙率和良好的热绝缘性能而受到广泛关注。它通常由二氧化硅、氧化铝等无机材料制成，也可以用碳、聚合物等其他材料制成。气凝胶在许多领域有应用，如建筑、航空航天、能源、环保等领域。

10.3.1 气凝胶材料的结构

气凝胶材料有非常高的比表面积和开放的孔隙结构，具有微观（纳米级骨架）和宏观（凝聚态物质）的双重结构性质，是亚稳定的结构。气凝胶材料具有以下结构特点：

① 多孔结构　气凝胶材料具有高度的多孔性，孔隙率可高达99.8%。孔隙大小可以在纳米到微米范围内变化，这些孔隙可以是连通的，形成开放孔隙结构，也可以是封闭的，形成封闭孔隙结构。

② 高比表面积　由于其具有高孔隙率结构，气凝胶材料具有非常高的比表面积，通常可以达到几百到一千平方米每克。这使得气凝胶材料具有良好的吸附和催化性能。

③ 无定形结构　气凝胶材料没有规则的晶体结构，而是由非晶态的网络结构组成。这种无定形结构使得气凝胶材料具有较高的储能能力和可塑性。

④ 纳米颗粒网络　气凝胶材料通常由纳米颗粒或纳米纤维构成的网络组成，气凝胶的纳米级孔洞和三维纳米骨架颗粒直径一般在2～5nm之间。这些纳米颗粒在网络中相互连接，形成连续的三维结构。气凝胶内部的三维网络结构赋予了其高的强度和稳定性。这种网络结构中的孔隙不仅可以提供额外的空间，使得气凝胶在低压下保持固态，还有助于其保持形状不变。

10.3.2 气凝胶材料的性质

气凝胶材料由于其双重结构性质，表现出多种独特的性质，如超低的热导率、超低模量、超低声速、超低折射率、超低介电常数、高比表面积以及可调的密度等。

（1）力学性质

气凝胶材料的微纳多孔网络结构赋予了其独特的力学特性。极低的密度和高孔隙率是气凝胶材料最特殊的性质，气凝胶材料的密度可以达到几十毫克每立方厘米的级别。这在一定程度上导致其强度和韧性相对较低。具有不同成分和结构类型的气凝胶，其弹性模量和压缩强度也会有所不同，如硅胶气凝胶、碳纳米管气凝胶的柔韧性和压缩强度也会有所不同。近年来，研究者们通过采用更柔韧的有机硅代替传统的二氧化硅来制备气凝胶，成功提高了其柔韧性和弯曲性能。这种改进使得气凝胶材料在保持原有优良性能的同时，更能适应各种复杂的应用环境。截至目前，一些被称为“aerographite（气石墨）”或“空心碳纳米结构气凝胶”的材料，其密度已低至 0.2mg/cm^3 甚至更低，并具备更优的机械强度与结构完整性。

（2）热学性质

气凝胶材料具有特别的热学性质。气凝胶的热导率极低，这是由其高孔隙率和纳米多孔结构所决定的，由于空气的热导率远低于固体材料，气凝胶中的大量空气填充降低了材料的热传导能力。而且气凝胶具有极低的热对流效应，多孔结构使得材料内部的气体流通性较差，因此热对流效应相对较小。气凝胶材料的热膨胀系数相对较低，能够在高温环境下保持稳定的结构和性能。

（3）光学性质

气凝胶具有良好的透光性，气凝胶的折射率接近 1，这意味着它对光的折射影响较小，有助于保持光线的原始方向和强度。这是由于气凝胶中的颗粒为纳米量级，使得可见光经过它时散射较小。许多气凝胶，如硅气凝胶，能够制成透明或半透明材料，对入射光几乎没有反射损失，能有效透过太阳光，并阻止环境的热红外辐射。气凝胶的孔径和晶格结构也对其光学性质产生影响。硅气凝胶的孔径一般在 1～100nm 之间，对蓝光和紫光的瑞利散射比较强，这使得气凝胶一般呈现淡蓝色。

（4）电学性质

气凝胶的纳米多孔结构使其在电学性质方面展现出独特的优势，具有低介电常数、高介电强度以及导电性能的可控性等特性。由于空气的高比例填充，气凝胶材料具有极低的介电常数。气凝胶材料表现出优异的介电强度，即在高电场强度下仍能保持良好的绝缘性能，绝缘能力比最好的玻璃纤维还要强 39 倍。此外，气凝胶材料的电导率可以通过控制其密度和掺杂复合的手段进行精确调控。

10.3.3 气凝胶材料的制备方法

气凝胶通过特定的干燥方式使气体取代凝胶中的液相而形成，根据溶剂去除方法的不同，可以分为溶胶-凝胶法、超临界干燥法和模板法等方法。气凝胶材料的制备通常要经过三个过程：溶胶制备、凝胶的形成、凝胶后处理。在溶胶的制备阶段，将适当的前驱体物质（如金属盐、有机聚合物等）溶解在溶剂中，形成均匀的溶胶体系。之后加入适当的凝胶剂（如硅酸盐、碱等）或调整溶剂环境，使溶胶体系发生凝胶反应，形成凝胶。凝胶反应可以是水解缩聚反应，也可以是凝胶聚合反应等。

（1）溶胶-凝胶法

溶胶-凝胶法（sol-gel method）是通过加热和干燥过程将溶胶内的溶剂逐步蒸发排出，逐渐转变为凝胶，经热处理工艺后最终得到气凝胶。此方法无须特殊设备配合，是最常用也是最古老的气凝胶制备方法之一。1931 年，Kistler 通过溶胶-凝胶法水解水玻璃首次制备了气凝胶。然而，此方法制备周期通常较长，需要几天甚至几周。这是由于凝胶的形成是一个缓慢的过程，需要一定的时间使溶胶中的颗粒充分聚集和交联形成稳定的凝胶结构，而有机溶剂的蒸发排出也是一个极为缓慢的过程。

（2）超临界干燥法

超临界干燥（supercritical drying）法是将凝胶在高压、高温条件下与超临界流体接触，流体通过温度和压力变化完成凝胶的干燥过程。将湿凝胶置于高压釜中，逐步升高温度和压力至溶剂的临界点以上。在超临界状态下，气体和液体之间不再有界面存在，而是成为介于气体和液体之间的一种均匀的流体。不存在气-液界面，也就不存在毛细管力，因此能够有效地防止溶胶-凝胶的收缩和孔道坍塌。流体逐渐从凝胶中排出，直至全部流体都从凝胶中排出，最后得到充满气体的、具有纳米孔结构的气凝胶。相比于溶胶-凝胶法，超临界干燥法具有许多突出的优势，例如可控性强，可以对样品的温度、压力、干燥时间等因素进行精密控制，从而获得高质量的气凝胶材料。另外，干燥介质通常为稀有气体或者惰性气体，在干燥过程中不会与气凝胶产生反应，从而保证了气凝胶的高纯度。值得注意的是，凝胶在制备过程中应选择合适的溶剂以确保其能够与超临界流体相互作用。

（3）凝胶注模法

凝胶注模（gel casting）法是将溶胶注入模具中，通过固化和干燥来制备气凝胶。该方法适合制备具有特定形状和尺寸的气凝胶。将配制好的溶胶倒入模具中，并将模具放入真空缸中。在真空条件下，混合物中的空气被吸出，使溶胶处于真空状态。这一步骤有助于气凝胶产生连续的空气界面，并使凝胶剂在真空状态下更好地溶解。然后，将模具放入高温烘箱中，按照预定的温度和时间进行加热。在高温条件下，溶胶中的水分逐渐蒸发，混合物逐渐转变为凝胶状，最终形成气凝胶。这一步骤中，温度和时间的控制至关重要，它们直接影响凝胶的形成和性质。

（4）真空浸渍法

真空浸渍（vacuum impregnation）法是将基底材料浸渍在溶胶前驱体中，然后通过真空处理来实现凝胶的固化和干燥。将制备好的溶胶放入真空室内的一个烧杯中，将一根 U 形玻璃管的一端插入真空室内的烧杯内，另一端插入真空室外的单前驱体溶胶中。在真空室完全密封后，使用真空泵抽真空至真空室内的压强小于一定值。随后，打开 U 形玻璃管上的阀门，使得真空室外的单前驱体溶胶进入真空室内装有双前驱体气凝胶的烧杯中。在真空条件下，溶胶会克服毛细压力浸渍到多孔的气凝胶固体中，浸渍时间可以根据需要进行调整，一般在 20～120min 之间。这一步骤中，真空条件有助于减小接触角，增大工件和浸渗材料之间的附着力，同时，毛细现象和吸附作用也促进了浸渍过程的进行，经过真空浸渍后，得到浸渍溶胶的气凝胶。根据需要，可能还需要进行后续处理，如老化增强、表面改性和溶剂替换等，以进一步优化气凝胶的性能和结构。真空浸渍法制备气凝胶材料的优点在于，它可以在较短的时间内实现高效的浸渍过程。真空浸渍法也常用于制备气凝胶复合材料，也可以将凝胶嵌入基底材料中，增加材料的功能和性能。

（5）模板法

模板法（template method）是一种通过使用模板材料来制备气凝胶材料的方法，具体包括模板选择、溶胶浸渍、凝胶形成和模板去除等步骤。模板可以是固体或液体形式，模板的形状、大小和孔隙结构将直接影响最终气凝胶的结构和性能，具体取决于所需的气凝胶类型和应用。将配制好的溶胶浸渍到模板材料中，这可以通过多种方式实现，如浸泡、喷涂或真空浸渍等，使其充分渗透和吸附。经过浸渍后，前驱体溶液在模板的孔隙中发生凝胶化反应，通常涉及化学交联或物理凝胶化过程，使得溶液转变为固态凝胶。凝胶形成后，可以通过溶解、升华或煅烧等方法去除模板。模板的去除应确保不会破坏凝胶的结构，同时尽量减少对凝胶性能的影响。

（6）静电纺丝法

静电纺丝（electrospinning）技术是一种利用电场力将高分子溶液或熔体拉伸细化并固化成纤维的纳米制造技术，这种技术具有设备简单、操作方便、纤维直径可控等优点，被广泛应用于纳米纤维、薄膜和三维多孔材料的制备中。由于静电纺丝法孔径分布可控的优点，该方法近年来受到许多研究者的青睐。静电纺丝制备气凝胶材料的工艺主要包括溶液配制、纺丝过程、纤维收集和后处理等环节。优化纺丝工艺参数，如溶液浓度、电场强度、纺丝速度等，可以实现对纤维直径和分布的控制，进而调控气凝胶的孔结构和性能。随后，热处理、化学交联或物理交联等方法使纤维之间形成稳定的三维多孔结构。最后，通过干燥、热处理等后处理步骤，去除溶剂和残余应力，获得具有优异性能的气凝胶材料。然而，静电纺丝过程中，纺丝电压、溶液浓度、纺丝速度等参数对纤维形貌和直径具有显著影响，这种敏感性也增加了制备过程的复杂性和不确定性。另外，静电纺丝法的制备过程相对较慢，且产量有限，这限制了其在大规模生产中的应用。

10.3.4 气凝胶器件的功能化应用

气凝胶是一种具有极低密度和高孔隙度的固体材料，因其独特的结构和优异的性能而被广泛应用于多个领域，如热绝缘、储能、传感器、催化，以及医疗等领域。气凝胶具有极低的热导率、低密度、高比表面积和优异的隔声性能，使其成为众多领域的理想材料。随着科学技术的进步，气凝胶材料的功能化和器件化逐渐成为研究热点。

（1）隔热保温

气凝胶的最显著特性之一是其极低的热导率，因此它在热绝缘领域有着广泛的应用。气凝胶材料因其优异的隔热和保温性能，被广泛应用于多个领域。气凝胶是目前已知的隔热、保温性能良好的材料，特别是在需要极高隔热效率的场合，具有不可替代的作用。无论是在建筑、航天航空，还是冷藏运输和太阳能领域，气凝胶器件都展现出广泛的应用潜力和强大的市场需求。

在建筑领域，气凝胶器件作为隔热材料被广泛用于墙体、屋顶和地板等部位，能够显著减少热量的传导，提升建筑物的能源效率。气凝胶的轻质和高效隔热特性使其在建筑节能中得到了广泛应用。它可以有效降低建筑物的冷热负荷，从而减少能源消耗，尤其在高效节能建筑中，气凝胶常常作为优异的保温层，极大提高了建筑的热效能。

在冷藏和保温设备领域，气凝胶器件同样展现出卓越的隔热效果。冷藏车辆、冷库和保温箱等设备中，气凝胶可以保持冷藏或保温环境的稳定，减少能量流失，提高设备的能效。这种特性使气凝胶在低温储存和运输领域表现突出。以液化天然气（LNG）运输为例，气凝胶被广泛应用于管道和容器的隔热，有效降低能源损失，确保能源运输的高效性。

气凝胶器件在太阳能领域的应用同样具有重要意义。它被用作太阳能集热器的隔热层，能够减少热量的散失，从而提高太阳能的利用效率。气凝胶材料的应用使得太阳能设备能够更加高效地利用自然资源，在能源转化效率方面发挥了重要作用。

在航空航天领域，气凝胶器件的优异隔热性能使其成为航天器热防护系统的关键材料。气凝胶常被用作火箭发动机的隔热层，保护航天器免受高温环境的影响。此外，它还被广泛应用于宇航服的隔热层，以及飞机飞行参数记录器和战斗机机舱的隔热层，为航空器提供必要的热防护，确保关键设备和人员的安全。

（2）吸附材料

气凝胶具有高孔隙率、高比表面积和低密度等特殊性能，这些特性使得它在吸附领域具有显著的优势。例如，SiO_2 气凝胶经过疏水改性后，可以用于有机气体或溶剂的吸附，其吸附效率及吸附容量显著优于传统的吸附材料。其次，气凝胶的吸附过程具有可逆性。这意味着当吸附达到饱和后，可以通过一定的方法将吸附的物质从气凝胶中解吸出来，从而实现吸附剂的重复使用。这一特性不仅降低了吸附成本，还提高了资源利用效率。例如，豆渣纤维素经冷冻干燥碳化制备的碳气凝胶对溢油具有优异的吸附性，且这种吸附性在数十次重复循环后仍可以有效保持。此外，气凝胶还具有良好的化学稳定性和热稳定性。这使得它在各种环境条件下都能保持稳定的吸附性能，从而拓展了其在不同领域的应用范围。气凝胶还可以用来除去金属离子。Goel 等使用碳气凝胶对水溶液中的 Hg^{2+} 进行吸附，结果发现其吸附率接近 100%。同时，这种气凝胶也能吸附 Cd^{2+}、Pd^{2+}、Cu^{2+}、Ni^{2+}、Mn^{2+}、Zn^{2+}、Cr^{3+} 等重金属离子。在水裂解过程中需要催化剂才能产生析氢反应。多羰基碳气凝胶基底负载过渡金属硫族化合物如 $MoSe_2$，可以提高电催化性能，通过析氢产生能量。

气凝胶材料能够有效地吸附气体分子，并通过其表面性质变化引起电阻、电导、光学等信号变化。因此，气凝胶广泛应用于气体传感器，尤其是在有毒气体检测和环境监测中。通过功能化处理，气凝胶能够对特定气体（如氨气、一氧化碳、甲烷等）具有高选择性和灵敏度。此外，气凝胶的多孔结构使其能够很好地调节水分和温度，因此广泛应用于温湿度传感器中。调节气凝胶的孔隙率和表面化学性质，可以实现高效的温湿度感应和检测。

（3）隔声领域

气凝胶主要通过两个方面对声音起衰减作用。其一是基于极大的内表面积，声波一旦传入，就会在气凝胶内表面上进行多次反射，从而消耗一定的能量；其二是其纳米级孔道，它的存在使得空气黏性流动的速度与空气分子的克努森扩散速度接近，因此消耗掉一部分通过空气传播的声能。另外，对气凝胶的制备材料进行恰当的选择，使用适当的具有频率依赖性的材料，可以达到良好的隔声效果。气凝胶被广泛用于建筑隔声、汽车降噪、航空航天等领域，其隔声降噪性能得到了广泛的认可和应用。气凝胶隔声材料的优异性能使得它成为解决噪声污染问题的新型选择。

（4）高能物理领域

气凝胶材料在高能物理领域的应用主要体现在粒子物理实验中，特别是在作为切连科夫效应的探测器方面，与高压气体相比，其操作更简单且安全。比如，在高能加速器研究机构B介子工厂的 Belle 实验探测器中，称为气凝胶切连科夫计数器（aerogel cherenkov counter，ACC）的粒子鉴别器就是一个重要的应用实例。利用其介于液体与气体之间的低折射率特性，以及其高透光度与固态的性质，优于传统使用低温液体或是高压空气的做法。

此外，气凝胶的轻量性质也是其在这一应用中的优势之一，超低密度的气凝胶已经被用作轻质反射器背衬材料。

（5）电子器件

气凝胶在电子器件领域的应用展现了广泛的前景和潜力，尤其在高性能电路、能源储存、传感器等方面，其独特的物理和化学特性为电子设备的优化和创新提供了新的解决方案。

气凝胶的低介电常数特性使其在集成电路中的应用具有重要价值。在集成电路中，介质层的介电常数对信号传输速度有重要影响。气凝胶的低介电常数能够显著降低信号传输过程中的延迟和失真，提高电路性能和稳定性。将气凝胶用作介质层或绝缘层，可以有效提升电路的运行速度和效率，从而使气凝胶器件在高频电子设备中具有广泛应用，尤其在微电子技术和高速计算领域。

气凝胶的高介电强度使其能够在高压和高电场环境下应用。气凝胶作为高性能的绝缘材料，能够提高电容器、电子开关和绝缘子的耐压能力和稳定性。例如，气凝胶在电容器中可以增加其电气稳定性和耐压性，提升器件的工作可靠性和使用寿命。此外，气凝胶还适用于高压电子设备中，如开关、传输系统等，为其提供更高的绝缘保护。

气凝胶的电导率可调特性使其在导电、半导体以及超导材料的应用中具有很大的潜力。控制气凝胶的制备工艺和掺杂方式，可以调节其电导率，从而使气凝胶在柔性电子器件中有着重要应用。气凝胶可用于柔性电极、导电通道的制备，适用于柔性显示器、可穿戴设备等电子产品中。尤其在可穿戴设备领域，气凝胶材料不仅具备高效的导电性，而且因其轻量化和高柔性，可以提高器件的舒适性和耐用性。

气凝胶在传感器技术中的应用也表现出优异的性能。由于其多孔结构和出色的电学性能，气凝胶能够实现对环境中物理量和化学物质的灵敏检测。例如，气凝胶制成的柔性传感器可以用于检测压力、温度等参数，广泛应用于人体健康监测、环境监测等领域。通过高效的信号处理技术，气凝胶传感器可以实时监测人体运动和健康状态，推动智能健康设备和物联网技术的发展。

气凝胶的高比表面积和优异的导电性，使其成为能源储存领域的理想材料，尤其在电池和超级电容器等储能系统中具有重要应用。在锂离子电池中，气凝胶材料由于其高比表面积，能够提供更多的反应位点，从而提升电池的容量和循环寿命。例如，石墨烯气凝胶与硅复合的器件可以提高锂离子电池的充电速率和能量密度，满足对高性能储能系统的需求。

在超级电容器领域，气凝胶材料也展现出显著的优势。将气凝胶与导电材料（如碳材料、金属氧化物等）复合，可以显著提高电容器的电导率和电容值。气凝胶的高孔隙结构可以增加电极的表面积，进一步提高储能容量，从而提升超级电容器的能量密度和使用寿命，特别适用于高效能和高功率需求的电子设备。

此外，气凝胶材料在钠离子电池等新型储能系统中的应用也获得了广泛关注。钠离子电池在电动汽车和大规模储能系统中具有较大的应用潜力，气凝胶的结构和成分调控可以优化电池性能，提升其能量密度和循环稳定性，满足不同储能设备的需求。

气凝胶作为一种具有高度可调特性和优异性能的材料，在电子器件领域的应用前景非常广阔。从集成电路的介质材料，到柔性电极、导电通道、传感器、能源储存系统等，气凝胶都展现出强大的应用潜力，为下一代电子器件的创新与优化提供了新的技术支持。随着气凝胶器件的不断进步和应用场景的不断拓展，气凝胶将在电子领域发挥越来越重要的作用。

（6）电磁波吸收/屏蔽

当前电磁环境愈发复杂，对电磁防护材料提出了“薄、轻、宽、强、广”的现实需求，即要求材料厚度薄、整体质量轻、作用频段宽、吸波能力强、应用场景广。气凝胶结构是构筑轻质高效吸收剂的良好基体，气凝胶材料本身三维多孔的结构能够营造优异的电磁波多重散射环境，该结构还具备可观的抗压、隔热等性能，适用于多种复杂环境。例如，石墨烯、MXene、SiC 等气凝胶，在多层、多孔、片状等优势吸波结构的作用下，不仅具有宽频可调的电磁波衰减能力，还具有优异的可逆压缩性能。

（7）生物医学领域

气凝胶因其轻质、可调孔隙性和生物相容性，使其在医疗和生物医学领域展现出广泛的应用潜力，尤其在药物递送和组织工程方面，具有重要的应用前景。

气凝胶材料由于其高度孔隙化特性，能够有效地作为药物载体，控制药物的释放速率。药物分子可以通过物理吸附或化学修饰方式加载到气凝胶上，通过改变孔隙结构来调节药物释放的速率。气凝胶的可调孔隙性使其能够容纳大量药物分子，并根据需求调节药物的释放模式，实现靶向治疗。此外，气凝胶能够保护药物分子不被提前降解，保证药物在体内的有效性和生物利用度。随着气凝胶在药物递送领域的研究深入，未来其有望用于缓解慢性病治疗、癌症靶向治疗等复杂病理情况。

在组织工程中，气凝胶被用作细胞生长和组织修复的支架材料。其高比表面积和可调孔隙结构有助于促进细胞的附着、生长和分化。气凝胶不仅为细胞提供一个三维的生物兼容环境，还能模拟自然组织的微环境，支持新组织的生成和再生。因此，气凝胶广泛应用于骨修复、软组织修复、皮肤再生以及器官替代等领域。通过改良气凝胶的制备方法和结构设计，能够更好地支持不同类型的细胞和组织的生长，为临床治疗提供更多选择。

气凝胶在生物成像和诊断领域也展现出独特的应用价值。将气凝胶与磁性粒子、荧光物质或其他对比剂复合，能够显著提高其在生物成像中的对比度，有助于疾病的早期诊断和精准治疗。例如，气凝胶可作为靶向药物载体，在癌症诊断中，气凝胶复合荧光标记物，有助于观察肿瘤部位，为影像学检查提供清晰的诊断依据。在气凝胶中引入具有生物标志物识别功能的分子，可将其用于病理标志物的检测，提高诊断精度。

气凝胶的生物相容性使其在生物医学领域的应用更加广泛。由于其高比表面积和高孔隙率，气凝胶不仅能够作为药物输送载体，还能够作为化学传感器和生物传感器的理想材料。在气凝胶中引入功能化分子，如抗体、酶或离子液体等，可以实现对特定化学物质或生物标志物的高效检测。例如，气凝胶可以用于实时监测血糖、血氧等生理指标，为医疗健康提供便捷的监测工具。气凝胶作为传感器基底材料，能够提高传感器的灵敏度、响应速度和稳定性，从而推动医疗检测设备的发展。

气凝胶还可以被制备成微球，用于药物的缓释，达到靶向药物释放的功能。这种微球可以针对不同的病理区域控制释放药物，提高治疗效果，并减少副作用。同时，气凝胶材料的良好生物相容性使其能够应用于可植入医用器械，如骨移植、人工关节、心脏支架和生物传感器等。特别是一些特殊类型的气凝胶材料，如碳化纤维素基气凝胶，显示出良好的亲水性、吸血和凝固能力。这些气凝胶材料在止血领域展现出有效的应用价值，可以用于急救和外科手术中，特别是在处理不受控制的出血时，具有较好的止血效果。

思考题与习题

1. 石墨烯材料有哪些性质？
2. 石墨烯材料的制备方法有哪些？
3. 高熵陶瓷材料有哪些性质？
4. 高熵陶瓷材料的制备方法有哪些？
5. 气凝胶材料有哪些性质？
6. 气凝胶材料的制备方法有哪些？
7. 石墨烯材料、高熵陶瓷材料、气凝胶材料的功能化应用有什么差异？

参考文献

[1] 杨程，等. 石墨烯复合材料[M]. 上海：华东理工大学出版社，2020.

[2] 殷景华，王雅珍，鞠刚. 功能材料概论[M]. 哈尔滨：哈尔滨工业大学出版社，2017.

[3] 世图汇. 气凝胶及其他新材料技术[M]. 南京：江苏凤凰科学技术出版社，2022.

[4] 史铁钧，吴德峰. 高分子流变学基础[M]. 北京：化学工业出版社，2009.

[5] 焦宝祥，管浩. 陶瓷工艺学[M]. 北京：化学工业出版社，2019.

[6] 吴玉胜，李明春. 功能陶瓷材料及制备工艺[M]. 北京：化学工业出版社，2013.

[7] 刘云圻，等. 石墨烯：从基础到应用[M]. 北京：化学工业出版社，2017.

[8] 付长璟. 石墨烯的制备、结构及应用[M]. 哈尔滨：哈尔滨工业大学出版社，2017.

[9] 徐世南，赵善举，徐立友. 高熵陶瓷材料研究进展与应用现状[J]. 空天技术，2024(6)：9-26.

[10] 吕洋，毛璟博，王帆，等. 石墨烯材料在催化剂中应用功能综述[J]. 工业催化，2021，29(5)：1-9.

[11] Du X X，Ran Y D，Fan Y Q，et al. Facile preparation of graphene aerogel as a thermal insulation material[J]. Fullerenes，Nanotubes and Carbon Nanostructures，2025，33(2)：178-185.

[12] Wang W，Ren C，Zheng J X，et al. Ultra-high strength and flame retardant carbon aerogel composites with efficient electromagnetic interference shielding and superior thermal insulation via nano-repairing route[J]. Composites Science and Technology，2025，259：110949.